高 等 学 校 规 划 教 材

建筑结构与选型

第二版

崔钦淑　主　编

单鲁阳　聂洪达　副主编

康谷贻　主　审

化学工业出版社

·北京·

内 容 简 介

《建筑结构与选型》(第二版)共分12章,内容包括:建筑结构与选型概论,混凝土结构,砌体结构,钢结构,混凝土楼盖结构,地基与基础结构,建筑抗震设计基本知识,桁架、门式刚架及排架结构,拱、薄壳结构,网架和网壳结构,悬索和膜结构,多、高层建筑结构。各章节中有机融入科技创新等元素,引导学生坚定科技自立自强的信念。

本书可作为高等学校建筑学、城市规划、土木工程、工程管理等相关专业学生的教科书,还可作为参加一级、二级注册建筑师考试的工程技术人员的参考书。

图书在版编目(CIP)数据

建筑结构与选型/崔钦淑主编. —2版. —北京:化学工业出版社,2022.3(2023.7重印)
高等学校规划教材
ISBN 978-7-122-40478-7

Ⅰ.①建… Ⅱ.①崔… Ⅲ.①建筑结构-结构形式-高等学校-教材 Ⅳ.①TU3

中国版本图书馆 CIP 数据核字(2021)第 258756 号

责任编辑:满悦芝   文字编辑:王 琪
责任校对:边 涛   装帧设计:张 辉

出版发行:化学工业出版社(北京市东城区青年湖南街13号 邮政编码100011)
印 装:大厂聚鑫印刷有限责任公司
787mm×1092mm 1/16 印张26 字数657千字 2023年7月北京第2版第3次印刷

购书咨询:010-64518888   售后服务:010-64518899
网 址:http://www.cip.com.cn

凡购买本书,如有缺损质量问题,本社销售中心负责调换。

定 价:78.00元

建筑结构与选型

建筑中的梁、板、墙、柱等结构构件，既是土木工程专业关注的对象，也是建筑学专业关注的对象。土木工程专业主要关注结构布置及受力计算，建筑学专业则更多从适用、美观等方面进行设计研究。事实上，无论是古代建筑还是现代建筑，不管它们是否经过工程师或建筑师的设计计算，结构对于它们都是客观存在的。

全书按新近颁布的《钢结构设计标准》(GB 50017—2017)、《建筑结构可靠性设计统一标准》(GB 50068—2018)、《低合金高强度结构钢》(GB/T 1591—2018)、《混凝土结构设计规范》(GB 50010—2010)局部修订等相关的新国家标准编写，以适应课堂教学和工程应用的需要，供高等院校建筑学专业作教材使用，也可供工程技术人员参考。

建筑结构选型是建筑学专业和土木工程专业共同关注的内容。随着建筑的发展，新材料、新技术及新结构类型的不断涌现，使得建筑结构"选型"的内容大为丰富，也使建筑与结构的设计合作不断跨上新的台阶，历史上产生的众多的结构类型，在建筑设计不只是仅供选择的"菜单"，而是创新建筑设计的基础。优秀的建筑总是建筑空间环境与结构形式的完美统一，结构构件既是传力构件也是建筑空间环境的造型元素，建筑结构既是物质的技术手段也是建筑的意义载体。本书在修订过程中，注重立德树人的理念，引入包括鸟巢、上海大剧院、深圳新华大厦等在内的我国优秀建筑结构选型案例，将让学生在掌握建筑结构理论知识的同时，感受国家的巨大进步，激发学生的民族自豪感和家国情怀，强化学生科教兴国意识，培养学生的工匠精神、奉献精神、勇于创新的科学精神等，以实现育人与育才相结合的目标。

结构的安全性建立在受力实验、理论分析及设计计算的基础之上，对结构体系的理论分析及设计计算训练有利于强化结构概念的理解，对于初学者来说主要学习基本构件的受力分析及设计计算。本书包括第1章建筑结构与选型概论，第2章混凝土结构，第3章砌体结构，第4章钢结构，第5章混凝土楼盖结构，第6章地基与基础结构，第7章建筑抗震设计基本知识，第8章桁架、门式刚架及排架结构，第9章拱、薄壳结构，第10章网架和网壳结构，第11章悬索和膜结构，第12章多、高层建筑结构等章节。全书由崔钦淑任主编，单鲁阳、聂洪达任副主编，由崔钦淑统稿，其中第1章1.1节、1.2节、第8章、第9章、第10章、第11章由聂洪达编写，第12章由崔钦丽编写，第4章由单鲁阳编写，第1章1.3节、1.4节、1.5节、第2章、第3章、第5章、第6章及附录由崔钦淑编写，第7章由聂澈编写。

全书由天津大学康谷贻教授主审，在此表示衷心感谢。

本书为浙江工业大学校级重点建设教材。

由于编者水平有限，难免有疏漏和不足之处，衷心希望广大读者批评指正。

编 者

2023 年 6 月

第1章　建筑结构与选型概论　　1

第2章　混凝土结构　　30

第3章　砌体结构　　121

第6章　地基与基础结构　　231

第7章　建筑抗震设计基本知识　　249

第 10 章　网架和网壳结构 323

第 11 章　悬索和膜结构 349

第12章　多、高层建筑结构　366

附录　387

参考文献　400

第1章

建筑结构与选型概论

从宏观宇宙到微观分子，结构无处不在，建筑物自然也有结构。建筑物被用来形成一定空间及造型，并抵御由地球引力、风荷载、气温变化和地震等施加于建筑物的各种作用。使建筑物得以安全使用的骨架，即为建筑结构。在建筑设计中，无论是强化结构造型，还是隐藏结构，结构构件都是客观存在的。建筑结构对于塑造建筑空间、抵御外力以及建筑造型设计都有非常重要的作用。在建筑设计中，空间组合和建筑造型的主要环节是选择最佳结构方案，即结构选型。

1.1　建筑师与结构选型

1.1.1　建筑结构综述

1.1.1.1　结构的概念

结构构件是构成建筑形态的"骨骼"，它使物体在力的作用下保持坚固的形态以满足建筑功能的要求。作为建筑设计的基础，结构设计是现代建筑设计的重要组成部分。

结构基本构件组成结构体系，结构体系承受竖向荷载和水平荷载，并将这些荷载安全地传至地基，一般将其分为上部结构和地下结构。上部结构是指基础以上部分的建筑结构，包括墙、柱、梁、屋顶等，地下结构指建筑物的基础结构，如建筑的基础与地下室等。

由于自然现象，建筑物承受各种直接作用和间接作用，直接作用对于建筑来说称为荷载。荷载的作用使建筑构件产生应力，应力产生应变，当建筑物或建筑构件无法承受时会遭到破坏。作用于建筑物的荷载，通常有永久荷载（自重）、可变荷载（如人与家具等）、风荷载（风压）、积雪荷载。混凝土的收缩、温度变化、基础的差异沉降、地震等引起结构外加变形或约束的原因称为间接作用。对于地下结构构件，还会有土压力、地下水压力等。应力分为压应力与拉应力以及轴力、剪力、弯矩等。根据建筑的结构体系、使用材料、用途、地基条件以及地区环境等因素，计算出建筑的荷载，确定构件尺寸，以满足建筑结构的强度、刚度和稳定性要求，确保建筑物的结构安全。

1.1.1.2　结构材料与形式

结构材料主要有砖石、木材、钢材、膜材以及钢筋混凝土等。

结构的实效反映的是结构承受荷载的能力和效率。如果构件的强度与重量之比大，则认为结构的实效高，即材料的用量越少，结构强度越大，则结构的实效越高。砖、石砌体的抗压性能好，适于墙、拱、穹顶等构件；钢材、膜材抗拉性能好，结构选型应发挥其特性，用于受拉构件；钢筋混凝土是一种组合材料，构件的受拉应力主要以钢筋承担，压应力主要由混凝土承担；木材的种类很多，作为结构构件的木材其承受压力与承受拉力的性能均较好，是比较理想的结构材料，也是人类早期使用较多的建筑材料。

结构是建筑的承重骨架，结构体系承传建筑荷载，直至地基。建筑材料和建筑技术的发展决定结构体系的发展，而建筑结构体系的选择对建筑的使用以及建筑形式又有着极大的影响。

建筑的结构体系依建筑的规模、构件所用材料及受力情况的不同而不同。建筑物按使用性质和规模的不同可分为单层、多层、大跨和高层建筑。单层和多层建筑的主要结构体系为砌体结构体系或框架结构体系。砌体结构是指由墙体作为建筑物承重构件的结构体系，而框架结构主要是指梁柱作为承重构件的结构体系。

大跨建筑常见的有拱结构、网架结构以及薄壳、折板、悬索等空间结构体系。依建筑结构构件所用的材料不同，目前有木结构、混合结构、钢筋混凝土结构和钢结构之分。混合结构是指在一座建筑物中，其主要承重构件分别采用多种材料制成，如砖与木、砖与钢筋混凝土、钢筋混凝土与钢等。通常砖混建筑是指用砖与钢筋混凝土作为结构材料的建筑。

用钢筋混凝土、钢材作主要结构材料的民用建筑多为框架结构体系，如钢筋混凝土框架、钢框架结构。由于钢筋混凝土构件既可现浇，又可预制，为构件生产的工厂化和安装机械化提供了条件，加之钢筋混凝土防水、防火、耐久性能好，所以是运用较广的一种结构材料。

建筑结构是建筑的骨架，同时对建筑的内外空间造型也有着重要的影响（图 1.1～图 1.4）。

图 1.1 无梁楼盖结合采光的室内空间造型

图 1.2 竹骨架斜坡屋顶室内空间造型

图 1.3 罗马小体育场混凝土穹顶大跨建筑造型

图 1.4 罗马小体育场室内

1.1.1.3　结构设计与选型

结构应反映建筑的力学特性，是建筑最基本的骨架。好的结构其构件都是按照特定的结构规律组织在一起，并且给人美的感受。我们将结构中特定的构件构成方式称为结构形态，结构形态的设计是一种近似雕塑的造型艺术。其体系性反映建筑艺术的整体性。结构造型的创新设计很大程度上来自对自然结构的模拟，很多新结构体系都是受到大自然中一些自然结构的启发设计出来的。但是在实际工程项目的设计中，受建筑具体条件的限制，设计师不可能在每一个具体项目中开发一个新的结构体系，所以我们要以现实的心态积极利用现有的结构体系，通过一定的方法对结构原型进行加工重构来实现结构形式的多样化。选定结构原型进行加工重构的方法和手段很多，但必须满足结构的功能要求，即结构在规定的设计使用年限内，应满足安全性、适用性和耐久性等各项功能要求，必须符合结构的力学规律。要在掌握已有结构技术知识的基础上遵循结构受力原则进行变形和组合。

建筑学是为满足建筑的使用功能，完成建筑内外空间布置的一门学科。这些布置不仅要满足建筑空间组合的要求，还要满足人们对美的追求。事实上每一个建筑都是与周围环境结合的单独产品，设计或评价一个建筑，古罗马的维特鲁威提出"实用、坚固、美观"的标准，新中国成立后我国提出了"适用、经济，在可能条件下注意美观"的建筑方针，后者把坚固放在适用的要素之中。从分工合作的方面看建筑师主要关心适用与美观，结构工程师主要关心建筑的坚固，建筑设计必须和建筑结构有机结合起来，只有真正符合结构逻辑的建筑才具有真实的表现力和实际的可行性，具有建筑的个性。

（1）建筑结构选型的原则

① 适应建筑功能的要求。对于有些公共建筑，其功能有视听要求，例如：体育馆为保证较好的观看视觉效果，比赛大厅内不能设柱，必须采用大跨度结构；大型超市为满足购物的需要，室内空间具有流动性和灵活性，所以应采用框架结构。

② 满足建筑造型的需要。对于建筑造型复杂、平面和立面特别不规则的建筑结构选型，要按实际需要在适当部位设置变形缝，形成较多有规则的结构单元。

③充分发挥结构自身的优势。每种结构形式都有各自的特点和不足，有其各自的适用范围，所以要结合建筑设计的具体情况进行结构选型。

④ 考虑材料和施工的条件。由于材料和施工技术的不同，其结构形式也不同。例如：砌体结构所用材料多为就地取材，施工简单，适用于低层、多层建筑。当钢材供应紧缺或钢材加工、施工技术不完善时，不可大量采用钢结构。

⑤ 尽可能降低造价。当几种结构形式都有可能满足建筑设计条件时，经济条件就是决定因素，尽量采用能降低工程造价的结构形式。

（2）结构概念设计的原则

结构概念设计原则，是人们根据力学、结构、材料、建筑理论以及施工技术和管理知识的认识，对建筑、结构和设备功能需求的理解，对设计施工和使用实践的领会。在总结长期工程经验的基础上所制定的一些基本要求，对做好结构概念设计有着重要的指导作用。

① 三维构思原则。结构概念设计时，首先要对其所涉及的各个方面做全面的考虑。它包括建筑、结构和施工方面的考虑，即使用、功能、美观、技术和经济方面的考虑，以及整体、局部和它们之间关系方面的考虑。这三方面的考虑构成结构概念设计时的三维构思。

建筑方面指空间、尺度、联系等使用要求，采光、通风、防火等功能要求，美学、形式、风格等美观要求。

结构方面指结构整体和关键部位受力、变形的合理性，主要构件间连接、构造的牢固性，所选择结构体系、形式的可靠性、经济性和新颖性，以及结构所用材料在长期使用环境下的耐久性。

施工方面指取材、成型、做法等，施工技术条件不具备或结构方案不适应现有技术能力将给工程建设带来困难。

做好上述考虑，也就注意了使用、功能、美观、技术和经济方面的需求。此外，还要正确对待整体、局部和它们间的关系。一般先从整体入手（如根据建筑场地条件提出主体结构体系和基础形式），进而考虑一些关键的局部（如主要构件类型和连接关系），再回到整体（如结构的适用性、可靠性、耐久性、整体稳定性）上来加以修正认定，是一个必经的过程。

在三维构思基础上更进一步的是二维构思的技术设计阶段，这时主要是分别解决好水平分体系（如楼板、屋盖）和竖向分体系（如柱、墙）各自的构件选择和它们间的双边关系（如支承、连接）。在二维构思基础上再进一步则是一维构思的施工图阶段，这时主要是设计计算组成分体系的每一个构件（如板、梁、柱）。尽管三种构思（三维、二维、一维）所要解决的问题各具相对独立性，但它们都有着反馈关系：施工图阶段的构思会影响和修正技术设计阶段的构思；技术设计阶段的构思又会影响初步设计阶段的构思；初步设计阶段的构思当然也会影响和修正概念设计的构思。

② 功能协调原则。结构概念设计时，应该尽可能做到结构、建筑、设备和施工手段的功能协调，以便取得尽可能大的效能和尽可能多的效益。如以下几点。

a. 在结构和建筑功能协调方面，要做到建筑体型和结构体系相协调，建筑使用和结构布置相结合，建筑分区和结构分段（如变形缝设置位置）相一致等。

b. 在结构和设备功能协调方面，设备系统和结构布局是相应的，设备线路和结构构件是相通的，设备部件和结构构造是相配的等。

c. 在结构和施工手段综合协调方面，如在做现浇混凝土结构时，将模板作为结构构件的组成部分；在安装预制构件时，将施加预加力手段与构件连接方法相一致，考虑构件受力元素和受力状态与施工过程中的做法相一致等。

③ 实际出发原则。结构概念设计时必须从实际出发处理所遇到的各种问题。例如认真考虑当地固有的自然条件（如气候、地质条件等）、当地历史形成的人文条件（如文化背景、已建建筑物等）、当地当时的资源条件（如资金、原材料、设施等）。因而有以下几点。

a. 概念设计前要对当地的实际情况进行全面了解和分析。

b. 概念设计时所取的各种条件要符合当地当时的实际可能。

c. 所做的概念设计方案必须充分满足未来使用时的实际需要。

④ 精益求精原则。结构概念设计往往是多种方案比较选优的过程，在这过程中要注意以下几点。

a. 在思维上，既要有纵向思维（结构→构件→连接→构造），还要有横向思维，就是要从多方面去思考。

b. 在分析上，不仅要会"分析问题"，更要善于"提出问题"，敢于否定已有的初步设想，要多设想几种方案以及可能遇到的问题进行分析和处理。

c. 在解答上，要设想几种解决措施，以便"择优取胜"。

d. 在方法上，有时有一个明确概念就能定案，有时要有定性的理论分析（估算），有时还要懂得何时需要和怎样采用模拟试验的方法。

e. 在评价上，不能只评价是否可能（指工程技术上能否做到），还要评价是否可做（指政策法规上可否这样做）、是否值得（指经济合理上值不值得做）、是否应该（指在可行性和持续性上应否这般做）。

⑤ 减轻自重原则。结构所承受的荷载无非两种：竖向荷载和水平荷载。竖向荷载的85％以上是建筑物自重（结构和装饰层自重），水平荷载中的地震作用与建筑物自重直接相关。所以减轻自重是一条重要的结构概念设计原则，它不仅可以减轻结构承受的荷载，而且可以降低建筑造价、加快建造速度、节约建筑材料、减少材料在生产运输方面的劳动量。减轻自重的措施大体有以下几种。

a. 采用轻质高强材料，如轻集料混凝土、高性能混凝土、高强度钢材、冷弯薄壁型钢、多孔或空心砌块、塑料制品等。

b. 采取高效能的结构形式，如采用合理截面形式的预制构件或预加应力构件，根据结构受力特点采用组合构件或组合结构，以及采用薄壳、折板、箱形结构等优越的结构形式。

c. 选择优越的结构体系，如采用筒体结构、错列结构、网架结构、空间桁架、空间框架等空间结构体系。

d. 选择合理的结构布置，如尽可能减少外墙面积、加大开间尺寸和柱网间距、降低不必要的楼层高度等。

⑥ 空间作用原则。建筑物本来是一个空间结构，平时往往为了结构设计计算工作的简化，将它分解成各种平面受力状态进行量化分析。在结构概念设计时，考虑建筑物内各部分结构的空间作用，实际上是还原到它本来的结构面貌。当然，如果这时更能有意识地利用或构成构件间的空间关系，往往还会给所设计的建筑结构带来加大刚度、减小内力、受力效能好等方面的优点。这时，依其有效性的次序做到以下几点是有利的。

a. 加强结构构件的平面外刚度（如在砌筑墙体内设置钢筋混凝土圈梁和构造柱）。

b. 加强平面结构与平面外结构构件的联系（如平面屋架与屋架间支撑的联系）。

c. 考虑结构构件间的相互作用（如板与梁的相互作用）。

d. 考虑结构体系间的相互作用（如剪力墙体系与框架体系的相互作用）。

e. 采用空间结构体系（如空间框架、壳体结构）。

⑦ 合理受力原则。结构概念设计时，要经常运用力学原理来处理结构构件的一般受力分析问题。以下几个方面往往应给予注意。

a. 从受力和变形看，均匀受力比集中受力好，多跨连续比单跨简支好，空间作用比平面作用好，刚性连接比铰连接好，超静定的受力体系比静定的受力体系好；另外，传力简捷比传力曲折好，要避免不明确的受力状态。

b. 从受力和变形的分析看，要尽可能利用结构的对称性、刚度的相对性、变形的连续性和协调性，既要分析各部分构件的直接受力状态，也要分析整体结构的宏观受力状态；要抓住主要的受力状况和它所发生的变形，忽略次要的受力状况和它的相应变形。

c. 从抗力和材料看，要尽可能选用以轴向应力为主的受力状态，尽可能增加构件和结构的截面惯性矩和抗弯刚度、抗剪能力等，并合理地选用材料和组织构件的截面，做到"因材施用，材尽其用"。

d. 从结构构件自身看，砌体构件要注意设置好圈梁和构造柱、芯柱，以保证砌体结构的延性和承受不均匀沉降的能力；混凝土构件要避免剪切破坏先于弯曲破坏、混凝土压溃先于钢筋屈服、钢筋与混凝土的黏结破坏先于构件自身破坏，以避免造成脆性失效；钢构件应避免局部失稳或整个构件失稳，以确保钢结构的承载和变形能力；构件间的连接应使节点和预埋件的破坏不先于其连接件的破坏，以便充分发挥构件自身的作用。

⑧ 优化选型原则。结构概念设计归根到底是确定主体结构体系及其联系。它要考虑以

下三个方面，用比较的方法进行优化选择。

　　a. 优化结构体系。前提是掌握各类基本构件的特征（如与受力相关的几何特征，与变形相关的刚性特征等），根据环境、使用、建筑和荷载实况优化选择适用的基本构件，确定它们间的联系，形成基本结构单元和它的支承做法（如框架结构，筒体结构，拱、索结构等）；再将基本结构单元通过线型、平面、叠合、交叉等集合形式构成主要结构体系。

　　b. 优化结构布置。在满足使用要求和建筑意向前提下优化布置楼屋盖水平系统、柱墙竖向支承系统和基础系统。这时除比较各种布置的承载能力、竖向和侧向变形、支承做法、地质条件等结构问题的合理性优越性外，重要的原则是平立面宜规则、对称，具有良好的整体性，竖向剖面除规整外侧向刚度宜均匀变化，自下而上逐渐减小，避免突变。

　　c. 合理构造做法。重点是结构构造做法和建筑构造要求相一致，结构的理论构造要求和施工的实际构造做法相一致。这里的"一致"，是指实现可能的一致性和受力功能特征的一致性。

　　在结构概念设计的优化选型中通常遇到下列关系。

　　a. 需求和可能的关系，原则是"面向需求，力争可能"。

　　b. 传统和创新的关系，原则是"努力创新，保持特色"。

　　c. 质量和速度的关系，原则是"质量第一，兼顾速度"。

　　d. 效能和效益的关系，原则是"效能为先，也要效益"。

　　e. 优化和合理的关系，原则是"常规合理，优化选择"。

1.1.1.4　经济因素对于结构选型的制约

　　任何国家的工程建设实践都必须考虑提高投资的经济效益。我国长期以来确定的建设方针即"适用、经济、安全、美观"，把经济放在重要地位。因此在结构选型时进行经济比较是十分重要的。

　　衡量结构方案的经济性的手段是进行综合经济分析。所谓综合经济分析就是要综合地从以下几个方面考虑问题。

　　① 不但要考虑某个结构方案付诸实施时的一次投资费用，还要考虑其全寿命期费用。

　　② 除了以货币指标核算结构的建造成本外，还要从节省材料消耗和节约劳动力等各项指标来衡量。此外从人类长远利益考虑，还要特别考虑资源的节约。

　　③ 某些生产性建筑若能早日投产交付使用，可以较快地回收投资资金，能得到较好的经济效益。因此在结构方案比较时还应综合考虑一次性初始投资和建设速度之间关系。

1.1.2　现代结构的特征

　　现代结构的主要特征如下。

　　（1）高耸

　　由于城市用地的限制，加之商业社会追求建筑的标志性，高耸或高层建筑已成为当今建筑发展的一个方向，在继上海金茂大厦（88层，420.5m）和上海环球金融中心（101层，492m）建成之后，更高的上海中心正在施工之中。目前，世界上最高的建筑是阿联酋迪拜塔，这座将居住与购物集于一身的综合性大厦地上共有162层，总高度为818m，由连为一体的管状多塔组成，基座周围采用富有伊斯兰建筑风格的几何图形——六瓣的沙漠之花。迪拜塔加上周围的配套项目，总耗资约80亿美元。超高层建筑结构常采用筒体结构，在风力的作用下其受力与悬臂梁相似。

　　（2）大跨

　　大跨建筑通常是指横向跨度超过30m的各类结构形式的建筑。大跨建筑在古罗马时代就已经出现，如公元 120～124 年建成的罗马万神庙，其圆形穹顶直径和高度均达 43.43m，用天然混凝土浇筑而成。大跨建筑真正得到发展还是在 19 世纪后半叶，例如 1889 年建成的巴黎世界博览会机械馆，跨度达到 115m，采用三角拱钢结构，目前世界上最大跨度的建筑是美国底特律的韦恩县体育馆，圆形平面直径达 266m，为钢网壳结构。大跨建筑主要集中在体育建筑、展览建筑及桥梁结构等。大跨建筑常常采用网架、悬索等结构形式，如已建成的江阴长江大桥，其主跨达到 1385m。

（3）新颖

随着 21 世纪大规模的建设，各类面向新世纪需求的新颖结构也将层出不穷。如 2008 北京奥运主场馆"鸟巢"结构，实际上是由 22 榀主桁架式的门式刚架绕屋面的椭圆开口旋转而成。新颖结构的特点是体态的奇特和受力的复杂，对结构设计与计算具有一定的挑战性。2002 年 12 月，备受关注的中央电视台（CCTV）建筑设计方案终于尘埃落定，中标方是荷兰建筑师雷姆•库哈斯率领的荷兰大都会（OMA）建筑事务所。结构是否安全是央视新大楼本身最令人关注的地方。从外观上看，央视大楼由两栋倾斜的大楼作为支柱，在悬空约 180m 处分别向外横挑数十米"空中对接"，形成"侧面 S 正面 O"的特异造型（图 1.5）。从结构设计角度来讲，新央视大楼的结构设计不甚合理，超长悬挑是一个严重扭转不规则的造型，整体结构倾覆力矩超大导致基础设计难度极大。即使这种造型论证多少次，也不可能比中规中矩的造型更安全、更稳定、更可靠。

图 1.5　央视新大楼

为了解决结构问题带来的隐忧，央视新大楼在方案出台以后一度搁浅。直到 2004 年 1 月 7 日，央视新大楼的设计才通过了 13 位中国顶级结构专家的评审，建筑设计的安全问题最终得到解决。库哈斯标新立异的不规则设计使得楼体各部分的受力状况有很大差异，为此，结构工程师们根据大楼受力不同来设置结构杆件，受力大的部位用较多的网纹构成很多小块菱形以分解受力，受力小的部位就用较少的网纹构成大块的菱形。我们从外表看来，那些菱形渔网状金属脚手架是不规则的，没有规律，但实际上却是经过了精密计算。结构的菱形网格真实地表现了大楼结构的受力状况，同时形成幕墙的建筑表面图案。

（4）绿色

让建筑"变绿"是建筑的一大课题，事实上很多建筑是在绿色的名义下建设的，如北京奥运场馆。上海世博会很多建筑也进行了绿色建筑实践，如印度馆用竹子做的大型穹顶建筑，直径达 36m，高 18m，共用 500 多根竹子。现代结构除了上述传统意义上的高、宽、大等特征外，更重要的是在建筑结构的设计和施工中强调绿色的理念，即在建筑结构的设计和施工中注重节能、节材、节水、节地和环保的设计理念。国家制定的建筑保温节能要求也是现代结构设计中必须要考虑的具体要求。

1.1.3　学习结构选型的意义

在建筑学中，艺术和技术过去曾长期是一个统一体。随着科学技术的迅速发展，各学科的专业分工越来越细，在建筑工程范围内建筑学、城市规划、材料技术、工程力学、结构工程、地基基础、施工组织和管理、建筑设备等各门学科分工细致，这对学科的发展是十分重要的。然而，建筑设计过程中的过细分工往往导致人们从各自的专业着眼，而不能充分地从总体方面考虑问题。一栋成功的建筑是建筑师、结构工程师、设备工程师等许多专业人员创造性合作的产物，其中各专业相互渗透、密切配合是十分重要的。由于建筑专业处于龙头地位，为了扮好统筹者的角色，建筑师对于结构应有相当的了解。

结构选型是一个综合性的科学问题。一个优秀的建筑物，建筑与结构必然是有机结合的统一体，这就要求建筑设计者要掌握各类结构体系的概貌、基本特点和经济效果，才能在方案设计中同时进行结构构思，并选择合适的结构体系。一个好的结构形式的选择，不仅要考虑建筑功能合理、美观新颖，还要考虑结构合理及施工方便，以及经济条件。

建筑设计和结构选型的构思是一项带有高度综合性、复杂而细致的工作。只有充分考虑各种影响因素，并进行科学而全面的综合分析才有可能得到合理可行的结构选型结果。一般而言，要综合考虑建筑功能、材料、施工、结构计算条件等因素。事实上结构有很大的造型潜力，几乎是无所不能。结构可以是各种形状的，如柱状的、平面的，或者是各种形状的混合体，只要能凸显和实现设计师的理念，任何一种形状都是可能的。在这种前提下，我们用频率、样式、简单性、规律性、随意性和复杂性等设计概念考察柱、梁和墙。这样结构可分隔空间、创建单元、表明通道、引导方向、发掘空间组合和模数关系，通过这种方式它就不可避免地与那些创造出建筑学特质与激动人心之处的结构元素联系在一起。

1.1.4　建筑结构基本构件类型

建筑结构是在一个空间中用各种基本的结构构件结合成的具有某种特征的有机体。有了各种基本的结构构件，才能够形成一定的结构体系，因此结构选型应从对结构基本构件的认识入手。

1.1.4.1　墙体

包括承重墙与非承重墙：非承重墙主要起围护、分隔空间的作用；承重墙主要起承重与围护作用。框架结构体系建筑墙体的作用是围护与分隔空间。墙体要有足够的强度和稳定性，具有保温、隔热、隔声、防火、防水的功能。

（1）墙的特点

墙主要是承受平行于其纵轴方向荷载的竖向构件，在重力和竖向荷载作用下主要承受压力，有时也承受弯矩和剪力，但在水平风荷载和地震作用下或在土压力、水压力等水平力作用下则主要承受弯矩和剪力。

（2）墙的分类

① 按外形分有平面形墙（包括空心墙、空斗墙）、筒体墙、曲面形墙、折线形墙等。

② 按位置或功能分有内墙、外墙、纵墙、横墙、山墙、女儿墙、挡土墙，以及隔断墙、耐火墙、隔音墙、屏蔽墙等。

③ 按受力特点分，有以承受重力为主的承重墙、以承受风荷载或地震作用产生的水平力为主的剪力墙，以及作为隔断等非受力的非承重墙。剪力墙多用于多层、高层建筑。

④ 按所用材料分，有砖墙、石墙、砌块墙（混凝土或硅酸盐材料制作）、钢筋混凝土墙、玻璃幕墙、竹墙、木墙、土坯墙、夯土墙、组合墙等。

从汉字字面上看墙字从土，我国早期房屋建筑用的较多的应为土墙（图 1.6），尽管后来有了砖墙、石墙（图 1.7）乃至混凝土墙，墙字的写法仍没有改变，墙的力学性能并不完全等同于使用材料的性能，这也许是一个方面的解释。

图1.6 永定土楼用土作外墙

图1.7 永定土楼用土作外墙，内墙多用砖墙

1.1.4.2 柱

（1）柱的特点

柱是承受平行于其纵轴方向荷载的构件，它的截面尺寸小于它的高度，一般以受压和受弯为主，因此也称压弯构件。

（2）柱的分类

① 按截面形状分，有方形、矩形、圆形、L形、T形、Z形、十字形、工字形截面柱，还有双肢柱、格构柱、单（双）阶柱（用于有吊车的单层厂房）等。

② 按受力特点分，有轴心受压柱和偏心受压柱两种，砌体结构中的构造柱，其作用主要是增加墙体的整体性。

③ 按所用材料分，有石柱、砖柱、砌体柱、钢柱（图1.8）、钢筋混凝土柱、木柱、组合柱等（图1.9）。

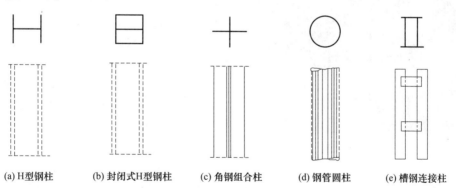

(a) H型钢柱　　(b) 封闭式H型钢柱　　(c) 角钢组合柱　　(d) 钢管圆柱　　(e) 槽钢连接柱

图1.8 小断面型钢柱的断面及立面形式

1.1.4.3 梁

（1）梁的特点

梁是承受垂直于其纵轴方向荷载的构件，它的截面尺寸小于它的跨度。如果荷载重心作用在梁的纵轴平面内，该梁只承受弯矩和剪力，否则承受扭矩。如果荷载所在平面与梁的纵对称轴面斜交或正交，该梁便处于双向受弯、双向受剪状态，甚至还可能同时受扭矩作用。

（2）梁的分类

① 按外形分，有水平直梁、斜直梁、曲梁、空间曲梁等。

② 按截面分，有矩形、T形、工字形、槽形、箱形、空腹梁，还有等截面梁、变截面

图1.9 斯图加特机场候机楼的树形柱

梁（指全梁的截面不等高）、叠合梁（指两次浇注成型）等。

③ 按受力特点分，有简支梁、悬臂梁、两端固定梁、一端简支另一端固定梁、连续梁等。梁的受力特点还与它在结构中所处的位置以及所受的荷载情况有关，如在平面楼盖中有次梁、主梁、密肋梁、井字梁、挑梁，在楼梯中有斜梁，在工业厂房中有吊车梁，在桥梁中有桥面梁等。砌体结构中的圈梁，其作用主要是增加楼（屋）盖的水平刚度和建筑的整体性。梁的高跨比一般为 $1/16 \sim 1/8$，悬臂梁为 $1/6 \sim 1/5$，预应力钢筋混凝土梁为 $1/25 \sim 1/20$。高跨比大于 $1/4$ 的梁称为深梁。

④ 按所用材料分，有钢筋混凝土梁、预应力钢筋混凝土梁、型钢梁、钢板梁、实木梁、胶合木梁、组合梁等。

从汉字字面上看，柱、梁、板及桁架等字都是从木，我国传统建筑多为木结构，永定土楼也不例外（图1.10）。

图1.10 永定土楼的木结构梁、柱

1.1.4.4 板

（1）板的特点

板是具有较大平面尺寸，但却具有相对较小厚度的平面形结构构件。它通常水平设置（有时也可能斜向设置），承受垂直于板面方向的荷载，受力以弯矩、剪力、扭矩为主，但在结构计算中剪力和扭矩往往可以忽略。

（2）板的分类

① 按平面形状分，有方形、矩形、圆形、扇形、三角形、梯形和各种异型板等。

② 按截面分，有实心板、空心板、槽形板、密肋板、压型钢板等。

③ 按受力特点分，有单向板、双向板；按支承条件又可分为四边支承、三边支承、两边支承、一边支承和四角点支承板；按支承边的约束条件或可分为简支边（沿支承边无弯矩，板端可发生扭转）、固定边（沿支承边有反力、弯矩，板端无转角）、连续边（沿支承边有反力、弯矩、转角）、自由边（沿支承边无反力、弯矩）板；按设置方向分，有平板、斜

板（如楼梯段板）、竖板（如墙板）。板可以仅支承在梁上、墙上、柱上或地平面上，也可以一部分支承在梁上，一部分支承在墙上或柱上。

④ 按所用材料分，有钢筋混凝土板、钢板、实木板、胶合木板、叠合板（如压型钢板与混凝土板叠合、预制预应力薄板与现浇混凝土板叠合）等。

⑤ 板还可以组合成空间结构如折板结构、幕结构等，它们的受力情况就不仅是承受垂直于板面的荷载，更要作为该空间结构的一些组合构件，承受空间作用时相应的内力。

建筑中钢筋混凝土楼盖常为梁板结构，当肋梁楼盖的梁不分主次，高度相同，相交呈井字形时，称为井式楼盖。井式楼盖上部传下的力，由两个方向的梁相互支撑，其梁间距一般为3m，梁跨度可达30～40m，故可营造较大的建筑空间。这种形式多用于大厅。楼板不设梁，而将楼板直接支撑在柱上时为无梁楼盖。无梁楼盖大多在柱顶设置柱帽，尤其是楼板承受的荷载很大时，设置柱帽可避免楼板过厚。柱帽形式多样，有圆形、方形和多边形等。无梁楼盖的柱网通常为正方形或近似正方形，常用的柱网尺寸为6m左右，较为经济。板还是建筑设计和造型的重要元素，如图1.11所示。

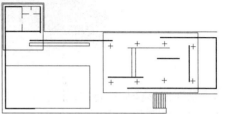

图1.11 巴塞罗那世界博览会德国馆

1.1.4.5 桁架

（1）桁架的特点

桁架是由若干直杆组成的具有三角形区格的平面或空间承重结构构件。它在竖向荷载作用下各杆件主要承受轴向拉力或压力，从而能充分利用材料的强度，故而适用于较大跨度的结构，如屋盖中的屋架、高层建筑中的支撑系统或格构墙体、桥梁工程中的跨越结构、高耸结构（如桅杆塔、输电塔）以及闸门等。

（2）桁架的分类

① 按外形分有三角形、梯形、折线形、拱形以及空腹桁架等。

② 按受力特点分有静定桁架、超静定桁架、平面桁架和空间桁架（其中网架就是空间桁架中的一种）等。

③ 按所用材料分有钢桁架、钢筋混凝土桁架、木桁架、组合桁架等。

巴黎蓬皮杜中心为长100多米宽50余米的多层建筑，建筑采用桁架支撑，室内无结构柱，如图1.12所示。蓬皮杜中心全名为蓬皮杜国家艺术和文化中心，坐落于法国首都巴黎Beaubourg区的现代艺术博物馆，是建于法国巴黎市内的一座国家级的文化建筑。设计者是意大利的R. 皮亚诺和美国的R. 罗杰斯。中心大厦南北长168m，宽60m，高42m，分为6层。大厦的支架由两排间距为48m的钢管柱构成，楼板可上下移动，楼梯及所有设备完全暴露。东立面的管道和西立面的走廊均为有机玻璃圆形长罩所覆盖。大厦内部设有现代艺术博物馆、图书馆和工业设计中心。

1.1.4.6 索

（1）索的特点

索用于悬索结构（用柔性拉索及其边缘构件组成的结构）或悬挂结构（指通过吊索或吊杆悬挂在主体结构上的结构）。悬索结构的钢索不承受弯矩，可以使钢材耐拉性发挥最大的

图 1.12 巴黎蓬皮杜中心

效用，从而能够降低钢材的消耗量，所以结构自重较轻，从理论上讲，只要施工方便、构造合理，可以做成很大的跨度。而且施工时不需要大型的起重设备和大量的模板，施工期限较短。当然，在选择悬索结构形式时，需要注意受力的特性，解决好建筑空间环境的组合问题。另外，在荷载作用下，悬索结构体系能承受巨大的拉力，因此要求设置能承受较大压力的构件与之相平衡，这就是该结构体系的受力特殊性能。悬挂结构则多用于桥梁或高层建筑，其中吊索或吊杆承受重力荷载，水平荷载则由筒体、塔架或框架柱承受。

（2）索的分类

① 按材料分有钢丝束、钢丝绳、钢绞线、链条、圆钢、钢管以及其他受拉性能好的线材等（图 1.13）。

② 按受力特点分有单曲面索、双曲面索和双曲交叉索，形式有单层、双层、伞形、圆形、椭圆形、矩形、菱形等。悬挂结构还有悬挂索、斜拉索等。

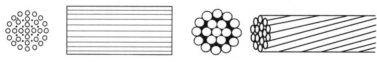

图 1.13 钢丝绳索示意图

图 1.14 所示为雷诺汽车中心——悬索与屋面钢梁混合使用的建筑造型。

图 1.14 雷诺汽车中心

1.2 建筑结构的体系

建筑物是由许多结构构件组成的系统，其中主要的受力系统称为结构总体系，结构总体系由基本水平分体系、基本竖向分体系以及基础体系三部分组成。

1.2.1 基本水平分体系

基本水平分体系：有楼盖结构和屋盖结构两部分。楼盖是建筑物楼层的结构组成部分，一般由板或板-梁结构单元构成。屋盖则是屋顶的结构组成部分，一般有下列几种类型：① 由屋面板、屋面梁构成的板-梁结构体系；②由屋面板、檩条梁、桁架构成的桁架结构体系；③由屋面板、网架构成的网架结构体系；④由拱板、壳体构成的拱结构体系或壳体结构体系；⑤由索或薄膜构成的索结构体系或膜结构体系。基本水平分体系也称楼（屋）盖体系。其作用如下。

① 在竖向，主要承受楼（屋）面活荷载、楼（屋）盖构件及其构造层的自重等重力荷载，并把它传给竖向分体系。

② 在水平方向，起隔板和支撑竖向构件的作用，并保持竖向构件的稳定。

1.2.2 基本竖向分体系

基本竖向分体系：一般由柱、墙、筒体组成，如框架体系、墙体系（承重墙结构、剪力墙结构）、框架-剪力墙结构体系和井筒体系（框筒结构、框架-核心筒结构、筒中筒结构、多重筒结构、束筒结构）等。其作用如下。

① 在竖向，承受由水平体系传来的全部荷载，并把它传给基础体系。

② 在水平方向，抵抗水平作用力如风荷载、水平地震作用等，并把它们传给基础体系。

1.2.3 基础体系

基础体系：一般由独立基础、条形基础、交叉基础、筏板基础、箱形基础（一般为浅埋）以及桩、沉井（一般为深埋）组成。其作用如下。

① 把上述两类分体系传来的重力荷载全部传给地基。

② 承受地面以上的上部结构传来的水平作用力，并把它们传给地基。

③ 限制整个结构的沉降，避免不允许的不均匀沉降和结构的滑移。

结构水平分体系和竖向分体系之间的基本矛盾是，竖向结构构件之间的距离越大，水平结构构件所需要的材料用量越多。合理的结构概念设计应该寻求到一个最开阔、最灵活的可利用空间，满足人们使用的功能和美观的需求，而为此所付出的材料和施工消耗最少，而且能适合本地区的自然条件（气候、地质、水文、地形等）。

基础的形式和体系要按照建筑物所在场地的土质和地下水的实际情况进行选择和设计。为此，在结构概念设计前至少要拥有该建筑物所在场地的初步勘察报告。这是结构概念设计的必备条件。

显然，了解并掌握当地有关环境的基本情况和基本数据，如地形图、地震设防烈度、风雪荷载、气温变化、雨季和最高雨量等，对确定结构的三个基本分体系有着重要影响。

1.3　建筑结构的设计标准和设计方法

1.3.1　建筑结构荷载及设计方法

1.3.1.1　结构上的作用、作用效应和结构抗力

结构产生各种效应的原因，统称为结构上的作用。结构上的作用包括直接作用和间接作用。直接作用指的是施加在结构上的集中力或分布力，例如结构自重、楼面活荷载和设备自重等。直接作用的计算一般比较简单，引起的效应比较直观。间接作用指的是引起结构外加变形或约束变形的原因，例如温度的变化、混凝土的收缩或徐变、地基的变形、焊接变形和地震作用等，这类作用不是以直接施加在结构上的形式出现的，但同样引起结构产生效应。间接作用的计算和引起的效应一般比较复杂，例如地震会引起建筑物产生裂缝、倾斜下沉以至倒塌，但这些破坏效应不仅仅与地震震级、烈度有关，还与建筑物所在场地的地基条件、建筑物的基础类型和上部结构体系有关。

作用在结构上的直接作用或间接作用，将引起结构或结构构件产生内力（如轴力、弯矩、剪力、扭矩等）和变形（如挠度、转角、侧移、裂缝等），这些内力和变形总称为作用效应，其中由直接作用产生的作用效应称为荷载效应。

结构或结构构件承受内力和变形的能力称为结构的抗力，如构件的承载能力、刚度的大小、抗裂缝的能力等。结构抗力与结构构件的截面形式、截面尺寸及材料强度等级等因素有关。

1.3.1.2　荷载的分类

结构上的荷载可分为以下三类。

① 永久荷载。在结构使用期间内，其值不随时间变化，或其变化与平均值相比可以忽略不计，或其变化是单调的并能趋于限值的荷载，如结构的自重、土压力、预应力等。

② 可变荷载。在结构使用期间，其值随时间变化，且其变化与平均值相比不可以忽略不计的荷载，如楼面活荷载、屋面活荷载和积灰荷载、雪荷载、吊车荷载、风荷载等。

③ 偶然荷载。在结构使用期间不一定出现，一旦出现，其值很大且持续时间很短的荷载，如地震作用、爆炸力、撞击力等。

1.3.1.3　荷载的代表值

① 荷载标准值。即荷载的基本代表值，为设计基准期内最大荷载统计分布的特征值。

结构自重的标准值可按结构构件的设计尺寸与材料单位体积的自重计算确定。一般材料和构件的单位自重可取其平均值，对于自重变异较大的材料和构件（如现场制作的保温材料、混凝土薄壁构件等），自重的标准值应根据对结构的不利状态取上限值或下限值。

常用材料和构件单位体积的自重可按《建筑结构荷载规范》附录 A 采用。

② 可变荷载有三种代表值，即标准值、频遇值和准永久值。其中标准值是设计基准期内最大荷载统计分布的特征值，它是荷载的基本代表值。在承载能力极限状态设计时，直接以标准值作为荷载效应组合的基本代表值。当结构按正常使用极限状态的要求进行设计时，由于引起极限状态的控制因素，如变形、裂缝、局部损坏等的荷载性质有较大不同，应从不同的要求来选择荷载的代表值。荷载的频遇值和准永久值则是在结构按正常使用极限状态下进行设计时采用的荷载的两种代表值，它们可由标准值乘以相应系数而得。下面说明当结构按正常使用极限状态设计时，常用的频遇值和准永久值概念。

荷载准永久值：对可变荷载，在设计基准期内，其超越的总时间约为设计基准期一半的荷载值。应取可变荷载标准值乘以荷载准永久值系数。

荷载频域值：对可变荷载，在设计基准期内，其超越的总时间为规定的较小比率或超越频率为规定频率的荷载值。应取可变荷载标准值乘以荷载频域值系数。

荷载组合值：对可变荷载，使组合后的荷载效应在设计基准期内的超越概率能与该荷载单独出现时的相应概率趋于一致的荷载值；或组合后的结构具有统一规定的可靠指标的荷载值。应为可变荷载的标准值乘以荷载组合值系数。

1.3.1.4　荷载的设计值

荷载设计值为荷载代表值与荷载分项系数的乘积。

1.3.2　材料强度标准值、材料强度设计值

材料强度标准值，是按极限状态设计时采用的材料强度的基本代表值。材料强度标准值的取值原则是，在符合规定的材料强度实测值的总体中，标准强度应具有不小于95%的保证率，即按概率分布的0.05分位数确定。

材料强度设计值：材料强度标准值除以各自的材料分项系数，称为材料强度设计值。

建筑工程中，所确定的混凝土材料分项系数$\gamma_c=1.4$；热轧钢筋（包括HPB300、HRB400、RRB400和HRB500级钢筋）的材料分项系数$\gamma_s=1.1$；预应力钢筋$\gamma_s=1.2$。

1.3.3　建筑结构构件极限状态设计方法

根据《建筑结构设计统一标准》所确定的原则，应用我国现行规范进行结构构件设计时，采用的是以概率理论为基础的极限状态设计方法。

1.3.3.1　结构的功能要求

结构在规定的设计基准期内（我国现行规范规定为50年），在规定的条件下（即正常设计、正常施工、正常使用、正常维修）必须保证完成预定的功能，这些功能包括以下几个方面。

① 安全性。即建筑结构必须能承受可能出现的各种作用（如荷载、温度变化、基础不均匀沉降），并且能在偶然事件（如地震、爆炸）发生时和发生后保持必需的结构整体稳定性，结构仅发生局部的损坏而不致发生连续的倒塌。

② 适用性。是指结构在正常使用条件下具有良好的工作性能，如不发生影响正常使用的过大扰动、永久变形和过大的振幅或显著的振动，不产生让使用者感到不安的裂缝宽度等。

③ 耐久性。建筑结构在正常使用和正常维修的条件下，应能在规定的使用年限期间内满足使用要求，例如构件裂缝能满足设计规定的要求。

以上所述的结构的安全性、适用性和耐久性，总称为结构的可靠性。结构可靠性的概率度量值称为结构的可靠度，也就是说，可靠度是指在规定的时间内和规定的条件下，结构完成预定功能的概率。

1.3.3.2　结构功能的极限状态

区分结构是可靠还是失效，其分界标志就是极限状态。当整个结构或某一构件超过规定许可的某一特定状态时，就不能满足设计所规定的某一功能的要求，这种特定的状态即称为该功能的极限状态。

极限状态分为以下两类。

（1）承载能力极限状态

当结构或构件达到了最大承载力，或者产生了不适于继续承载的过大变形时，即认为超过了承载能力极限状态。

① 整个结构或结构的一部分作为刚体失去平衡，例如烟囱在风荷载作用下整体倾翻。

② 结构构件或其连接因超过材料强度而破坏（包括疲劳破坏），例如轴心受压短柱中的混凝土和钢筋分别达到抗压强度而破坏，或构件因塑性变形过大而不适于继续承载。

③ 结构变为机动体系，如简支梁跨中截面达到抗弯承载力形成三铰拱的机动体系，从而丧失承载能力。

④ 结构或构件因达到临界荷载而丧失稳定，例如细长柱达到临界荷载后因压屈失稳而破坏。

（2）正常使用极限状态

这种极限状态是对应于结构或构件达到正常使用或耐久性能的某项规定限值的状态。当出现下列状态之一时，即认为超过了正常使用极限状态。

① 影响正常使用或出现明显的难以接受的变形，如梁的挠度过大影响正常使用。

② 影响正常使用或耐久性的局部破坏，如水池的裂缝过宽影响正常使用或导致钢筋锈蚀。

③ 影响正常使用的振动，如楼板的振幅过大而影响使用。

④ 影响正常使用的其他特定状态，如基础产生的不均匀沉降过大。

1.4 结构构件的设计原理与设计表达式

结构构件设计是要考虑各种不利因素对结构构件的影响，保证结构构件在设计使用年限内，可以完成预定的功能要求。同时要采用尽可能少的材料消耗和降低工程造价。因此，现行的设计思路仍是将设计状态确定为结构构件的极限状态，即概率极限状态设计法。

1.4.1 概率极限状态设计方法

概率极限状态设计法中影响结构可靠性的各因素具有随机性，作用效应 S 和结构构件抗力 R 也都可用随机变量来表达，将结构构件的功能函数定义为结构所处的状态，即：

$$Z=R-S \tag{1-1}$$

显然：当 $Z>0$ 时，结构处于可靠状态；当 $Z<0$ 时，结构处于失效状态；当 $Z=0$ 时，结构处于极限状态。

结构所处的状态也可用图 1.15 来表示，当基本变量满足极限状态方程时，结构达到极限状态，即图 1.15 中的 45°直线。

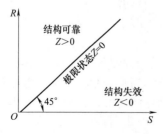

图 1.15 结构所处的状态

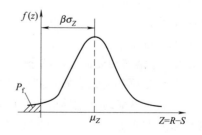

图 1.16 失效概率 P_f 与可靠指标 β 之间的关系

如上所述，结构的可靠度并非直接用概率来表示，而是以可靠度指标 β 来表示。当作用效应 S 和结构构件抗力 R 为随机变量时，则由功能函数知，Z 也为随机变量。若 Z 服从正态分布，其均值为 μ_Z，均方差为 σ_Z，则失效概率 $P_{\rm f}$ 与 $\beta=\mu_Z/\sigma_Z$ 之间存在一一对应关系（图 1.16）。用 $\beta=\mu_Z/\sigma_Z$ 来表示结构构件的可靠性程度，显然失效概率 $P_{\rm f}$ 越小，则 β 值越大，结构构件也就越可靠。

结构构件的失效概率可表达为：

$$P_{\rm f}=P(Z<0)=\varPhi(-\beta)=1-\varPhi(\beta) \tag{1-2}$$

《建筑结构可靠度设计统一标准》根据结构安全等级和破坏类型，规定了按承载能力极限状态设计时的目标可靠性指标 β 值，见表 1.1。

表 1.1 结构构件承载能力极限状态的可靠指标 β

破坏类型	安全等级		
	一级	二级	三级
延性破坏	3.7	3.2	2.7
脆性破坏	4.2	3.7	3.2

1.4.2 实用设计表达式

长期以来，人们习惯于采用基本变量的标准值（如荷载标准值、材料强度标准值）和分项系数（荷载分项系数、材料强度分项系数）进行结构构件设计。考虑到这一情况，并为了应用上的简便，需要将极限状态方程转化为以基本变量标准值和分项系数形式表达的极限状态设计表达式。其中，各项系数的取值根据目标可靠性指标及基本变量的统计参数用概率方法确定。这样，结构构件的设计可以按照传统的方式进行，不需要进行概率方面的运算。

（1）承载能力极限状态设计表达式

对于持久设计状况、短暂设计状况和地震设计状况，当用内力的形式表达时，结构构件应采用下列承载能力极限状态设计表达式：

$$\gamma_0 S\leqslant R \tag{1-3}$$

$$R=R(f_{\rm c},f_{\rm s},a_{\rm k},\cdots)/\gamma_{\rm Rd} \tag{1-4}$$

式中　　　γ_0——结构重要性系数，在持久设计状况和短暂设计状况下，对安全等级为一级的结构构件不应小于 1.1，对安全等级为二级的结构构件不应小于 1.0，对于安全等级为三级的结构构件，不应小于 0.9，对地震设计状况下应取 1.0；

S——承载能力极限状态下作用组合的效应设计值，对持久设计状况和短暂设计状况应按作用的基本组合设计，对地震设计状况应按作用的地震组合计算；

R——结构构件的抗力设计值；

$R(f_{\rm c},f_{\rm s},a_{\rm k},\cdots)$——结构构件的抗力函数；

$f_{\rm c}$，$f_{\rm s}$——混凝土、钢筋的强度设计值；

$a_{\rm k}$——几何参数的标准值，当几何参数的变异性对结构性能有明显的不利影响时，应增减一个附加值；

$\gamma_{\rm Rd}$——结构构件的抗力模型不定性系数，静力设计取 1.0，对不确定性较大的结构构件根据具体情况取大于 1.0 的数值，抗震设计应用承载力抗

震调整系数 γ_{RE} 代替 γ_{Rd}。

注：式（1-3）中的 $\gamma_0 S$ 为内力设计值，本教材中以 N（轴力设计值）、M（弯矩设计值）、V（剪力设计值）、T（扭矩设计值）等表达。

荷载效应的基本组合：

$$S = \sum_{j=1}^{m} \gamma_{Gj} S_{Gjk} + \gamma_{Q1} \gamma_{L1} S_{Q1k} + \sum_{i=2}^{n} \gamma_{Qi} \gamma_{Li} \psi_{ci} S_{Qik} \tag{1-5}$$

式中　γ_{Gj}——第 j 个永久荷载的分项系数，当永久荷载效应对结构不利（使结构内力增大）时，应取 $\gamma_{Gj} = 1.3$；对承载力有力时，应取 $\gamma_{Gj} \leqslant 1.0$；

γ_{Q1}，γ_{Qi}——主导可变荷载 Q_1 的分项系数和第 i 个可变荷载的分项系数，当荷载效应对承载力不利时取 1.5、对承载力有力时取 0；

γ_{Li}——第 i 个可变荷载考虑设计使用年限的调整系数，其中 γ_{L1} 主导可变荷载 Q_{1k} 考虑设计使用年限的调整系数，设计使用年限为 5 年、50 年、100 年，分别取 0.9、1.0、1.1；对设计使用年限为 25 年的结构构件，应按各种材料结构设计标准的规定取用；

S_{Gjk}——第 j 个永久荷载标准值 G_{jk} 计算的荷载效应值；

S_{Q1k}——按主导可变荷载 Q_{1k}（在各可变荷载中产生的效应最大）计算的荷载效应值；

S_{Qik}——第 i 个可变荷载标准值 Q_{ik} 计算的荷载效应值；

ψ_{ci}——第 i 个可变荷载 Q_i 的组合值系数，一般情况下应取 0.7；对书库、档案馆、储藏室或通风机房、电梯机房应取 0.9；风荷载的组合值系数应取 0.6；

m——参与组合的永久荷载数；

n——参与组合的可变荷载数。

当对 S_{Q1k} 无法明确判断时，可分别以各可变荷载效应为 S_{Q1k}，选其中最不利的荷载效应组合。

要注意的是：上述式（1-5）仅适用于荷载和荷载效应为线性的情况，亦即结构分析采用一阶弹性分析时才适用。当采用二阶弹性分析时，荷载与荷载效应呈非线性关系时，应先进行荷载组合。

（2）正常使用极限状态设计表达式

对于正常使用极限状态，应根据不同的设计要求，采用荷载的标准组合、频遇组合或准永久组合，并应按式（1-6）进行设计：

$$S \leqslant C \tag{1-6}$$

式中　S——正常使用极限状态的荷载组合的效应设计值；

C——结构或结构构件达到正常使用要求的规定限值，例如变形、裂缝、振幅、加速度、应力等的限值。

① 对于标准组合，荷载效应组合设计值 S 应按式（1-7）采用：

$$S = \sum_{j=1}^{m} S_{Gjk} + S_{Q1k} + \sum_{i=2}^{n} \psi_{ci} S_{Qik} \tag{1-7}$$

组合中的效应设计值仅适用于荷载与荷载效应为线性的情况。

② 对于频遇组合，荷载效应组合设计值 S 应按式（1-8）采用：

$$S = \sum_{j=1}^{m} S_{Gjk} + \psi_{f1} S_{Q1k} + \sum_{i=2}^{n} \psi_{qi} S_{Qik} \tag{1-8}$$

式中　ψ_{f1}，ψ_{qi}——可变荷载 Q_1 的频遇值系数、可变荷载 Q_i 的准永久值系数，可按荷载规范规定采用。

③ 对于准永久组合，荷载效应组合的设计值 S 可按下式采用：

$$S = \sum_{j=1}^{m} S_{Gjk} + \sum_{i=1}^{n} \psi_{qi} S_{Qik} \tag{1-9}$$

1.5 建筑材料的性能及选用

1.5.1 混凝土

混凝土是浇筑在模板中凝结成型的，混凝土中需要按受力要求配置钢筋形成钢筋混凝土构件。混凝土是水泥、水、粗细集料（石子、砂）的混合物，对它的强度要求和所形成构件的尺寸确定了它们间的配合，如水泥和水的比例、水泥浆和集料的比例、粗细集料的级配和粒径等。其中集料占混凝土体积的 $70\%\sim75\%$，水灰比为 $0.35\sim0.4$。水的作用一是要与水泥完成水化反应；二是为了浇筑时流动性的需要。水化反应后多余的水也就增加了混凝土体内的孔隙率，引起混凝土的收缩，形成体内固有的微裂缝，影响混凝土的耐久性。为了改善混凝土的性能（如和易性、凝结性、耐冻性等），提高混凝土的强度，往往在其中添加外加剂（如减水剂、引气剂）和矿物细掺料（如硅灰），做成高性能混凝土。混凝土配合搅拌后经运输灌入模板中，这时要避免离析（即水从水泥浆中分离出来迁移至构件表面），并在浇灌的同时用振捣器压实，然后至少养护 7d，以防止水的损失和过快干燥。混凝土在浇灌完成后 28d 达到 100% 的设计强度，但 7d 大约可达到 70%，14d 可达到 $85\%\sim90\%$。

1.5.1.1 混凝土主要的力学和工艺性能

① 极限应力，也即抗压和抗拉强度，是用标准试块（$150mm\times150mm\times150mm$ 立方体）在标准养护条件和试验方法下测得的应力值。

② 极限压应变，一般公认为极限压应变值达到 0.0033 时混凝土即破坏。

③ 弹性模量，是混凝土应力-应变曲线在原点处切线的斜率，它在应力小于 $0.3\sim0.4$ 倍极限应力时是适用的。

④ 收缩，是混凝土在不受外力情况下体积变化产生的变形，它随时间而增长。早期发展快，两周内约可完成总收缩量的 25%；当收缩变形遇到约束时，混凝土即开裂，这是混凝土发生裂缝的主要原因之一。

⑤ 和易性，是施工过程中混凝土易于浇筑和密实成型不发生离析现象的性能；和易性以坍落度试验的坍落高度表示。

我国《混凝土结构设计规范》（GB 50010—2010）规定，混凝土一般按强度等级区分，有从 C20 至 C80 共 13 个级别。

1.5.1.2 混凝土的选用原则

为保证结构安全可靠、经济耐久，选择混凝土时，要综合考虑材料的力学性能、耐久性、施工性能和经济性等方面的问题，按照《混凝土结构设计规范》的要求选用。

① 素混凝土结构的混凝土强度等级不应低于 C20；钢筋混凝土结构的混凝土的强度等级不应低于 C25；当采用强度等级为 400MPa 及以上的钢筋时，混凝土的强度等级不应低于 C25。

② 预应力混凝土结构的混凝土强度等级不宜低于 C40，且不应低于 C30。

③ 承受重复荷载的钢筋混凝土构件，混凝土强度等级不得低于 C30。

④ 采用强度等级 500MPa 及以上的钢筋时，混凝土强度等级不应低于 C30。

1.5.2　钢筋

钢筋在混凝土结构中起到提高其承载能力，改善其工作性能的作用。了解钢筋的品种及其力学性能是合理选用钢筋的基础，而合理选用钢筋是混凝土结构设计的前提。混凝土结构中使用的钢材不仅要求有较高的强度、良好的变形性能（塑性）和可焊性，而且与混凝土之间应有良好的黏结性能，以保证钢筋与混凝土能很好地共同工作。

1.5.2.1　钢筋的品种及级别

混凝土结构中使用的钢筋，按化学成分，可分为碳素钢和普通低合金钢两大类；按生产工艺和强度，可分为热轧钢筋、中高强钢丝、钢绞线和冷加工钢筋；按表面形状可分为光圆钢筋和带肋钢筋等。在一些大型的、重要的混凝土结构或构件中，也可以将型钢置入混凝土中形成劲性钢筋。碳素钢除含有铁元素外，还含有少量的碳、锰、硅、磷、硫等元素。含碳量越高，钢材的强度越高，但变形性能和可焊性越差。通常可分为低碳钢（含碳量小于0.25%）和高碳钢（含碳量为 0.6%～1.4%）。碳素钢中加入少量的合金元素，如锰、硅、镍、钛、钒等，生成普通低合金钢，如 20MnSi、20MnSiV、20MnSiNb、20MnTi 等。

《混凝土结构设计规范》（GB 50010—2010）规定混凝土结构中使用的钢筋主要有热轧钢筋、热处理钢筋和钢丝、钢绞线等。

（1）热轧钢筋

热轧钢筋主要用于钢筋混凝土结构中，也用于预应力混凝土结构中作为非预应力钢筋使用。常用热轧钢筋按其强度由低到高，分为 HPB300、HRB400、HRBF400 和 RRB400、HRB500、HRBF500 六种，其符号和强度值范围见附表 1。HPB300 钢筋为低碳钢，其余均为普通低合金钢。RRB400 钢筋为余热处理钢筋，其屈服强度与 HRB400 级钢筋的相同，但热稳定性能不如 HRB400 级钢筋，焊接时在热影响区强度有所降低。HRBF 系列的钢筋指细晶粒热轧带肋钢筋。

除 HPB300 钢筋外形为光面圆钢筋外，其余强度较高的钢筋均为表面带肋钢筋，带肋钢筋的表面肋形主要有月牙纹和等高肋（螺纹、人字纹）。

等高肋钢筋中，螺纹钢筋和人字纹钢筋的纵肋和横肋都相交，差别在于螺纹钢筋表面的肋形方向一致，而人字纹钢筋表面的肋形方向不一致，形成人字。月牙纹钢筋表面无纵肋，横肋在钢筋横截面上的投影呈月牙状。月牙纹钢筋与混凝土的黏结性能略低于等高肋钢筋，但仍能保证良好的黏结性能，锚固延性及抗疲劳性能等优于等高肋钢筋，因此成为目前主流生产的带肋钢筋。

（2）预应力螺纹钢筋、钢丝和钢绞线

消除应力钢丝和钢绞线都是高强度钢筋，主要用于预应力混凝土结构中。预应力螺纹钢筋也称精轧螺纹钢筋，主要采用热轧、轧后余热处理或热处理等工艺生产的预应力混凝土用螺纹钢筋，公称直径范围 18～50mm。消除应力钢丝分为光面钢丝和螺旋肋钢丝两种。钢绞线是由多根高强度钢丝捻制在一起，经低温回火处理，清除内应力后制成，有 3 股和 7 股两种。钢丝和钢绞线不能采用焊接方式连接。钢筋的外形如图 1.17 所示。

1.5.2.2　钢筋的强度和变形

钢筋的力学性能指钢筋的强度和变形性能。钢筋的强度和变形性能，可以由钢筋单向拉伸的应力-应变曲线来分析说明。钢筋的应力-应变曲线可以分为两类：一是有明显流幅的，即有明显屈服点和屈服台阶的；二是没有流幅的，即没有明显屈服点和屈服台阶的。热轧钢

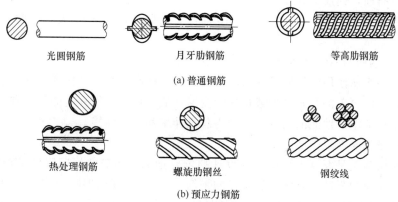

图 1.17 钢筋的外形

筋属于有明显流幅的钢筋,强度相对较低,但变形性能好;热处理钢筋、钢丝和钢绞线等属于无明显屈服点的钢筋,强度高,但变形性能差。

(1)有明显屈服点钢筋单向拉伸的应力-应变曲线

有明显屈服点钢筋单向拉伸的应力-应变曲线如图 1.18 所示。曲线由三个阶段组成:弹性阶段、屈服阶段和强化阶段。在 A 点以前的阶段称为弹性阶段,A 点称为比例极限点。在 A 点以前,钢筋的应力随应变成比例增长,即钢筋的应力-应变关系为线性关系;过 A 点后,应变增长速度大于应力增长速度,应力增长较小的幅度后达到 B' 点,钢筋开始屈服。随后应力稍有降低达到 B 点,钢筋进入流幅阶段,曲线接近水平线,应力不增加而应变持续增加。B' 和 B 点分别称为上屈服点和下屈服点。上屈服点不稳定,受加载速度、截面形式和表面光洁度等因素的影响;下屈服点一般比较稳定,所以,一般取下屈服点对应的应力作为有明显流幅钢筋的屈服强度。经过流幅阶段达到 C 点后,钢筋的弹性会有部分恢复,钢筋的应力会有所增加,达到最大点 D,应变大幅度增加,此阶段为强化阶段,最大点 D 对应的应力称为钢筋的极限强度。达到极限强度后继续加载,钢筋会出现"颈缩"现象;最后,在"颈缩"处 E 点钢筋被拉断。尽管热轧低碳钢和低合金钢都属于有明显流幅的钢筋,但不同强度等级的钢筋的屈服台阶的长度是不同的,强度越高,屈服台阶的长度越短,塑性越差。

(2)无明显屈服点钢筋单向拉伸的应力-应变曲线

无明显屈服点钢筋单向拉伸的应力-应变曲线如图 1.19 所示。其特点是没有明显的屈服

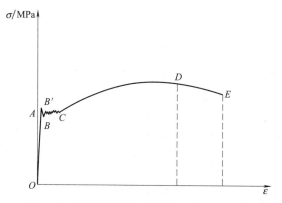

图 1.18 有明显屈服点钢筋的应力-应变曲线

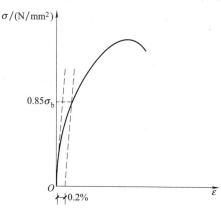

图 1.19 无明显屈服点钢筋的应力-应变曲线

点，钢筋被拉断前，钢筋的应变较小。对于无明显屈服点的钢筋，《混凝土结构设计规范》规定以极限抗拉强度的 85%（$0.85\sigma_b$）作为名义屈服点，用 $\sigma_{0.2}$ 表示。此点的残余应变为 0.002。

1.5.2.3 钢筋的力学性能指标

混凝土结构中所使用的钢筋既要有较高的强度，提高混凝土结构或构件的承载能力，又要有良好的塑性以改善混凝土结构或构件的变形性能。衡量钢筋强度的指标有屈服强度和极限强度，衡量钢筋塑性性能的指标有最大力总延伸率和冷弯性能。

（1）屈服强度与极限强度

钢筋的屈服强度是混凝土结构构件设计的重要指标。钢筋的屈服强度是钢筋应力-应变曲线下屈服点对应的强度（有明显屈服点的钢筋）或名义屈服点对应的强度（无明显屈服点的钢筋）。达到屈服强度时钢筋的强度还有富余，是为了保证混凝土结构或构件正常使用状态下的工作性能和偶然作用下（如地震作用）的变形性能。钢筋拉伸应力-应变曲线对应的最大应力，为钢筋的极限强度。钢筋的屈服强度与极限强度的比值称为屈强比，可反映钢筋的强度储备，一般取为 0.6～0.7。

（2）最大力总延伸率与冷弯性能

用最大力总延伸率——均匀延伸率来反映钢筋的变形能力。均匀延伸率（%）按下式确定 [图 1.20（a），以百分率计]：

$$\delta_{gt} = \frac{L - L_0}{L_0} + \frac{\sigma_b}{E_s} \tag{1-10}$$

式中　L_0——不包含颈缩区拉伸前的量测标距长度；

L——拉伸断裂后不包含颈缩区的量测标距长度；

σ_b——钢筋最大拉伸应力；

E_s——钢筋的弹性模量。

由式（1-10）可见，均匀延伸率包括残余应变和弹性应变 [图 1.20（b）]，它反映了钢筋达到最大强度时的变形能力。对于一般受力钢筋，均匀延伸率不小于 2.5%；对于需考虑塑性内力重分布的结构，均匀延伸率不小于 5%～6%；对于抗震结构，均匀延伸率不小于 9%。HRB400 级钢筋的均匀延伸率为 16.51%。

合格的钢筋经绕直径为 D 的弯芯弯曲到规定的角度后，钢筋应无裂纹、脱皮现象。钢筋塑性越好，钢辊直径 D 越小，冷弯角就越大，如图 1.21 所示。冷弯检验钢筋弯折加工性能，且更能综合反映钢材性能的优劣。

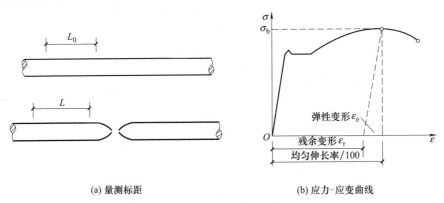

(a) 量测标距　　　　　(b) 应力-应变曲线

图 1.20　均匀延伸率

1.5.2.4 钢筋理想弹塑性应力-应变模型

对于没有缺陷和残余应力影响的试件，比例极限和屈服点比较接近，且屈服点前的应变很小（对低碳钢约为 0.15%）。为简化计算，通常假设屈服点以前的钢材为完全弹性的，屈服点以后的为完全塑性的。这样，就可把钢材视为理想的弹塑性体，其应力-应变曲线表现为双直线，如图 1.22 所示。其特点是钢筋屈服前（弹性阶段），应力-应变关系为斜线，斜率为钢筋的弹性模量。钢筋屈服后（塑性阶段），应力-应变关系为直线，即应力保持不变，应变继续增加。理想弹塑性模型的数学表达式为：

弹性阶段 $$\sigma_s = E_s \varepsilon_s \quad (\varepsilon_s \leqslant \varepsilon_y) \tag{1-11}$$
塑性阶段 $$\sigma_s = f_y \quad (\varepsilon_s > \varepsilon_y) \tag{1-12}$$

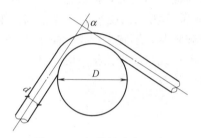

图 1.21 钢筋的冷弯试验

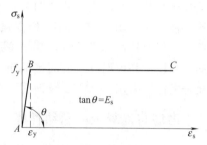

图 1.22 钢筋应力-应变关系曲线

《混凝土结构设计规范》规定：混凝土结构中纵向钢筋的极限拉应变 $\varepsilon_{su} \leqslant 0.01$。钢筋的弹性模量 E_s 与钢筋的品种有关，强度越高，弹性模量越小，取值见附表3。

1.5.2.5 钢筋的应力松弛

钢筋应力松弛是指受拉钢筋在长度保持不变的情况下，钢筋应力随时间增长而降低的现象。预应力混凝土结构中，由于应力松弛会引起预应力损失，所以，在预应力混凝土结构构件分析计算中应考虑应力松弛的影响。应力松弛与钢筋中的应力、温度和钢材品种有关，且在施加应力的早期应力松弛大，后期逐渐减少。钢筋中的应力越大，松弛损失越大；温度越高，松弛越大；钢绞线的应力松弛比其他高强度钢筋大。

1.5.2.6 混凝土结构对钢筋性能的要求

混凝土结构对钢筋性能的要求主要有五个方面。

① 强度高。使用强度高的钢筋可以节省钢材，取得较好的经济效益。

② 变形性能好。为了保证混凝土结构构件具有良好的变形性能，在破坏前能给出即将破坏的预兆，不发生突然的脆性破坏，要求钢筋有良好的变形性能，并通过最大力总延伸率（均匀延伸率）和冷弯试验来检验。

HPB300 级、HRB400 级和 HRB500 级热轧钢筋的延性和冷弯性能很好；钢丝和钢绞线具有较好的延性，但不能弯折，只能以直线或平缓曲线应用；余热处理 RRB400 级钢筋的冷弯性能也较差。

③ 可焊性好。混凝土结构中钢筋需要连接，连接可采用机械连接、焊接和搭接。其中，焊接是一种主要的连接形式。可焊性好的钢筋焊接后不产生裂纹及过大的变形，焊接接头有良好的力学性能。钢筋焊接质量除了外观检查外，一般通过直接拉伸试验检验。

④ 与混凝土有良好的黏结性能。钢筋和混凝土之间必须有良好的黏结性能，才能保证钢筋和混凝土共同工作。钢筋的表面形状是影响钢筋和混凝土之间黏结性能的主要因素。

⑤ 经济性。衡量钢筋经济性的指标是强度价格比，即每元钱可购得的单位钢筋的强度。

强度价格比高的钢筋比较经济，不仅可以减少配筋率，方便施工，还减少了加工、运输、施工等一系列附加费用。

1.5.2.7　钢筋的选用原则

《混凝土结构技术规范》（GB 50010—2010）规定按下述原则选用钢筋。

① 纵向受力普通钢筋宜采用 HRB400、HRB500、HRBF400、HRBF500 钢筋，也可采用 HPB300、RRB400 钢筋。

② 梁、柱纵向受力普通钢筋应采用 HRB400、HRB500、HRBF400、HRBF500 钢筋。

③ 箍筋宜采用 HRB400、HRBF400、HPB300、HRB500、HRBF500 钢筋。

④ 预应力混凝土结构中的预应力钢筋宜采用预应力钢绞线、钢丝和预应力螺纹钢筋。

上述原则是在我国提出的"四节一环保"要求的前提下确定的，提倡应用高强度、高性能钢筋。推广 400MPa、500MPa 级高强度热轧带肋钢筋作为纵向受力的主导钢筋。箍筋用于抗剪、抗扭及抗冲切设计时，其抗拉强度设计值受到限制，不宜采用强度高于 400MPa 级的钢筋。当用于约束混凝土的间接配筋（如连续螺旋配箍或封闭焊接箍）时，其高强度可以得到充分发挥，采用 500MPa 级钢筋，具有一定的经济效益。

1.5.3　钢筋与混凝土的黏结性能

1.5.3.1　钢筋与混凝土黏结的作用

钢筋与混凝土能够在一起工作，除了两者的温度线膨胀系数相近以外，还有一个主要原因是钢筋和混凝土之间存在着黏结力。钢筋与混凝土黏结是保证钢筋和混凝土组成混凝土结构或构件并能共同工作的前提。如果钢筋和混凝土不能很好地黏结在一起，混凝土构件受力变形后，在小变形的情况下，钢筋和混凝土不能协调变形；在大变形的情况下，钢筋就不能很好地锚固在混凝土结构中。

钢筋与混凝土之间的黏结性能可以用两者界面上的黏结应力来说明。当钢筋与混凝土之间有相对变形（滑移）时，其界面上会产生沿钢筋轴线方向的相互作用力，通常把钢筋与混凝土接触面单位截面面积上的剪应力称为黏结应力。黏结强度的测定通常采用拔出试验方法，将钢筋一端埋入混凝土中，在另一端施力将钢筋拔出，如图 1.23 所示。

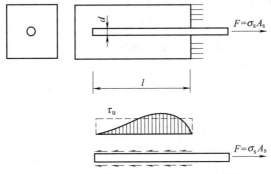

图 1.23　直接拔出试验与应力分布示意图

如图 1.24（a）所示在钢筋上施加拉力，钢筋与混凝土之间的端部存在黏结力，将钢筋的部分拉力传递给混凝土使混凝土受拉，经过一定的传递长度后，黏结应力为零。当截面上的应变很小时，钢筋和混凝土的应变相等，构件上没有裂缝，钢筋和混凝土界面上的黏结应力为零；当混凝土构件上出现裂缝时，开裂截面之间存在局部黏结应力，因为开裂截面钢筋的应变大，未开裂截面钢筋的应变小，黏结应力使远离裂缝处钢筋的应变变小，混凝土的应

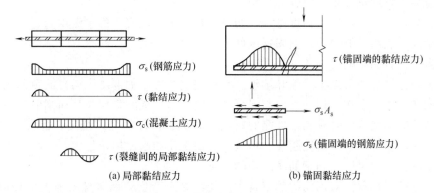

图 1.24　黏结应力机理分析图

变从零逐渐增大，使裂缝间的混凝土参与工作。

在混凝土结构设计中，钢筋伸入支座或在连续梁顶部负弯矩区段的钢筋截断时，应将钢筋延伸一定的长度，这就是钢筋的锚固。只有钢筋有足够的锚固长度，才能积累足够的黏结应力，使钢筋能承受拉力。分布在锚固长度上的黏结应力，称为锚固黏结应力，见图 1.24（b）。

1.5.3.2　黏结力的组成

钢筋与混凝土之间的黏结作用主要由三部分组成：化学胶着力、摩阻力和机械咬合力。

化学胶着力是由水泥浆体在硬化前对钢筋氧化层的渗透、硬化过程中晶体的生长等产生的。化学胶着力一般较小，当混凝土和钢筋界面发生相对滑动时，化学胶着力会消失。混凝土硬化会发生收缩，从而对其中的钢筋产生径向的握裹力。在握裹力的作用下，当钢筋和混凝土之间有相对滑动或有滑动趋势时，钢筋与混凝土之间产生摩阻力。摩阻力的大小与钢筋表面的粗糙程度有关，越粗糙，摩阻力越大。机械咬合力由钢筋表面凹凸不平与混凝土咬合嵌入产生。

光圆钢筋的黏结力主要由化学胶着力和摩阻力组成，相对较小。为了增加光圆钢筋与混凝土之间的锚固性能，减少滑移，光圆钢筋的端部要加弯钩或其他机械锚固措施。变形钢筋的机械咬合力，要大大高于光面钢筋的机械咬合力。此外，钢筋表面的轻微锈蚀也会增加它与混凝土的黏结力。

1.5.3.3　影响钢筋和混凝土黏结性能的因素

影响钢筋与混凝土黏结性能的因素很多，主要有钢筋的表面形状、混凝土强度及其组成成分、浇筑位置、保护层厚度（结构构件中钢筋外边缘至构件表面用于保护钢筋的混凝土的厚度）、钢筋净间距、横向钢筋约束和横向压力作用等。

（1）钢筋表面形状的影响

一般用直接拔出试验得到的锚固强度和黏结滑移曲线表示黏结性能。达到抗拔极限状态时，钢筋与混凝土界面上的平均黏结应力，称为锚固强度，用式（1-13）表示：

$$\tau = \frac{N}{\pi dl} \tag{1-13}$$

式中　τ——锚固强度；

$\quad\quad N$——轴向拉力；

$\quad\quad d$——钢筋直径；

$\quad\quad l$——黏结长度。

（2）混凝土强度及其组成成分的影响

混凝土的强度越高，锚固强度越好，相对滑移越小。混凝土的水泥用量越大，水灰比越大，砂率越大，黏结性能越差，锚固强度低，相对滑移量大。

（3）浇筑位置的影响

混凝土硬化过程中会发生沉缩和泌水。水平浇筑构件（如混凝土梁）的顶部钢筋，受到混凝土沉缩和泌水的影响，钢筋下面与混凝土之间容易形成空隙层，从而削弱钢筋与混凝土之间的黏结性能。浇筑位置对黏结性能的影响，取决于构件的浇筑高度，混凝土的坍落度、水灰比、水泥用量等。浇筑高度越高，坍落度、水灰比和水泥用量越大，影响越大。

（4）混凝土保护层厚度和钢筋净间距的影响

混凝土保护层越厚，对钢筋的约束越大，使混凝土产生劈裂破坏所需要的径向力越大，锚固强度越高。钢筋的净间距越大，锚固强度越大。当钢筋的净间距太小时，水平劈裂可能使整个混凝土保护层脱落，显著降低锚固强度。

（5）横向钢筋与侧向压力的影响

横向钢筋的约束或侧向压力的作用，可以延缓裂缝的发展和限制劈裂裂缝的宽度，从而提高锚固强度。因此，在较大直径钢筋的锚固或搭接长度范围内，以及当一层并列的钢筋根数较多时，均应设置一定数量的附加箍筋，以防止混凝土保护层的劈裂、崩落。

1.5.3.4　保证钢筋和混凝土之间黏结力的措施

（1）钢筋的锚固

根据上述对影响钢筋与混凝土之间黏结性能的因素分析，通过大量试验研究并进行可靠度分析，主要影响因素即钢筋的强度、混凝土的强度和钢筋的表面特征。

（2）钢筋的连接

由于结构中实际配置的钢筋长度与供货长度不一致，将产生钢筋的连接问题。钢筋的连接需要满足承载力、刚度、延性等基本要求，以便实现结构对钢筋的整体传力。钢筋的连接形式有绑扎搭接、机械连接和焊接，应遵循如下基本设计原则。

① 接头应尽量设置在受力较小处，以降低接头对钢筋传力的影响程度。

② 在同一钢筋上宜少设连接接头，以避免过多地削弱钢筋的传力性能。

③ 同一构件相邻纵向受力钢筋的绑扎搭接接头宜相互错开，限制同一连接区段内接头钢筋面积率，以避免变形、裂缝集中于接头区域而影响传力效果。

④ 在钢筋连接区域应采取必要构造措施，如适当增加混凝土保护层厚度或调整钢筋间距，保证连接区域的配箍，以确保对被连接钢筋的约束，避免连接区域的混凝土纵向劈裂。

（3）混凝土保护层和钢筋净距

纵向受力钢筋及预应力钢筋、钢丝、钢绞线的混凝土保护层的厚度不应小于钢筋的直径或并筋等效直径；不应小于骨料的最大粒径的 1.5 倍；纵向受力钢筋的混凝土保护层最小厚度应符合《混凝土结构设计规范》中有关保护层最小值的规定。

（4）光面钢筋的黏结性能

光面钢筋的黏结性能较差，故除直径 12mm 以下的受压钢筋及焊接网或焊接骨架的光面钢筋外，其余光面钢筋的末端均应设置弯钩。

（5）黏结强度与浇筑混凝土时的钢筋位置

在浇筑深度 300mm 以上的上部水平钢筋底面时，由于混凝土的泌水骨料下沉和水分气泡的逸出，形成一层强度较低的混凝土层，它将削弱钢筋与混凝土的黏结作用。因此，对高度较大的梁应分层浇筑和采用二次振捣。

1.5.4　砌体、块体及砂浆种类

砌体是由块体和砂浆由人工砌筑而成的一类整体建筑材料。砌体分为无筋砌体（砖砌体、砌块砌体和石砌体）和配筋砌体（横向配筋砌体和组合砌体）两类。

块体是砌体的主要组成部分，通常占砌体总体积的78％以上。块体分为天然石材和人工材料两大类。人工生产的块体有烧结普通砖、烧结多孔砖、蒸压灰砂砖、蒸压粉煤灰砖、混凝土小型砌块等。

砂浆是用砂和适量无机胶结材料（水泥、石灰、石膏、黏土等）加水搅拌而成的。主要有白灰砂浆、水泥砂浆、水泥白灰混合砂浆等。

因而砌体具有多品种的特点，而且它的强度很低。它的抗压强度虽较高但比混凝土要低得多，它的抗拉强度则更低，因而在建筑物中适宜于将砌体做成墙、柱、过梁、拱等受压构件。由于墙体是建筑物的主要元素，故砌体作为墙体的材料除具有承重作用外，多兼有建筑隔断、隔声、隔热、装饰等使用和美学功能。由于砌体强度低，砌体构件的截面一般都较为厚重。砌体是我国基本建设中采用得最多的材料，它的主要优点是造价低廉，施工简便，可采用地方材料，可以节约水泥、钢材和木材，且具有较好的保温、隔热和耐火性能；它的主要缺点是自重大，用料多，砌筑工作量大。砌体在力学性能和施工方面有以下特征。

① 砌体由两种材料——块材和砂浆黏结叠合而成，它的力学性能（应力-应变关系、弹性模量、破坏特征等）受块材和砂浆两种材料性能的影响，而且两种材料在受力、变形过程中是互相制约的（见本书第3章砌体结构）。

② 砌体的砌筑基本上是由瓦工在施工现场用手工进行的，其质量受瓦工技术水平、熟练程度和施工现场气候、环境因素的影响较大。

1.5.5　块体及砂浆的强度等级

烧结普通砖、烧结多孔砖的强度等级分为5级：MU30、MU25、MU20、MU15和MU10。

蒸压灰砂砖和蒸压粉煤灰砖的强度等级分为3级：MU25、MU20和MU15。

混凝土普通砖、混凝土多孔砖的强度等级分为4级：MU30、MU25、MU20和MU15。

混凝土砌块、轻集料混凝土砌块的强度等级分为5级：MU20、MU15、MU10、MU7.5和MU5。

石材的强度等级为7级：MU100、MU80、MU60、MU50、MU40、MU30和MU20。

普通砂浆的强度等级为5级：M15、M10、M7.5、M5和M2.5。

1.5.6　钢结构材料和钢结构的连接

钢结构是由钢材制成的工程结构，通常由热轧型钢、钢板和冷加工成型的薄壁型钢等制成的梁、桁架、柱、板等构件组成，各部分之间用焊缝、螺栓和铆钉连接，有些钢结构还部分采用钢丝绳或钢丝束。钢结构与其他结构（钢筋混凝土结构及砌体结构）相比具有如下特点：钢材的强度高，塑性、韧性好；材质均匀，与力学计算的假定比较符合；适于机械化加工，工业化程度高，运输、安装方便，施工速度快；密闭性好；耐腐蚀性差；耐热但不耐火。

基于以上特点，钢结构适用于大跨度结构、重型厂房结构、受动力荷载影响的结构、可拆卸的结构、高耸结构和高层建筑、容器及其他构筑物、轻型钢结构等。

钢材的种类很多，用于钢结构的钢材主要有碳素结构钢、低合金结构钢、高强度钢丝和钢索材料。

① 碳素结构钢。是专用于结构的普通碳素钢 Q235 钢牌号，Q 表示屈服强度，数字代表钢材厚度（直径）不大于 16mm 时屈服强度的下限值（即标准强度），单位 N/mm²。Q235 的含碳量和强度、塑性、可焊性等都较适中，是钢结构常用钢材的主要品种之一。碳素结构钢按抗冲击性能由低到高分为 A、B、C、D 四个质量等级，依次以 A 级质量较差，D 级质量最高。根据冶炼时脱氧程度的不同又分为镇静钢（Z）、沸腾钢（F）和特殊镇静钢（TZ），但在牌号表示方法中，Z 和 TZ 的符号可省略。

A 级和 B 级钢各有 F 和 Z 两种脱氧方法，C 级钢只有镇静钢，D 级钢只有特殊镇静钢。

冲击韧性要求为：Q235A，不做冲击韧性试验；Q235B，为常温（20℃）冲击韧性试验；Q235C，为 0℃冲击韧性试验；Q235D，为 −20℃冲击韧性试验。

② 低合金高强度结构钢。是在冶炼碳素结构钢时添加适量的一种或几种合金元素锰、钒、钛、铌（总量低于 5%）等炼成的钢种。添加合金元素的目的是提高钢材的强度、常温和低温冲击韧性、耐腐蚀性而又不太降低其塑性，但对焊接的工艺要求更高。低合金结构钢分为 Q355、Q390、Q420 和 Q460 四种。阿拉伯数值表示屈服强度的大小，单位为 N/mm²，质量等级由低到高分为 B、C、D、E、F 五级，热轧钢只有 B、C、D 三级。

③ 建筑结构用钢板。用于制造高层建筑结构、大跨度结构及其他重要建筑结构用热轧钢板 Q345GJ。牌号由代表屈服强度的字母（Q）、最小下限屈服强度数值、代表高性能建筑结构用钢的汉语拼音字母（GJ）、质量等级符号（B、C、D、E）4 个部分按顺序组成。例如，Q345GJC 表示最小下屈服强度 $f_y = 345 N/mm^2$ 的高性能建筑结构用 C 级钢。

④ 高强度钢丝和钢索材料。悬索结构和斜张拉结构的钢索、桅杆结构的钢丝绳等通常都采用由高强度钢丝组成的平行钢丝束、钢绞线和钢丝绳。高强度钢丝是由优质碳素钢经过多次冷拔而成，分为光面钢丝和镀锌钢丝两种类型。钢丝强度的主要指标是抗拉强度，其值在 1570～1700N/mm² 范围内，而屈服强度通常不做要求。根据国家有关标准，对钢丝的化学成分有严格要求，硫、磷的含量不得超过 0.03%，铜含量不超过 0.2%，同时铬、镍的含量也有控制要求。高强度钢丝的伸长率较小，最低为 4%。

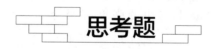

思考题

1.1 建筑结构基本构件类型有哪些？

1.2 建筑结构选型的原则。

1.3 建筑结构概念设计的原则。

1.4 大跨建筑常见的结构形式有哪些？

1.5 简述桁架结构的受力特点。

1.6 学习结构选型的意义是什么？

1.7 现代建筑结构的主要特征有哪些？

1.8 简述荷载分项系数、材料强度分项系数、组合值系数和准永久值系数的概念。

1.9 为什么在结构构件承载力设计时用的是材料的设计值？而在结构构件的变形设计时用的却是材料的标准值？

1.10 什么叫作用？什么是直接作用？什么是间接作用？什么是永久作用、可变作用和偶然作用?

    1.11　什么叫作用效应、结构抗力? 它们有何特点?

    1.12　什么是结构的可靠度? 在衡量结构可靠度时,有何时间和条件的规定? 为什么?

    1.13　如何划分结构的安全等级? 它与结构重要性系数有什么关系?

    1.14　何谓极限状态? 极限状态如何分类?

    1.15　结构或结构构件超过承载能力极限状态的标志有哪些? 为什么所有结构构件都必须进行承载力计算?

    1.16　什么是荷载标准值、荷载设计值? 什么是材料强度标准值、材料强度设计值?

    1.17　混凝土结构对钢筋性能的主要要求有哪些?

    1.18　无明显屈服点钢筋的应力-应变曲线与有明显屈服点钢筋相比有何区别?

    1.19　为什么钢筋和混凝土能够共同工作?

    1.20　检验钢材质量的指标有哪几项?

    1.21　保证钢筋与混凝土之间的黏结措施有哪些?

第2章
混凝土结构

建筑结构体系都由各种构件组成。结构设计时，构件的设计是一项重要的内容。构件中的内力通过结构力学计算分析得到，有轴向力 N（拉力或压力）、弯矩 M、剪力 V 和扭矩 T。各类构件截面处于不同的受力状态，有受拉构件（包括轴心受拉或偏心受拉）、受弯构件、受压构件（包括轴心受压和偏心受压）、受扭构件等。各类构件的受力性能、破坏特征、承载力计算及预应力混凝土结构的一般知识是本章各节讲解的主要内容。

2.1　混凝土的强度

2.1.1　混凝土的立方体抗压强度

普通混凝土是由水泥、石子和砂用水经搅拌、养护和硬化后形成的一种复合材料，具有多相特性。混凝土的性质取决于其复杂的内部结构。其内部结构一般可分为微观结构、亚微观结构和宏观结构三种递进式的基本结构层次。通俗地讲，即为水泥石结构、混凝土中水泥砂浆结构、砂浆和粗骨料组合结构。混凝土的物理力学性能，随着混凝土中水泥胶体的不断硬化而逐渐趋于稳定，整个过程通常需要若干年才能完成，混凝土的强度随之不断增长。

在实际混凝土工程中，绝大多数混凝土均处于多向受力状态，但由于混凝土的特点，建立完善的复合应力作用下强度理论比较困难，所以，以单向受力状态下的混凝土强度作为研究多轴强度的基础和重要参数。混凝土的单轴抗压强度是混凝土的重要力学指标，是划分混凝土强度等级的依据。

《混凝土结构设计规范》确定的试验方法：用边长为 150mm 的标准立方体试块，在标准养护条件下［温度（20±3）℃，相对湿度不小于 90%］养护 28 d 后，按照标准试验方法测得的具有 95% 保证率的抗压强度，作为混凝土的立方抗压强度标准值，用符号 $f_{cu,k}$ 表示。标准试验方法是指混凝土试件在试验过程中要采用恒定的加载速度：混凝土强度等级小于 C30 时，取每秒钟 $0.3 \sim 0.5$ N/mm^2；混凝土强度等级大于等于 C30 且小于 C60 时，取每秒钟 $0.5 \sim 0.8$N/mm^2；混凝土强度等级大于等于 C60 时，取每秒钟 $0.8 \sim 1.0$N/mm^2。试验时，混凝土试件上、下两端面（即与试验机接触面）不涂刷润滑剂。

《混凝土结构设计规范》根据混凝土立方体抗压强度标准值 $f_{cu,k}$ 把混凝土强度划分为13 个强度等级，分别为 C20、C25、C30、C35、C40、C45、C50、C55、C60、C65、C70、C75 和 C80。其中，C 表示混凝土，后面的数字表示立方体抗压强度标准值，混凝土强度等

级的级差均为 $5\mathrm{N/mm^2}$。

尺寸效应对混凝土立方体抗压强度有较大的影响。对于同样配合比的混凝土，在其他试验条件相同的情况下，小尺寸试件所测得的抗压强度值较高。这是因为试件的尺寸越小，压力试验机垫板对它的约束作用越大，抗压强度越高。对于边长为 100mm 和 200mm 的立方体试块，混凝土强度换算系数为：

立方体试块尺寸/mm	强度换算系数
$200\times200\times200$	1.05
$150\times150\times150$	1.00
$100\times100\times100$	0.95

值得注意的是，通过标准试块试验测得的抗压强度，只能反映出在同等标准条件下混凝土的强度和质量水平，是划分混凝土强度等级的依据，但并不代表在实际结构构件中混凝土的受力状态和性能。

混凝土的立方体抗压强度随着混凝土成型后龄期的增长而提高，而且前期提高的幅度较大，后期逐渐减缓，该过程一般需延续数年才能完成。如果使用环境是潮湿的，那么其延续的年限更长。

2.1.2 混凝土的轴心抗压强度

混凝土的抗压强度与试件的尺寸及其形状有关，而且实际受压构件一般都是棱柱体，为更好地反映构件的实际受压情况，采用棱柱体试件进行抗压试验，所测得的强度称为轴心抗压强度。我国采用的棱柱体标准试件尺寸为 $150\mathrm{mm}\times150\mathrm{mm}\times300\mathrm{mm}$。试件在标准条件下养护 28d 后，采取标准试验方法进行测试。试验时，试件的上、下两端的表面均不涂刷润滑剂，试验装置及试件破坏情形如图 2.1 所示。

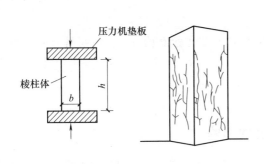

图 2.1 混凝土棱柱体抗压试验和破坏情况

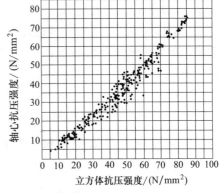

图 2.2 轴心抗压强度与立方体抗压强度的关系

试验表明，棱柱体试块的高宽比 h/b 越大，其强度越低。当 h/b 由 1 增大至 2 时，抗压强度快速下降；但当 $h/b>2$ 时，其抗压强度变化不大，所以取 $150\mathrm{mm}\times150\mathrm{mm}\times300\mathrm{mm}$ 作为标准试件的尺寸。

混凝土轴心抗压强度与立方体抗压强度两者之间大致呈线性关系，如图 2.2 所示。经过大量的试验数据统计分析，混凝土轴心抗压强度标准值与立方体抗压强度标准值之间的关系为：

$$f_{\mathrm{c,k}}=0.88\alpha_1\alpha_2 f_{\mathrm{cu,k}} \tag{2-1}$$

式中　$f_{\mathrm{c,k}}$——混凝土轴心抗压强度的标准值；

　　　$f_{\mathrm{cu,k}}$——混凝土立方体抗压强度的标准值；

α_1——棱柱体强度与立方体强度之比，并随着混凝土强度等级的提高而增大；对低于 C50 的混凝土，取 $\alpha_1=0.76$；对 C80 的混凝土，取 $\alpha_1=0.82$；其间按线性规律变化；

α_2——考虑 C40 以上混凝土脆性的折减系数，对 C40 取 $\alpha_2=1.0$，对 C80 取 $\alpha_2=0.87$，其间按线性规律变化。

2.1.3 混凝土的轴心抗拉强度

混凝土的轴心抗拉强度也是混凝土的一个基本力学性能指标，可用于分析混凝土构件的开裂、裂缝宽度、变形及计算混凝土构件的受冲切、受扭、受剪等承载力。通常采用轴心拉伸试验和劈裂试验两种方法。

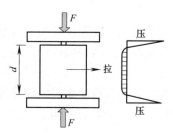

图 2.3 劈裂试验测试
混凝土抗拉强度

由于轴心受拉试验时要保证轴向拉力的对中十分困难，实际常常采用立方体或圆柱体劈裂试验来代替轴心拉伸试验，如图 2.3 所示。我国在劈裂试验时采用的试件为 $150\text{mm}\times150\text{mm}\times150\text{mm}$ 的标准试件，通过弧形钢垫条（垫条与试件之间垫以木质三合板垫层）施加竖向压力。

在试件的中间截面（除加载垫条附近很小的范围外），存在有均匀分布的拉应力。当拉应力达到混凝土的抗拉强度时，试件被劈裂成两半。劈裂强度 f_t 按式（2-2）计算。

$$f_t=\frac{2F}{\pi dl} \tag{2-2}$$

式中 F——劈裂试验破坏荷载；

d——圆柱体直径或立方体边长；

l——圆柱体长度或立方体边长。

混凝土的轴心抗拉强度标准值 $f_{t,k}$ 与立方体抗压强度标准值 $f_{cu,k}$ 之间具有式（2-3）的对应关系。

$$f_{t,k}=0.88\times0.395f_{cu,k}^{0.55}(1-1.645\delta)^{0.45}\alpha_2 \tag{2-3}$$

式中 δ——混凝土强度变异系数。

2.1.4 侧向压应力对混凝土轴心抗压强度的影响

侧向压应力的存在会使轴心抗压强度提高。根据间接体试块周围加侧向液压的试验结果，如图 2.4 所示，得到三向受压时混凝土纵向抗压强度 f'_{cc} 的经验公式为：

$$f'_{cc}=f'_c+4.1f_L \tag{2-4}$$

式中 f'_{cc}——有侧向约束时的混凝土轴心抗压强度；

f'_c——无侧向约束时的混凝土轴心抗压强度；

f_L——侧向约束压应力。

混凝土试件三向受压强度提高的原因是：侧向压应力约束了混凝土的横向变形，形成约束混凝土，从而延迟和限制了混凝土内部裂缝的发生和发展，使试块不易破坏。如试块在纵向受压的同时侧向受到拉应力，则混凝土轴心

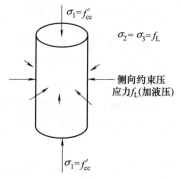

图 2.4 混凝土三向受压

抗压强度会降低，其原因是拉应力会助长混凝土裂缝的发生和发展。

目前工程上应用的螺旋钢箍柱和钢管混凝土柱，即是利用该原理提高柱的轴向受压承载能力。

混凝土的变形包括受力变形和体积变形两种。混凝土的受力变形是指混凝土在一次短期加载、长期荷载作用或多次重复循环荷载作用下产生的变形；而混凝土的体积变形是指混凝土自身在硬化收缩或环境温度改变时的变形。

（1）混凝土在短期荷载作用下的变形

① 混凝土在短期荷载作用下的应力-应变曲线。对混凝土进行短期单向施加压力所获得的应力-应变关系曲线即为单轴受压应力-应变曲线，它能反映混凝土受力全过程的重要力学特征和基本力学性能。典型的混凝土单轴受压应力-应变关系曲线如图2.5所示。

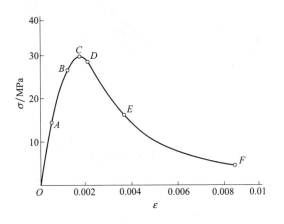

图2.5　混凝土单轴受压应力-应变关系曲线

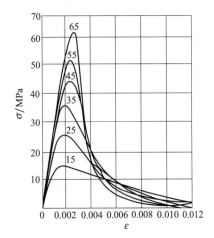

图2.6　不同强度等级混凝土的应力-应变关系曲线

从图2.5中可看出：全曲线包括上升段和下降段两部分，以C点为分界点，每部分由三小段组成；各小段的含义为：OA段接近直线，应力较小，应变不大，混凝土的变形为弹性变形，原始裂缝影响很小；AB段为微曲线段，应变的增长稍比应力快，混凝土处于裂缝稳定扩展阶段，其中B点的应力是确定混凝土长期荷载作用下抗压强度的依据；BC段应变增长明显比应力增长快，混凝土处于裂缝快速不稳定发展阶段，其中C点的应力最大，即为混凝土棱柱体的轴心抗压强度，与之对应的应变$\varepsilon_0 \approx 0.002$为峰值应变；$CD$段应力快速下降，应变仍在增长，混凝土中裂缝迅速发展且贯通，出现了主裂缝，内部结构破坏严重；DE段，应力下降变慢，应变较快增长，混凝土内部结构处于磨合和调整阶段，主裂缝宽度进一步增大，最后只依赖骨料间的咬合力和摩擦力来承受荷载；EF段为收敛段，此时试件中的主裂缝宽度快速增大而完全破坏了混凝土内部结构。

不同强度等级混凝土的应力-应变关系曲线如图2.6所示。可以看出，虽然混凝土的强度不同，但各条曲线的基本形状相似，具有相同的特征。混凝土的强度等级越高，上升段越长，峰点越高，峰值应变也有所增大；下降段越陡，单位应力幅度内应变越小，延性越差。这在高强度混凝土中更为明显，最后破坏大多为骨料破坏，脆性明显，变形小。工程中所用混凝土的ε_0为$0.0015 \sim 0.002$，极限应变ε_{cu}为$0.002 \sim 0.006$，设计时为简化起见，可统一取$\varepsilon_0 = 0.002$，$\varepsilon_{cu} = 0.0033$。

② 混凝土的弹性模量。混凝土的变形模量广泛地用在计算混凝土结构的内力、构件截面的应力和变形以及预应力混凝土构件截面的应力分析之中。与弹性材料相比，混凝土的应

力-应变关系呈现非线性性质，即在不同应力状态下，应力与应变的比值是一个变数。混凝土的变形模量有原点模量 E_c（弹性模量）、割线模量 E_c' 和切线模量 E_c'' 三种表示方法，如图 2.7 所示。

由于混凝土并非弹性材料，其应力-应变关系呈非线性，通过一次加载试验所得的曲线难以准确地确定混凝土的弹性模量 E_c。《混凝土结构设计规范》采用标准尺寸 150mm×150mm×300mm 的棱柱体试件，先加载至 $\sigma=0.5f_c$，然后卸载至零，再重复加载卸载 5～10 次。由于混凝土不是弹性材料，每次卸载至应力为零时存在残余变形，随着加载次数增加，应力-应变曲线渐趋稳定并基本上趋于直线。该直线的斜率即定为混凝土的弹性模量，如图 2.8 所示。经数理统计分析，得到混凝土弹性模量的计算公式：

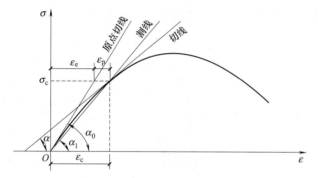

图 2.7　混凝土变形模量的表示方法

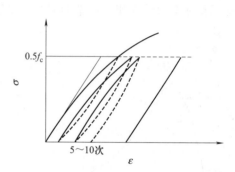

图 2.8　混凝土弹性模量的表示方法

$$E_c = \frac{10^5}{2.2+\dfrac{34.74}{f_{cu,k}}} = \tan\alpha \tag{2-5}$$

式中　$f_{cu,k}$——混凝土立方体抗压强度标准值，N/mm^2。混凝土强度越高，弹性模量越大，弹性模量取值见附表 6。

③ 混凝土变形模量。连接图 2.7 中 O 点至曲线任一点应力为 σ_c 处割线的斜率，称为任一点割线模量或称变形模量。它的表达式为式（2-6）。

$$E_c' = \tan\alpha_1 = \frac{\sigma_c}{\varepsilon_e+\varepsilon_p} = \gamma E_c \tag{2-6}$$

这时，由于总应变 ε_c 包含弹性应变 ε_e 和塑性应变 ε_p 两部分，由此所确定的模量也可称为弹塑性模量。混凝土的变形模量是个变值，它随应力的大小而不同。γ 称为弹性系数。

④ 混凝土的切线模量。在混凝土应力-应变曲线上某一应力 σ_c 处作一切线，其应力增量与应变增量之比值称为相应于应力 σ_c 时混凝土的切线模量。

$$E_c'' = \tan\alpha = \frac{\mathrm{d}\sigma_c}{\varepsilon_c} \tag{2-7}$$

可以看出，混凝土切线模量是一个变值，它随混凝土的应力增大而减小。

（2）混凝土在重复荷载下的变形性能

混凝土在重复荷载下的变形性能，也就是混凝土的疲劳性能。试验表明，混凝土在多次重复加荷情况下，将产生"疲劳"现象，这时的变形模量明显降低，其值约为原来的 0.4 倍。同时，混凝土强度也有所降低，强度降低系数与重复作用应力的变化幅度有关，最小值为 0.74。

一般来说，混凝土的疲劳破坏归因于混凝土微裂缝、孔隙、弱骨料等内部缺陷，在承受重复荷载之后产生应力集中，导致裂缝发展、贯通，结果引起骨料与砂浆间的黏结破坏。混凝土发生疲劳破坏时无明显预兆，属于脆性性质的破坏，开裂不多但变形很大。采用级配良好的混凝土、加强振捣以提高混凝土的密实性，并注意养护，都有利于混凝土疲劳强度的提高。

在工程实际中，工业厂房中的吊车梁，在其整个使用期限内吊车荷载作用重复次数可达200万～600万次，因此，在疲劳试验机上用脉冲千斤顶对试件快速加荷、卸荷的重复次数，也不宜低于200万次。通常把试件承受200万次（或更多次数）重复荷载时发生破坏的压应力值称为混凝土的疲劳强度。

（3）混凝土的收缩与徐变

混凝土硬化过程中体积的改变称为体积变形，它包括混凝土的收缩和膨胀两方面。混凝土在空气中结硬时体积会减小，这种现象称为混凝土的收缩。相反，混凝土在水中结硬时体积会增大，这种现象称为混凝土的膨胀。混凝土的收缩是一种自发的变形，当收缩变形不能自由进行时，将在混凝土中产生拉应力，从而有可能导致混凝土开裂；预应力混凝土结构会因混凝土硬化收缩而引起预应力钢筋的预应力损失。混凝土的收缩是由凝胶体的体积凝结缩小和混凝土失水干缩共同引起的。收缩变形的规律如图 2.9 所示，早期发展较快，一个月内可完成收缩总量的 50%，而后发展渐缓，直至两年以上方可完成全部收缩。收缩应变总量为 $(2\sim5)\times10^{-4}$，它是混凝土开裂时拉应变的 2～4 倍。

影响混凝土收缩的主要因素有：水泥用量（用量越大，收缩越大）；水胶比（水胶比越大，收缩越大）；水泥强度等级（强度等级越高，收缩越大）；水泥品种（不同品种有不同的收缩量）；混凝土集料的特性（弹性模量越大，收缩越小）；养护条件（温、湿度越高，收缩越小）；混凝土成型后的质量（质量好，密实度高，收缩小）；构件尺寸（小构件，收缩大）等。显然影响因素很多而且复杂，准确地计算收缩量十分困难，所以应采取一些技术措施来降低因收缩引起的不利影响。

混凝土构件或材料在不变荷载或应力长期作用下，其变形或应变随时间不断增长，这种现象称为混凝土的徐变。徐变的特性主要与时间有关，通常表现为前期增长快，以后逐渐减慢，经过 2～3 年后趋于稳定，如图 2.10 所示。

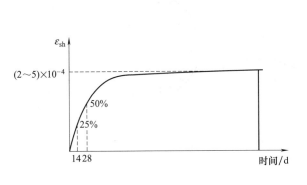

图 2.9　混凝土的收缩随时间发展的规律

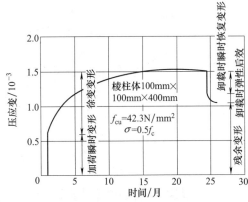

图 2.10　混凝土徐变（应力与时间关系曲线）

徐变主要由两种原因引起，其一是具有黏性流动性质的水泥凝胶体，在荷载长期作用下产生黏性流动；其二是混凝土中微裂缝在荷载长期作用下不断发展。当作用的应力较小时，主要由凝胶体引起；当作用的应力较大时，则主要由微裂缝引起。徐变具有两面性，一则引起混凝土结构变形增大，导致预应力混凝土发生应力损失，严重时还会引起结构破坏；二则徐变的发生对结构内力重分布有利，可以减小各种外界因素对超静定结构的不利影响，降低附加应力。混凝土发生徐变的同时往往也有收缩产生，因此在计算徐变时，应从混凝土的变形总量中扣除收缩变形，才能得到徐变变形。

影响混凝土徐变的因素是多方面的，包括混凝土的组成、配合比、水泥品种、水泥用量、集料特性、集料含量、集料级配、水灰比、外加剂、掺和料、混凝土制作方法、养护条件、加载龄期、构件工作环境、受荷后应力水平、构件截面形状和尺寸、持荷时间等，概括起来可归纳为三个方面因素的影响，即内在因素、环境因素和应力因素。就内在因素而言，水泥含量少、水灰比小、骨料弹性模量大、骨料含量多，那么徐变小。

对于环境因素而言，混凝土养护的温度和湿度越高，徐变越小；受荷龄期越大，徐变越小；工作环境温度越高、湿度越小，徐变越大；构件的体表比越大，徐变越小。而应力因素主要反映在加荷时的应力水平，显然应力水平越高，徐变越大；持荷时间越长，徐变也越大。一般来讲，在同等应力水平下，高强度混凝土的徐变量要比普通混凝土的小很多，而如果使高强度混凝土承受较高的应力，那么高强度混凝土与普通混凝土最终的总变形量将较为接近。

2.2　混凝土轴心受拉构件

作用在构件上的纵向拉力与构件截面形心线重合的构件称为轴心受拉构件。在工程中，只有少数构件设计成混凝土轴心受拉构件，例如承受节点荷载的桁架受拉弦杆、圆形水池环向池壁等可简化为轴心受拉构件，如图 2.11 所示。

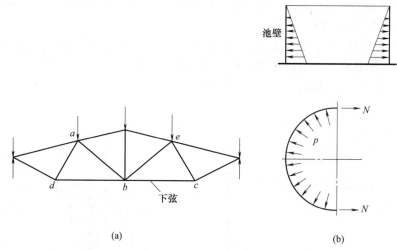

(a)　　　　　　　　　　　　　　(b)

图 2.11　实际结构中的混凝土轴心受拉构件

2.2.1　混凝土轴心受拉构件的受力特点

试验表明，当采用逐级加载方式对混凝土轴心受拉构件进行试验时，构件从开始加载到破坏的受力过程可分为以下三个阶段。

2.2.1.1　混凝土开裂前（共同受力阶段）

在加载初期，轴心拉力很小，由于混凝土和钢筋之间的黏结力，截面上各点应变值相同。钢筋和混凝土都处于弹性受力状态，应力与应变成正比。可以采用换算截面，利用材料力学方法进行分析。

$$\varepsilon_s = \varepsilon_c = \varepsilon \qquad (2\text{-}8)$$

$$\sigma_s = E_s \varepsilon_s = E_s \varepsilon \qquad (2\text{-}9)$$

$$\sigma_c = E_c \varepsilon_c = E_c \varepsilon \qquad (2\text{-}10)$$

式中　ε_s，σ_s，E_s——纵向受拉钢筋的应变、应力和弹性模量；

ε_c，σ_c，E_c——混凝土的应变、应力和弹性模量。

由截面受力平衡关系得：

$$N = \sigma_s A_s + \sigma_c A_c = \sigma_c(\alpha_E A_s + A_c) = \sigma_c A_0 \qquad (2\text{-}11)$$

式中　N——构件上的轴向拉力；

α_E——钢筋与混凝土的弹性模量比，$\alpha_E = E_s / E_c$；

A_s——纵向受拉钢筋截面面积；

A_c——混凝土截面面积；

A_0——换算的混凝土截面面积。

$$\sigma_c = \frac{N}{A_0} \qquad (2\text{-}12)$$

随着拉力的逐渐增加，混凝土受拉塑性变形开始明显表现出来，并不断发展，混凝土的应力与应变越来越不成比例，应力的增长速度小于应变的增长速度，而钢筋仍处于弹性受力状态，式（2-11）改为：

$$N = \sigma_s A_s + \sigma_c A_c = \sigma_c(\alpha_E' A_s + A_c) = \sigma_c A_0 \qquad (2\text{-}13)$$

式中　α_E'——钢筋弹性模量与混凝土割线模量的比值，$\alpha_E' = E_s / E_c'$，$E_c' = \nu E_c$；

ν——混凝土的弹性系数，随混凝土的应力增加而降低。

随着轴向拉力的继续增加，混凝土和钢筋的应力将继续增大，当混凝土的应力达到其抗拉强度标准值 f_{tk} 时，混凝土截面即将开裂，此时混凝土的弹性系数 $\nu = 0.5$。由式（2-13）得到构件的开裂荷载 N_{cr} 为：

$$N_{cr} = (2\alpha_E A_s + A_c) f_{tk} \qquad (2\text{-}14)$$

相应的开裂前瞬间钢筋的应力为：

$$\sigma_{s,\text{开裂前}} = 2\alpha_E f_{tk} \qquad (2\text{-}15)$$

2.2.1.2　混凝土开裂后（带裂缝工作阶段）

由于正截面上混凝土应力的分布大体上均匀，裂缝截面与构件轴线垂直，并且贯穿整个截面。在裂缝截面处，混凝土退出工作，全部拉力由钢筋承担。由于开裂荷载维持不变，故原来由混凝土承担的拉力将转移给钢筋承担，因此开裂后瞬间钢筋的应力有一增量 $\Delta\sigma_s = \dfrac{A_c}{A_s} f_{tk} = \dfrac{f_{tk}}{\rho}$，钢筋的应力为：

$$\sigma_{s,\text{开裂后}} = 2\alpha_E f_{tk} + \frac{f_{tk}}{\rho} = \frac{N_{cr}}{A_s} \qquad (2\text{-}16)$$

式中　ρ——配筋率，$\rho = A_s / A_c$。

由以上分析可见，在开裂瞬间，截面应力发生重分布。这种应力重分布现象是混凝土构件在开裂时所共有的。

如果配筋足够，则在混凝土开裂后轴向拉力可以继续增加，但在裂缝截面处混凝土应力始终为零，全部拉力由钢筋承担，钢筋的应力为：

$$\sigma_s = \frac{N}{A_s} \qquad (2\text{-}17)$$

2.2.1.3 破坏阶段（钢筋屈服后）

当裂缝截面处钢筋的拉应力达到其抗拉屈服强度时，构件进入破坏阶段。此时，受拉荷载不能再增加，但变形继续增加。当配筋采用有明显屈服点钢筋时，构件的变形还可以有较大的增加，但裂缝将会达到影响继续承载或者不适合正常工作的状态。当配筋采用无明显屈服点钢筋时，构件有可能突然断裂（图2.12）。

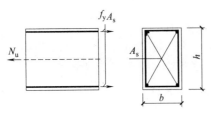

图2.12 轴心受拉构件正截面破坏阶段的受力状态

$$N_u = f_{yk} A_s \qquad (2-18)$$

式中 f_{yk}——钢筋抗拉屈服强度标准值。

2.2.2 轴心受拉构件正截面承载力计算

考虑材料性能、几何尺寸等的随机性，确保构件抗力具备规定的可靠度，则轴心受拉构件正截面承载能力极限状态设计表达式为：

$$N \leqslant N_u = f_y A_s \qquad (2-19)$$

式中 N——轴向拉力设计值；

N_u——轴心受拉构件正截面承载力设计值；

f_y——钢筋抗拉强度设计值；

A_s——纵向受拉钢筋截面面积。

2.2.3 混凝土轴心受拉构件的构造要求

2.2.3.1 纵向受拉钢筋

混凝土轴心受拉构件一般采用正方形、矩形或其他对称截面。纵向受拉钢筋在混凝土截面中应沿截面周边均匀、对称布置；为防止出现过宽的混凝土裂缝，宜优先选用直径较小的钢筋。为避免配筋过少导致脆性破坏，按混凝土截面面积 A_c 计算的全部受力钢筋配筋率应不小于最小配筋率，即 $\rho = \dfrac{A_s}{A_c} \geqslant \rho_{min}$，$\rho_{min}$ 取 0.4% 和 $90\dfrac{f_t}{f_y}\%$ 的较大值。

纵向受拉钢筋不得采用非焊接连接；不加焊的搭接连接，仅允许用在圆形池壁或管中，但接头位置应错开，且搭接长度应不小于 $1.2l_a$，也不小于 $300mm$。

2.2.3.2 箍筋

箍筋的主要作用是固定纵筋在截面中的位置，与纵筋形成钢筋骨架；箍筋直径不宜小于 $6mm$，间距一般不宜大于 $200mm$，对屋架腹杆不宜大于 $150mm$。

【例2.1】 已知：某混凝土屋架下弦杆截面尺寸为 $b \times h = 200mm \times 140mm$。其端节间承受恒荷载标准值产生的轴向拉力 $N_{gk} = 120kN$，活荷载标准值产生的轴向拉力 $N_{qk} = 52kN$，结构重要性系数 $\gamma_0 = 1.1$，混凝土强度等级为 C30，纵向钢筋采用 HRB400 级钢筋，试按承载力计算所需纵向受拉钢筋截面面积，并选择钢筋。

【解】 （1）计算轴向拉力设计值

$N = \gamma_0 (\gamma_G N_{gk} + \gamma_Q N_{qk}) = 1.1 \times (1.3 \times 120 + 1.5 \times 52)kN$

$\quad = 257.4kN$

（2）按承载力计算所需受拉钢筋面积 A_s 并选筋

由式（2-19）得：

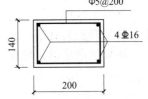

图2.13 例2.1正截面配筋图

$$A_s \geqslant \frac{N}{f_y} = \frac{257400}{360} \text{mm}^2 = 715 \text{mm}^2$$

查附表 22 选 4Φ16（$A_s = 804 \text{mm}^2$）。

（3）验算最小配筋率条件

配筋率

$$\rho = \frac{A_s}{A_c} = \frac{804}{200 \times 140} = 2.87\%$$

$$\rho_{min} = 90 \frac{f_t}{f_y}\% = 90 \times \frac{1.43}{360}\% = 0.358\% < 0.4\%$$

取 $\rho_{min} = 0.4\%$，$\rho > \rho_{min} = 0.4\%$，满足要求。

（4）截面配筋　配筋如图 2.13 所示。

2.3　混凝土轴心受压构件

纵向压力作用线与构件截面形心线重合的构件称为轴心受压构件。

实际工程中，通常把以承受轴心力为主的构件，忽略弯、剪、扭等其他影响，简化为轴心受力来计算。例如，把承受以永久荷载为主的多层房屋的内柱、桁架的受压腹杆等简化为轴心受压构件，如图 2.14 所示。

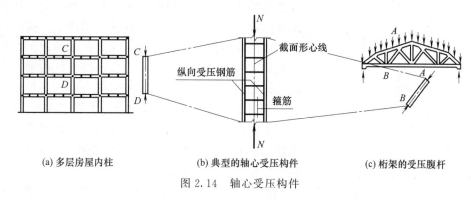

(a) 多层房屋内柱　　　　(b) 典型的轴心受压构件　　　　(c) 桁架的受压腹杆

图 2.14　轴心受压构件

2.3.1　短柱的受力、破坏过程

图 2.15 是普通配筋柱。其中纵向钢筋的作用是承受一部分压力以减小构件截面尺寸，并承受设计计算没有考虑，但在施工、使用时可能出现的弯矩，增加破坏时截面的延性和减小混凝土的徐变变形。箍筋与纵向钢筋构成骨架，固定纵筋的位置，在构件受力过程中防止纵筋外凸并承受设计计算没有考虑，但在施工、使用时可能出现的剪力。

大量试验研究表明，上述柱在轴心压力荷载 N 作用下，正截面的应变基本上是均匀分布的。当荷载较小时，截面上混凝土和钢筋基本都呈弹性变形，柱的压缩变形与荷载 N 近似成正比增加，混凝土压应力 σ_c 和纵筋压应力 σ'_s 也近似成正比增加，如图 2.16 所示。

但当荷载稍大后，混凝土的塑性变形导致柱压缩变形增加的速度明显大于荷载增加的速度。纵筋配置越少，这个现象越明显。随着压力荷载的继续增加，混凝土开始出现细微裂缝，并延伸、扩展。在临近破坏时，试件四周表面混凝土纵向开裂，箍筋间的纵筋屈服、外凸变形。最后，截面混凝土被压碎，试件破坏。轴压短柱正截面破坏形态如图 2.17 所示。

试验研究表明，在加载的全过程中，混凝土和钢筋黏结在一起共同工作，两者的压应变相同。依据压应变量测值以及截面的受力平衡条件可以得到在加载的全过程中截面上混凝土和钢筋的应力变化，如图 2.16 所示。

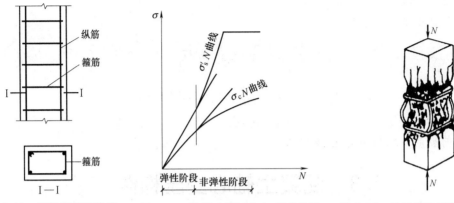

图 2.15　普通配筋柱构造　　　　图 2.16　轴压正截面应力-荷载关系　　　　图 2.17　轴压短柱正截面破坏形态

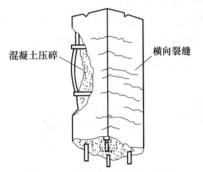

图 2.18　轴心受压长柱正截面破坏形态

2.3.2　长柱的纵向弯曲影响

试验表明，对于细长的轴心受压柱，由各种因素造成的荷载初始偏心距影响不可忽略。加载后，初始偏心距导致附加弯矩和相应横向挠曲变形产生。横向挠曲变形又增大荷载偏心距。这样，随着荷载的增加，附加弯矩和相应横向挠曲变形不断增大，使长柱在轴力和弯矩的共同作用下发生破坏。其破坏形态有别于短柱。破坏时，首先在试件凹侧出现纵向裂缝，随后混凝土被压碎，纵筋压曲向外鼓出；试件凸侧混凝土会出现垂直于试件纵轴的横向裂缝，横向挠曲变形急剧增大，达到破坏，如图 2.18 所示。如果柱过于细长，还会出现失去稳定的破坏。

试验还表明，细长的轴心受压柱的破坏荷载低于其他条件相同的短柱破坏荷载，并且柱越细长，降低得越多。这是受初始偏心距及附加偏心距导致的附加弯矩影响的结果。附加弯矩的影响还随柱子细长程度的增加而增大。

此外，长柱在长期荷载作用下，由混凝土徐变变形而导致附加偏心距也会增加，对轴压承载力降低的影响很大，不容忽视。

2.3.3　普通箍筋柱正截面承载力计算

普通箍筋柱轴心受压正截面极限承载力计算简图如图 2.19 所示。

由截面的纵向受力平衡条件得：

$$N \leqslant N_u = 0.9\varphi(f_c A + f_y' A_s') \tag{2-20}$$

式中　　N——轴向压力设计值；

　　　　N_u——轴向压力承载力设计值；

　　　　f_c——混凝土轴心抗压强度设计值；

　　　　f_y'——纵向钢筋抗压强度设计值；

　　　　A——混凝土构件正截面面积；

A'_s——全部纵向钢筋截面面积；

φ——轴心受压混凝土柱稳定系数，用于考虑细长构件由于侧向弯曲而使承载力有所降低的影响；φ的取值见表2.1；

0.9——可靠度调整系数。

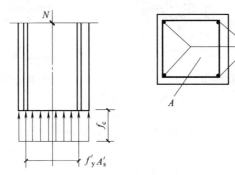

图2.19 普通箍筋柱轴心受压正截面极限承载力计算简图

表2.1 钢筋混凝土构件的稳定系数φ

$\dfrac{l_0}{b}$	$\dfrac{l_0}{d}$	$\dfrac{l_0}{i}$	φ	$\dfrac{l_0}{b}$	$\dfrac{l_0}{d}$	$\dfrac{l_0}{i}$	φ
≤8	≤7	≤28	≤1.0	30	26	104	0.52
10	8.5	35	0.98	32	28	111	0.48
12	10.5	42	0.95	34	29.5	118	0.44
14	12	48	0.92	36	31	125	0.40
16	14	55	0.87	38	33	132	0.36
18	15.5	62	0.81	40	34.5	139	0.32
20	17	69	0.75	42	36.5	146	0.29
22	19	76	0.70	44	38	153	0.26
24	21	83	0.65	46	40	160	0.23
26	22.5	90	0.60	48	41.5	167	0.21
28	24	97	0.56	50	43	174	0.19

注：表中l_0为构件计算长度；b为矩形截面的短边尺寸；d为圆形截面的直径；i为截面最小回转半径。

2.3.4 螺旋式箍筋柱轴心受压时的正截面承载力计算

工程上会遇到这样的情况，柱截面尺寸的扩大受到建筑上或者使用上的限制，而柱的轴向压力荷载又很大，以至采用上述普通箍筋柱，无论提高混凝土等级还是增加纵向钢筋数量都难以承受所要求的荷载。这时，采用螺旋式箍筋柱是一种可行的方案。

螺旋式箍筋柱的截面形状通常是圆形或多边形，箍筋采用螺旋配筋、焊接环筋等，如图2.20所示。这种柱用钢量较大，施工也比较复杂，因此造价较高。

螺旋式箍筋柱受轴向压力破坏，可以认为是由于轴向压力引起截面横向受拉变形，最终混凝土受拉破坏。试验研究表明，破坏时纵向钢筋与普通箍筋柱一样达到屈服并向外鼓凸，螺旋式箍筋也达到屈服。混凝土保护层在破坏之前，由于箍筋的较大变形而较早剥落。

螺旋式箍筋比普通箍筋更有效地约束了它所包围的核心区混凝土（图2.20中A_{cor}）的横向受拉变形，使柱的轴心承载力得以显著提高。核心区混凝土达到的轴心抗压强度高于轴心抗压强度设计值f_c，提高的程度与螺旋式箍筋的约束强度有关。相对于纵向钢筋直接提供轴向承载力，螺旋式箍筋则是间接的，因此螺旋式箍筋通常也被称为间接钢筋。

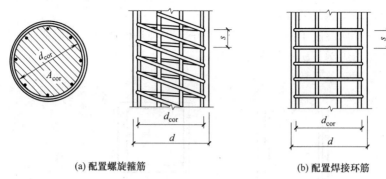

(a) 配置螺旋箍筋　　　　　　　(b) 配置焊接环筋

图 2.20　螺旋式箍筋柱构造

核心区混凝土轴向抗压强度可以利用圆柱体混凝土柱面周围受液压作用所得关系式近似计算：

$$f = f_c + \beta \sigma_r \tag{2-21}$$

式中　f——被约束后的混凝土轴心抗压强度；

　　　σ_r——间接钢筋的应力达到屈服强度时，截面上核心区混凝土所受到的径向约束应力值；

　　　β——系数，其值在 4.5~7 之间变化，此处取 4；

　　　f_c——混凝土轴心抗压强度设计值。

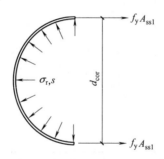

图 2.21　截面上核心区混凝土所受到的径向约束

在间接钢筋 1 个间距 s 范围内，利用 σ_r 的合力与间接钢筋拉力的平衡条件，如图 2.21 所示，可得：

$$\sigma_r = \frac{2f_y A_{ss1}}{s d_{cor}} = \frac{2f_y A_{ss1} d_{cor}\pi}{4\dfrac{\pi d_{cor}^2}{4}s} = \frac{f_y A_{sso}}{2A_{cor}} \tag{2-22}$$

式中　A_{cor}——混凝土核心区面积，$A_{cor} = \pi d_{cor}^2/4$；

　　　A_{sso}——间接钢筋的换算截面面积；

　　　A_{ss1}——单根间接钢筋的截面面积；

　　　s——沿构件轴线方向间接钢筋的间距；

　　　d_{cor}——构件的核心直径，按间接钢筋内表面确定。

$$A_{sso} = \frac{\pi d_{cor} A_{ss1}}{s} \tag{2-23}$$

根据力的平衡条件，螺旋式箍筋柱正截面承载力为：

$$N_u = A_{cor}f + A_s'f_y' \tag{2-24}$$

式中 f_y'——纵向钢筋抗压强度设计值。

螺旋式或焊接环式间接钢筋柱的承载力计算公式为：

$$N \leqslant N_u = 0.9(f_c A_{cor} + 2\alpha f_y A_{sso} + f_y' A_s') \tag{2-25}$$

式中 α——间接钢筋对截面上核心区混凝土约束的折减系数，当混凝土强度等级小于C50时，取 $\alpha=1.0$；当混凝土强度等级为C80时，取 $\alpha=0.85$；当混凝土强度等级在C50与C80之间时，按线性内插法确定；

0.9——可靠度调整系数；

f_y——螺旋式箍筋的抗拉强度设计值。

为使混凝土保护层有足够的抵抗剥落能力，按式（2-25）算得的截面承载力不应比按式（2-20）算得的大50%。

凡有下列情况之一的，不考虑间接钢筋影响，仍按式（2-20）计算截面的承载力。

① 当 l_0/d 大于12时，此时因长细比较大，有可能因纵向弯曲引起螺旋式箍筋不起作用。

② 当按式（2-25）算得的截面承载力小于按式（2-20）算得的受压承载力时。

③ 当间接钢筋换算截面面积 $A_{sso} \leqslant 0.25A_s'$ 时，可以认为间接钢筋配置得太少，套箍作用的效果不明显。

在构造方面，为保证间接钢筋的约束作用，其间距 s 要求 $\leqslant 80$mm，并且 $\leqslant d_{cor}/5$，同时 $\geqslant 40$mm。其直径要求与普通箍筋的相同。

2.3.5 轴心受压柱的构造要求

（1）截面形状和尺寸

为方便施工，截面形状常采用正方形，也可采用矩形、圆形或正多边形。截面的最小边长应大于250mm；长细比不宜过大，常取 $\dfrac{l_0}{b} \leqslant 30$、$\dfrac{l_0}{d} \leqslant 26$ 以确保混凝土的浇注质量（l_0 为受压构件的计算长度，b 为方形截面边长，d 为圆形截面直径）。

（2）纵向受压钢筋

纵向钢筋应沿截面的四周均匀布置，钢筋根数不得少于4根；纵向钢筋直径不宜小于12mm，通常在12~32mm范围内选用；纵向钢筋中距不应大于300mm。截面上全部纵向钢筋的配筋率：钢筋强度等级500MPa时不应小于0.5%，钢筋强度等级400MPa时不应小于0.55%，钢筋强度等级300MPa时不应小于0.6%，亦不宜大于5%。受压钢筋的净距不应小于50mm。纵向受压钢筋的连接应优先采用对接焊接或机械对接。当钢筋直径 $d \leqslant 32$mm 时，允许采用非焊接的搭接连接，但要求接头位置设在受力较小的部位，搭接区域要有较强的侧向约束，并且钢筋的搭接长度 $\geqslant 0.85l_a$，且 $\geqslant 200$mm。当钢筋直径 $d > 32$mm 时，不宜采用绑扎的搭接连接。

（3）箍筋

箍筋必须做成封闭式，并且不得有内折角。内折角箍筋不能有效约束它所包围的截面混凝土的变形，也不能有效约束纵向钢筋向外的侧移。

箍筋的间距，在绑扎骨架中不应大于15d，在焊接架中不应大于20d（d为纵筋的最小直径），且不大于400mm，也不大于柱截面的短边尺寸。

箍筋的直径不应小于d/4（d为纵筋的最大直径），且不小于6mm。

当纵筋配筋率大于3%时，箍筋的直径不应小于8mm，其间距不应大于10d（d为纵筋的最小直径），且不大于 200mm。

当截面各边纵筋多于 3 根时，应设置复合箍筋。但当截面短边不大于 400mm，且每边纵筋不多于 4 根时，可不设置复合箍筋（图 2.22）。

在纵筋搭接长度范围内，箍筋直径不宜小于 $d/4$，间距应加密，且不应大于 $10d$（d 为受力纵筋的最小直径），也不应大于 200mm。当搭接纵筋的直径大于 25mm 时，应在搭接接头两个端面外 100mm 的范围内各设置 2 根箍筋。

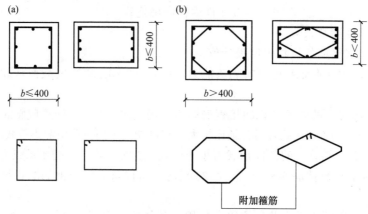

图 2.22　方形、矩形截面的箍筋设置

【例 2.2】　已知某办公楼底层门厅内现浇钢筋混凝土柱，承受轴向压力设计值 $N = 2000$kN，从基础顶面至二楼楼面高度为 $H = 4.9$m。正方形截面内柱处于一类环境。混凝土强度等级为 C30，柱中纵向受压钢筋为 HRB400 级，箍筋用 HRB400 级。

求：柱截面面积尺寸及柱中纵筋面积。

【解】　根据构造要求，先假定柱截面尺寸为 350mm×350mm。

底层柱取：$l_0 = H = 4.9$m。

由 $l_0/b = 4900/350 = 14$，查表 2.1 得 $\varphi = 0.92$。按式（2-20）求 A'_s：

$$A'_s = \frac{1}{f'_y}\left(\frac{N}{0.9\varphi} - f_c A\right) = \frac{1}{360} \times \left(\frac{2000 \times 10^3}{0.9 \times 0.92} - 14.3 \times 350 \times 350\right)\text{mm}^2 = 1843.6\text{mm}^2$$

$$\rho' = \frac{A'_s}{A} = \frac{1843.6}{350 \times 350} = 0.015 > \rho'_{\min} = 0.55\%$$

故受压纵筋最小配筋率满足要求，选用 4Φ25（$A'_s = 1963\text{mm}^2$）。

【例 2.3】　某圆形截面柱，直径 $d = 400$mm，柱计算高度 $l_0 = 4800$mm，处于一类环境。该柱承受轴心压力设计值 $N = 2800$kN。混凝土强度等级为 C25，纵筋 HRB400 级，箍筋 HPB300 级。

试配置柱内钢筋。

【解】　依据环境类别确定混凝土保护层厚度 $C = 25$mm。

（1）按普通箍筋柱计算

$$A = \frac{\pi d^2}{4} = \frac{\pi \times 400^2}{4} = 125663.70\text{mm}$$

$\frac{l_0}{d} = \frac{4800}{400} = 12$，查表 2.1 得 $\varphi = 0.92$，查附表 5 得 $f_c = 11.9\text{N/mm}^2$，查附表 2 得 $f'_y = 360\text{N/mm}^2$。

$$A'_s = \frac{1}{f'_y}\left(\frac{N}{0.9\varphi} - f_c A\right) = \frac{1}{360}\times\left(\frac{2800\times10^3}{0.9\times0.92} - 11.9\times125663.7\right)\text{mm}^2 = 5239.6\text{mm}^2$$

$$\rho' = \frac{A'_s}{A} = \frac{5239.6}{125663.70} = 4.17\% \;(较大)$$

（2）按螺旋箍筋柱设计

假定箍筋直径为 10mm，则 $A_{ss1} = 78.5\text{mm}^2$。

纵向钢筋采用 8Φ25，$A'_s = 3927\text{mm}^2$，由于 $\dfrac{l_0}{d} = 12$，满足长细比要求。

由于：

$$1.5\times0.9\varphi(f_c A + f'_y A'_s) = 1.5\times0.9\times0.92\times(11.9\times125663.7 + 360\times3927)\text{N}$$
$$= 3613124\text{N} = 3613.12\text{kN} > 2800\text{kN}$$

满足螺旋式箍筋柱要求。

$$d_{cor} = (400 - 25\times2 - 2\times10)\text{mm} = 330\text{mm}$$

$$A_{cor} = \frac{\pi d_{cor}^2}{4} = \frac{\pi\times330^2}{4}\text{mm}^2 = 85529.86\text{mm}^2$$

混凝土强度等级 C25＜C50，$\alpha = 1.0$。

$$A_{sso} = \frac{\dfrac{N}{0.9} - (f_c A_{cor} + f'_y A'_s)}{2\alpha f_y} = \frac{\dfrac{2800\times10^3}{0.9} - (11.9\times85529.86 + 360\times3927)}{2\times1.0\times270}$$
$$= 1258.5 \;(\text{mm}^2)$$

$A_{sso} = 1258.5\text{mm}^2 > 0.25 A'_s = 981.75\text{mm}^2$，可以。

$$s = \frac{\pi d_{cor} A_{ss1}}{A_{sso}} = \frac{\pi\times330\times78.5}{1258.5} = 64.67\text{mm}，取 s = 60\text{mm}，即选用 \Phi10@60 螺旋箍筋。$$

2.4 混凝土受弯构件——梁和板

受弯构件是指以承受弯矩和剪力为主的构件。结构中各种类型的梁和板是典型的受弯构件，它们是水平结构体系中的最基本构件。

梁和板的区别是梁的截面高度一般大于其宽度，而板的截面厚度则小于其宽度。

梁的截面形式有矩形、T 形、工字形等。板的截面形式有实心板、槽形板、空心板等，如图 2.23 所示。

受弯矩和剪力共同作用的构件可能发生两种破坏，即正截面破坏和斜截面破坏，如图 2.24 所示。正截面破坏是由弯矩引起的，而斜截面破坏是由弯矩和剪力共同引起的。因此，受弯构件要进行正截面承载力和斜截面承载力计算。

2.4.1 钢筋混凝土受弯构件正截面承载力计算

2.4.1.1 矩形截面梁的加载试验

试验装置如图 2.25 所示。在梁跨度三分点处施加一对称的集中力 P，梁的中间区段为纯弯区段（忽略梁自重的影响）。

在纯弯区段沿截面高度布置应变计，量测混凝土的纵向应变分布；在受拉钢筋上布置应变片，量测钢筋的受拉应变；在梁的跨中和支座上布置位移计，用来量测梁的挠度。试验中

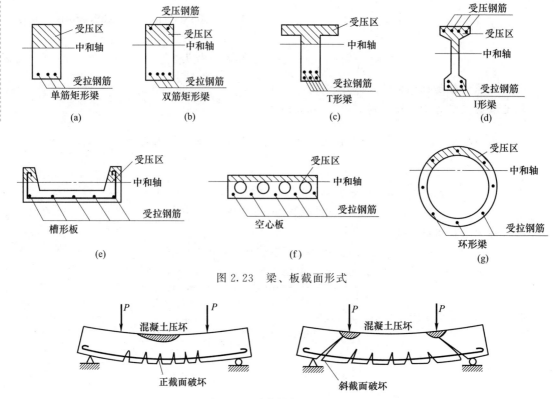

图 2.23 梁、板截面形式

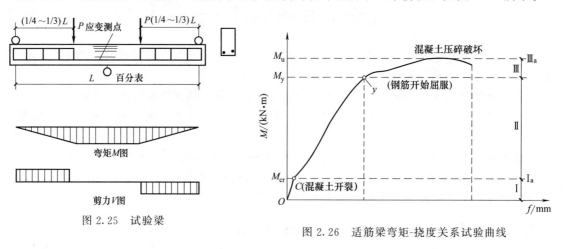

图 2.24 受弯构件的破坏形式

还要观察梁上裂缝的分布和开展情况。

图 2.26 为配筋适量的试验梁的跨中截面挠度 f 随截面弯矩 M 增加而变化的情况。试验研究表明，钢筋混凝土适筋梁的应力状态从加载到破坏经历了三个阶段，如图 2.26 所示。

图 2.25 试验梁

图 2.26 适筋梁弯矩-挠度关系试验曲线

（1）第Ⅰ阶段：弹性工作阶段

见图 2.27，当弯矩较小时，梁基本处于弹性工作阶段，沿截面高度的混凝土应力和应变的分布均为直线，与建筑力学的规律相同［图 2.27（a）］，混凝土受拉区未出现裂缝。

随着荷载的增加，受拉区混凝土塑性变形发展，拉应力图形呈曲线分布。当荷载增加到使受拉区混凝土边缘纤维拉应变达到混凝土极限拉应变时，受拉混凝土将开裂，受拉混凝土应力达到混凝土抗拉强度。这种将裂未裂的状态标志着阶段Ⅰ的结束，称为Ⅰ$_a$状态［图2.27（b）］。

Ⅰ$_a$状态可作为受弯构件抗裂度计算的依据。

（2）第Ⅱ阶段：带裂缝工作阶段

当荷载继续增加时，受拉混凝土边缘纤维应变超过其极限拉应变，混凝土开裂。

在开裂截面，受拉混凝土逐渐退出工作，拉力将转移给钢筋承担，使开裂截面的钢筋应力突然增大，但中和轴以下未开裂部分混凝土仍可承担一部分拉力。随着弯矩增大，截面应变增大；但截面应变分布基本上仍符合平截面假定；而受压区混凝土的塑性变形逐渐明显，其应力图形呈曲线形。当钢筋应力到达屈服强度 f_y 时，第Ⅱ阶段结束，称为Ⅱ$_a$状态［图2.27（d）］。

Ⅱ$_a$状态可作为使用阶段验算变形和裂缝开展宽度计算的依据。

（3）第Ⅲ阶段：破坏阶段

随着受拉钢筋的屈服，裂缝急剧开展，宽度变大，构件挠度增加很快，形成破坏前的预兆。随着中和轴高度上升，混凝土受压区高度不断缩小。当受压区混凝土边缘纤维达到极限压应变时，受压混凝土压碎，梁完全破坏。作为第Ⅲ阶段结束，称为Ⅲ$_a$状态［图2.27（f）］。

Ⅲ$_a$状态可作为正截面受弯承载力计算的依据。

表2.2简要地列出了适筋梁正截面受弯的三个受力阶段的主要特点。

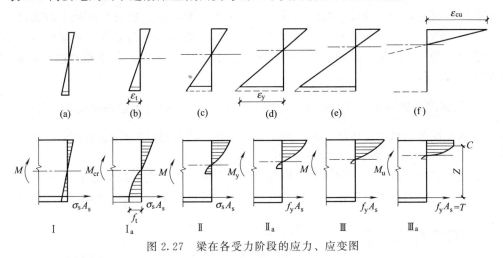

图2.27 梁在各受力阶段的应力、应变图

表2.2 适筋梁正截面受弯三个受力阶段的主要特点

主要特点	受力阶段	第Ⅰ阶段	第Ⅱ阶段	第Ⅲ阶段
习称		弹性工作阶段	带裂缝工作阶段	破坏阶段
外观特征		没有裂缝,挠度很小	有裂缝,挠度还不明显	钢筋屈服,裂缝宽,挠度大
弯矩-挠度		大致成直线	曲线	接近水平的曲线
混凝土应力图形	受压区	直线	受压区高度减小,混凝土压应力图形为上升段的曲线,应力峰值在受压区边缘	受压区高度进一步减小,混凝土压应力图形为较丰满的曲线;后期为有上升段和下降段的曲线,应力峰值不在受压区边缘而在边缘的内侧
	受拉区	前期为直线,后期为有上升段的曲线,应力峰值不在受拉区边缘	大部分退出工作	绝大部分退出工作

续表

受力阶段 主要特点	第 I 阶段	第 II 阶段	第 III 阶段
纵向受拉钢筋应力	$\sigma_s \leqslant 20 \sim 30\text{N/mm}^2$	$20 \sim 30\text{N/mm}^2 < \sigma_s < f_y^0$	$\sigma_s = f_y^0$
与设计计算的联系	I_a 阶段用于抗裂验算	II_a 阶段用于裂缝宽度及变形验算	III_a 阶段用于正截面受弯承载力计算

2.4.1.2　配筋率对正截面破坏形态的影响

（1）配筋率

上述梁的正截面三个阶段的工作特点和破坏形态是针对正常配筋率梁而言的。

对矩形截面受弯构件，纵向受拉钢筋的面积与截面有效面积的比值称为纵向受拉钢筋的配筋率，简称配筋率，用下式表示：

$$\rho = \frac{A_s}{bh_0} \tag{2-26}$$

式中　ρ——纵向受拉钢筋的配筋率；

A_s——受拉钢筋截面面积；

b——梁截面宽度；

h_0——梁截面有效高度，$h_0 = h - a$；

a——纵向受拉钢筋合力点至截面近边的距离。

（2）受弯构件正截面的破坏形态

根据试验研究，受弯构件正截面的破坏形态主要与配筋率、钢筋与混凝土的强度等级、截面形式等因素有关，以配筋率对受弯构件的破坏形态的影响最为显著。根据配筋率不同，破坏形态可分为适筋破坏、超筋破坏和少筋破坏，如图 2.28 所示。与之相对应的弯矩-挠度曲线如图 2.29 所示。

① 适筋梁的破坏形态。当配筋适中，即 $\rho_{\min}\dfrac{h}{h_0} \leqslant \rho \leqslant \rho_b$ 时发生适筋梁破坏，其特点是纵向受拉钢筋先屈服，然后受压区混凝土被压碎，破坏时两种材料的性能均得到充分发挥。这里 $\rho_{\min}$、ρ_b 分别为纵向受拉钢筋的最小配筋率、界限配筋率。

在梁完全破坏以前，由于钢筋要经历较大的塑性伸长，随之引起裂缝急剧开展，梁的挠度急剧增大，它给人以明显的破坏预兆。常把这种梁的破坏称为"塑性破坏"（延性破坏）。

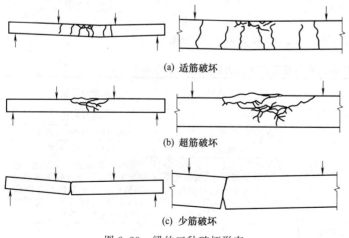

(a) 适筋破坏

(b) 超筋破坏

(c) 少筋破坏

图 2.28　梁的三种破坏形态

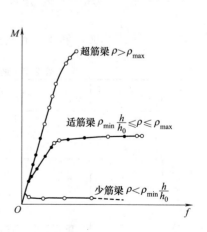

图 2.29　适筋梁、超筋梁、少筋梁的 $M\text{-}f$ 曲线

② 超筋梁的破坏形态。当配筋过多，即 $\rho > \rho_b$ 时发生超筋破坏，其特点是受压区混凝土先被压碎，纵向受拉钢筋不屈服。试验表明，钢筋在梁破坏前仍处于弹性工作阶段，裂缝细而密，无明显的临界裂缝产生，梁的挠度亦不大。总之，它在没有明显预兆的情况下由于受压区混凝土被压碎而突然破坏，故属于脆性破坏。

超筋梁虽配置了过多的受拉钢筋，但梁的破坏始于受压区混凝土被压碎，破坏时钢筋应力低于屈服强度，而不能充分发挥作用，呈现脆性破坏，同时造成钢筋浪费，故设计中不允许采用。

③ 少筋梁的破坏形态。当配筋过少，即 $\rho < \rho_{min} \dfrac{h}{h_0}$ 时发生少筋破坏，其特点是受拉区混凝土一开裂即破坏。

试验表明，这种梁一旦开裂，受拉钢筋立即达到屈服强度，有时甚至迅速进入强化阶段。常常集中出现一条长而宽度大的裂缝，即使混凝土未压碎，梁也因裂缝过宽而破坏。

少筋梁的破坏也属于脆性破坏。少筋梁是不安全的，故设计中也不允许采用。

2.4.1.3 受弯构件基本假定和承载力计算公式

（1）基本假定

进行受弯构件正截面承载力计算时，计算中引入以下四个基本假定。

① 截面应变保持平面。

② 不考虑混凝土的抗拉强度。

③ 混凝土受压应力-应变关系。混凝土的受压应力-应变关系表达方式很多，我国《混凝土结构设计规范》采用简化形式（不考虑下降段），如图 2.30 所示。

当 $\varepsilon_c \leqslant \varepsilon_0$ 时（上升段）：

$$\sigma_c = f_c \left[1 - \left(1 - \frac{\varepsilon_c}{\varepsilon_0} \right)^n \right] \tag{2-27}$$

当 $\varepsilon_0 < \varepsilon_c \leqslant \varepsilon_{cu}$ 时（水平段）：

$$\sigma_c = f_c \tag{2-28}$$

$$n = 2 - \frac{1}{60}(f_{cu,k} - 50) \leqslant 2.0 \tag{2-29}$$

$$\varepsilon_0 = 0.002 + 0.5 \times (f_{cu,k} - 50) \times 10^{-5} \geqslant 0.002 \tag{2-30}$$

$$\varepsilon_{cu} = 0.0033 - (f_{cu,k} - 50) \times 10^{-5} \leqslant 0.0033 \tag{2-31}$$

式中　　σ_c——混凝土压应变为 ε_c 时的混凝土压应力；

$\quad\quad f_c$——混凝土轴心抗压强度设计值；

$\quad\quad \varepsilon_0$——混凝土压应力刚达到 f_c 时的混凝土压应变，当计算的 ε_0 值小于 0.002 时，取为 0.002；

$\quad\quad \varepsilon_{cu}$——正截面混凝土的极限压应变，当处于非均匀受压时，按上式计算，如果计算的值 ε_{cu} 大于 0.0033 时，取为 0.0033；当处于轴心受压时，取为 ε_0；

$\quad\quad f_{cu,k}$——混凝土立方体抗压强度标准值；

$\quad\quad n$——系数，当计算的 n 值大于 2.0 时，取为 2.0。

④ 钢筋应力-应变关系。钢筋应力取等于钢筋应变与其弹性模量的乘积，但不大于其强度设计值，受拉钢筋的极限拉应变取 0.01，其简化的应力-应变曲线如图 2.31 所示。

（2）承载力计算公式

单筋矩形梁应力图的简化见图 2.32。为了简化计算，可将受压区混凝土应力分布图用

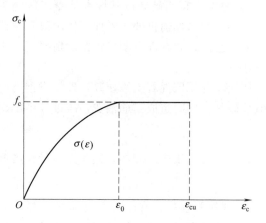

图 2.30 混凝土应力-应变设计曲线

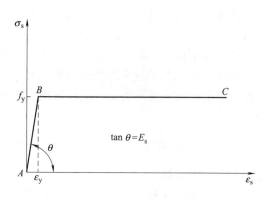

图 2.31 钢筋应力-应变设计曲线

等效矩形应力图形代替,如图 2.32(e)所示,等效的条件是混凝土压应力合力 C 大小及其作用位置不变,其中图中无量纲参数 α_1 和 β_1 与混凝土应力-应变曲线有关。《混凝土结构设计规范》规定:当 $f_{cu,k} \leqslant 50 \text{N/mm}^2$ 时,$\alpha_1 = 1.0$,$\beta_1 = 0.8$;当 $f_{cu,k} = 80 \text{N/mm}^2$ 时,$\alpha_1 = 0.94$,$\beta_1 = 0.74$,其间按线性内插法确定。

根据平衡条件,可得到单筋矩形截面受弯构件正截面承载力计算公式:

$$\sum X = 0 \qquad f_y A_s = \alpha_1 f_c b x \tag{2-32}$$

$$\sum M = 0 \qquad M_u = \alpha_1 f_c b x \left(h_0 - \frac{x}{2} \right) = f_y A_s \left(h_0 - \frac{x}{2} \right) \tag{2-33}$$

写成承载力设计表达式为:

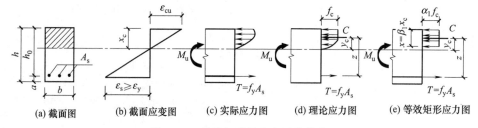

(a) 截面图 (b) 截面应变图 (c) 实际应力图 (d) 理论应力图 (e) 等效矩形应力图

图 2.32 单筋矩形梁应力图的简化

$$f_y A_s = \alpha_1 f_c b x \tag{2-34}$$

$$M \leqslant M_u = \alpha_1 f_c b x \left(h_0 - \frac{x}{2} \right) = f_y A_s \left(h_0 - \frac{x}{2} \right) \tag{2-35}$$

式中 M——弯矩设计值;

     M_u——正截面受弯承载力设计值;

     A_s——纵向受拉钢筋截面面积;

f_c,f_y——混凝土轴心抗压强度设计值和纵向钢筋抗拉强度设计值;

     b——矩形截面梁的宽度;

     x——混凝土受压区高度;

     h_0——截面有效高度,$h_0 = h - a$,当纵向钢筋为一排时,$h_0 = h - 40 \text{mm}$(混凝土强度等级 > C25)或 $h_0 = h - 45 \text{mm}$(混凝土强度等级 ≤ C25);当纵向钢筋为两排时 $h_0 = h - 65 \text{mm}$(> C25)或 $h_0 = h - 70 \text{mm}$(≤ C25);

h——矩形截面梁高度；

a——纵向受拉钢筋合力点至截面受拉边缘的距离。

（3）公式适用条件

① $\xi = \dfrac{x}{h_0} \leqslant \xi_b$——防止发生超筋破坏；

② $A_s \geqslant \rho_{min} bh$——防止发生少筋破坏。

（4）相对界限受压区高度 ξ_b 及最大配筋率 ρ_{max} 和最小配筋率 ρ_{min}

适筋破坏与超筋破坏的本质区别在于构件破坏时纵向受拉钢筋是否屈服。在超筋破坏与适筋破坏之间必然存在一种破坏，其破坏特征是受拉钢筋屈服的同时，混凝土受压边缘应变恰好达到极限压应变。

相对界限受压区高度 ξ_b 就是界限破坏时的混凝土受压区高度 x_b 与截面有效高度 h_0 之比，即 $\xi_b = x_b / h_0$。经推导知，相对界限受压区高度仅与材料性能有关，而与截面尺寸无关。混凝土强度等级 C50 以下时，ξ_b 取值见表 2.3。

表 2.3　相对界限受压区高度 ξ_b 的取值

混凝土强度等级	≤C50		
钢筋强度等级	300MPa	400MPa	500MPa
ξ_b	0.576	0.518	0.482

当配筋率大于界限破坏时的配筋率时，构件即发生超筋破坏。故界限破坏时的配筋率即为最大配筋率 ρ_{max}。ρ_{max} 可由下式求得：

$$\rho_{max} = \frac{A_s}{bh_0} = \xi_b \frac{\alpha_1 f_c}{f_y} \tag{2-36}$$

最小配筋率 ρ_{min} 是适筋破坏向少筋破坏过渡的一种界限破坏所对应的配筋率。对受弯构件，《混凝土结构设计规范》规定的最小配筋率 ρ_{min} 取 $45\dfrac{f_t}{f_y}\%$ 和 0.2% 的较大值。

2.4.1.4　正截面受弯承载力的计算方法

将式（2-35）改写成：

$$M \leqslant M_u = \alpha_s \alpha_1 f_c bh_0^2 = f_y A_s \gamma_s h_0 \tag{2-37}$$

式中　α_s——截面抵抗矩系数，$\alpha_s = \xi(1 - 0.5\xi) = \dfrac{M}{\alpha_1 f_c bh_0^2}$；

ξ——混凝土相对受压区高度，$\xi = 1 - \sqrt{1 - 2\alpha_s}$；

γ_s——内力臂系数，$\gamma_s = \dfrac{1 + \sqrt{1 - 2\alpha_s}}{2}$；

A_s——受拉钢筋截面面积，$A_s = \dfrac{M}{\gamma_s f_y h_0}$。

单筋矩形截面梁的最大受弯承载力：

$$M_{u,max} = \xi_b(1 - 0.5\xi_b)\alpha_1 f_c bh_0^2 \tag{2-38}$$

受弯构件正截面受弯承载力计算包括截面设计、截面复核两类问题。

（1）截面设计

截面设计通常是已知弯矩设计值 M，要求确定构件的截面尺寸和配筋。对于适筋梁，对受弯承载力起决定作用的是配筋强度 $f_y A_s$，而混凝土强度等级影响相对较小，且采用高强度混凝土还存在降低结构延性等问题。因此混凝土强度等级不宜选得过高。一般现浇构件用C20、C25、C30、C40。截面尺寸的确定，可按构件的高跨比估算，如简支梁的截面高度 $h=(1/12\sim1/10)l_0$，l_0 为简支梁的计算跨度；宽度 $b=(1/3\sim1/2)h_0$。单向板的厚度 $h\geqslant l_0/30$，l_0 为简支单向板的计算跨度。钢筋宜采用 HPB300 级、HRB400 级和 HRB500 级。

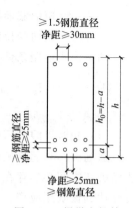

梁纵向受力钢筋常用直径为 $12\sim25$mm；板纵向受力钢筋直径为 $8\sim14$mm。梁纵筋净距应满足图 2.33 的要求；板受力纵筋的间距一般为 $70\sim200$mm。

图 2.33　梁纵向钢筋净距要求

截面设计方法：已知设计弯矩 M；混凝土强度等级，查附表 5 可得到 f_c 和 f_t；构件截面尺寸宽度 b、高度 h；钢筋等级，查附表 2 可得到 f_y。如何求钢筋截面面积 A_s？

由基本公式式（2-37）先求出截面抵抗矩系数 $\alpha_s=\dfrac{M}{\alpha_1 f_c b h_0^2}$，根据 α_s 求出混凝土相对受压区高度 ξ 并验证 $\xi\leqslant\xi_b$，内力臂系数 γ_s，可以直接求解 $A_s=\dfrac{M}{\gamma_s f_y h_0}$，最后验证配筋率是否大于最小配筋率。

【例 2.4】　已知矩形梁截面尺寸 $b\times h=250\text{mm}\times500\text{mm}$；处于一类工作环境，结构的安全等级为二级。弯矩设计值 $M=150$kN·m，混凝土强度等级为 C30 级，钢筋采用 HRB400 级。

求：所需纵向受拉钢筋截面面积 A_s，并配置钢筋。

【解】　查附表 8 知，环境类别为一类，C30 时梁的混凝土保护层最小厚度为 20mm。故设 $a=40$mm，则：

$$h_0=h-a=500-40=460(\text{mm})$$

由混凝土和钢筋等级，查表得：$f_c=14.3\text{N/mm}^2$，$f_y=360\text{N/mm}^2$，$f_t=1.43\text{N/mm}^2$。查表 2.3 知：$\xi_b=0.518$。

计算截面抵抗矩系数：

$$\alpha_s=\frac{M}{\alpha_1 f_c b h_0^2}=\frac{150\times10^6}{1.0\times14.3\times250\times460^2}=0.198$$

计算相对受压区高度：

$$\xi=1-\sqrt{1-2\alpha_s}=1-\sqrt{1-2\times0.198}=0.223<\xi_b=0.518$$

不会发生超筋破坏。

计算内力臂系数：

$$\gamma_s=\frac{1+\sqrt{1-2\alpha_s}}{2}=\frac{1+\sqrt{1-2\times0.198}}{2}=0.889$$

故

$$A_s=\frac{M}{\gamma_s f_y h_0}=\frac{150\times10^6}{0.889\times360\times460}=1018.9(\text{mm}^2)$$

配筋率 $\rho=\dfrac{A_s}{bh_0}=\dfrac{1018.9}{250\times460}=0.89\%$，大于 $\rho_{min}\times\dfrac{h}{h_0}=0.2\%\times\dfrac{500}{460}=0.217\%$，同时大于 $0.45\dfrac{f_t}{f_y}\times\dfrac{h}{h_0}=0.45\times\dfrac{1.43}{360}\times\dfrac{500}{460}=0.194\%$，不会发生少筋破坏。

选用 4Φ18，实际的钢筋截面面积 $A_s=1017\text{mm}^2\approx1018.9\text{mm}^2$，一排钢筋所需的最小宽度为：$b_{min}=4\times18+2\times10+3\times25+2\times20=207$（mm）$<250$mm 与原假设相符，不必重算。配筋图如图 2.34 所示。

【例2.5】　挑檐板剖面如图2.35所示，处于一类工作环境，板面永久荷载标准值：防水层 $0.35kN/m^2$，80mm厚钢筋混凝土板（重度 $25kN/m^3$），25mm厚水泥砂浆抹灰（重度 $20kN/m^3$）。板面可变荷载标准值：雪荷载 $0.4kN/m^2$，活荷载 $0.5kN/m^2$。采用C30级混凝土，HPB300级钢筋。求板的配筋。

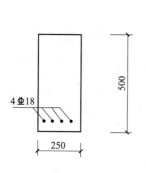

图2.34　例2.4截面配筋

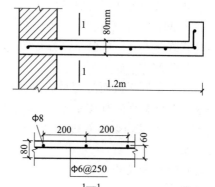

图2.35　例2.5图

【解】　（1）荷载标准值计算　永久荷载：防水层，$0.35kN/m^2$；钢筋混凝土板自重，$25×0.08=2.0$（kN/m^2）；水泥砂浆抹灰自重，$20×0.025=0.50$（kN/m^2）；合计 $g=2.85kN/m^2$。

雪荷载：$q=0.4kN/m^2$；活荷载：$q=0.5kN/m^2$。两者不同时考虑取大值进行计算，$q=0.5kN/m^2$。

（2）支座截面弯矩设计值　$M=(\gamma_G g_k+\gamma_Q q_k)l^2/2=(1.3×2.85+1.5×0.5)×1.2^2/2=3.208$（$kN \cdot m$）

（3）配筋计算　C30级混凝土 $f_c=14.3N/mm^2$，$f_t=1.43N/mm^2$，HPB300级钢筋 $f_y=270N/mm^2$，取板宽 $b=1000mm$，$h_0=h-a=80-20=60$（mm）。

计算截面抵抗矩系数：

$$\alpha_s=\frac{M}{\alpha_1 f_c b h_0^2}=\frac{3.208×10^6}{1.0×14.3×1000×60^2}=0.0623$$

计算相对受压区高度：

$$\xi=1-\sqrt{1-2\alpha_s}=1-\sqrt{1-2×0.0623}=0.0644<\xi_b=0.576$$

不会发生超筋破坏。

计算内力臂系数：

$$\gamma_s=\frac{1+\sqrt{1-2\alpha_s}}{2}=\frac{1+\sqrt{1-2×0.0623}}{2}=0.9678$$

故

$$A_s=\frac{M}{\gamma_s f_y h_0}=\frac{3.208×10^6}{0.9678×270×60}=204.6（mm^2）$$

配筋率 $\rho=\dfrac{A_s}{bh_0}=\dfrac{204.6}{1000×60}=0.341\%$，大于 $\rho_{min}\dfrac{80}{60}=0.267\%$；同时大于 $0.45\dfrac{f_t}{f_y}×\dfrac{h}{h_0}=0.45×\dfrac{1.43}{270}×\dfrac{80}{60}=0.318\%$，不会发生少筋破坏。

选用Φ8@200，实际的钢筋截面面积 $A_s=251mm^2$。

（2）截面复核题

在实际工程中，常常遇到已经建成的结构构件，已知混凝土截面尺寸和等级，配筋量和钢筋等级，要求复核截面的受弯承载力（荷载）或者复核截面承受某弯矩值是否安全，这类问题称为复核题。

截面复核题的解决方法：已知 M、b、h、A_s、混凝土强度等级和钢筋强度等级，求正截面受弯承载力 M_u。

由基本公式式（2-34）求出 x，若 $x \leqslant \xi_b h_0$ 则由式（2-35）求出 M_u，若 $x > \xi_b h_0$，则由式（2-38）求出 $M_{u,\max}$。

当 $M_u \geqslant M$ 时，认为截面受弯承载力满足要求，否则为不安全。

【例 2.6】 已知梁的截面尺寸为 $b \times h = 250\text{mm} \times 500\text{mm}$。混凝土等级为 C35，受拉钢筋 HRB400 级。已配置 $4\Phi20$（$A_s = 1256\text{mm}^2$）。截面承受弯矩设计值为 $M = 150\text{kN} \cdot \text{m}$，环境类别为一类。

求：验算此梁截面是否安全。

【解】 查附表 5 得 $f_c = 16.7\text{N/mm}^2$，$f_t = 1.57\text{N/mm}^2$，查附表 2 得 $f_y = 360\text{N/mm}^2$。由附表 8 知，环境类别为一类的混凝土保护层最小厚度为 20mm，故设 $a = 40\text{mm}$，$h_0 = h - a = 500 - 40 = 460$（mm）。

由式（2-34）得：

$$x = \frac{f_y A_s}{\alpha_1 f_c b} = \frac{360 \times 1256}{1.0 \times 16.7 \times 250} = 108.3 (\text{mm}) < \xi_b h_0 = 0.518 \times 460 = 238 (\text{mm})$$

将 x 代入式（2-35）得：

$$M_u = f_y A_s \left(h_0 - \frac{x}{2} \right) = 360 \times 1256 \times \left(460 - \frac{108.3}{2} \right) = 183.51 (\text{kN} \cdot \text{m}) > M = 150 \text{kN} \cdot \text{m},$$

安全。

2.4.2 双筋矩形截面梁承载力计算

在实际工程中会遇到下列情况，弯矩设计值很大，按单筋矩形截面计算所得的 $\xi > \xi_b$，而梁截面尺寸受到限制，混凝土强度等级又不能提高时；在不同荷载组合下，产生变号弯矩（风力和地震作用下的框架梁）；在抗震设计中要求框架梁配置纵向受压钢筋以提高截面的延性，则可考虑在截面受压区配置受压钢筋，从而形成双筋截面。

需要说明的是，用钢筋去代替混凝土受压是不经济的。因此，为了节约钢材，应尽可能将截面设计成单筋截面，而不是双筋截面。在实际的单筋截面梁中，受压区均配有架立钢筋，虽然它们具有双筋截面的形式，但架立钢筋在计算中不考虑其受压，此种配筋形式仍为单筋截面。

2.4.2.1 基本计算公式

与单筋矩形截面相似，双筋截面在承载能力极限状态的计算简图如图 2.36（a）所示。由力的平衡条件可得：

$$\sum X = 0 \qquad \alpha_1 f_c b x + f_y' A_s' = f_y A_s \tag{2-39}$$

$$\sum M = 0 \qquad M_u = \alpha_1 f_c b x \left(h_0 - \frac{x}{2} \right) + f_y' A_s' (h_0 - a') \tag{2-40}$$

式中　f_y'——钢筋的抗压强度设计值；

　　　A_s'——受压钢筋的截面面积；

a'——受压钢筋的合力点到截面受压边缘的距离。对于梁,当混凝土的强度等级不小于 C25,且受压钢筋按一排布置时,可取 $a'=40\text{mm}$。

其他符号同单筋矩形截面梁。

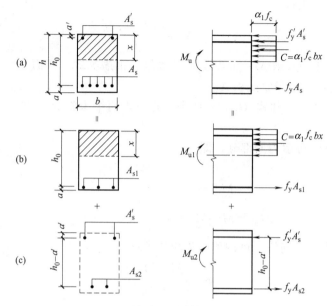

图 2.36　双筋矩形截面计算简图

2.4.2.2　基本公式的适用条件

对于双筋矩形截面,必须满足下列两个适用条件。

① 为了防止截面超筋,应满足:

$$x \leqslant \xi_b h_0$$

② 为了保证受压钢筋能够达到屈服强度,应满足:

$$x \geqslant 2a'$$

在实际设计中若求得的 $x < 2a'$ 时,表明受压钢筋没有达到抗压强度设计值,此时可取 $x=2a'$ 计算,即假设混凝土压应力合力作用点与受压钢筋合力作用点相重合。这时对受压钢筋合力点取矩,可得正截面受弯承载力计算公式:

$$M_u = f_y A_s (h_0 - a') \tag{2-41}$$

双筋截面中受拉钢筋常常配置较多,一般均能满足最小配筋率的要求,故不必验算。

2.4.2.3　公式的应用

与单筋矩形截面类似,基本公式的应用也有两类计算:截面设计和承载力复核。

（1）截面设计

截面设计可分为下列两种情况。

情况 1:已知弯矩设计值 M;混凝土强度等级及钢筋等级,截面尺寸 $b \times h$。求受压钢筋截面面积 A_s' 和受拉钢筋截面面积 A_s。

利用基本公式式（2-39）和式（2-40）两个方程,要求三个未知数 x、A_s 和 A_s',显然无法求解,需要补充一个条件。在实际应用中,从经济角度考虑,希望充分利用混凝土的强度,使截面的总配筋面积 $(A_s + A_s')$ 为最小,可取 $x=x_b=\xi_b h_0$,令 $M=M_u$。

由式（2-40）可求得:

$$A'_s = \frac{M - \alpha_1 f_c b x_b \left(h_0 - \dfrac{x_b}{2}\right)}{f'_y (h_0 - a')} = \frac{M - \alpha_1 f_c b h_0^2 \xi_b (1 - 0.5\xi_b)}{f'_y (h_0 - a')} \tag{2-42}$$

代入式（2-39）可求得：

$$A_s = \frac{f'_y}{f_y} A'_s + \frac{\alpha_1 f_c b h_0 \xi_b}{f_y} \tag{2-43}$$

情况 2：已知弯矩设计值 M；混凝土强度等级、钢筋等级；截面尺寸 $b \times h$；受压钢筋截面面积 A'_s。求受拉钢筋截面面积 A_s。

由基本公式式（2-39）和式（2-40）两个方程，求两个未知数 x 和 A_s，解 x 的一元二次方程可以求解。

另外方法可将 M_u 分解为两部分，即：

$$M_u = M_{u1} + M_{u2} \tag{2-44}$$

其中

$$M_{u2} = f'_y A'_s (h_0 - a') \tag{2-45}$$

$$M_{u1} = M - M_{u2} = \alpha_1 f_c b x \left(h_0 - \frac{x}{2}\right) \tag{2-46}$$

显然，M_{u1} 相当于单筋梁，可按单筋梁的公式求出 A_{s2}：

$$\alpha_s = \frac{M - M_{u2}}{\alpha_1 f_c b h_0^2}$$

$$\xi = 1 - \sqrt{1 - 2\alpha_s}$$

$$\gamma_s = \frac{1 + \sqrt{1 - 2\alpha_s}}{2}$$

$$A_{s1} = \frac{M - M_{u2}}{\gamma_s f_y h_0}$$

而

$$A_{s2} = \frac{f'_y}{f_y} A'_s$$

最后得到

$$A_s = A_{s1} + A_{s2} = \frac{M - M_{u2}}{\gamma_s f_y h_0} + \frac{f'_y}{f_y} A'_s \tag{2-47}$$

在求 A_{s1} 时尚需注意以下两点。

① 若 $\xi > \xi_b$，表明原有的 A'_s 不足，可按 A'_s 未知的情况 1 计算。

② 若 $\xi < 2a'/h_0$，表明 A'_s 不能达到其抗压屈服强度设计值，令 $\xi = 2a'/h_0$，按式（2-48）求 A_s，即：

$$A_s = \frac{M}{f_y (h_0 - a')} \tag{2-48}$$

（2）承载力复核

已知弯矩设计值 M；混凝土强度等级、钢筋等级；截面尺寸 $b \times h$；受压钢筋截面积 A'_s 和受拉钢筋截面面积 A_s。求正截面受弯承载力 M_u

由式（2-39）求出 x，若 $2a' \leqslant x \leqslant \xi_b h_0$，可代入式（2-40）中求 M_u；若 $x < 2a'$，则令 $x = 2a'$，由式（2-41）求 M_u；若 $x > \xi_b h_0$，则应将 $x = \xi_b h_0$ 代入式（2-40）中求 M_u。

【例 2.7】 已知梁的截面尺寸为 $b \times h = 200\text{mm} \times 450\text{mm}$。混凝土等级为 C30，受拉钢筋 HRB400 级。截面承受弯矩设计值为 $M = 200\text{kN} \cdot \text{m}$，环境类别为一类。截面尺寸不允许增加。

求：截面所需的受拉钢筋截面面积 A_s。

【**解**】 查附表5，混凝土C30，$f_c=14.3\text{N/mm}^2$；查附表2，HRB400级钢筋，$f_y=f'_y=360\text{N/mm}^2$。

初步假设纵向受拉钢筋布置两排，$h_0=h-a=450-65=385$（mm）。

$$\alpha_s=\frac{M}{\alpha_1 f_c b h_0^2}=\frac{200\times10^6}{1.0\times14.3\times200\times385^2}=0.4718$$

$$\xi=1-\sqrt{1-2\alpha_s}=1-\sqrt{1-2\times0.4718}=0.7625>\xi_b=0.518$$

应将截面设计成双筋矩形截面。

计算所需受拉和受压钢筋截面面积，设受压钢筋按一排布置 $a'=40\text{mm}$，则：

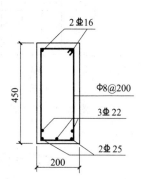

图2.37 例2.7配筋图

$$A'_s=\frac{M-f_c b h_0^2 \xi_b(1-0.5\xi_b)}{f'_y(h_0-a')}$$

$$=\frac{200\times10^6-14.3\times200\times385^2\times0.518\times(1-0.5\times0.518)}{300\times(385-40)}$$

$$=360.2\ (\text{mm}^2)$$

受拉钢筋选2Φ16（$A'_s=402\text{mm}^2$）。

$$A_s=\frac{f_c b h_0 \xi_b+f'_y A'_s}{f_y}$$

$$=\frac{14.3\times200\times390\times0.518+360\times402}{360}=1965.8(\text{mm}^2)$$

受拉钢筋选2Φ25+3Φ22（$A_s=2122\text{mm}^2$）。

配筋图如图2.37所示。

【**例2.8**】 已知梁的工作环境为一类。截面尺寸 $b\times h=200\text{mm}\times450\text{mm}$，混凝土强度等级为C25，HRB400级钢筋。已配受拉钢筋3Φ25（$A_s=1473\text{mm}^2$），受压钢筋2Φ18（$A'_s=509\text{mm}^2$）。要求承受弯矩设计值为 $M=180\text{kN}\cdot\text{m}$。

验算：此梁截面是否安全。

【**解**】 查附表5，C25级混凝土，$f_c=11.9\text{N/mm}^2$；查附表2，HRB400级钢筋 $f_y=f'_y=360\text{N/mm}^2$。

$$\xi_b=0.518,h_0=h-a=450-47.5=402.5(\text{mm}),a'=44\text{mm}$$

$$x=\frac{f_y A_s-f'_y A'_s}{\alpha_1 f_c b}=\frac{360\times1473-360\times509}{1.0\times11.9\times200}=145.8(\text{mm})$$

$$2a'=88\text{mm}<x<\xi_b h_0=0.518\times402.5=208.5(\text{mm})$$

$$M_u=\alpha_1 f_c b x\left(h_0-\frac{x}{2}\right)+f'_y A'_s(h_0-a')$$

$$=1.0\times11.9\times200\times145.8\times\left(402.5-\frac{145.8}{2}\right)+200\times509\times(402.5-44)$$

$$=150.87\ (\text{kN}\cdot\text{m})<M=180\text{kN}\cdot\text{m}$$

不安全。

2.4.3 T形截面梁承载力计算

根据矩形截面受弯构件承载力计算假定，不考虑受拉区混凝土的抗拉强度。因此，为减轻自重和经济计可以挖去部分受拉混凝土，由此形成如图2.38（a）所示的T形截面梁。

T 形截面各部分名称见图：b_f'、h_f' 分别为翼缘的宽度和厚度，b 和 h 分别为肋部（腹板）的宽度和 T 形梁的截面高度。有时为了需要也采用倒 T 形截面梁，如图 2.38（b）所示，根据受压区形状，倒 T 形截面按截面宽度为 b 的矩形截面计算。对于现浇楼盖的连续梁（图 2.39），由于支座处承受负弯矩，梁截面下部受压，因此支座截面按矩形截面计算；而跨中则按 T 形截面计算。

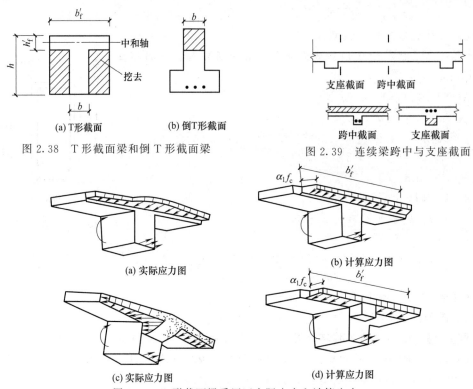

图 2.38　T 形截面梁和倒 T 形截面梁

图 2.39　连续梁跨中与支座截面

图 2.40　T 形截面梁受压区实际应力和计算应力

试验表明，T 形截面受弯构件翼缘的纵向压应力沿翼缘宽度方向分布不均匀，离肋部越远纵向压应力越小，如图 2.40（a）、（c）所示。因此，对翼缘计算宽度 b_f' 应加以限制，并假定在 b_f' 范围内压应力是均匀分布的，如图 2.40（b）、（d）所示。T 形截面翼缘计算宽度 b_f' 的取值，与翼缘高度、梁跨度和受力情况等许多因素有关。经计算分析并考虑工程经验，b_f' 可按表 2.4 所给出的各项次中的最小值取用（参见图 2.41）。

表 2.4　T 形、I 形及倒 L 形截面受弯构件翼缘计算宽度 b_f'

项次	情　况		T 形、I 形截面		倒 L 形截面
			肋形梁（板）	独立梁	肋形梁（板）
1	按计算跨度 l_0 考虑		$l_0/3$	$l_0/3$	$l_0/6$
2	按梁（纵肋）净距 s_n 考虑		$b+s_n$	—	$b+s_n/2$
3	按翼缘高度 h_f' 考虑	当 $h_f'/h_0 \geqslant 0.1$	—	$b+12h_f'$	—
		当 $0.1 > h_f'/h_0 \geqslant 0.05$	$b+12h_f'$	$b+6h_f'$	$b+5h_f'$
		当 $h_f'/h_0 < 0.05$	$b+12h_f'$	b	$b+5h_f'$

注：1. 表中 b 为梁的腹板宽度。
2. 如肋形梁在梁跨内设有间距小于纵肋间距的横肋时，则可不遵守表中所列项次 3 的规定。
3. 对有加腋的 T 形和倒 L 形截面，当受压区加腋的高度 $h_h \geqslant h_f'$ 且加腋的宽度 $b_h \leqslant 3h_h$ 时，则其翼缘计算宽度可按表列项次 3 规定分别增加 $2b_h$（T 形截面）和 b_h（倒 L 形截面）。
4. 独立梁受压区的翼缘板在荷载作用下经验算沿纵肋方向可能产生裂缝时，其计算宽度应取用腹板宽度 b。

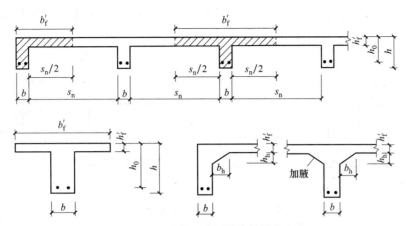

图 2.41　T 形截面受压翼缘的计算宽度

（1）两类 T 形截面梁的判别

T 形截面受弯构件，按受压区的高度不同，可以分为两种类型：中和轴在翼缘内，即 $x \leqslant h'_f$，为第一类 T 形截面；中和轴在梁肋部，即 $x > h'_f$，为第二类 T 形截面。

两者的界限情况是中和轴通过翼缘下部，即 $x = h'_f$，如图 2.42 所示。

由平衡条件：

$$\sum X = 0 \qquad \alpha_1 f_c b'_f h'_f = f_y A_s \tag{2-49}$$

$$\sum M = 0 \qquad M_u = \alpha_1 f_c b'_f h'_f \left(h_0 - \frac{h'_f}{2}\right) \tag{2-50}$$

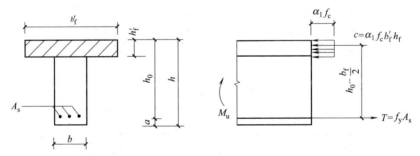

图 2.42　$x = h'_f$ 时的 T 形梁

对于设计题：当 $M \leqslant \alpha_1 f_c b'_f h'_f \left(h_0 - \frac{h'_f}{2}\right)$，为第一类 T 形截面；当 $M > \alpha_1 f_c b'_f h'_f \left(h_0 - \frac{h'_f}{2}\right)$，为第二类 T 形截面。

对于复核题：当 $f_y A_s \leqslant \alpha_1 f_c b'_f h'_f$，为第一类 T 形截面；当 $f_y A_s > \alpha_1 f_c b'_f h'_f$，为第二类 T 形截面。

（2）基本计算公式和适用条件

① 第一类 T 形截面的计算公式。如图 2.43 所示的第一类 T 形截面梁，当处于承载能力极限状态时，由平衡条件可以得到：

$$\sum X = 0 \qquad \alpha_1 f_c b'_f x = f_y A_s \tag{2-51}$$

$$\sum M = 0 \qquad M \leqslant M_u = \alpha_1 f_c b'_f x \left(h_0 - \frac{x}{2}\right) \tag{2-52}$$

第一类 T 形截面相当于宽度为 $b=b'_f$ 的矩形截面，可以由 b'_f 代替 b 按矩形截面梁的基本公式计算。

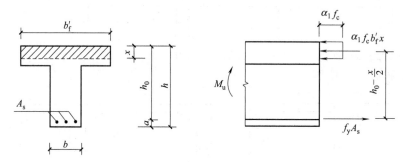

图 2.43　第一种类型 T 形截面梁

公式的适用条件如下。

a. $\xi \leqslant \xi_b$，对于第一类 T 形截面，此条件一般均能满足，可不必进行验算。

b. $\rho \geqslant \rho_{\min}\dfrac{h}{h_0}$，式中 ρ 是对梁肋部计算的，即 $\rho=\dfrac{A_s}{bh_0}$，而不是相对于 $b'_f h_0$ 的配筋率。

② 第二类 T 形截面的计算公式。第二类 T 形截面如图 2.44 所示，在承载能力极限状态，由平衡条件得到：

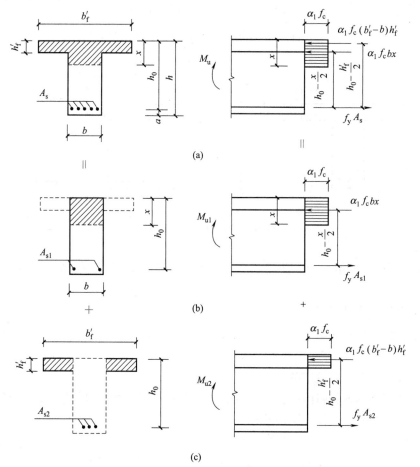

图 2.44　第二种类型 T 形截面梁

$$\sum X = 0 \qquad \alpha_1 f_c (b_f' - b) h_f' + \alpha_1 f_c bx = f_y A_s \tag{2-53}$$

$$\sum M = 0 \qquad M \leqslant M_u = \alpha_1 f_c (b_f' - b) h_f' \left(h_0 - \frac{h_f'}{2}\right) + \alpha_1 f_c bx \left(h_0 - \frac{x}{2}\right) \tag{2-54}$$

肋部矩形截面混凝土受压区受弯承载力为 M_{u1} [图 2.44（b）]：

$$M_{u1} = \alpha_1 f_c bx \left(h_0 - \frac{x}{2}\right) \tag{2-55}$$

翼缘伸出矩形截面混凝土受压区受弯承载力为 M_{u2} [图 2.44（c）]：

$$M_{u2} = \alpha_1 f_c (b_f' - b) h_f' \left(h_0 - \frac{h_f'}{2}\right) \tag{2-56}$$

公式的适用条件如下。

a. $\xi \leqslant \xi_b$。

b. $\rho \geqslant \rho_{min} \dfrac{h}{h_0}$，对于第二类 T 形截面，这个条件一般均能满足，可不必验算。

③ 公式的应用。无论是截面设计或者是承载力复核，首先要判别 T 形截面的类型，然后按相应公式计算。

a. 截面设计。已知弯矩设计值 M；混凝土强度等级及钢筋等级，截面尺寸 $b \times h$。求：受拉钢筋截面面积 A_s。

（a）第一类 T 形截面。如果满足：

$$M \leqslant \alpha_1 f_c b_f' h_f' \left(h_0 - \frac{h_f'}{2}\right) \tag{2-57}$$

其计算方法与 $b_f' \times h$ 的单筋矩形截面梁完全相同。

（b）第二类 T 形截面。如果满足：

$$M > \alpha_1 f_c b_f' h_f' \left(h_0 - \frac{h_f'}{2}\right) \tag{2-58}$$

则取

$$M = M_u = M_{u1} + M_{u2} \tag{2-59}$$

式中 M_{u1} 按式（2-55）计算，M_{u2} 按式（2-56）计算。

由图 2.44（c）可知，平衡翼缘挑出部分的混凝土压力所需的受拉钢筋截面面积 A_{s2} 为：

$$A_{s2} = \frac{\alpha_1 f_c (b_f' - b) h_f'}{f_y} \tag{2-60}$$

由图 2.44（b）可知，平衡梁肋部分的混凝土压力所需的受拉钢筋面积 A_{s1} 可按单筋梁的计算方法求出。

$$A_s = A_{s1} + A_{s2} = A_{s1} + \frac{\alpha_1 f_c (b_f' - b) h_f'}{f_y} \tag{2-61}$$

b. 承载力复核。已知弯矩设计值 M；混凝土强度等级及钢筋等级，截面尺寸 $b \times h$，受拉钢筋截面面积 A_s。求：受弯承载力 M_u。

（a）第一类 T 形截面。如果满足：

$$f_y A_s \leqslant \alpha_1 f_c b_f' h_f' \tag{2-62}$$

其计算方法与 $b_f' \times h$ 的单筋矩形截面梁的计算方法相同。

（b）第二类 T 形截面。如果满足：

$$f_y A_s > \alpha_1 f_c b_f' h_f' \tag{2-63}$$

可按以下步骤计算。

第一步，按式（2-60）计算 A_{s2}。

第二步，计算 A_{s1}。

$$A_{s1} = A_s - A_{s2} \tag{2-64}$$

第三步，由 $\rho_1 = \dfrac{A_{s1}}{bh_0}$ 计算 $\xi = \rho_1 \dfrac{f_y}{\alpha_1 f_c}$，算出 $\alpha_s = \xi(1-0.5\xi)$。

第四步，计算 M_{u1}、M_{u2}。

$$M_{u1} = \alpha_s \alpha_1 f_c b h_0^2 \tag{2-65}$$

$$M_{u2} = f_y A_{s2}\left(h_0 - \frac{h_f'}{2}\right) \tag{2-66}$$

第五步，计算 M_u。

$$M_u = M_{u1} + M_{u2} \tag{2-67}$$

第六步，验算，$M_u \geqslant M$ 则安全，否则为不安全。

【例2.9】 已知一肋梁楼盖的次梁，工作环境为一类，结构的安全等级为二级。跨度为 6m，间距为 2.4m，截面尺寸如图 2.45 所示，跨中最大弯矩设计值 $M=100$kN·m，混凝土等级为 C25，受拉纵筋为 HRB400 级。

求：次梁所需的纵向受拉钢筋截面面积 A_s。

【解】 （1）已知条件：查附表 5 得 C25 级混凝土 $f_c=11.9$N/mm^2，$\alpha_1=1.0$，查附表 2 得 HRB400 级钢筋 $f_y=360$N/mm^2，查表 2.3 得 $\xi_b=0.518$，查附表 8 得环境类别为一类，$c=25$mm，$a=45$mm，$h_0=h-a=450-45=405$（mm）。

（2）确定翼缘计算宽度 b_f'。由表 2.4 可知：按梁跨度 l_0 考虑，$b_f'=l_0/3=6000/3=2000$（mm）。按梁净距 s_n 考虑，$b_f'=b+s_n=200+2200=2400$（mm）。按翼缘高度 h_f' 考虑，当 $h_f'/h_0=70/405=0.173>0.1$ 时，翼缘不受此限制。

翼缘计算宽度 b_f' 取三者中的较小值，故 $b_f'=2000$mm。

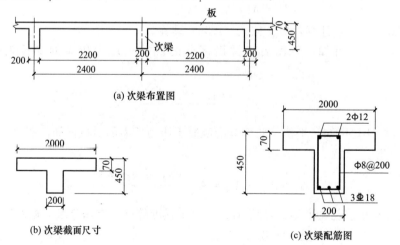

(a) 次梁布置图

(b) 次梁截面尺寸   (c) 次梁配筋图

图 2.45 例 2.9 附图

（3）判别 T 形截面类型。

$$\alpha_1 f_c b_f' h_f'\left(h_0 - \frac{h_f'}{2}\right) = 1.0 \times 11.9 \times 2000 \times 70 \times \left(405 - \frac{70}{2}\right) \times 10^{-6}$$

$$= 616.42(\text{kN·m}) > M = 100\text{kN·m}$$

属于第一类 T 形截面。

（4）计算系数 α_s、ξ、γ_s。

$$\alpha_s = \frac{M}{\alpha_1 f_c b'_f h_0^2} = \frac{100 \times 10^6}{1.0 \times 11.9 \times 2000 \times 405^2} = 0.0256$$

$$\xi = 1 - \sqrt{1 - 2\alpha_s} = 1 - \sqrt{1 - 2 \times 0.0256} = 0.0259$$

$$\gamma_s = \frac{1 + \sqrt{1 - 2\alpha_s}}{2} = \frac{1 + \sqrt{1 - 2 \times 0.0256}}{2} = 0.987$$

$$A_s = \frac{M}{\gamma_s f_y h_0} = \frac{100 \times 10^6}{0.987 \times 360 \times 405} = 694.9 (\text{mm}^2)$$

选用 3Φ18（$A_s = 763\text{mm}^2$）。

（5）验算适用条件。

$$\rho_{\min} = \max \left(0.45 \frac{f_t}{f_y} = 0.45 \times \frac{1.27}{360} = 0.16\%, 0.2\% \right) = 0.2\%$$

$$A_s > \rho_{\min} bh = 0.2\% \times 200 \times 450 = 180 (\text{mm}^2)$$

满足要求。配筋图如图 2.45（c）所示。

【例 2.10】 已知 T 形截面梁，工作环境为一类。截面尺寸 $b = 250\text{mm}$，$h = 800\text{mm}$，$b'_f = 500\text{mm}$，$h'_f = 100\text{mm}$，弯矩设计值 $M = 450\text{kN} \cdot \text{m}$。混凝土强度等级为 C25，纵向受拉钢筋为 HRB400 级。

试求：所需受拉钢筋截面面积 A_s。

【解】 （1）已知条件：查附表 5 得 C25 级混凝土 $f_c = 11.9\text{N/mm}^2$，$f_t = 1.27\text{N/mm}^2$，$\alpha_1 = 1.0$，查附表 2 得 HRB400 级钢筋 $f_y = 360\text{N/mm}^2$，查表 2.3 得 $\xi_b = 0.518$，查附表 8 得环境类别为一类，$c = 25\text{mm}$，假设布置双排受拉钢筋，$a = 70\text{mm}$，$h_0 = h - a = 800 - 70 = 730\text{mm}$。

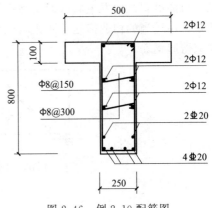

图 2.46 例 2.10 配筋图

（2）判别截面类型。

$$\alpha_1 f_c b'_f h'_f \left(h_0 - \frac{h'_f}{2} \right) = 1.0 \times 11.9 \times 500 \times 100 \times \left(730 - \frac{100}{2} \right) \times 10^{-6}$$

$$= 404.6 (\text{kN} \cdot \text{m}) < M = 450\text{kN} \cdot \text{m}$$

属于第二类 T 形截面梁。

（3）计算 M_{u2} 及 A_{s2}。

$$M_{u2} = \alpha_1 f_c (b'_f - b) h'_f \left(h_0 - \frac{h'_f}{2} \right)$$

$$= 1.0 \times 11.9 \times (500 - 250) \times 100 \times \left(730 - \frac{100}{2} \right) \times 10^{-6} = 202.3 (\text{kN} \cdot \text{m})$$

$$A_{s2} = \frac{\alpha_1 f_c (b'_f - b) h'_f}{f_y} = \frac{1.0 \times 11.9 \times (500 - 250) \times 100}{360} = 826.39 (\text{mm}^2)$$

（4）计算 M_{u1} 及 A_{s1}。

$$M_{u1} = M - M_{u2} = 450 - 202.3 = 247.7(\text{kN} \cdot \text{m})$$

$$\alpha_s = \frac{M_{u1}}{\alpha_1 f_c b h_0^2} = \frac{247.7 \times 10^6}{1.0 \times 11.9 \times 250 \times 730^2} = 0.1562$$

$$\xi = 1 - \sqrt{1 - 2\alpha_s} = 1 - \sqrt{1 - 2 \times 0.1562} = 0.1708 < \xi_b = 0.518$$

$$\gamma_s = \frac{1 + \sqrt{1 - 2\alpha_s}}{2} = \frac{1 + \sqrt{1 - 2 \times 0.1562}}{2} = 0.915$$

$$A_{s1} = \frac{M_{u1}}{\gamma_s f_y h_0} = \frac{247.7 \times 10^6}{0.916 \times 360 \times 730} = 1029(\text{mm}^2)$$

（5）计算 A_s 及选配钢筋。

$$A_s = A_{s1} + A_{s2} = 1029 + 826.39 = 1855.39(\text{mm}^2)$$

选6Φ20（$A_s = 1884\text{mm}^2$），截面配筋如图 2.46 所示。

2.5　钢筋混凝土受弯构件斜截面承载力计算

钢筋混凝土梁在剪力和弯矩共同作用的剪弯区段内会产生斜裂缝。如果斜截面承载力不足，可能沿斜截面发生斜截面受剪破坏或斜截面受弯破坏，见图 2.47。防止斜截面受弯破坏是采用适当的构造措施；防止斜截面受剪破坏必须进行斜截面承载力计算，在梁中设置箍筋或弯起钢筋。

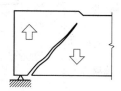 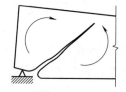

(a) 斜截面受剪破坏　　　　(b) 斜截面受弯破坏

图 2.47　斜截面破坏

图 2.48 为一无腹筋简支梁在对称集中荷载作用下的主应力轨迹线图形，实线是主拉应力迹线，虚线是主压应力迹线。当荷载较小时，梁处于弹性工作阶段，可将钢筋混凝土梁视为匀质弹性体，任一点的主拉应力和主压应力可按材料力学公式进行计算：

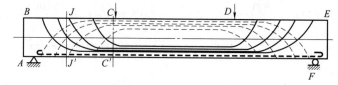

图 2.48　主应力轨迹线

主拉应力 $\qquad\qquad\qquad \sigma_{tp} = \frac{\sigma}{2} + \frac{1}{2}\sqrt{\sigma^2 + 4\tau^2}$ $\qquad\qquad$ （2-68）

主压应力 $\qquad\qquad\qquad \sigma_{cp} = \frac{\sigma}{2} - \frac{1}{2}\sqrt{\sigma^2 + 4\tau^2}$ $\qquad\qquad$ （2-69）

主应力的作用方向与梁轴线的夹角 α 按下式确定：

$$\tan 2\alpha = -\frac{2\tau}{\sigma}$$ $\qquad\qquad$ （2-70）

在中和轴附近，正应力小，剪应力大，主拉应力方向大致为 $\alpha = 45°$。当荷载增大，主拉应变达到混凝土的极限拉应变值时，混凝土开裂，沿主压应力迹线产生腹部的斜裂缝，称为腹剪斜裂缝。腹剪斜裂缝中间宽两头细，呈枣核形，常见于薄腹梁中，如图 2.49（a）所示。从主应力迹线图上可以看出，在剪弯区段截面的下边缘，主拉应力方向近似水平，所以在这些区段仍可能首先出现一些较短的垂直裂缝，然后延伸成斜裂缝，向集中荷载作用点发展，这种由垂直裂缝引伸而成的斜裂缝称为弯剪斜裂缝，这种斜裂缝上细下宽，是最常见的，如图 2.49（b）所示。

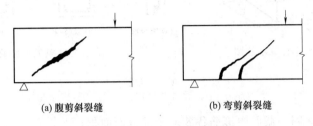

(a) 腹剪斜裂缝   (b) 弯剪斜裂缝

图 2.49 斜裂缝的形态

2.5.1 剪跨比的概念及斜截面破坏形态

图 2.50 为一受集中荷载作用的简支梁及裂缝示意图。将集中力作用点到支座边缘的距离 a 称为剪跨，剪跨 a 与梁截面有效高度 h_0 的比值称为计算剪跨比 λ。

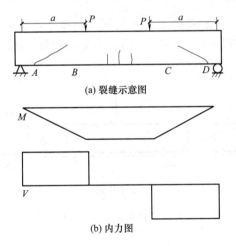

(a) 裂缝示意图

(b) 内力图

图 2.50 简支梁受力图

$$\lambda = \frac{a}{h_0} = \frac{Va}{Vh_0} = \frac{M}{Vh_0} \tag{2-71}$$

剪跨比 λ 在一定程度上反映了截面上弯矩与剪力的相对比值，是一个能反映梁斜截面受剪承载力变化规律和区分发生各种剪切破坏形态的重要参数。

$\lambda = \dfrac{M}{Vh_0}$ 称为广义剪跨比，M、V 分别为受剪破坏截面的弯矩和剪力，h_0 为截面的有效高度。广义剪跨比可以用于计算构件在任意荷载作用下任意截面的剪跨比，是一个普遍适用的计算公式。但计算剪跨比只能用于计算集中荷载作用下距支座最近的集中荷载作用截面的剪跨比，不能用于计算其他复杂荷载作用下的剪跨比。

影响梁斜截面受剪破坏形态的另一个因素是截面的配箍率。配箍率 ρ_{sv} 定义为箍筋截面面积与对应的混凝土截面面积的比值，如图 2.51 所示。

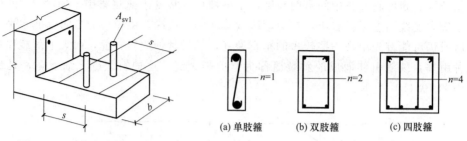

图 2.51 配箍率计算示意图　　　　　图 2.52 箍筋的肢数

$$\rho_{sv}=\frac{A_{sv}}{bs}=\frac{nA_{sv1}}{bs} \tag{2-72}$$

式中　A_{sv}——配置在同一截面内箍筋各肢的全部截面面积；

　　　n——同一截面内箍筋的肢数（图 2.52），单肢箍一般在梁宽 $b \leqslant 150\text{mm}$ 时采用，双肢箍一般在梁宽 $150\text{mm} < b < 350\text{mm}$ 时采用，四肢箍在梁宽 $b \geqslant 350\text{mm}$ 或一排中受拉钢筋超过 5 根时采用，四肢箍是由 2 个双肢箍组合而成；

　　　A_{sv1}——单肢箍筋的截面面积；

　　　s——沿构件长度方向箍筋的间距；

　　　b——梁的截面宽度。

配有箍筋的有腹筋梁，它的斜截面受剪破坏有斜压破坏、剪压破坏和斜拉破坏三种形态。此时，除了剪跨比对斜截面受剪破坏形态有重要影响外，箍筋的配置数量对破坏形态也有很大的影响。

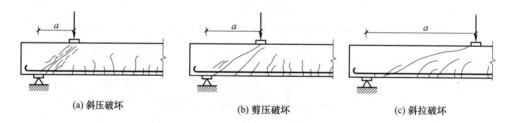

图 2.53 斜截面受剪破坏形态

（1）斜压破坏

当剪跨比 $\lambda < 1$ 或配箍率过高时，发生斜压破坏。破坏时，首先在梁腹部出现若干条大致相互平行的斜裂缝，随着荷载的增加，这些相互平行的斜裂缝将梁腹部分割成若干个倾斜的受压短柱，最后这些小的短柱混凝土在弯矩和剪力复合作用下被压碎而破坏，故称斜压破坏，如图 2.53（a）所示。破坏时箍筋未达到屈服强度，因而这种破坏属于脆性破坏，设计时应予避免。

（2）剪压破坏

当配箍率适中且剪跨比 $1.0 \leqslant \lambda \leqslant 3.0$ 时，发生剪压破坏。剪压破坏的特征是，随着荷载的增加开始先出现一些垂直裂缝和由垂直裂缝延伸出来的细微的斜裂缝。当荷载增加到一定程度时，在数条斜裂缝中将出现一条较长较宽的主要裂缝（即称为临界斜裂缝）。荷载再继续增加，临界斜裂缝不断向上延伸，使与其相交的箍筋达到屈服，同时剪压区混凝土在剪应力和压应力共同作用下达到极限强度而破坏，如图2.53（b）所示。受剪承载力主要取决于混凝土强度、截面尺寸和配箍率。这种破坏也属于脆性破坏。

（3）斜拉破坏

当剪跨比 $\lambda > 3$，或腹筋配置较少时，可能产生斜拉破坏。破坏时，斜裂缝一旦出现，即很快形成一条主斜裂缝并迅速扩展到集中荷载作用点处，梁被分成两部分而破坏，如图2.53（c）所示。这种破坏无明显的预兆，属于脆性破坏，设计时应予避免。

2.5.2 斜截面受剪承载力计算公式

（1）均布荷载下矩形、T形和I形截面的简支梁，当仅配箍筋时，斜截面受剪承载力的计算公式

$$V \leqslant V_u = V_{cs} = 0.7 f_t b h_0 + f_{yv} \frac{A_{sv}}{s} h_0 \tag{2-73}$$

式中　V——构件斜截面上最大剪力设计值；

　　　V_u——构件斜截面上混凝土和箍筋的受剪承载力设计值；

　　　V_{cs}——混凝土和箍筋所共同承担的剪力值；

　　　f_t——混凝土轴心抗拉强度设计值；

　　　f_{yv}——箍筋抗拉屈服强度设计值；

　　　A_{sv}——配置在同一截面内箍筋各肢的全部截面面积，$A_{sv} = n A_{sv1}$，其中 n 为在同一截面内箍筋的肢数，A_{sv1} 为单肢箍筋的截面面积；

　　　s——沿构件长度方向箍筋的间距；

　　　b——矩形截面的宽度，T形或I形截面的腹板宽度；

　　　h_0——构件截面的有效高度。

（2）对集中荷载作用下的矩形、T形和I形截面的独立梁（包括作用有多种荷载，且其中集中荷载对支座截面或节点边缘所产生的剪力值占总剪力值的75％以上的情况），当仅配箍筋时，斜截面受剪承载力的计算公式

$$V \leqslant V_u = V_{cs} = \frac{1.75}{\lambda + 1} f_t b h_0 + f_{yv} \frac{A_{sv}}{s} h_0 \tag{2-74}$$

式中　λ——计算截面的剪跨比，可取 $\lambda = \dfrac{a}{h_0}$，a 为集中荷载作用点至支座截面或节点边缘的距离；当 $\lambda < 1.5$ 时，取 $\lambda = 1.5$；当 $\lambda > 3$ 时，取 $\lambda = 3$。

（3）设有弯起钢筋时，梁的受剪承载力的计算公式

当梁中还设有弯起钢筋时，其受剪承载力的计算公式中，应增加一项弯起钢筋所承担的剪力值。

$$V \leqslant V_u = V_{cs} + 0.8 f_y A_{sb} \sin\alpha_s \tag{2-75}$$

式中　f_y——弯起钢筋的抗拉屈服强度设计值；

　　　A_{sb}——与斜裂缝相交的配置在同一弯起平面内的弯起钢筋截面面积；

　　　α_s——弯起钢筋与梁纵轴线的夹角，一般为45°，当梁截面高度超过800mm时，通常取60°。

式 (2-75) 中的系数 0.8，是对弯起钢筋受剪承载力的折减。这是因为考虑到弯起钢筋与斜裂缝相交时，有可能已接近受压区，钢筋强度在梁破坏时不可能全部发挥作用的缘故。

（4）计算公式的适用范围

由于梁的斜截面受剪承载力计算公式仅是根据剪压破坏的受力特点而建立的，不能适用于防止斜压破坏和斜拉破坏的情况，为此，还需给出相应的限制条件。

① 上限值（最小截面尺寸）——为了防止出现斜压破坏。当梁截面尺寸过小，而剪力较大时，梁往往发生斜压破坏。这时，由于混凝土首先被压碎，即使多配箍筋，也无济于事。因此，设计时只要保证构件截面尺寸不要过小，就可避免斜压破坏，同时也可防止梁在使用阶段斜裂缝过宽。受弯构件的最小截面尺寸应满足下列要求。

当 $\dfrac{h_w}{b} \leqslant 4$ 时：

$$V \leqslant 0.25\beta_c f_c b h_0 \tag{2-76}$$

当 $\dfrac{h_w}{b} \geqslant 6$ 时：

$$V \leqslant 0.2\beta_c f_c b h_0 \tag{2-77}$$

当 $4 < \dfrac{h_w}{b} < 6$ 时，按线性内插法取用。

式中　V——构件截面上最大剪力设计值；

$\quad\quad \beta_c$——混凝土强度影响系数，当混凝土强度等级不超过 C50 时，取 $\beta_c = 1.0$；当混凝土强度等级为 C80 时，取 $\beta_c = 0.8$；其间按线性内插法取用；

$\quad\quad f_c$——混凝土轴心抗压强度设计值；

$\quad\quad b$——矩形截面的宽度，T 形或 I 形截面的腹板宽度；

$\quad\quad h_w$——截面的腹板高度，矩形截面取有效高度 h_0；T 形截面取有效高度减去翼缘高度；I 形截面取腹板净高。

以上各式表示了梁在相应条件下斜截面受剪承载力的上限值，相当于限制了梁所必须具有的最小截面尺寸，同时给出了最大剪压比限值。如果上述条件不能满足，则应加大梁截面尺寸或提高混凝土的强度等级。

② 下限值（最小配箍率）——为了防止斜拉破坏。箍筋配置过少，一旦斜裂缝出现，箍筋中突然增大的拉应力会使箍筋立即达到屈服强度，造成裂缝的迅速开展，甚至箍筋被拉断，而导致斜拉破坏。为了避免斜拉破坏，要求配箍率满足：

$$\rho_{sv} = \frac{A_{sv}}{bs} \geqslant \rho_{sv,min} = 0.24\frac{f_t}{f_{yv}} \tag{2-78}$$

除了最小配箍率外，《混凝土结构设计规范》还规定了斜截面配筋的两项最低构造要求，其基本目的是控制使用阶段的斜裂缝宽度。一是箍筋最大间距 s_{max}（表 2.5），以保证破坏斜截面能穿过必要数量的箍筋或弯起钢筋，间距过大则可能引起斜拉破坏。二是箍筋的最小直径，要求截面高度大于 800mm 的梁中箍筋不宜小于 8mm，截面高度为 800mm 及以下时不宜小于 6mm。梁中配有按计算需要的纵向受压钢筋时，箍筋直径不得小于 $d/4$（d 为纵向受压钢筋的最大直径）。

表 2.5　梁中箍筋的最大间距

梁高 h/mm	$V > 0.7 f_t b h_0$	$V \leqslant 0.7 f_t b h_0$
$150 < h \leqslant 300$	150	200
$300 < h \leqslant 500$	200	300
$500 < h \leqslant 800$	250	350
$h > 800$	300	400

2.5.3　斜截面受剪承载力的计算截面

控制梁斜截面受剪承载力的应该是那些剪力设计值 V 较大，而受剪承载力 V_u 又较小处，或者是截面抗力变化处，设计时一般应选择下列计算截面位置，如图 2.54 所示。

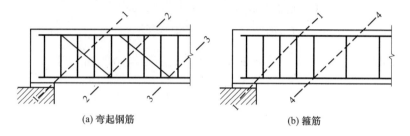

(a) 弯起钢筋　　　　　　　　　　　(b) 箍筋

图 2.54　剪力设计值的计算截面

① 支座边缘处的斜截面（截面 1—1）。
② 受拉区弯起钢筋弯起点处的斜截面（截面 2—2、3—3）。
③ 箍筋截面面积或间距改变处的斜截面（截面 4—4）。
④ 腹板宽度改变处的斜截面。

计算截面处的剪力设计值 V 取值方法如下：截面 1—1 取支座边缘处剪力设计值；计算第一排弯起钢筋（截面 2—2，从支座起算）时，取支座边缘处的剪力设计值；计算以后每一排（截面 3—3）弯起钢筋时，取前一排弯起钢筋起弯点处的剪力设计值；计算箍筋量改变处截面（截面 4—4）时，取箍筋数量开始改弯处的剪力设计值。

【例 2.11】　某钢筋混凝土矩形截面简支梁，截面尺寸、支承情况及纵筋数量如图 2.55 所示，一类环境。该梁承受均布荷载，永久荷载标准值 40kN/m（包括梁自重），可变荷载标准值 30 kN/m。混凝土强度等级为 C25，箍筋采用 HRB400 级。求：箍筋的数量。

【解】　（1）查附表 5 可得 $f_t = 1.27 \text{N/mm}^2$，$f_c = 11.9 \text{N/mm}^2$；查附表 2 可得 $f_{yv} = 360 \text{N/mm}^2$；查附表 8 可得钢筋混凝土保护层厚度 $c = 25 \text{mm}$，计算得 $a = 45 \text{mm}$。

（2）求均布荷载设计值。

$$q = 1.3 \times 40 + 1.5 \times 30 = 97 (\text{kN/m})$$

（3）求剪力设计值。支座边缘处截面作为计算截面，其剪力设计值为：

$$V = \frac{1}{2} q l_n = \frac{1}{2} \times 97 \times 3.56 = 172.66 (\text{kN})$$

（4）验算截面尺寸。

$$h_w = h_0 = 455 \text{mm}$$

$$\frac{h_w}{b} = \frac{455}{200} = 2.275 < 4$$

$$0.25\beta_c f_c bh_0 = 0.25 \times 1.0 \times 11.9 \times 200 \times 455$$
$$= 270725 \, (\text{N}) > V = 172.66\text{kN}$$

截面符合要求。

（5）验算是否需要计算配置箍筋。

$$0.7 f_t bh_0 = 0.7 \times 1.27 \times 200 \times 455$$
$$= 80899 (\text{N}) < V = 172.66\text{kN}$$

故需要按计算配箍。

（6）由公式 $V \leqslant V_u = 0.7 f_t bh_0 + f_{yv} \dfrac{A_{sv}}{s} h_0$ 可得：

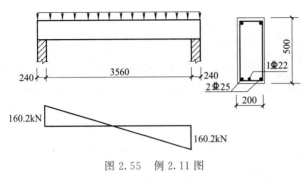

图 2.55 例 2.11 图

$$\frac{A_{sv}}{s} \geqslant \frac{V - 0.7 f_t bh_0}{f_{yv} h_0} = \frac{172.66 \times 10^3 - 80899}{360 \times 455} = 0.560$$

选用 Φ8 双肢箍，则 $n = 2$，$A_{sv1} = 50.3\text{mm}^2$，$A_{sv} = 2 \times 50.3\text{mm}^2$，$s \leqslant \dfrac{A_{sv}}{0.581} = \dfrac{2 \times 50.3}{0.560} = 179.64$（mm）。

取 $s = 170\text{mm} < s_{max} = 200\text{mm}$。

$$配箍率 \ \rho_{sv} = \frac{A_{sv}}{bs} = \frac{2 \times 50.3}{200 \times 170} = 0.296\%$$

最小配箍率：

$$\rho_{sv,min} = 0.24 \frac{f_t}{f_{yv}} = 0.24 \times \frac{1.27}{360} = 0.085\% < \rho_{sv}$$

【例 2.12】 梁的材料、截面尺寸等基本参数同例 2.11，箍筋采用 Φ8@120。求：该梁所能承受的荷载设计值。

【解】 （1）求梁的受剪承载力设计值。

$$V_u = 0.7 f_t bh_0 + f_{yv} \frac{A_{sv}}{s} h_0 = 0.7 \times 1.27 \times 200 \times 455 + 360 \times \frac{2 \times 50.3}{120} \times 455$$
$$= 218218 \, (\text{N})$$

（2）求梁所能承受的设计荷载值。由：

$$V = V_u = \frac{1}{2} q l_n$$

可得

$$q = \frac{2 V_u}{l_n} = \frac{2 \times 218218 \times 10^{-3}}{3.56} = 122.59 (\text{kN/m})$$

【例 2.13】 一矩形截面独立简支梁，矩形截面 $b \times h = 250\text{mm} \times 500\text{mm}$，荷载和支座情况如图 2.56 所示。混凝土强度等级 C30，箍筋采用 HPB300 级，$h_0 = 460\text{mm}$。梁内纵筋采用 HRB400 级，钢筋直径 $d = 25\text{mm}$。求：所需配置的箍筋。

【解】 （1）计算支座边剪力设计值。

$$V_A = \frac{3}{4} P + \frac{q l_n}{2} = \frac{3}{4} \times 200 + \frac{10 \times 3760 \times 10^{-3}}{2} = 168.8 (\text{kN})$$

$$V_B = \frac{1}{4} P + \frac{q l_n}{2} = \frac{1}{4} \times 200 + \frac{10 \times 3760 \times 10^{-3}}{2} = 68.8 (\text{kN})$$

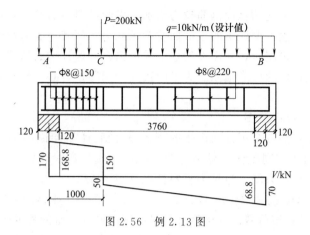

图 2.56　例 2.13 图

（2）验算截面尺寸。查附表 5 得：$f_c = 14.3\text{N/mm}^2（\beta_c = 1.0）$。

$$0.25\beta_c f_c bh_0 = 0.25 \times 1.0 \times 14.3 \times 250 \times 460 \times 10^{-3} = 411.13(\text{kN}) > V_A$$

可以。

（3）计算箍筋用量。查附表 5 得：$f_t = 1.43\text{N/mm}^2$；查附表 2 得：$f_{yv} = 270\text{N/mm}^2$。

① AC 段。

$$V_A > 0.94 f_t bh_0 = 0.94 \times 1.43 \times 250 \times 460 \times 10^{-3} = 154.6(\text{kN})$$

应进行斜截面受剪承载力的计算，确定箍筋用量。

集中荷载引起的支座剪力占总剪力的比值为 $150/168.8 = 89\% > 75\%$，应考虑剪跨比。

$$\lambda = \frac{a}{h_0} = \frac{1000}{460} = 2.174 < 3.0$$

$$\frac{A_{sv}}{s} \geqslant \frac{V - \dfrac{1.75}{\lambda + 1.0} f_t bh_0}{f_{yv} h_0} = \frac{168.8 \times 10^3 - \dfrac{1.75}{2.174 + 1.0} \times 1.43 \times 250 \times 460}{270 \times 460}$$

$$= 0.629 \ (\text{mm})$$

选用双肢箍 Φ8 箍筋，$A_{sv1} = 50.3\text{mm}^2$。

$$s \leqslant \frac{A_{sv}}{0.629} = \frac{2A_{sv1}}{0.629} = \frac{2 \times 50.3}{0.629} = 159.9(\text{mm})$$

取 $s = 150\text{mm} < s_{max} = 200\text{mm}$。

② BC 段。

$$V_B = 68.8\text{kN} < 0.94 f_t bh_0 = 154.6(\text{kN})$$

应按最小配箍率及构造要求确定箍筋用量。按表 2.5 及箍筋直径不小于 $d/4$ 的要求，确定采用双肢箍 Φ8@220。

配箍率

$$\rho_{sv} = \frac{A_{sv}}{bs} = \frac{2 \times 50.3}{250 \times 220} = 0.183\%$$

最小配箍率

$$\rho_{sv,min} = 0.24 \frac{f_t}{f_{yv}} = 0.24 \times \frac{1.43}{270} = 0.127\% < \rho_{sv}$$

满足要求。

2.5.4　保证斜截面受弯承载力的构造措施

前面介绍的主要是梁的斜截面受剪承载力的计算问题。在剪力和弯矩共同作用下产生的斜裂缝，还会导致与其相交的纵向钢筋拉力增加，引起沿斜截面的受弯承载力不足及锚固不足的破坏，因此设计中除了保证梁的正截面受弯承载力和斜截面受剪承载力外，在考虑纵向钢筋弯起、截断及钢筋锚固时，还需在构造上采取措施，保证梁的斜截面受弯承载力不低于正截面受弯承载力及钢筋的可靠锚固。为了解决这个问题，有必要先建立正截面材料抵抗弯矩图的概念。

2.5.4.1 材料抵抗弯矩图

由荷载作用下在梁的各个正截面产生的弯矩设计值 M 所绘制的图形，称为弯矩图，即 M 图。由钢筋和混凝土共同工作，对梁各个正截面产生受弯承载力设计值 M_R 所绘制的图形，称为正截面受弯承载力图，也称为材料抵抗弯矩图 M_R。

在设计时，所绘 M_R 图必须包住 M 图，才能保证梁的各个正截面具有足够的受弯承载力。

图 2.57 为一承受均布荷载简支梁沿梁长纵向钢筋伸入支座的配筋图、M 图和 M_R 图。

该梁配置的纵筋为 2Φ22+1Φ20。如梁钢筋的总面积等于计算面积，则 M_R 图的外围水平线正好与 M 图上最大弯矩点相切；若钢筋的总面积略大于计算面积，则可根据实际配筋量 A_s，利用截面极限承载力设计表达式来求得 M_R 图外围水平线的位置，即：

$$M_R=M_u=A_sf_y\left(h_0-\frac{f_yA_s}{2\alpha_1f_cb}\right) \tag{2-79}$$

每根钢筋所承担的受弯承载力 M_{Ri} 可近似按该钢筋的面积 A_{si} 与总钢筋面积 A_s 的比值乘以 M_R 求得，即：

$$M_{Ri}=M_R\frac{A_{si}}{A_s} \tag{2-80}$$

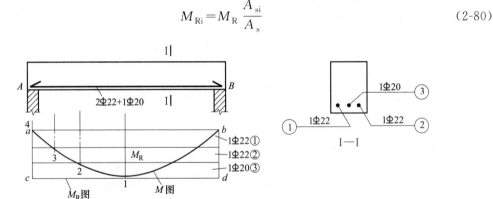

图 2.57 配通长直筋简支梁的材料抵抗弯矩图

如果三根钢筋的两端都伸入支座，则 M_R 图即为图 2.57 中的 $acdb$。每根钢筋所能抵抗的弯矩 M_{Ri} 用水平线示于图上。由图可见，除跨度中部外，M_R 比 M 大得多，临近支座处正截面受弯承载力大大富余。在工程设计中，往往将部分纵筋弯起，利用其受剪，达到经济的效果。因为梁底部的纵向受拉钢筋是不能截断的，而进入支座也不能少于 2 根，所以用于弯起的钢筋只有③号筋 1Φ20；绘图时应注意，必须将它画在 M_R 图的外侧。

在图 2.58 中，1 截面处③号钢筋强度被充分利用；2 截面处②号钢筋强度被充分利用；3 截面处①号钢筋强度被充分利用，而③号钢筋在 2 截面以外（向支座方向）就不再需要，②号钢筋在 3 截面以外也不再需要。因而，可以把 1、2、3 三个截面分别称为③、②、①号钢筋的充分利用截面，而把 2、3、4 三个截面分别称为③、②、①号钢筋的不需要截面，也称理论截断点。

如果将③号钢筋在临近支座处弯起，弯起点 e、f 必须在 2 截面的外面，当弯起钢筋延

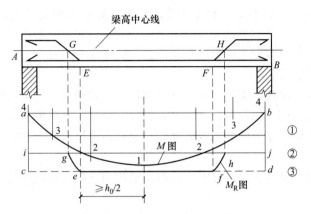

图 2.58 配弯起钢筋简支梁的材料抵抗弯矩图

伸至与梁截面高度的中心线相交位置 G 后，可近似认为它不再为梁提供受弯承载力，故此时的抵抗弯矩 M_R 图变为图 2.58 中所示的 $aigefhjb$。图中 g、h 点分别垂直对应于弯起钢筋在与梁高度中心线的交点 G、H。由于弯起钢筋的正截面受弯内力臂逐渐减小，所以反映在 M_R 图 eg 和 fh 也呈斜线，承担的正截面受弯承载力相应减少。

这里的 M_R 图 g、h 点都不能落在 M 图以内，也即 M_R 图应能完全包住 M 图，这样梁的正截面受弯才不至于破坏。

《混凝土结构设计规范》规定弯起点与按计算充分利用该钢筋截面之间的距离，不应小于 $0.5h_0$，也即弯起点应在该钢筋充分利用截面以外大于或等于 $0.5h_0$ 处，所以图 2.58 中的点 e 离 1 截面应 $\geq 0.5h_0$。

连续梁中，把跨中承受正弯矩的纵向钢筋弯起，并把它作为承担支座负弯矩的钢筋时也必须遵循这一规定，如图 2.59 中的钢筋 b，其在受拉区域中的弯起点（对承受正弯矩的纵向钢筋来讲是它的弯终点）离充分利用截面 4 的距离应 $\geq 0.5h_0$，否则，此弯起筋将不能用作支座截面的负钢筋。

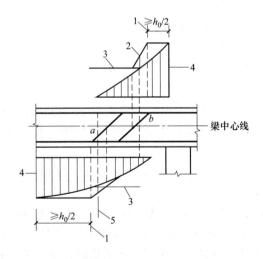

图 2.59 弯起钢筋弯起点与弯起图形的关系
1—受拉区域的弯起截面；2—按计算不需要钢筋"b"的截面
3—正截面受弯承载力图；4—按计算充分利用钢筋"a"或
"b"强度的截面；5—按计算不需要钢筋"a"的截面

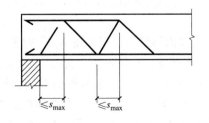

图 2.60 弯终点位置

弯起钢筋的弯终点（图 2.60）到支座边或到前一排弯起钢筋弯起点之间的距离，都不应大于箍筋的最大间距，其值见表 2.5 内 $V > 0.7 f_t bh_0$ 一栏的规定。这一要求是为了使每根弯起钢筋都能与斜裂缝相交，以保证斜截面的受剪和受弯承载力。

2.5.4.2 纵筋的锚固

简支梁在其支座处出现斜裂缝以后，该处钢筋应力将增加，这时梁的抗弯能力还取决于纵向钢筋在支座处的锚固。如锚固长度不足，钢筋与混凝土之间的相对滑动将导致斜裂缝宽度显著增大，从而造成支座处的黏结锚固破坏，这种情况容易发生在靠近支座处有较大集中荷载时。

计算中充分利用钢筋的抗拉强度时，混凝土结构中纵向受拉钢筋的基本锚固长度应按下式计算：

$$l_{ab} = \alpha \frac{f_y}{f_t} d \tag{2-81}$$

式中　l_{ab}——受拉钢筋的基本锚固长度；

　　　f_y——钢筋抗拉屈服强度设计值；

　　　f_t——混凝土轴心抗拉强度设计值，当混凝土强度等级高于 C60 时，按 C60 取值；

　　　d——锚固钢筋直径；

　　　α——锚固钢筋的外形系数，按表 2.6 取用。

表 2.6　锚固钢筋的外形系数 α

钢筋类型	光面钢筋	带肋钢筋	螺旋肋钢丝	三股钢绞线	七股钢绞线
外形系数 α	0.16	0.14	0.13	0.16	0.17

注：光面钢筋末端应做 180°弯钩，弯后平直段长度不应小于 $3d$，但做受压钢筋时可不做弯钩。

受拉钢筋的锚固长度应根据锚固条件按下列公式计算，且不应小于 200mm：

$$l_a = \zeta_a l_{ab} \tag{2-82}$$

式中　l_a——受拉钢筋的锚固长度；

　　　ζ_a——锚固长度修正系数。

纵向受拉钢筋的锚固长度修正系数 ζ_a 应按下列规定取用。

① 当带肋钢筋的公称直径大于 25mm 时取 1.10。

② 环氧树脂涂层带肋钢筋取 1.25。

③ 施工过程中易受扰动的钢筋取 1.10。

④ 当纵向受力钢筋的实际配筋面积大于其设计计算面积时，修正系数取设计计算面积与实际配筋面积的比值，但对有抗震设防要求及直接承受动力荷载的结构构件，不应考虑此项修正。

⑤ 锚固钢筋保护层厚度为 $3d$ 时修正系数可取 0.80，保护层厚度为 $5d$ 时修正系数可取 0.70，中间按内插法取值，此处 d 为锚固钢筋的直径。

⑥ 当纵向受拉钢筋末端采用弯钩或机械锚固措施时，包括弯钩或锚固端头在内的锚固长度（投影长度）可取为基本锚固长度的 0.60。弯钩和机械锚固形式如图 2.61 所示。

简支梁和连续梁简支端的下部纵向受力钢筋，应伸入支座有一定的锚固长度。考虑到支座处同时又存在有横向压应力的有利作用，支座处的锚固长度可比基本锚固长度略小。《混凝土设计规范》规定，钢筋混凝土梁简支端的下部纵向受力钢筋伸入支座范围内的锚固长度 l_{as}（图 2.62），应符合以下条件。

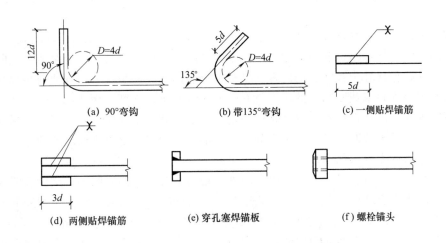

(a) 90°弯钩　　　　　　　(b) 带135°弯钩　　　　　(c) 一侧贴焊锚筋

(d) 两侧贴焊锚筋　　　　(e) 穿孔塞焊锚板　　　　(f) 螺栓锚头

图 2.61　钢筋弯钩和机械锚固的形式

① 当 $V \leqslant 0.7f_t bh_0$ 时，$l_{as} \geqslant 5d$。

② 当 $V > 0.7f_t bh_0$ 时，带肋钢筋 $l_{as} \geqslant 12d$，光面钢筋 $l_{as} \geqslant 15d$。

d 为锚固钢筋直径。

如 l_{as} 不能符合上述规定时，应采取有效的附加锚固措施来加强纵向钢筋的端部，如加焊横向钢筋、锚固钢板或将钢筋端部焊接在梁端的预埋件上等。

如在焊接骨架中采用光面钢筋作为纵向受力钢筋时，钢筋末端可不做弯钩，但在钢筋的锚固长度 l_{as} 内应加焊

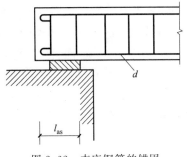

图 2.62　支座钢筋的锚固

横向钢筋：当 $V \leqslant 0.7f_t bh_0$ 时，至少一根；当 $V > 0.7f_t bh_0$ 时，至少两根；横向钢筋的直径不应小于纵向受力钢筋直径的一半；同时，加焊在最外边的横向钢筋应靠近纵向钢筋的末端。

混凝土强度等级小于或等于 C25 的简支梁和连续梁的简支端，如在距支座 1.5h 范围内，作用有集中荷载（包括作用有多种荷载，而其中集中荷载对支座截面所产生的剪力值占总剪力值 75％以上的情况），且 $V > 0.7f_t bh_0$ 时，对热轧带肋钢筋宜采用附加锚固措施，可取 $l_{as} \geqslant 15d$。

支承在砌体结构上的钢筋混凝土梁，在纵向受力钢筋的锚固长度 l_{as} 范围内应配置不少于两个箍筋，其直径不宜小于纵向受力钢筋最大直径的 0.25 倍，间距不宜大于纵向受力钢筋最大直径的 10 倍；当采取机械锚固措施时，箍筋间距不宜大于纵向受力钢筋最小直径的 5 倍。

梁简支端支座截面上部应配负弯矩钢筋，其数量不少于下部纵向受力钢筋的 1/4，且不少于 2 根。

2.5.4.3　纵筋的截断

梁的正、负纵向钢筋都是根据跨中或支座最大的弯矩值，按正截面受弯承载力的计算配置的。通常，正弯矩区段内的纵向钢筋都是采用弯向支座（用来抗剪或抵抗负弯矩）的方式来减少其多余的数量，而不宜在受拉区截断，因为在受拉区截断对受力不利。对于在支座附

近的负弯矩区段内的纵筋，则往往采用截断的方式来减少纵筋的数量，但不宜在受拉区截断。

从理论上讲，某一纵筋在其不需要点（称为理论断点）处截断似乎无可非议，但事实上，当在理论断点处截断钢筋后，相应于该处的混凝土拉应力会突增，有可能在截断处过早地出现斜裂缝，但该处未截断纵筋的强度是被充分利用的，斜裂缝的出现使斜裂缝顶端截面处承担的弯矩增大，未截断纵筋的应力就有可能超过其抗拉强度，而造成梁的斜截面受弯破坏。因而，纵筋必须从理论断点以外延伸一定长度后再截断。此时，若在实际截断处再出现斜裂缝，则因该处未截断的纵筋并未充分利用，能承担因斜裂缝出现而增大的弯矩，从而使斜截面的受弯承载力得以保证。

另外，在存在有斜裂缝的弯剪区段内的纵向钢筋也有黏结锚固问题。试验表明，当在支座负弯矩区出现斜裂缝后（图 2.63），在斜截面 B 上的纵筋应力必然增大，钢筋的零应力点会从反弯点向截断点 C 移动，这种移动称为拉应力的平移（或称拉应力错位）。随着 B 截面钢筋应力的继续增大，钢筋的销栓剪切作用会将混凝土保护层撕裂，在梁上引起一系列由 B 向 C 发展的针脚状斜向黏结裂缝。若纵筋的黏结锚固长度不够，则这些黏结裂缝将会连通，形成纵向水平劈裂裂缝，梁顶面也会出现纵向裂缝，最终造成构件的黏结破坏。所以还必须自钢筋强度充分利用截面以外，延伸一段距离后再截断钢筋。

当梁支座截面负弯矩纵向受拉钢筋必须截断时，应符合以下规定（图 2.64）。

① 当 $V \leqslant 0.7f_t bh_0$ 时，应延伸至按正截面受弯承载力计算不需要该钢筋的截面以外不小于 $20d$ 处截断，且从该钢筋强度充分利用截面伸出的长度不应小于 $1.2l_a$。

② 当 $V > 0.7f_t bh_0$ 时，应延伸至按正截面受弯承载力计算不需要该钢筋的截面以外不小于 h_0 且不小于 $20d$ 处截断，且从该钢筋强度充分利用截面伸出的长度不应小于 $1.2l_a + h_0$。

③ 若按上述规定的截断点仍位于负弯矩受拉区内，则应延伸至正截面受弯承载力计算不需要该钢筋的截面以外不小于 $1.3h_0$ 且不小于 $20d$ 处截断，且从该钢筋强度充分利用截面伸出的长度不应小于 $1.2l_a + 1.7h_0$。

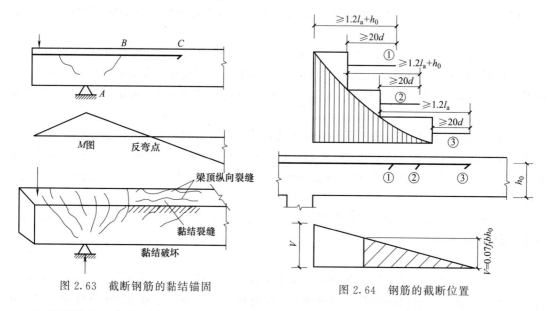

图 2.63　截断钢筋的黏结锚固　　　　图 2.64　钢筋的截断位置

在悬臂梁中，应有不少于两根上部钢筋伸至悬臂梁外端，并向下弯折不小于 $12d$；其余钢筋不应在梁的上部截断，而应按规定的弯起点向下弯折，并在梁的下边锚固，弯终点外的锚固长度在受压区不应小于 $10d$，在受拉区不应小于 $20d$。

2.5.4.4 梁、板内钢筋的其他构造要求

梁中钢筋长度不够时，可采用互相搭接或焊接的办法。当接头用搭接而不加焊时，其搭接长度 l_1 规定如下。

（1）受拉钢筋

受拉钢筋的搭接长度应根据位于同一连接范围内的搭接钢筋面积百分率按下式计算，且不得小于 300mm。

$$l_1 = \zeta_1 l_a \tag{2-83}$$

式中　l_1——纵向受拉钢筋的搭接长度；

　　　l_a——受拉钢筋的锚固长度；

　　　ζ_1——受拉钢筋搭接长度修正系数，按表 2.7 取用。

表 2.7　受拉钢筋搭接长度修正系数 ζ_1

纵向钢筋搭接接头面积百分率/%	≤25	50	100
搭接长度修正系数 ζ_1	1.2	1.4	1.6

搭接接头面积百分率，是指在同一连接范围内，有搭接接头的受力钢筋与全部受力钢筋面积之比。

当受拉钢筋直径大于 28mm 时，不宜采用搭接接头。

同一构件中相邻纵向受力钢筋的绑扎搭接接头宜相互错开。

钢筋绑扎搭接接头连接区段的长度为 1.3 倍搭接长度，凡搭接接头中点位于该连接区段长度内的搭接接头均属于同一连接区段。同一连接区段内纵向钢筋搭接接头面积百分率为该区段内有搭接接头的受力钢筋截面面积与全部纵向受力钢筋截面面积的比值（图 2.65）。

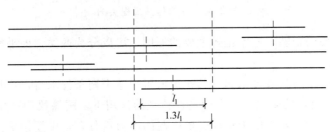

图 2.65　同一连接区段内的纵向受拉钢筋绑扎搭接接头

（图中所示同一连接区段内的搭接接头钢筋为两根，钢筋搭接接头面积百分率为 50%）

位于同一连接区段内的受拉钢筋搭接接头面积百分率：对梁类、板类及墙类构件，不宜大于 25%；对柱类构件，不宜大于 50%。当工程中确有必要增大受拉钢筋搭接接头面积百分率时，对梁类构件，不应大于 50%；对板类、墙类及柱类构件，可根据实际情况放宽。

（2）受压钢筋

搭接长度取受拉搭接长度的 0.7 倍。在任何情况下，受压钢筋的搭接长度都不应小于 200mm。

（3）纵向构造钢筋

① 架立钢筋。梁内架立钢筋的直径，当梁的跨度小于 4m 时，不宜小于 8mm；当梁的跨度为 4~6m 时，不宜小于 10mm；当梁的跨度大于 6m 时，不宜小于 12mm。

② 纵向构造钢筋。又称腰筋，当梁的腹板高度 $h_w \geqslant 450mm$ 时，在梁的两个侧面应沿高度配置纵向构造钢筋，每侧纵向构造钢筋的截面面积不应小于腹板截面面积 bh_w 的 0.1%，且其间距不宜大于 200mm。

对钢筋混凝土薄腹梁或需做疲劳验算的钢筋混凝土梁，应在下部二分之一梁高的腹板内沿两侧配置直径 8~14mm、间距为 100~150mm 的纵向构造钢筋，并应按下密上疏的方式布置。在上部二分之一梁高的腹板内，纵向构造钢筋按上述普通梁放置。

2.6　钢筋混凝土受扭构件

受弯构件除了承受弯矩和剪力作用之外，有时还承受扭矩作用，例如雨篷梁、曲梁、吊车梁、螺旋楼梯、框架边梁以及有吊车厂房吊车梁等，均属于弯、剪、扭共同作用下的受扭构件，如图 2.66 所示。

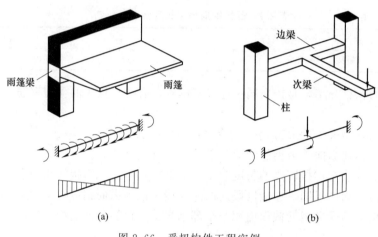

图 2.66　受扭构件工程实例

钢筋混凝土构件的扭转，根据扭矩形成的原因，可以分为两类，即平衡扭转和协调扭转或称为附加扭转。

若构件中的扭矩由荷载直接引起，其扭矩值可根据平衡条件求得，这种扭转称为平衡扭转。如图 2.66（a）所示的雨篷梁，在雨篷板荷载的作用下，雨篷梁中产生扭矩。由于雨篷梁、板是静定结构，不会发生由于塑性变形引起的内力重分布，雨篷梁承受的扭矩内力数值不会发生变化，因此在设计中必须采用雨篷梁的受扭承载力来平衡和抵抗全部的扭矩。

另一类是超静定结构中由于变形的协调使截面产生的扭转，称为协调扭转（附加扭转）。如图 2.66（b）所示的框架边梁，由于框架边梁具有一定的截面扭转刚度，它将约束楼面梁的弯曲转动，使楼面梁在与框架边梁交点的支座处产生负弯矩，此负弯矩作为扭矩荷载在框架边梁产生扭矩。由于框架边梁及楼面梁为超静定结构，边梁及楼面梁混凝土开裂后，其截面扭转刚度将发生显著变化，边梁及楼面梁将产生塑性变形内力重分布，楼面梁支座处负弯矩值减小，其跨内弯矩值增大，而框架边梁扭矩随扭矩荷载减小而减小。

以纯扭矩作用下的钢筋混凝土矩形截面构件为例，研究纯扭构件的受力状态及破坏特征。当结构扭矩内力较小时，截面内的应力也很小，构件处于弹性阶段。由材料力学可知：在纯扭构件的正截面上仅有剪应力作用，且截面形心处剪应力值等于零，截面边缘处剪应力值较大，其中截面长边中点处剪应力值为最大。截面在剪应力 τ 作用下（图 2.67），相应产

生的主拉应力 σ_{tp}、主压应力 σ_{cp} 及最大剪应力 τ_{max} 为：

$$\sigma_{tp} = -\sigma_{cp} = \tau_{max} = \tau \tag{2-84}$$

截面上主拉应力 σ_{tp} 与构件纵轴线成 45°角；主拉应力 σ_{tp} 与主压应力 σ_{cp} 互成 90°角。当主拉应力超过混凝土的抗拉强度时，构件在垂直于主拉应力作用的平面内产生与纵轴线大致成 45°角的斜裂缝，如图 2.67 所示。

试验表明：无筋矩形截面混凝土构件在扭矩作用下，首先在截面长边中点附近最薄弱处产生一条呈 45°角方向的斜裂缝，然后迅速地以螺旋形向相邻两个面延伸，最后形成一个三面开裂一面受压的空间扭曲破坏面，使结构立即破坏，破坏带有突然性，具有典型脆性破坏性质。

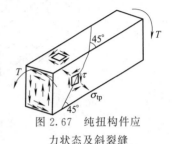

图 2.67　纯扭构件应力状态及斜裂缝

为了提高构件抗扭承载力，混凝土中应配置适当的抗扭钢筋，为了最有效地发挥其抵抗扭矩的作用，抗扭钢筋应做成与构件轴线成 45°角的螺旋钢筋，其方向与主拉应力方向一致，并将螺旋钢筋配置在构件截面的边缘处。但这种螺旋钢筋不便于施工，也不能适应扭矩方向的改变，因此实际工程并不采用，而是采用沿构件截面周边均匀对称布置的纵向钢筋和沿构件长度方向均匀布置的封闭箍筋作为抗扭钢筋来承受主拉应力，承受扭矩作用效应。

受扭构件的破坏形态与受扭纵筋和受扭箍筋配筋率的大小有关，大致可分为适筋破坏、部分超筋破坏、超筋破坏和少筋破坏四类。

对于正常配筋条件下的钢筋混凝土构件，在扭矩作用下，纵筋和箍筋先到达屈服强度，然后混凝土被压碎而破坏。这种破坏与受弯构件适筋梁类似，属延性破坏。此类受扭构件称为适筋受扭构件。

若纵筋和箍筋不匹配，两者配筋率相差较大，例如纵筋的配筋率比箍筋的配筋率小得多，则破坏时仅纵筋屈服，而箍筋不屈服；反之，则箍筋屈服，纵筋不屈服，此类构件称为部分超筋受扭构件。部分超筋受扭构件破坏时，亦具有一定的延性，但较适筋受扭构件破坏时的截面延性小。

当纵筋和箍筋配筋率都过高，致使纵筋和箍筋都没有达到屈服强度，而混凝土先行压坏，这种破坏和受弯构件超筋梁类似，属脆性破坏类型。这种受扭构件称为超筋受扭构件。

若纵筋及箍筋配置均过少，一旦裂缝出现，构件会立即发生破坏。此时，纵筋和箍筋不仅达到屈服强度而且可能进入强化阶段，其破坏特征类似于受弯构件的少筋梁，属于脆性破坏，在工程设计中应予避免。

2.6.1　变角度空间桁架模型

试验研究和理论分析表明，在裂缝充分发展且钢筋应力接近屈服强度时，构件截面核心混凝土退出工作。因此，实心截面的钢筋混凝土受扭构件的计算简图可以简化为一等效箱形截面（图 2.68，q 为扭矩 T 引起的环向剪力流），由四周侧壁混凝土、箍筋、纵筋组成空间受力结构体系。每个侧壁受力状况相当于一个平面桁架，纵筋为桁架的弦杆，箍筋为桁架的竖腹杆，斜裂缝间的混凝土带为桁架的斜腹杆。斜裂缝与构件的夹角 α 会随抗扭纵筋与箍筋的强度比值的变化而变化（故称为变角）。

2.6.2　矩形截面受扭构件承载力计算

钢筋混凝土纯扭构件的试验结果表明，构件的抗扭承载力由混凝土的抗扭承载力 T_c 和

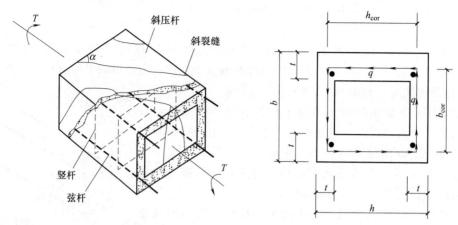

图 2.68　变角度空间桁架模型

箍筋与纵筋的抗扭承载力 T_s 两部分构成，即：

$$T_u = T_c + T_s \tag{2-85}$$

由前述纯扭构件的空间桁架模型可以看出，混凝土的抗扭承载力和箍筋与纵筋的抗扭承载力并非彼此完全独立的变量，而是相互关联的。因此，应将构件的抗扭承载力作为一个整体来考虑。《混凝土结构设计规范》采用的方法是先确定有关的基本变量，然后根据大量的实测数据进行回归分析，从而得到抗扭承载力计算的经验公式。

2.6.2.1　纯扭构件

$$T \leqslant T_u = 0.35 f_t W_t + 1.2\sqrt{\zeta} f_{yv} \frac{A_{st1} A_{cor}}{s} \tag{2-86}$$

式中　T——扭矩设计值；

T_u——矩形截面钢筋混凝土纯扭构件的抗扭承载力；

f_t——混凝土的抗拉强度设计值；

f_{yv}——箍筋的抗拉强度设计值；

A_{st1}——受扭计算中沿截面周边配置的箍筋单肢截面面积；

s——箍筋的间距；

A_{cor}——截面核心部分的面积，取为 $b_{cor}h_{cor}$，此处，b_{cor}、h_{cor} 分别为箍筋内表面范围内截面核心部分的短边、长边尺寸；

ζ——受扭的纵向普通钢筋与箍筋的配筋强度比值，ζ 值不应小于 0.6，当 ζ 值大于 1.7 时，取 1.7，设计中通常取 $\zeta = 1.0 \sim 1.2$；

W_t——截面的抗扭塑性抵抗矩，矩形截面按下式计算。

$$W_t = \frac{b^2}{6}(3h - b) \tag{2-87}$$

ζ 可按下式计算：

$$\zeta = \frac{f_y A_{st1} s}{f_{yv} A_{st1} u_{cor}} \tag{2-88}$$

式中　u_{cor}——截面核心部分的周长，取 $2(b_{cor} + h_{cor})$；

f_y——纵向钢筋抗拉强度设计值；

A_{stl}——受扭计算中取对称布置的全部纵向普通钢筋截面面积。

2.6.2.2　一般剪扭构件

在剪力和扭矩共同作用下的矩形截面一般剪扭构件，其受剪扭承载力应按下列公式计算。

（1）剪扭构件的受剪承载力

$$V \leqslant V_u = 0.7(1.5 - \beta_t)f_t b h_0 + f_{yv}\frac{A_{sv}}{s}h_0 \tag{2-89}$$

式中　V——剪力设计值；

　　　V_u——受剪承载力设计值；

　　　A_{sv}——受剪承载力所需要的箍筋截面面积。

（2）剪扭构件的受扭承载力

$$T \leqslant T_u = 0.35\beta_t f_t W_t + 1.2\sqrt{\zeta}f_{yv}\frac{A_{st1}A_{cor}}{s} \tag{2-90}$$

式中　β_t——一般剪扭构件混凝土受扭承载力降低系数，当 β_t 小于 0.5 时，取 0.5；当 β_t 大
　　　　　于 1.0 时，取 1.0，其值按下式计算。

$$\beta_t = \frac{1.5}{1 + 0.5\dfrac{VW_t}{Tbh_0}} \tag{2-91}$$

（3）集中荷载作用下的独立剪扭构件

对集中荷载作用下独立的混凝土剪扭构件（包括作用有多种荷载，且其中集中荷载对支座截面或节点边缘所产生的剪力值占总剪力值 75% 以上的情况），上述公式应改为如下公式。

剪扭构件混凝土受扭承载力降低系数：

$$\beta_t = \frac{1.5}{1 + 0.2(\lambda + 1)\dfrac{VW_t}{Tbh_0}} \tag{2-92}$$

剪扭构件的受剪承载力：

$$V \leqslant (1.5 - \beta_t)\frac{1.75}{\lambda + 1.0}f_t b h_0 + f_{yv}\frac{A_{sv}}{s}h_0 \tag{2-93}$$

剪扭构件的受扭承载力计算公式与式（2-90）相同。其中 λ 为计算截面的剪跨比，可取 $\lambda = a/h_0$，当 λ 小于 1.5 时，取 1.5，当 λ 大于 3 时，取 3，a 取集中荷载作用点至支座截面或节点边缘的距离。

（4）矩形截面剪扭构件承载力计算步骤

① 按受剪承载力公式计算抗剪箍筋 nA_{sv1}/s_v。这里 A_{sv1}/s_v 是指单肢抗剪箍筋用量，n 为肢数。

② 按受扭承载力公式计算抗扭箍筋 A_{st1}/s_t。

③ 计算抗剪扭箍筋总的需要量 A_{sv1}^*/s。按照叠加原则，将抗剪所需箍筋量与抗扭所需箍筋量相加，即 $A_{sv1}^*/s = A_{sv1}/s_v + A_{st1}/s_t$。

2.6.2.3　弯剪扭构件承载力计算

构件在弯矩和扭矩的共同作用下的受力状态比较复杂，为了简化计算，在试验研究的基础上，《混凝土结构设计规范》建议采用叠加的方法进行计算。即先按受弯构件和受剪扭构件分别计算其纵筋和箍筋的面积，然后将所求得的相应的钢筋截面面积相叠加。

结合受弯构件、纯扭构件、剪扭构件的计算公式，对于在弯矩、剪力和扭矩作用下的矩形截面的弯剪扭构件，其承载力的计算可按下述方法进行。

① 按受弯构件计算在弯矩作用下所需的纵向钢筋的截面面积。

② 按剪扭构件计算承受剪力所需的箍筋截面面积以及计算承受扭矩所需的纵向钢筋截面面积和箍筋截面面积。

③ 叠加上述计算所得到的纵向钢筋截面面积和箍筋截面面积，即得最后所需的纵向钢筋截面积和箍筋截面面积。

当满足 $V \leqslant 0.35 f_t b h_0$ 或 $V \geqslant 0.875 f_t b h_0 / (\lambda + 1.0)$ 时，因剪力相对较小，可仅按受弯构件的正截面受弯承载力和纯扭构件的受扭承载力分别进行计算。

当满足 $T \leqslant 0.175 f_t W_t$ 时，因扭矩相对较小，可仅按受弯构件的正截面受弯承载力和斜截面受剪承载力分别进行计算。

当符合 $\dfrac{V}{bh_0} + \dfrac{T}{W_t} \leqslant 0.7 f_t$ 时，说明剪力与扭矩的影响均较小，可不进行抗扭和抗剪承载力计算，而仅需按构造配置箍筋和抗扭纵筋，同时考虑抗扭构件的截面限制条件。

2.6.2.4 受扭构件计算公式的适用条件和构造要求

（1）截面限制条件

当构件配筋过多时，在钢筋屈服以前便由于混凝土压碎而破坏，此时，即使进一步增加配筋，构件的承载力几乎不再增大，也就是说，其承载力取决于混凝土的强度和截面尺寸。其截面应符合下列条件。

当 $\dfrac{h_w}{b} \leqslant 4$ 时：

$$\frac{V}{bh_0} + \frac{T}{0.8 W_t} \leqslant 0.25 \beta_c f_c \tag{2-94}$$

当 $\dfrac{h_w}{b} \geqslant 6$ 时：

$$\frac{V}{bh_0} + \frac{T}{0.8 W_t} \leqslant 0.20 \beta_c f_c \tag{2-95}$$

当 $4 < \dfrac{h_w}{b} < 6$ 时，按线性内插法确定。

式中 h_w——截面的腹板高度，对矩形截面取有效高度 h_0；对 T 形截面取有效高度减去翼缘高度；对 I 形和箱形截面取腹板净高；

      β_c——混凝土强度影响系数，当混凝土强度不超过 C50 时，取 $\beta_c = 1.0$；当混凝土强度为 C80 时，取 $\beta_c = 0.8$；其间按线性内插法确定。

当不满足上式的要求时，应加大截面尺寸或提高混凝土强度等级。

（2）最小配筋率和构造要求

当钢筋混凝土受扭构件能够承受相当于素混凝土受扭构件所能承受的极限承载力时，相应的配筋率称为受扭构件钢筋的最小配筋率。受扭构件的最小配筋率应包括箍筋最小配筋率及纵筋最小配筋率。

在工程结构设计中，大多数构件均属于弯剪扭共同作用下的构件，受纯扭的情况极少。《混凝土结构设计规范》在试验分析的基础上规定：结构在剪扭共同作用下，受扭纵向钢筋的配筋率 ρ_{tl} 应符合下列要求。

$$\rho_{tl} = \frac{A_{stl}}{bh} \geqslant \rho_{tl,min} = 0.6 \sqrt{\frac{T}{Vb}} \frac{f_t}{f_y} \tag{2-96}$$

式中 A_{stl}——沿截面周边布置的受扭纵向钢筋的总截面面积。

当 $\dfrac{T}{Vb} > 2.0$ 时，取 $\dfrac{T}{Vb} = 2.0$。

沿截面周边布置的受扭纵向钢筋的间距不应大于200mm和梁截面短边长度;除应在梁截面四角设置受扭纵向钢筋外,其余受扭纵向钢筋宜沿截面周边均匀对称布置(图2.69)。受扭纵向钢筋应按受拉钢筋锚固在支座内。

在弯剪扭构件中,配置在截面弯曲受拉边的纵向受力钢筋,其截面面积不应小于按受弯构件受拉钢筋最小配筋率计算出的钢筋面积与按受扭纵向钢筋最小配筋率计算并分配到弯曲受拉边的钢筋截面面积之和。

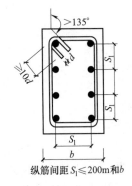

纵筋间距 $S_l \le 200\text{m}$ 和 b

图2.69 受扭配筋构造要求

在弯剪扭构件中,剪扭箍筋的配箍率 ρ_{sv} 应符合下列要求:

$$\rho_{sv} = \frac{A_{sv}}{bs} \ge \rho_{sv,min} = 0.28\frac{f_t}{f_{yv}} \tag{2-97}$$

式中 A_{sv}——配置在同一截面内箍筋各肢的全部截面面积,箍筋的最大间距和最小直径应符合受剪构件的要求,其中受扭所需箍筋应做成封闭式,且应沿截面周边布置;当采用复合箍筋时,位于截面内部的箍筋不应计入受扭所需的箍筋面积;受扭箍筋的末端应做成135°弯钩,弯钩端头平直段长度不应小于 $10d$ (d 为箍筋直径)。在超静定结构中,考虑协调扭转配置的箍筋,其间距不宜大于 $0.75b$ 。

【例2.14】 已知矩形截面构件承受均布荷载, $b \times h = 250\text{mm} \times 500\text{mm}$,承受扭矩设计值 $T = 10\text{kN} \cdot \text{m}$,弯矩设计值 $M = 90\text{kN} \cdot \text{m}$ 。均布荷载产生的剪力设计值 $V = 90\text{kN}$,采用C25混凝土($f_c = 11.9\text{N/mm}^2$, $f_t = 1.27\text{N/mm}^2$),箍筋为HPB300级钢筋,纵筋为HRB400级钢筋($f_y = 360\text{N/mm}^2$, $f_{yv} = 270\text{N/mm}^2$),构件处于一类环境,试计算其配筋。

【解】 (1)计算参数

$\beta_t = 1.0$

$h_0 = 500 - 45 = 455(\text{mm})$, $b_{cor} = 250 - 50 - 20 = 180(\text{mm})$

$h_{cor} = 500 - 50 - 20 = 430(\text{mm})$

$u_{cor} = 2(180 + 430) = 1220(\text{mm})$, $A_{cor} = 180 \times 430 = 77400(\text{mm}^2)$

$W_t = \frac{b^2}{6}(3h - b) = \frac{250^2}{6}(3 \times 500 - 250) = 13.02 \times 10^6(\text{mm}^3)$

(2)验算截面尺寸并确定是否需按计算配置受剪扭的纵筋和箍筋

$$\frac{h_w}{b} = \frac{455}{250} = 1.82 < 4$$

$$\frac{V}{bh_0} + \frac{T}{0.8W_t} = \frac{90 \times 10^3}{250 \times 455} + \frac{10 \times 10^6}{0.8 \times 13.02 \times 10^6} = 1.751(\text{N/mm}^2) < 0.25\beta_c f_c$$
$$= 0.25 \times 1.0 \times 11.9 = 2.975(\text{N/mm}^2)$$

所以,截面尺寸满足要求。

$$\frac{V}{bh_0} + \frac{T}{W_t} = \frac{90 \times 10^3}{250 \times 455} + \frac{10 \times 10^6}{13.02 \times 10^6} = 1.559(\text{N/mm}^2) > 0.7f_t = 0.7 \times 1.27 = 0.889(\text{N/mm}^2)$$

所以,应按计算配置抗剪及抗扭钢筋。

(3)确定计算方法

$0.35f_t bh_0 = 0.35 \times 1.27 \times 250 \times 455 = 50.562 \times 10^3(\text{N}) = 50.562\text{kN} < V = 90\text{kN}$

$0.175f_t W_t = 0.175 \times 1.27 \times 13.02 \times 10^6 = 2.894 \times 10^6 (N \cdot mm) = 2.894 kN \cdot m < T = 10 kN \cdot m$

说明不能忽略剪力和扭矩的影响，应按弯剪扭共同作用计算。

（4）计算受弯纵筋

$$\alpha_s = \frac{M}{\alpha_1 f_c b h_0^2} = \frac{90 \times 10^6}{1.0 \times 11.9 \times 250 \times 455^2} = 0.146$$

$$\xi = 1 - \sqrt{1 - 2\alpha_s} = 0.159 < \xi_b = 0.55$$

为适筋构件。

$$\gamma_s = \frac{1 + \sqrt{1 - 2\alpha_s}}{2} = 0.921$$

$$A_s = \frac{M}{\gamma_s f_y h_0} = \frac{90 \times 10^6}{0.921 \times 360 \times 455} = 596.6 (mm^2)$$

先不选筋，再计算抗扭纵筋并叠加后统一选配。

（5）计算混凝土受扭承载力降低系数

$$\beta_t = \frac{1.5}{1 + 0.5 \dfrac{VW_t}{Tbh_0}} = \frac{1.5}{1 + 0.5 \times \dfrac{90 \times 10^3 \times 13.02 \times 10^6}{10 \times 10^6 \times 250 \times 455}} = 0.99$$

（6）计算抗剪箍筋

采用双肢箍 $n = 2$。

$$V \leqslant 0.7(1.5 - \beta_t) f_t b h_0 + f_{yv} \frac{A_{sv}}{s} h_0$$

$$\frac{A_{sv}}{s} \geqslant \frac{V - 0.7(1.5 - \beta_t) f_t b h_0}{f_{yv} h_0} = \frac{90 \times 10^3 - 0.7(1.5 - 0.99) \times 1.27 \times 250 \times 455}{270 \times 455}$$

$$= 0.313 (mm^2/mm)$$

先不选配箍筋，再计算抗扭箍筋并叠加后，统一选配。

（7）计算抗扭箍筋和抗扭纵筋

取纵筋与箍筋的配筋强度比 $\zeta = 1.2$。

$$T \leqslant 0.35 \beta_t f_t W_t + 1.2\sqrt{\zeta} \frac{f_{yv} A_{st1} A_{cor}}{s}$$

采用双肢箍 $n = 2$，则：

$$\frac{A_{st1}}{s} \geqslant \frac{T - 0.35 \beta_t f_t W_t}{1.2\sqrt{\zeta} f_{yv} A_{cor}} = \frac{10 \times 10^6 - 0.35 \times 0.99 \times 1.27 \times 13.02 \times 10^6}{1.2 \times \sqrt{1.2} \times 270 \times 77400} = 0.155 (mm^2/mm)$$

所需抗扭纵筋截面面积，由：

$$\zeta = \frac{f_y A_{stl} s}{f_{yv} A_{st1} u_{cor}}$$

得：

$$A_{stl} \geqslant \zeta \frac{A_{st1}}{s} \frac{u_{cor} f_{yv}}{f_y} = 1.2 \times 0.155 \times \frac{1220 \times 270}{360} = 170.19 (mm^2)$$

（8）选配钢筋

根据构造要求，将抗扭纵筋布置在截面四角及两侧面中部，顶部、底部及两侧面纵筋各 $1/3$：$A_{stl}/3 = 56.73 mm^2$，顶部及两侧面各选 $2\Phi10$（$157 mm^2$）。

底部纵筋 $\dfrac{A_{stl}}{3} + A_s = 56.73 + 596.6 = 653.38$（$mm^2$），选用 $3\Phi18$（$763 mm^2$）。

实际受扭纵筋面积为：

$$A_{stl} = 157 \times 2 + \frac{170.19}{3} = 370.73 (\text{mm}^2)$$

箍筋：

$$\left(\frac{A_{sv1}}{s}\right)_{\text{总}} = \frac{A_{sv1}}{s} + \frac{A_{stl}}{s} = \frac{1}{2}\frac{A_{sv}}{s} + \frac{A_{stl}}{s} = \frac{0.313}{2} + 0.155 = 0.312 (\text{mm}^2/\text{mm})$$

选用Φ8双肢箍，单肢箍截面积50.3mm²，则：

$$s = \frac{A_{sv1}}{0.312} = \frac{50.3}{0.312} = 161.2 (\text{mm})$$

实取 $s = 150$mm。

（9）验算最小配筋率

$$\rho_{sv,\min} = \frac{0.28 f_t}{f_{yv}} = 0.28 \times \frac{1.27}{270} = 0.132\%$$

实际配箍率：

$$\rho_{sv} = \frac{A_{sv}}{bs} = \frac{2 \times 50.3}{250 \times 150} = 0.268\% > \rho_{sv,\min}$$

满足要求。

$$\frac{T}{Vb} = \frac{10 \times 10^6}{90 \times 10^3 \times 250} = 0.44 < 2.0, \ \text{取} \frac{T}{Vb} = 0.44$$

$$\rho_{tl,\min} = 0.6\sqrt{\frac{T}{Vb}} \times \frac{f_t}{f_y} = 0.6 \times \sqrt{0.44} \times \frac{1.27}{360} = 0.140\%$$

实际受扭纵筋配筋率为：

$$\rho_{tl} = \frac{A_{stl}}{bh} = \frac{370.73}{250 \times 500} = 0.297\% > \rho_{tl,\min}$$

满足要求。

受弯纵筋：

$$\rho_{\min} = \max\left(45\frac{f_t}{f_y}\% = 45 \times \frac{1.27}{360}\%, \quad 0.2\%\right) = 0.2\%$$

$A_s = 596.6\text{mm}^2 > \rho_{\min}bh = 0.2\% \times 250 \times 500 = 250(\text{mm}^2)$

满足要求。截面配筋如图2.70所示。

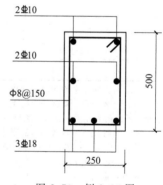

图2.70 例2.14图

2.7 裂缝宽度和变形验算

设计钢筋混凝土结构构件时，既要进行承载能力极限状态的计算，又要进行正常使用极限状态的验算，前者主要是为了满足结构的安全性，而后者主要是为了满足结构功能的适用性和耐久性。

钢筋混凝土结构构件在进行正常使用极限状态验算之前，首先应该明确按正常使用极限状态设计主要是验算构件的裂缝宽度和变形，同时应该满足耐久性的要求。一般构件超过正常使用极限状态后所造成的后果不如超过承载能力极限状态严重，不会造成过重的人员伤亡和财产损失，所以其可靠度可以比承载能力极限状态计算时有所降低。因此，按承载能力极限状态计算时荷载及材料强度均取设计值，对于正常使用极限状态验算时荷载及材料强度均取标准值，特别值得注意的是按荷载准永久组合计算荷载效应时，可变荷载代表值涉及标准值和准永久值。

2.7.1 裂缝宽度验算

混凝土结构中的裂缝有多种类型，产生的原因、特点也不同。主要有荷载产生的裂缝以及由于温度变化、材料收缩、地基不均匀沉降、早期冻融、钢筋锈蚀、施工质量等引起的非荷载裂缝。工程实践表明，温度变化及收缩作用的影响相当重要，对这类裂缝主要是通过合理的结构布置及相应的构造措施予以控制。

裂缝控制的目的一是为了保证结构的耐久性，因为裂缝过宽时气体、水分和化学介质易侵入裂缝，引起钢筋锈蚀和混凝土剥落，影响结构的使用寿命。二是考虑到裂缝过宽对使用者心理不安的不良影响。

在正常使用阶段，允许钢筋混凝土梁板出现裂缝。裂缝宽度验算的对象是由荷载引起的正截面裂缝。要求是最大裂缝宽度计算值 w_{max} 不应超过规定的最大裂缝宽度限值 w_{lim}，即：

$$w_{max} \leqslant w_{lim} \tag{2-98}$$

裂缝宽度是指纵向受拉钢筋重心水平上构件侧表面的裂缝宽度。

建筑工程结构构件的裂缝控制等级及最大裂缝宽度限值 w_{lim}，见表 2.8。

表 2.8 结构构件的裂缝控制等级及最大裂缝宽度的限值　　　　　　单位：mm

环境类别	钢筋混凝土结构		预应力混凝土结构	
	裂缝控制等级	w_{lim}	裂缝控制等级	w_{lim}
一	三级	0.30(0.40)	三级	0.20
二 a		0.20		0.10
二 b			二级	—
三 a、三 b			一级	—

注：1. 对处于年平均相对湿度小于 60% 地区一类环境下的受弯构件，其最大裂缝宽度限值可采用括号内的数值。

2. 在一类环境下，对钢筋混凝土屋架、托架及需做疲劳验算的吊车梁，其最大裂缝宽度限值应取为 0.20mm；对钢筋混凝土屋面梁和托梁，其最大裂缝宽度限值应取为 0.30mm。

3. 在一类环境下，对预应力混凝土屋架、托架及双向板体系，应按二级裂缝控制等级进行验算；对一类环境下的预应力混凝土屋面梁、托梁、单向板，应按表中二 a 类环境的要求进行验算；在一类和二 a 类环境下需做疲劳验算的预应力混凝土吊车梁，应按裂缝控制等级不低于二级的构件进行验算。

4. 表中规定的预应力混凝土构件的裂缝控制等级和最大裂缝宽度限值仅适用于正截面的验算；预应力混凝土构件的斜截面裂缝控制验算应符合《混凝土结构设计规范》第 7 章的有关规定。

5. 对于烟囱、筒仓和处于液体压力下的结构，其裂缝控制要求应符合专门标准的有关规定。

6. 对于处于四、五类环境下的结构构件，其裂缝控制要求应符合专门标准的有关规定。

7. 表中的最大裂缝宽度限值为用于验算荷载作用引起的最大裂缝宽度。

根据对大量实验研究数据的分析，影响裂缝宽度的主要因素有以下几个。

① 受拉钢筋应力 σ_s。钢筋应力越大时，裂缝宽度也越大。

② 纵向钢筋直径 d。当其他条件相同时，裂缝宽度随着纵向钢筋直径 d 的增大而增大。

③ 混凝土保护层厚度 c。当其他条件相同时，保护层厚度 c 越大，裂缝宽度越大，因此增大混凝土保护层厚度对表面裂缝宽度是不利的，但研究表明保护层越厚，在使用荷载下钢筋锈蚀的程度越低。

④ 纵筋配筋率 ρ。随纵筋配筋率 ρ 增大，裂缝宽度将减小。

⑤ 钢筋表面形状。其他条件相同时，配置带肋钢筋的构件比配光面钢筋的构件裂缝宽度小。

⑥ 荷载作用性质。长期荷载和反复荷载作用时裂缝宽度加大。

另外，在正常使用阶段，构件中的裂缝经历了从出现到开展、稳定的过程。特点是分布不均匀，宽度也不均匀。所以，沿梁的长度方向各截面受压混凝土的应变、纵向受拉钢筋的应变以及中和轴高度等都是不均匀的（图 2.71）。在建立裂缝宽度计算公式的过程中，考虑到了这一不均匀的特点。

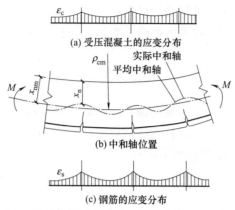

图 2.71 使用阶段梁纯弯段的应变分布和中和轴位置

综合以上分析，钢筋混凝土受弯构件按荷载标准组合计算，并考虑荷载长期作用影响的构件最大裂缝宽度计算公式为：

$$w_{\max} = \alpha_{cr} \psi \frac{\sigma_{sq}}{E_s} \left(1.9 c_s + 0.08 \frac{d_{eq}}{\rho_{te}} \right) \tag{2-99}$$

式中　α_{cr}——构件受力特征系数；对受弯构件、偏心受压构件 $\alpha_{cr} = 1.9$，对偏心受拉构件 $\alpha_{cr} = 2.4$，对轴心受拉构件 $\alpha_{cr} = 2.7$；

　　　E_s——钢筋的弹性模量；

　　　c_s——最外层纵向受拉钢筋外边缘至受拉区底边的距离，当 $c_s < 20\text{mm}$ 时，取 $c_s = 20\text{mm}$；当 $c_s > 65\text{mm}$ 时，取 $c_s = 65\text{mm}$；

　　　d_{eq}——受拉区纵向钢筋的等效直径；

　　　σ_{sq}——按荷载准永久组合计算的钢筋混凝土构件纵向受拉钢筋应力；

　　　ρ_{te}——按有效受拉混凝土截面面积计算的纵向受拉钢筋配筋率，当 $\rho_{te} < 0.01$ 时，取 $\rho_{te} = 0.01$；

　　　ψ——裂缝间纵向受拉钢筋应变不均匀系数，如下式：

$$\psi = 1.1 - \frac{0.65 f_{tk}}{\rho_{te} \sigma_{sq}} \tag{2-100}$$

式中　f_{tk}——混凝土轴心抗拉强度标准值。

当求得的 $\psi < 0.2$ 时，取 $\psi = 0.2$；当 $\psi > 1.0$ 时，取 $\psi = 1.0$；对直接承受重复荷载的构件，取 $\psi = 1.0$。

轴心受拉构件 σ_{sq}：

$$\sigma_{sq} = \frac{N_q}{A_s} \tag{2-101}$$

受弯构件 σ_{sq}：

$$\sigma_{sq} = \frac{M_q}{0.87 h_0 A_s} \tag{2-102}$$

式中　N_q，M_q——按荷载准永久组合计算的轴向力值、弯矩值。

$$d_{eq} = \frac{\sum n_i d_i^2}{\sum n_i \nu_i d_i} \qquad (2\text{-}103)$$

d_i——受拉区第 i 种钢筋的公称直径；

n_i——受拉区第 i 种钢筋的根数；

ν_i——受拉区第 i 种纵向钢筋的相对黏结特性系数，带肋钢筋取 1.0，光圆钢筋取 0.7。

$$\rho_{te} = \frac{A_s}{A_{te}} \qquad (2\text{-}104)$$

A_{te}——有效受拉混凝土截面面积，对轴心受拉构件，取 $A_{te} = bh$；对受弯、偏心受压和偏心受拉构件，取 $A_{te} = 0.5bh + (b_f - b)h_f$，此处 b_f、h_f 为受拉翼缘的宽度和高度。

2.7.2 变形验算

对混凝土受弯构件的变形进行控制，主要从以下几个方面考虑。

① 保证结构的使用功能要求。结构构件产生过大的变形将损害或丧失其使用功能。例如精密仪器厂房的楼面梁、板的变形过大，将使仪器和设备难以保持水平，影响正常生产；工业厂房中吊车梁的变形过大将妨碍吊车的正常运行等。

② 防止对结构构件产生不利的影响。结构变形过大，导致结构的实际受力与设计中的假定不符，并会使与它连接的其他构件也发生过大的变形，有时甚至会改变荷载的传递路径、大小、性质等。如梁端部的转动将使其支承面积减小，支反力偏心距增大，当梁支承在砖墙上时，可能使墙体沿着梁底和梁顶出现水平缝隙，严重时将产生墙体局压破坏或墙体失稳破坏。

③ 防止对非结构构件产生不利的影响。非结构构件是指自承重构件或建筑构造构件，其支承构件的过大变形会导致这类构件的破坏．如过梁变形过大将使门、窗等构件不能正常开关。

④ 保证观瞻和使用者的心理要求。构件变形过大不仅有碍于观瞻，而且会引起使用者明显的心里不安，因此必须把构件的变形控制在人的心理所能够承受的范围之内。

变形控制的要求是最大挠度计算值 f 不大于挠度限值 f_{lim}（表 2.9），即：

$$f \leqslant f_{lim} \qquad (2\text{-}105)$$

表 2.9 受弯构件的挠度限值 f_{lim}

构 件 类 型	挠 度 限 值
吊车梁 　手动吊车 　电动吊车	$l_0/500$ $l_0/600$
屋盖、楼盖及楼梯构件 　当 $l_0 < 7$m 时 　当 7m$\leqslant l_0 \leqslant 9$m 时 　当 $l_0 > 9$m 时	$l_0/200$　（$l_0/250$） $l_0/250$　（$l_0/300$） $l_0/300$　（$l_0/400$）

注：1. 表中 l_0 为构件的计算跨度；计算悬臂构件的挠度限值时，其计算跨度 l_0 按实际悬臂长度的 2 倍取用。

2. 表中括号内的数值适用于使用上对挠度有较高要求的构件。

3. 如果构件制作时预先起拱，且使用上也允许，则在验算挠度时，可将计算所得的挠度值减去起拱值；对预应力混凝土构件，尚可减去预加力所产生的反拱值。

4. 构件制作时的起拱值和预加力所产生的反拱值，不宜超过构件在相应荷载组合作用下的计算挠度值。

受弯构件最大挠度 f 应根据刚度 B 采用结构力学的方法计算。对于理想线弹性的梁，计算挠度的公式为：

$$f = S \frac{Ml^2}{EI} = S\phi l^2 \tag{2-106}$$

式中　S——与荷载形式、支承条件有关的系数，均布荷载的简支梁 $S=5/48$；

　　　　M——跨中最大弯矩值；

　　　　l——计算跨度；

　　　　EI——截面弯曲刚度；

　　　　ϕ——截面曲率，即单位长度上的转角，$\phi = M/EI$。

　　由 $\phi = M/EI$ 知，截面抗弯刚度就是指截面产生单位转角需要施加的弯矩值。它是度量截面抗弯能力的重要指标。

　　对于匀质弹性材料当截面尺寸和材料已定，截面刚度 EI 为一常数，弯矩 M 与 f 呈线性关系，如图 2.72 中的虚线所示。

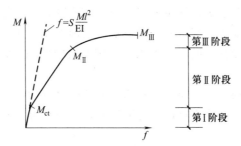

图 2.72　钢筋混凝土梁的 M-f 曲线

　　但是钢筋混凝土适筋受弯梁不符合上述规律，从加载到梁破坏经历了三个阶段，如图 2.72 实线所示。

　　裂缝出现以前（第 I 阶段），梁处于弹性工作阶段，M 与 f 成直线关系，若梁的弹性抗弯刚度为 EI，此直线与虚线比较接近。裂缝即将出现时，f 值增加稍快，实测曲线向下弯，这是由于混凝土受拉区已表现出一定的塑性，弹性模量略有降低之故。

　　裂缝出现以后（第 II 阶段），M-f 曲线越来越偏离直线。这不仅仅由于混凝土的塑性发展，变形模量降低，而且由于受拉区混凝土的开裂，梁的惯性矩 I 发生了变化，刚度下降，f 比 M 增加得快。

　　当受拉钢筋达到屈服（第 III 阶段），弯矩只能少量增加，而挠度 f 却剧增，梁失去对继续变形的抵抗能力，显然这已不属于使用阶段而进入破坏阶段。

　　对于钢筋混凝土梁，如果仍用材料力学公式式（2-106）中的 EI 计算挠度，显然不能反映梁的实际情况。因此，对钢筋混凝土梁，用抗弯刚度 B 取代式（2-106）中的 EI，在此，B 为一随弯矩增大而减少的变量，刚度 B 确定后则仍可用材料力学的公式计算梁的挠度，即：

$$f = S \frac{M_q l^2}{B} \tag{2-107}$$

　　钢筋混凝土受弯构件按荷载的准永久组合并考虑荷载长期作用影响的刚度 B 可按下式计算：

$$B = \frac{B_s}{\theta} \tag{2-108}$$

式中　M_q——按荷载的准永久组合计算的弯矩，取计算区段内的最大弯矩值；

θ——考虑荷载长期作用对挠度增大的影响系数；当 $\rho'=0$ 时，取 $\theta=2.0$；当 $\rho'=\rho$ 时，取 $\theta=1.6$；当 ρ' 为中间值时，θ 按线性内插法取用。此处，$\rho'=A'_s/(bh_0)$，$\rho=A_s/(bh_0)$；对翼缘位于受拉区倒 T 形截面，θ 应增加 20%；预应力混凝土受弯构件，取 $\theta=2.0$；

B_s——按荷载准永久组合计算的钢筋混凝土受弯构件的短期刚度。

$$B_s=\frac{E_s A_s h_0^2}{1.15\psi+0.2+\dfrac{6\alpha_E\rho}{1+3.5\gamma'_f}} \qquad (2-109)$$

γ'_f——受压翼缘加强系数，即 $\gamma'_f=\dfrac{(b'_f-b)\,h'_f}{bh_0}$，当 $h'_f>0.2h_0$ 时，取 $h'_f=0.2h_0$；

ψ——裂缝间纵向受拉钢筋应变不均匀系数，按式（2-100）计算；

E_s——钢筋的弹性模量；

α_E——钢筋的弹性模量 E_s 与混凝土弹性模量 E_c 的比值。

最小刚度原则：即使对于等截面钢筋混凝土受弯构件，沿构件长度方向的各个截面的刚度也不相同，故在计算挠度时，假定各同号弯矩区段内的刚度相等，并取用该区段内最大弯矩处的刚度，这就是变形计算中的"最小刚度原则"，使计算过程大为简化，而计算结果已能满足工程设计的要求。

值得注意的是当某跨构件计算跨度内支座截面的刚度不大于跨中截面刚度的两倍或不小于跨中截面刚度的 1/2 时，该跨也可以按等刚度构件进行计算，其构件刚度取跨中最大弯矩截面的刚度。

【例 2.15】 已知矩形截面简支梁，截面尺寸 $b\times h=200\text{mm}\times450\text{mm}$，梁中配置 4$\Phi$20 的 HRB400 级受力纵筋，采用混凝土强度等级 C25，箍筋保护层厚度 25mm，梁的计算跨度 $l_0=5.6\text{m}$，承受均布荷载，其中永久荷载（包括梁自重）的标准值 $g_k=12\text{kN/m}$，可变荷载标准值 $q_k=7.5\text{kN/m}$，可变荷载的准永久值系数 $\psi_q=0.5$。一类环境，$w_{\lim}=0.3\text{mm}$，$\dfrac{f_{\lim}}{l_0}=\dfrac{1}{200}$，验算梁的挠度和裂缝宽度是否满足要求。

【解】（1）按荷载的准永久组合计算的弯矩 M_q。

$$M_q=\frac{1}{8}(g_k+\psi_q q_k)l_0^2=\frac{1}{8}(12+0.5\times7.5)\times5.6^2=61.74\,(\text{kN}\cdot\text{m})$$

（2）计算各参数

$$h_0=h-a=450-45=405\,(\text{mm})$$

$$\rho_{te}=\frac{A_s}{bh_0}=\frac{1256}{200\times405}=0.0155$$

$$\sigma_{sq}=\frac{M_q}{\eta h_0 A_s}=\frac{61.74\times10^6}{0.87\times405\times1256}=139.51\,(\text{N/mm})^2$$

$$\psi=1.1-\frac{0.65f_{tk}}{\rho_{te}\sigma_{sq}}=1.1-\frac{0.65\times1.78}{0.0155\times139.51}=0.5649$$

（3）裂缝宽度验算

对于受弯构件 $\alpha_{cr}=1.9$。

$$w_{\max}=\alpha_{cr}\psi\frac{\sigma_{sq}}{E_s}\left(1.9c_s+0.08\frac{d_{eq}}{\rho_{te}}\right)$$

$$=1.9\times0.5649\times\frac{139.51}{2\times10^{5}}\times\left(1.9\times35+0.08\times\frac{20}{0.0155}\right)=0.127\text{(mm)}<w_{\text{lim}}=0.3\text{mm}$$

故裂缝宽度满足要求。

（4）计算参数

$\rho'=0$（不考虑架立筋作为受压钢筋），$\theta=2.0$

$$\alpha_{\text{E}}\rho=\frac{E_{\text{s}}}{E_{\text{c}}}\times\frac{A_{\text{s}}}{bh_{0}}=\frac{2\times10^{5}}{2.8\times10^{4}}\times\frac{1256}{200\times405}=0.11$$

$$B_{\text{s}}=\frac{E_{\text{s}}A_{\text{s}}h_{0}^{2}}{1.15\psi+0.2+\dfrac{6\alpha_{\text{E}}\rho}{1+3.5\gamma'_{\text{f}}}}=\frac{2\times10^{5}\times1256\times405^{2}}{1.15\times0.668+0.2+6\times0.11}=2.53\times10^{13}(\text{N}\cdot\text{mm}^{2})$$

$$B=\frac{B_{\text{s}}}{2}=\frac{2.53\times10^{13}}{2}=1.265\times10^{13}(\text{N}\cdot\text{mm}^{2})$$

（5）变形验算

$$f=\frac{5}{48}\times\frac{M_{\text{q}}l_{0}^{2}}{B}=\frac{5}{48}\times\frac{61.74\times10^{6}\times5600^{2}}{1.265\times10^{13}}=15.94\text{(mm)}$$

$$\frac{f}{l_{0}}=\frac{15.94}{5600}=\frac{1}{351}<\frac{f_{\text{lim}}}{l_{0}}=\frac{1}{200}$$

故变形满足要求。

2.8 混凝土偏心受压构件——柱

当构件的截面上受到轴向力和弯矩的共同作用或受到偏心力的作用时，该结构构件称为偏心受力构件。当偏心力为压力时，称为偏心受压构件，亦称压弯构件；当偏心力为拉力时，称为偏心受拉构件，亦称拉弯构件。随着偏心力在截面上的作用位置不同，偏心受力构件又分为单向偏心受力构件和双向偏心受力构件，如图2.73所示。本教材仅讨论单向偏心受压构件。

偏心受压构件在工程中的应用如图2.74所示，常见的偏心受压构件有：框架柱、排架柱、剪力墙的受压墙肢等。在偏心受压构件中，通常配有纵向受力钢筋和箍筋。对于偏心受压构件，离偏心压力 N 较近一侧的纵向钢筋受压，其截面面积用 A'_{s} 表示，而另一侧的纵向钢筋则随轴向压力 N 偏心距的不同可能受拉也可能受压，其截面面积用 A_{s} 表示。

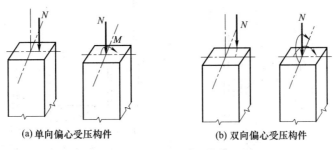

(a) 单向偏心受压构件　　　　　　(b) 双向偏心受压构件

图2.73　偏心受压构件

2.8.1　偏心受压构件正截面的破坏特征

试验表明，偏心受压正截面的破坏有两种不同的形态。通常，在偏心距相对较大，并且

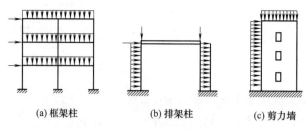

(a) 框架柱　　　　　(b) 排架柱　　　　(c) 剪力墙

图 2.74　工程中的偏心受压构件

受拉钢筋配置适量时，破坏形态为大偏心受压破坏，也称受拉破坏；在偏心距相对较小，或者虽然偏心距相对较大，但受拉钢筋配置过量时，破坏形态为小偏心受压破坏，也称受压破坏。

（1）大偏心受压破坏（受拉破坏）

在偏心压力 N 作用下，试件正截面上靠近 N 作用的一侧受压，另一侧受拉。随着 N 的逐渐增大，受拉区首先产生横向裂缝，并不断地开展。临近破坏时，主裂缝明显开展，实测受拉钢筋的应变达到屈服应变，使中和轴急剧地往受压一侧移动，混凝土受压区高度减小。最后，受压区出现纵向裂缝，受压区边缘混凝土达到极限压应变值，混凝土被压碎。破坏时，受压区纵筋也能达到抗压屈服强度。试件破坏外形及截面应力分布图，如图 2.75 （a）所示。

这种破坏形态的特点是受拉钢筋先达到屈服强度，其后受压区混凝土压碎，受压钢筋达到抗压屈服强度，类似适筋的双筋梁的破坏，属延性破坏。

（2）小偏心受压破坏（受压破坏）

在偏心压力 N 作用下，截面大部分或者全部受压。一般情况下，破坏始自靠近 N 作用的一侧。破坏时，该侧截面边缘混凝土达到极限压应变值，混凝土纵向开裂，被压碎，破坏区段较长。靠近偏心压力 N 一侧的钢筋也同时达到其抗压屈服强度；但是，离偏心压力作用较远一侧的钢筋可能受拉，也可能受压，均未达到其屈服强度。截面破坏时，混凝土压碎区段较长。破坏试件的外形及应力图如图 2.75 （b）所示。

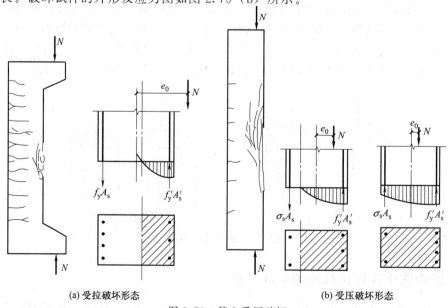

(a) 受拉破坏形态　　　　　　　　　(b) 受压破坏形态

图 2.75　偏心受压破坏

这种破坏的特点是截面上靠近偏心压力作用一侧的混凝土先压碎，该侧钢筋同时达到抗压屈服强度；而另一侧的钢筋达不到屈服，破坏无明显的预兆，类似超筋梁的破坏，属脆性破坏。

（3）界限破坏

在受拉破坏与受压破坏之间，存在一种界限状态，称为界限破坏或平衡破坏。在破坏时，受拉一侧形成横向主裂缝。当受拉钢筋达到屈服时，受压边缘混凝土同时达到极限压变值，出现纵向裂缝并被压碎。混凝土压碎区段的长度比受拉破坏的大，而比受压破坏的小。

试验表明，界限破坏与荷载偏心距、配筋情况、截面几何尺寸以及材料特征等因素有关。界限破坏时截面上混凝土受压区高度随着上述因素的改变而变动。由图 2.76 可知：当 $x_c \leqslant x_{cb}$，即 $\xi \leqslant \xi_b$ 时，A_s 屈服，为大偏心受压破坏形态；当 $x_c > x_{cb}$，即 $\xi > \xi_b$ 时，A_s 不屈服，为小偏心受压破坏形态。

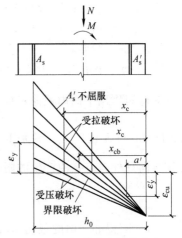

图 2.76　承载能力极限状态偏心受压柱正截面的应变

2.8.2　弯矩增大系数（二阶效应）

因荷载作用位置和大小的不定性、施工误差以及混凝土质量的不均匀性等原因，以致轴向力产生附加偏心距 e_a。e_a 取 20mm 和偏心方向截面尺寸的 $h/30$ 两者中的较大者。因此，轴向力的初始偏心距 e_i 按下式计算：

$$e_i = e_0 + e_a \tag{2-110}$$

式中　e_0——轴向力对截面重心的偏心距，$e_0 = \dfrac{M}{N}$。

偏心受压构件中，由轴向压力在产生了挠曲变形的杆件内引起的曲率和弯矩增量称为二阶效应，也称 $P\text{-}\delta$ 效应。

对除排架结构柱以外的偏心受压构件，在其偏心方向上考虑杆件自身挠曲影响的控制截面弯矩设计值 M 可按下列公式计算：

$$M = C_m \eta_{ns} M_2 \tag{2-111}$$

$$C_m = 0.7 + 0.3 \frac{M_1}{M_2} \tag{2-112}$$

$$\eta_{ns} = 1 + \frac{h_0}{1300(M_2/N + e_a)}\left(\frac{l_c}{h}\right)^2 \zeta_c \tag{2-113}$$

$$\zeta_c = \frac{0.5 f_c A}{N} \tag{2-114}$$

式中　C_m——构件端截面偏心距调节系数，当小于 0.7 时，取 0.7；

　　　η_{ns}——考虑杆件侧向挠度影响的弯矩增大系数，$C_m \eta_{ns} < 1$ 时，取 $C_m \eta_{ns} = 1.0$；

　　　N——与弯矩设计值 M_2 相应的轴向压力设计值；

　　　ζ_c——截面曲率修正系数，当计算值大于 1.0 时，取 1.0；

　　　h——截面高度；

　　　h_0——截面有效高度；

　　　A——构件截面面积；

M——在偏心方向上考虑杆件自身挠曲影响的控制截面弯矩设计值；

M_1，M_2——偏心受压构件两端截面按结构分析确定的对同一主轴的组合弯矩设计值，绝对值较大端为 M_2，绝对值较小端为 M_1，当构件按单曲率弯曲时，M_1/M_2 为正值，否则为负值；

l_c——构件的计算长度，可以近似取偏心受压构件相应主轴方向上下支撑点之间的距离。

当 $C_m\eta_{ns}$ 小于 1.0 时取 1.0；对剪力墙及核心筒墙，可取 $C_m\eta_{ns}$ 等于 1.0。

对弯矩作用平面内截面对称的偏心受压构件，当同一主轴方向的杆端弯矩比 $\dfrac{M_1}{M_2}$ 不大于 0.9 且设计轴压比 $\left(\dfrac{N}{f_cA}\right)$ 不大于 0.9 时，若构件的长细比满足式（2-115）的要求，可不考虑该方向杆件自身挠曲产生的附加弯矩影响。

$$\frac{l_c}{i} \leqslant 34 - \frac{12M_1}{M_2} \tag{2-115}$$

式中　i——偏心方向的截面回转半径。

排架结构柱的二阶效应按《混凝土结构设计规范》（GB 50010—2010）相关规定计算。

2.8.3　偏心受压截面承载力 M-N 相关关系

偏心受压构件截面受弯矩和轴向压力共同作用，它们之间相互关联，从而影响截面的受力性能及破坏形态。

图 2.77 是一组相同截面条件的偏心受压试件，在不同偏心距作用下实测所得到的承载力 N_u-M_u 相关曲线。曲线上 AB 段，截面发生大偏心受压破坏；BC 段，截面发生小偏心受压破坏；B 点是界限破坏点。

试验表明，在小偏心受压破坏情况，弯矩增大，截面的轴向承载力减小；而在受拉破坏情况，则相反；在界限破坏状态，截面的受弯承载力达到最大值。图 2.77 所示的曲线通常称为 N_u-M_u 相关曲线。

不同截面条件，包括截面几何参数（形状、尺寸）、截面材料（混凝土强度等级、钢筋级别）以及配筋情况（对称或不对称）的截面都存在相似的 N_u-M_u 相关性质。对应每一个给定的偏心受压截面，都有一条对应的 N_u-M_u 相关曲线。

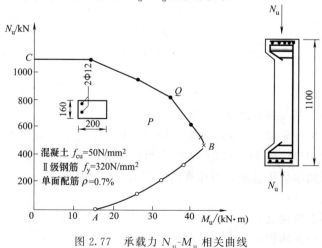

图 2.77　承载力 N_u-M_u 相关曲线

在已知某截面 $N_u\text{-}M_u$ 相关曲线时，可利用它来判断截面的受压承载力是否满足设计内力要求。如果设计内力位于曲线内，如图 2.77 中 P 点所示，则可知截面是安全的；反之，如图 2.77 中 Q 点所示，截面是不安全的，必须修改设计。

2.8.4 矩形截面偏心受压构件正截面承载力基本计算公式

2.8.4.1 大偏心受压

大偏心受压破坏时，承载力极限状态下截面的实际应力如图 2.75（a）所示。与受弯承载力计算相同。正截面受压区混凝土实际压力图形同样用等效矩形应力图形来代替，受拉破坏时正截面承载力计算简图如图 2.78（a）所示。

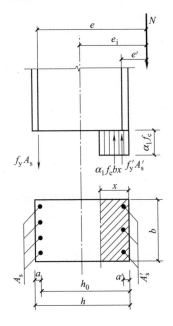

(a) 大偏心受压破坏   (b) 小偏心受压破坏

图 2.78 偏心受压构件正截面承载力计算简图

根据截面的平衡条件，可得承载力设计计算公式：

$$N \leqslant \alpha_1 f_c bx + f'_y A'_s - f_y A_s \tag{2-116}$$

$$Ne = \alpha_1 f_c bx \left(h_0 - \frac{x}{2}\right) + f'_y A'_s (h_0 - a') \tag{2-117}$$

$$e = e_i + \frac{h}{2} - a \tag{2-118}$$

$$e_i = e_0 + e_a \tag{2-119}$$

式中　N——轴向压力设计值；

　　　e——轴向力作用点至受拉钢筋 A_s 合力作用点之间的距离；

　　　x——截面受压区计算高度；

　a,a'——纵向受拉和纵向受压钢筋的合力点至截面近边缘的距离；

　　　e_0——轴向力对截面重心的偏心距，$e_0 = M/N$；

e_a——附加偏心距，其值取偏心方向截面尺寸的 1/30 和 20mm 中的较大者。

为保证破坏时受拉钢筋应力达到屈服强度 f_y，受压钢筋应力达到 f_y'，上述公式应符合下列适用条件：

$$\xi \leqslant \xi_b \tag{2-120}$$

$$x \geqslant 2a' \tag{2-121}$$

在实际工程中，偏心受压构件在不同内力组合下可能有相反方向的弯矩。当其数值相差不大时，或即使相反方向的弯矩值相差较大，但按对称配筋设计求得的纵向钢筋的总量比按不对称配筋设计所得纵向钢筋的总量增加不多时，均宜采用对称配筋（$A_s = A_s'$，$f_y = f_y'$）。这样由式（2-116）可得：

$$N = \alpha_1 f_c b x \tag{2-122}$$

大偏心受压破坏界限破坏时的轴向压力为：

$$N_b = \alpha_1 f_c b \xi_b h_0 \tag{2-123}$$

由式（2-122）得：

$$x = \frac{N}{\alpha_1 f_c b} \tag{2-124}$$

由式（2-117）可得：

$$A_s = A_s' = \frac{Ne - \alpha_1 f_c b x (h_0 - 0.5x)}{f_y'(h_0 - a')} \tag{2-125}$$

如果 $x < 2a'$，则取 $x = 2a'$，将所有力对受压钢筋合力作用点取矩得：

$$A_s' = A_s = \frac{Ne'}{f_y(h_0 - a')} \tag{2-126}$$

式中　e'——轴向力作用点至受压钢筋 A_s' 合力作用点之间的距离。

$$e' = e_i - \frac{h}{2} + a' \tag{2-127}$$

2.8.4.2　小偏心受压

小偏心受压破坏时，承载力极限状态下截面的实际应力如图 2.75（b）所示。受拉破坏时正截面承载力计算简图如图 2.78（b）所示。

根据力和力矩的平衡条件，可得承载力设计计算公式为：

$$N \leqslant \alpha_1 f_c b x + f_y' A_s' - \sigma_s A_s \tag{2-128}$$

$$Ne = \alpha_1 f_c b x \left(h_0 - \frac{x}{2} \right) + f_y' A_s' (h_0 - a') \tag{2-129}$$

式中　σ_s——为钢筋 A_s 的应力值，按下式计算。

$$\sigma_s = \frac{\xi - \beta_1}{\xi_b - \beta_1} f_y \tag{2-130}$$

普通混凝土的 $\beta_1 = 0.8$。当 σ_s 计算值为负值时为压应力，正值时为拉应力，σ_s 应满足下式：

$$-f_y \leqslant \sigma_s \leqslant f_y \tag{2-131}$$

对称配筋时 $A_s = A_s'$，$f_y = f_y'$，公式的适用条件为 $\xi > \xi_b$，ξ 可按下式近似计算：

$$\xi = \frac{N - \xi_b \alpha_1 f_c b h_0}{\dfrac{Ne - 0.43 \alpha_1 f_c b h_0^{\,2}}{(\beta_1 - \xi_b)(h_0 - a')} + \alpha_1 f_c b h_0} + \xi_b \tag{2-132}$$

代入式（2-129）得：

$$A_s = A_s' = \frac{Ne - \alpha_1 f_c b h_0^2 \xi (1 - 0.5\xi)}{f_y'(h_0 - a')} \quad (2\text{-}133)$$

【例2.16】 已知：某矩形截面钢筋混凝土柱，$b = 500\text{mm}$，$h = 700\text{mm}$，承受轴向压力设计值 $N = 800\text{kN}$，两端截面按结构分析得出的弯矩设计值 $M_1 = 450\text{kN} \cdot \text{m}$，$M_2 = 480\text{kN} \cdot \text{m}$，柱的计算长度 $l_c = 7.2\text{m}$。该柱采用 HRB400 级钢筋（$f_y = f_y' = 360\text{N/mm}^2$，$\xi_b = 0.518$），混凝土强度等级为 C35（$f_c = 16.7\text{N/mm}^2$，$a = a' = 40\text{mm}$），采用对称配筋，求纵向受拉钢筋的截面面积 $A_s = A_s' = ?$

【解】 （1）计算控制截面弯矩设计值 M

因为

$$\frac{M_1}{M_2} = \frac{450}{480} = 0.94 > 0.9$$

所以，要考虑弯矩二阶效应。

$$C_m = 0.7 + 0.3\frac{M_1}{M_2} = 0.7 + 0.3 \times 0.94 = 0.982$$

$$e_a = \max(20, h/30) = \max(20, 700/30) = 23.3(\text{mm})$$

$$\zeta_c = \frac{0.5 f_c A}{N} = \frac{0.5 \times 16.7 \times 500 \times 700}{800 \times 10^3} = 3.653 > 1.0$$

取 $\zeta_c = 1.0$。

$$\eta_{ns} = 1 + \frac{h_0}{1300\left(\frac{M_2}{N} + e_a\right)}\left(\frac{l_c}{h}\right)^2 \zeta_c = 1 + \frac{660}{1300\left(\frac{480 \times 10^6}{800 \times 10^3} + 23.3\right)} \times \left(\frac{7200}{700}\right)^2 \times 1.0 = 1.086$$

$$C_m \eta_{ns} = 0.982 \times 1.086 = 1.066 > 1.0$$

$$M = C_m \eta_{ns} M_2 = 1.066 \times 480 = 511.68(\text{kN} \cdot \text{m})$$

（2）判断大小偏心受压

$$\xi = \frac{N}{\alpha_1 f_c b h_0} = \frac{800 \times 10^3}{1.0 \times 16.7 \times 500 \times 660} = 0.1452 < \xi_b = 0.518$$

为大偏心受压。

（3）计算钢筋面积

$$e_i = e_0 + e_a = \frac{M}{N} + e_a = \frac{511.68 \times 10^6}{800 \times 10^3} + 23.3 = 662.9(\text{mm})$$

$$e = e_i + \frac{h}{2} - a = 662.9 + \frac{700}{2} - 40 = 972.9(\text{mm})$$

因

$$\xi > \frac{2a'}{h_0} = \frac{80}{660} = 0.121$$

$$A_s = A_s' = \frac{Ne - \alpha_1 f_c b h_0^2 \xi(1 - 0.5\xi)}{f_y'(h_0 - a')}$$

$$= \frac{800 \times 10^3 \times 972.9 - 1.0 \times 16.7 \times 500 \times 660^2 \times 0.1452 \times (1 - 0.5 \times 0.1452)}{360 \times (660 - 40)}$$

$$= 1292.71(\text{mm}^2) > 0.2\% bh = 0.2\% \times 500 \times 700 = 700(\text{mm}^2)$$

选 4⌀20（$A_s = A_s' = 1256\text{mm}^2$），因 $h = 700\text{mm}$，按构造要求在截面侧面配置 2⌀14 钢筋。

【例2.17】 已知：某矩形截面钢筋混凝土柱，$b = 300\text{mm}$，$h = 500\text{mm}$，承受轴向压力设计值 $N = 1250\text{kN}$，两端截面按结构分析得出的弯矩设计值 $M_1 = 240\text{kN} \cdot \text{m}$，$M_2 = $

250kN·m，柱的计算长度 $l_c = 6$m。该柱采用 HRB400 级钢筋（$f_y = f'_y = 360$N/mm^2，$\xi_b = 0.518$），混凝土强度等级为 C35（$f_c = 16.7$N/mm^2，$a = a' = 40$mm），采用对称配筋，求纵向受拉钢筋的截面面积 $A_s = A'_s = ?$

解　（1）计算控制截面弯矩设计值 M

因为

$$\frac{M_1}{M_2} = \frac{240}{250} = 0.96 > 0.9$$

所以，要考虑弯矩二阶效应

$$C_m = 0.7 + 0.3\frac{M_1}{M_2} = 0.7 + 0.3 \times 0.96 = 0.988$$

$$e_a = \max(20, h/30) = \max(20, 500/30) = 20(\text{mm})$$

$$\zeta_c = \frac{0.5 f_c A}{N} = \frac{0.5 \times 16.7 \times 300 \times 500}{1250 \times 10^3} = 1.002 > 1.0$$

取 $\zeta_c = 1.0$。

$$\eta_{ns} = 1 + \frac{h_0}{1300\left(\frac{M_2}{N} + e_a\right)}\left(\frac{l_c}{h}\right)^2 \zeta_c = 1 + \frac{460}{1300\left(\frac{250 \times 10^6}{1250 \times 10^3} + 20\right)} \times \left(\frac{6000}{500}\right)^2 \times 1.0 = 1.232$$

$$C_m \eta_{ns} = 0.988 \times 1.232 = 1.217 > 1.0$$

$$M = C_m \eta_{ns} M_2 = 1.217 \times 250 = 304.25(\text{N·m})$$

（2）判断大小偏心受压

$$\xi = \frac{N}{\alpha_1 f_c b h_0} = \frac{1250 \times 10^3}{1.0 \times 16.7 \times 300 \times 460} = 0.542 > \xi_b = 0.518$$

为小偏心受压。

（3）计算钢筋面积

$$e_i = e_0 + e_a = \frac{M}{N} + e_a = \frac{304.25 \times 10^6}{1250 \times 10^3} + 20 = 263.4(\text{mm})$$

$$e = e_i + \frac{h}{2} - a = 263.4 + \frac{500}{2} - 40 = 473.4(\text{mm})$$

（4）配筋计算

$$\xi = \frac{N - \xi_b \alpha_1 f_c b h_0}{\dfrac{Ne - 0.43\alpha_1 f_c b h_0^2}{(\beta_1 - \xi_b)(h_0 - a')} + \alpha_1 f_c b h_0} + \xi_b$$

$$= \frac{1250 \times 10^3 - 0.518 \times 1.0 \times 16.7 \times 300 \times 460}{\dfrac{1250 \times 10^3 \times 473.4 - 0.43 \times 1.0 \times 16.7 \times 300 \times 460^2}{(0.8 - 0.518)(460 - 40)} + 1.0 \times 16.7 \times 300 \times 460} + 0.618$$

$$= 0.626$$

$$A_s = A'_s = \frac{Ne - \alpha_1 f_c b h_0^2 \xi(1 - 0.5\xi)}{f'_y(h_0 - a')}$$

$$= \frac{1250 \times 10^3 \times 473.4 - 1.0 \times 16.7 \times 300 \times 460^2 \times 0.626 \times (1 - 0.5 \times 0.626)}{360 \times (460 - 40)}$$

$$= 989.4(\text{mm}^2) > 0.2\% bh = 0.2\% \times 300 \times 500 = 300(\text{mm}^2)$$

选 3Φ22（$A_s = A'_s = 1140$mm^2）。

（5）垂直于弯矩作用平面的受压承载力验算

$$l_0/b = 6000/300 = 20$$

查表得 $\varphi = 0.52$。

$$\begin{aligned} N_u &= 0.9\varphi[f_c A + f_y'(A_s' + A_s)] \\ &= 0.9 \times 0.52 \times [16.7 \times 300 \times 500 + 360 \times (1140 + 1140)] \\ &= 1556.47(\text{kN}) > 1250(\text{kN}) \end{aligned}$$

验算结果安全。

2.8.5　偏心受压柱斜截面受剪承载力计算

偏心受压柱中，由 N 引起的轴向压应力延缓了斜裂缝的出现与开裂，增大了混凝土的剪压区高度，因而柱的斜截面受剪承载力得以提高。根据试验结果和理论分析，《混凝土结构设计规范》采用下式计算矩形截面偏心受压柱的斜截面受剪承载力：

$$V \leqslant V_u = \frac{1.75}{\lambda + 1.0} f_t b h_0 + f_{yv} \frac{A_{sv}}{s} h_0 + 0.07N \tag{2-134}$$

式中　λ——偏心受压构件计算截面的剪跨比；框架结构柱的 $\lambda = H_n/(2h_0)$，H_n 为柱净高；当 $\lambda < 1$ 时取 $\lambda = 1$；$\lambda > 3$ 时取 $\lambda = 3$；

　　N——与剪力设计值 V 相应的轴向压力设计值；当 $N > 0.3 f_c A$ 时，取 $N = 0.3 f_c A$；A 为构件的截面面积。

公式适用条件：

$$V \leqslant 0.25\beta_c f_c b h_0 \tag{2-135}$$

式中　β_c——混凝土强度影响系数，普通混凝土 $\beta_c = 1.0$。

若符合下列条件：

$$V \leqslant V_u = \frac{1.75}{\lambda + 1.0} f_t b h_0 + 0.07N \tag{2-136}$$

可不进行斜截面受剪承载力计算，按构造要求配置箍筋。

2.9　混凝土偏心受拉构件——柱

在结构中，偏心受拉构件虽然不是很多，但也常会遇到。例如，双肢柱的某些腹杆、矩形水池的池壁、浅仓的仓壁、涵管管壁，以及连肢剪力墙的某些墙肢等，都以承受偏心拉力为主（图2.79）。

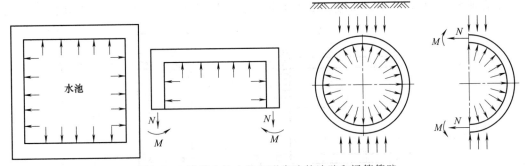

图2.79　受偏心拉力的矩形水池的池壁和涵管管壁

按偏心拉力作用位置的不同，偏心受拉构件正截面可以分为两类，如图2.80、图2.81

所示。图中，规定靠近轴拉力 N 一侧的钢筋为 A_s，远离 N 一侧的钢筋为 A_s'。

当偏心拉力 N 作用在截面两边钢筋 A_s、A_s' 合力作用点之间时，为小偏心受拉；当偏心拉力 N 作用在截面两边钢筋 A_s、A_s' 合力作用点之外时，为大偏心受拉。

偏心受拉构件的一般构造要求与轴心受拉构件的相同。

2.9.1　小偏心受拉正截面承载力计算

在承载能力极限状态下，小偏心受拉正截面受力，如图 2.80 所示，裂缝贯通截面，拉力全部由钢筋承担。破坏时，截面两边钢筋 A_s、A_s' 都能达到抗拉屈服强度 f_y。

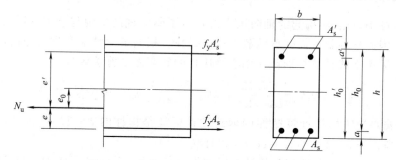

图 2.80　小偏心受拉正截面承载力计算图形

由图 2.80 的受力平衡条件，可得：

$\sum N = 0$
$$N \leqslant N_u = f_y A_s + f_y A_s' \tag{2-137}$$

$\sum M = 0$
$$N e \leqslant N_u e = f_y A_s' (h_0 - a') \tag{2-138}$$

$$N e' \leqslant N_u e' = f_y A_s (h_0' - a) \tag{2-139}$$

适用条件：

$$e_0 \leqslant h/2 - a \tag{2-140}$$

式中
$$e = h/2 - e_0 - a \tag{2-141}$$

$$e' = h/2 - e_0 - a' \tag{2-142}$$

对称配筋时可取：

$$A_s' = A_s = \frac{N e'}{f_y (h_0' - a)} \tag{2-143}$$

2.9.2　大偏心受拉正截面承载力计算

在承载能力极限状态时，大偏心受拉正截面受力如图 2.81 所示。裂缝截面上存在混凝

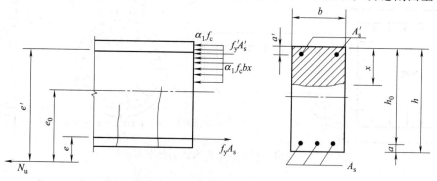

图 2.81　大偏心受拉正截面承载力计算图形

土受压区。破坏时，截面两边钢筋 A_s、A'_s 分别达到受拉屈服强度 f_y、受压屈服强度 f'_y。

由图 2.81 的受力平衡条件，可得：

$$\sum N = 0 \qquad N \leqslant N_u = f_y A_s - f'_y A'_s - \alpha_1 f_c bx \tag{2-144}$$

$$\sum M = 0 \qquad Ne \leqslant N_u e = \alpha_1 f_c bx (h_0 - x/2) + f'_y A'_s (h_0 - a') \tag{2-145}$$

式中

$$e = e_0 - \frac{h}{2} + a \tag{2-146}$$

适用条件：

$$e_0 > \frac{h}{2} - a \tag{2-147}$$

$$\xi \leqslant \xi_b \text{（保证受拉钢筋能达到抗拉屈服强度）}$$

$$\xi \geqslant \frac{2a'}{h_0} \text{（保证受压钢筋能达到抗压屈服强度）}$$

对称配筋时，由于 $A_s = A'_s$，$f_y = f'_y$，将其代入式（2-144）后，必然会得出 x 为负值。可令 $x = 2a'$，得：

$$A'_s = A_s = \frac{Ne'}{f_y (h_0 - a')} \tag{2-148}$$

式中

$$e' = e_0 + \frac{h}{2} - a' \tag{2-149}$$

2.9.3　偏心受拉构件斜截面受剪承载力计算

一般偏心受拉构件，在承受弯矩和拉力的同时也存在着剪力，当剪力较大时，不能忽视斜截面承载力的计算。

试验表明，拉力 N 的存在有时会使斜裂缝贯穿全截面，使斜截面末端没有剪压区，构件的斜截面承载力比无轴向拉力时要降低一些，降低的程度与轴向拉力的数值有关。

通过对试验资料分析，偏心受拉构件的斜截面受剪承载力可按下式计算：

$$V \leqslant V_u = \frac{1.75}{\lambda + 1.0} f_t bh_0 + f_{yv} \frac{A_{sv}}{s} h_0 - 0.2N \tag{2-150}$$

式中　λ——计算截面的剪跨比，与偏心受压构件计算方法相同；

N——轴向拉力设计值。

式（2-150）等号右侧的计算值小于 $f_{yv} \dfrac{A_{sv}}{s} h_0$ 时，应取等于 $f_{yv} \dfrac{A_{sv}}{s} h_0$，且 $f_{yv} \dfrac{A_{sv}}{s} h_0$ 值不得小于 $0.36 f_t bh_0$。

与偏心受压构件相同，受剪截面尺寸尚应符合《混凝土结构设计规范》有关要求。

2.10　预应力混凝土结构的一般知识

2.10.1　预应力混凝土的基本概念

预应力是一种使结构构件在承受荷载前即产生应力的技术。它可以用于减小结构在外荷载作用下的应力或位移，也可使张力结构生成某种特定的形状。

预应力的作用有以下几个方面。

① 产生内力重分布，通过减小最大内力获得更轻的结构。

② 避免开裂，使构件始终处于受压状态，避免出现裂缝。

③ 提高结构或构件的刚度。

普通钢筋混凝土的主要缺点是抗裂性能差。混凝土的受拉极限应变只有 $0.1 \times 10^{-3} \sim$ 0.15×10^{-3}（即每米只能拉长 $0.1 \sim 0.15$mm），而在使用荷载作用下，钢筋的拉应力大致是 $20 \sim 30$N/mm^2，相应的拉应变为 $0.6 \times 10^{-3} \sim 1.0 \times 10^{-3}$，大大超过了混凝土的受拉极限应变。所以配筋率适中的钢筋混凝土构件在使用阶段总会出现裂缝。虽然在一般情况下，只要裂缝宽度不超过 $0.2 \sim 0.3$mm，并不影响构件的使用和耐久性，但是对于某些使用上需要严格限制裂缝宽度或不允许出现裂缝的构件，普通钢筋混凝土就无法满足要求。

在普通钢筋混凝土结构中，为了不影响正常使用，常需将裂缝宽度限制在 $0.2 \sim 0.3$mm 以内，由此钢筋的工作应力要控制在 $150 \sim 200$N/mm^2 以下。所以，即使采用高强度钢筋是降低造价和节省钢材的有效措施，但在普通钢筋混凝土中采用高强度钢筋是不合理的，因为这时高强度钢筋的强度无法充分利用。

采用预应力混凝土结构是解决上述问题的良好办法。

所谓预应力混凝土结构，就是在外荷载作用之前，先对混凝土预加压力，造成人为的应力状态。它所产生的预压应力能抵消外荷载所引起的部分或全部拉应力。这样，在外荷载作用下，裂缝就能延缓或不致发生，即使发生了，裂缝宽度也不会开展过宽。

预应力的作用可用图 2.82 所示的梁来说明。在外荷载作用下，梁下缘产生拉应力 σ_{ct}，如图 2.82（b）所示。如果在荷载作用以前，给梁先施加一偏心压力 N，使得梁的下缘产生预压应力 σ_c [图 2.82（a）]，那么在外荷载作用后，截面的应力分布将是两者的叠加，如图 2.82（c）所示，梁的下缘应力将减至 $\sigma_{ct} - \sigma_c$，梁上边缘应力为 $\sigma_c - \sigma_{ct}$，一般为压应力，但也有可能为拉应力。如果增大预压力 N，则在荷载作用下梁的下边缘的拉应力还可减小，甚至变成压应力。

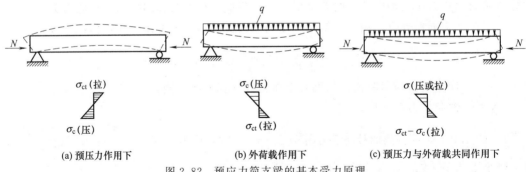

(a) 预压力作用下　　　　　　(b) 外荷载作用下　　　　(c) 预压力与外荷载共同作用下

图 2.82　预应力简支梁的基本受力原理

施加预应力的概念在我们日常生活中经常用到。例如，木桶用铁箍箍紧，当铁箍被张紧时，铁箍受到预拉力，就可以使木块挤紧得到预压应力，即木板的长边受到环向预压应力而金属箍的内部则受到拉力 F 的作用，其与金属箍沿周圈所受到的径向压力平衡。当木桶内盛入水后，水会使木板长边受到一定的拉力，但此拉力值通常小于预压应力值，木桶就不会出现缝隙漏水，如图 2.83 所示。

由此可见，施加预应力能使裂缝推迟出现或根本不发生，所以就能利用高强度钢材提高经济指标。预应力混凝土与普通钢筋混凝土比较，可节省钢材 $30\% \sim 50\%$。由于采用的材料强度高，可使截面减小、自重减轻，就能建造大跨度承重结构。同时因为混凝土不开裂，也就提高了构件的刚度和抗裂度，提高梁的抗扭和抗剪承载力，但不能提高受弯承载力；提

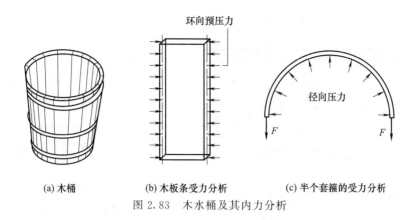

(a) 木桶   (b) 木板条受力分析   (c) 半个套箍的受力分析

图 2.83　木水桶及其内力分析

高梁的抗疲劳承载力保护钢筋免受大气腐蚀；在预加偏心压力时又有反拱度产生，从而可减小构件的总挠度。

2.10.2　预应力混凝土的分类

为了克服采用过多预应力钢筋的构件所带来的问题，国内外通过大量的试验研究和工程实践，提出了预应力混凝土构件可根据不同功能的要求，分成不同的类别进行设计。目前，对预应力混凝土构件主要根据截面应力状态分为以下几种。

（1）全预应力混凝土

全预应力是在使用荷载作用下，构件截面混凝土不出现拉应力，即为全截面受压。

（2）有限预应力混凝土

在全部荷载即荷载效应的短期组合下，截面拉应力不超过混凝土的抗拉强度标准值；在长期荷载即荷载效应的长期组合下，不出现拉应力。

（3）部分预应力混凝土

部分预应力是在使用荷载作用下，构件截面混凝土允许出现拉应力或开裂，但对裂缝宽度加以限制。

（4）有黏结预应力混凝土和无黏结预应力混凝土

有黏结预应力是指沿预应力全长其周围均与混凝土黏结、握裹在一起的预应力混凝土结构；无黏结预应力是指预应力筋伸缩、滑动自由，不与周围混凝土黏结的预应力混凝土结构。

2.10.3　施加预应力的方法

施加预应力的方法基本上有两种：先张法和后张法。

（1）先张法

在浇筑构件混凝土之前张拉预应力钢筋的施工方法称为先张法，其施工工艺如图 2.84 所示。

在台座上按设计要求将钢筋张拉到控制应力→用锚具临时固定→浇注混凝土→待混凝土达到设计强度 75% 以上时切断放松钢筋。其传力途径是依靠钢筋与混凝土的黏结力阻止钢筋的弹性回弹，使截面混凝土获得预压应力。先张法适用于成批生产定型的小型预制构件。

（2）后张法

构件混凝土结硬以后，在预留孔道中穿入预应力钢筋张拉的施工方法称为后张法。张拉后用锚具锚固预应力钢筋。张拉设备和工序如图 2.85 所示。

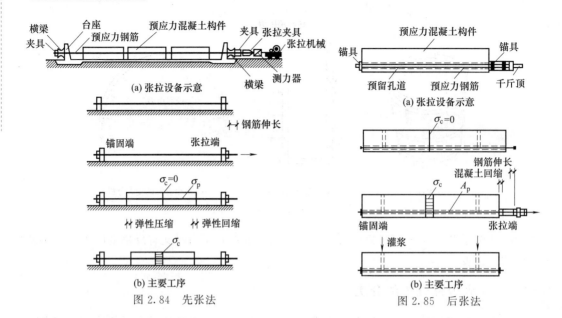

图 2.84　先张法 图 2.85　后张法

其主要张拉程序为：埋灌浆孔→浇混凝土→养护穿筋张拉→锚固→灌浆。钢筋内的预应力是靠构件两端的工作锚具阻止钢筋的弹性回弹，使截面混凝土获得预压应力。它适用于现场生产制作的中、大型构件。

2.10.4　预应力混凝土结构材料

2.10.4.1　钢筋

预应力混凝土结构要求钢筋强度高，预应力混凝土构件在制作和使用过程中，由于种种原因，会出现各种预应力损失，为了在扣除预应力损失后仍然能使混凝土建立起较高的预应力值，需采用较高的张拉控制应力，因此预应力钢筋必须采用高强钢筋（丝）；具有一定的塑性，为防止发生脆性破坏，要求预应力钢筋在拉断时具有一定的伸长率；良好的加工性能，即要求钢筋有良好的可焊性，以及钢筋"镦粗"后并不影响原来的物理性能。

目前用于混凝土构件中的预应力钢材主要有钢丝、钢绞线及热处理钢筋等。

（1）钢丝

预应力混凝土所用钢丝是将含碳量为 $0.5\%\sim0.9\%$ 的优质高碳钢轧制成盘条，经回火、酸洗、镀铜或磷化处理后多次冷拔而成。常用钢丝的主要类型有光面钢丝、螺旋肋钢丝及消除应力钢丝等。钢丝的直径为 $5\sim9mm$，中强度预应力钢丝极限抗拉强度标准值为 $800\sim1270MPa$，消除应力钢丝极限抗拉强度标准值可达 $1570\sim1860N/mm^2$。

（2）钢绞线

预应力混凝土所用钢绞线是用多根高强钢丝在绞线机上扭绞而成的。用三根钢丝扭绞而成的钢绞线，其直径有 $8.6mm$、$10.8mm$ 和 $12.9mm$ 三种；用七根钢丝扭绞而成的钢绞线，其直径有 $9.5mm$、$12.7mm$、$15.2mm$ 和 $17.8mm$ 四种。钢绞线的极限抗拉强度标准值可达 $1570\sim1860N/mm^2$。

（3）预应力螺纹钢筋

是用热轧、轧后余热处理或热处理等工艺制成的中高强度钢筋。其直径为 $18\sim50mm$，极限抗拉强度标准值为 $980\sim1230N/mm^2$。

在预应力混凝土结构中，除预应力钢筋外还常采用非预应力钢筋，对非预应力钢筋的要求与在普通钢筋混凝土结构中的要求相同。

2.10.4.2 混凝土

预应力混凝土结构要求混凝土的强度高，预应力混凝土只有采用较高强度的混凝土，才能建立起较高的预压应力，并可减少构件截面尺寸，减轻结构自重。对先张法构件，采用较高强度的混凝土可以提高黏结强度，对后张法构件，则可承受构件端部强大的预压力；收缩、徐变小，可以减少由于收缩、徐变引起的预应力损失；快硬、早强，可以尽早施加预应力，加快台座、夹具的周转率，以利加快施工进度，降低间接费用。

选择混凝土强度等级时，应综合考虑施工方法（先张法或后张法）、构件跨度、使用情况以及钢筋种类等因素。《混凝土结构设计规范》规定预应力混凝土构件的混凝土强度等级不宜低于C30，当采用钢绞线、钢丝、热处理钢筋作预应力钢筋时，混凝土强度等级不宜低于C40。

2.10.5 预应力混凝土结构的发展

对混凝土施加预应力使之改善受力性能的想法，早在19世纪后期就有学者提出。由于早期钢材和混凝土强度低、锚具性能差，对混凝土的收缩、徐变及其他预应力损失对预应力效应的影响认识还很不充分，使预应力混凝土的预应力效果不显著，影响了其推广使用。20世纪30年代以来，随着高强钢材的大量生产，锚具、夹具性能的提高以及预应力混凝土设计理论的发展和完善，预应力混凝土才得到真正的发展。从早期的建造工业建筑、桥梁、轨枕、水池等结构和构件，到目前广泛应用于居住建筑、大跨和大空间公共建筑、高层建筑、高耸结构、地下结构、海洋结构、压力容器、大吨位囤船结构及跑道路面结构等领域。

我国预应力技术是在20世纪50年代后期起步的，当时采用冷拉钢筋作为预应力筋，生产预制混凝土屋架、吊车梁等工业厂房构件。70年代在民用建筑中开始推广冷拔低碳钢丝配筋的预制预应力混凝土中小型构件。80年代后，结合我国现代多层工业厂房与大型公共建筑发展的需要，高强钢丝与钢绞线配筋的现代预应力混凝土出现，我国预应力技术从单个构件发展到预应力混凝土结构新阶段。

2.10.6 预应力锚具和夹具

锚具和夹具是制作预应力混凝土构件时用来锚住预应力钢筋的工具，是预应力混凝土工程中必不可少的重要部件。锚具是永久依附在混凝土构件上作为传递预应力的一种构造措施。夹具是构件制成后能够取下重复使用的部件。对于夹具和锚具的一般要求是：安全可靠、性能优良、构造简单、使用方便、节约钢材、造价低廉。

锚具的种类很多，但按其传力方式来分，主要可分为摩擦型、黏结型及承压型三类。

（1）摩擦型锚具

这种锚具依靠预应力钢筋与夹片或锚塞间的摩擦力将预应力钢筋中的预拉力传给夹片或锚环，然后锚环再通过承压力或黏结力将预拉力传给混凝土构件。

常用的摩擦型锚具有JM12锚具（图2.86）和弗氏（Freyssinet）锚具（图2.87）。二者均可用于张拉端或锚固端，张拉时都需采用特制的双作用千斤顶。我国自行开发的JM型锚固体系具有尺寸小的优点，已广泛用于单层、多层工业与民用房屋建筑和中小跨桥梁结构中。

（2）承压型锚具

这种锚具利用螺帽、垫板等承压作用将预应力钢筋锚固在构件端部。这种锚具国内较常采用，如螺丝端杆锚具（图2.88）、帮条锚具（图2.89）和镦头锚具（图2.90）。

　　螺丝端杆锚具和帮条锚具用于锚固单根粗钢筋，前者用于张拉端，后者用于锚固端。镦头锚具由被镦粗的钢丝头、锚环和螺母组成，用于锚固钢丝束。镦头锚具的锚固性能可靠，锚固吨位大，张拉方便，便于重复张拉。但由于用于锚固多根平行钢丝束，故对钢丝下料长度的精度要求高。这种锚具的优点是比较简单、滑移小和便于再次张拉。缺点是对预应力钢筋长度的精度要求高，不能太长或太短，否则螺纹长度不够用。

　　(3) 黏结型锚具

　　黏结型锚具（图 2.91）是在制作混凝土构件时在端部留有锥形自锚孔，张拉钢筋完毕后通过灌浆孔浇筑混凝土。当混凝土强度达到其强度设计值的 75% 以上时，切断预应力钢筋，通过结硬混凝土对钢筋的锚固将预应力传递到混凝土。

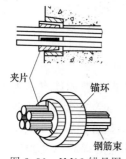

图 2.86　JM12 锚具图

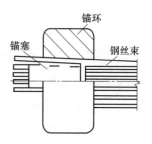

图 2.87　弗氏锚具

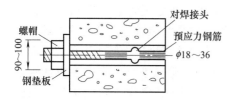

图 2.88　螺丝端杆锚具

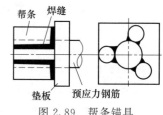

图 2.89　帮条锚具

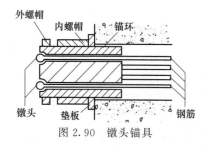

图 2.90　镦头锚具

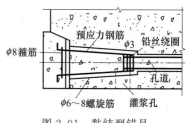

图 2.91　黏结型锚具

2.10.7　张拉控制应力和预应力损失

2.10.7.1　张拉控制应力

　　张拉控制应力是指在张拉预应力钢筋时应所控制达到的最大应力值。其值为张拉设备（如千斤顶油压表）所指示的总张拉力除以预应力钢筋截面积所得到的应力值，以 σ_{con} 表示。

　　张拉控制应力的取值，直接影响预应力混凝土的使用效果，如果张拉控制应力取值过低，则预应力钢筋经过各种损失后，对混凝土产生的预压应力过小，不能有效地提高预应力混凝土构件的抗裂度和刚度。如果张拉控制应力取值过高，则可能引起以下的问题：σ_{con} 过高，裂缝出现时预应力筋应力将接近其抗拉强度设计值，构件破坏前缺乏足够的预兆。此外，σ_{con} 过高将使预应力筋的应力松弛损失加大；当进行超张拉时（为了减少摩擦损失及应力松弛损失），σ_{con} 过高可能使个别钢丝发生脆断。

张拉控制应力 σ_{con} 的大小主要与钢筋种类和张拉方法有关，《混凝土结构设计规范》规定张拉控制应力 σ_{con} 不宜超过表 2.10 的限值，消除应力钢丝、钢绞线、中强度预应力钢丝的张拉控制应力值不应小于 $0.4f_{ptk}$；预应力螺纹钢筋的张拉控制应力不宜小于 $0.5f_{pyk}$。

表 2.10　张拉控制应力限值

钢筋种类	应力限值
消除应力钢丝、钢绞线	$0.75f_{ptk}$
中强度预应力钢丝	$0.70f_{ptk}$
预应力螺纹钢筋	$0.85f_{pyk}$

注：1. 表中 f_{ptk} 为预应力筋极限强度标准值，f_{pyk} 为预应力螺纹钢筋屈服强度标准值。

2. 当符合下列情况之一时，表中张拉控制应力限制可相应提高 $0.05f_{ptk}$ 或 $0.05f_{pyk}$：要求提高构件在施工阶段的抗裂性能而在使用阶段受压区内设置的预应力筋；要求部分抵消由于应力松弛、摩擦、钢筋分批张拉以及预应力筋与张拉台座之间的温差等因素产生的预应力损失。

2.10.7.2　预应力损失

预应力钢筋张拉后，由于混凝土和钢材的性质以及制作方法上的原因，预应力钢筋中的应力会从 σ_{con} 逐步减小，并经过相当长的时间才会最终稳定下来，这种应力降低的现象称为预应力损失（σ_l）。

引起预应力损失的因素很多，精确计算各种因素引起的预应力损失是十分困难的。《混凝土结构设计规范》为了计算方便，假定各项因素之间互不相关，分别计算各种因素引起的预应力损失，再叠加起来确定总预应力损失。

（1）锚具变形和钢筋内缩引起的预应力损失 σ_{l1}

在预应力筋锚固时，因锚具、垫块与构件之间的缝隙被挤紧，以及钢筋在锚具内的滑移引起的预应力损失，记为 σ_{l1}。

（2）摩擦损失 σ_{l2}

后张法构件的预应力直线钢筋，由于孔道位置偏差、内壁粗糙及钢筋表面粗糙不平等原因，使预应力筋在张拉时与孔道壁之间产生摩擦力。摩擦力的积累使预应力筋的应力随距张拉端距离的增大而减小，称为摩擦损失。

（3）温差损失 σ_{l3}

为了缩短先张法构件的生产周期，通常采用蒸汽养护。养护棚内温度高于台座的温度，预应力筋受热后伸长，而台座横梁的间距不变，这相当于使预应力筋的拉伸变形缩小，产生预应力损失 σ_{l3}。待混凝土达到一定强度，钢筋与混凝土之间已建立黏结强度，使二者间相对位置固定，降温时两者共同回缩（钢筋和混凝土的温度膨胀系数相近），故建立黏结强度以前由于温差产生的预应力损失 σ_{l3} 无法恢复。

（4）应力松弛损失 σ_{l4}

钢筋在高应力作用下，其塑性变形具有随时间而增长的性质。在钢筋长度保持不变的条件下，其应力会随时间的增长而逐渐降低，这种现象称为钢筋的应力松弛。

（5）混凝土收缩、徐变引起的预应力损失 σ_{l5}

在一般湿度条件下，混凝土结硬时会发生体积收缩，而在预压力作用下，混凝土会发生沿压力方向的徐变。二者均使构件的长度缩短，预应力钢筋也随之内缩，产生预应力损失。

（6）环向预应力筋挤压混凝土引起的应力损失 σ_{l6}

当环形构件混凝土由于受螺旋式预应力筋的挤压而发生局部压陷，构件的直径将有所减小，预应力钢筋中的拉应力就会随之而降低，引起应力损失 σ_{l6}，其大小与环形构件的直径成反比。

当环形构件直径 $d \leqslant 3\text{m}$，$\sigma_{l6}=30\text{N/mm}^2$；当环形构件直径 $d > 3\text{m}$，$\sigma_{l6}=0$。

2.10.7.3 预应力损失的组合

上述各项预应力损失，有的只发生在先张法构件中，有的只发生在后张法构件中，有的两种构件都有，按不同的张拉方法分批产生。通常把混凝土预压前出现的预应力损失称为第一批损失 $\sigma_{l\text{I}}$，预压后出现的预应力损失称为第二批损失 $\sigma_{l\text{II}}$。根据上述预应力损失发生的先后顺序，具体组合见表2.11。

表2.11 各阶段预应力损失值的组合

预应力损失值的组合	先张法构件	后张法构件
混凝土预压前（第一批）的损失 $\sigma_{l\text{I}}$	$\sigma_{l1}+\sigma_{l2}+\sigma_{l3}+\sigma_{l4}$	$\sigma_{l1}+\sigma_{l2}$
混凝土预压后（第二批）的损失 $\sigma_{l\text{II}}$	σ_{l5}	$\sigma_{l4}+\sigma_{l5}+\sigma_{l6}$

注：先张法构件由于钢筋应力松弛引起的损失值 σ_{l4} 在第一批和第二批损失中所占的比例，如需区分，可根据实际情况确定。

预应力损失的计算值与实际预应力损失值之间可能有一定的误差，为安全起见，《混凝土结构设计规范》规定当计算求得的预应力总损失 $\sigma_l=\sigma_{l\text{I}}+\sigma_{l\text{II}}$ 小于下列数值时，应按下列数值取用：先张构件，100N/mm^2；后张构件，80N/mm^2。

2.10.8 预应力混凝土构件的截面形式和尺寸

设计结构构件应选择几何特性良好，惯性矩较大的截面形式，对于预应力轴心受拉构件，通常采用正方形或矩形截面。对于预应力受弯构件，一般采用 T 形、工字形、箱形等截面。与非预应力混凝土构件比较，截面高度较小，腹板除梁端适当加厚外，其余处较薄。一般可取：梁高 $h=(1/25\sim1/15)l_0$，l_0 为构件的计算跨度；梁腹宽 $b=(1/15\sim1/8)h$；翼缘板宽 $b_f=(1/3\sim1/2)h$，翼缘板厚 $h_f=(1/10\sim1/6)h$。

2.10.9 预应力混凝土整体结构

随着预应力混凝土结构的应用范围不断扩大，预应力结构的理论与工程设计思想也在不断深化，将预应力结构的思想从混凝土结构中抽象出来，形成独特的设计思想与方法，使预应力技术的应用更加合理、更加完善一直是结构工程师所努力追求的目标。其中，关于预应力整体结构的概念与设计思想是近些年来较为有影响的成果，在工程实践中也得到了广泛的应用，并取得了很好的效果。

2.10.9.1 预应力整体结构的概念与设计思想

前面所讨论的预应力概念均建立在构件截面应力自平衡的基础之上，即在施工阶段，预先在构件截面上人为地形成一种与使用阶段荷载效应相反的应力分布状态，最后在使用阶段可以改善构件截面的应力状态。若将构件截面应力的平衡概念拓展至整体结构来看，则会使预应力的设计思想有一个新的高度。

（1）平衡荷载的设计概念

将预应力构件截面应力平衡概念拓展到整个构件上的荷载平衡概念。于是，张拉预应力筋对混凝土的作用可用一组等效荷载来代替。现仍以梁为例，则等效荷载一般可由两部分组成：①预应力筋在锚固区对梁产生的压力 N_p；②由曲线预应力筋曲率引起的，垂直于预应力筋束中心线的向上分布力 w，如图 2.92 所示。下面以单跨简支梁为例加以具体说明。

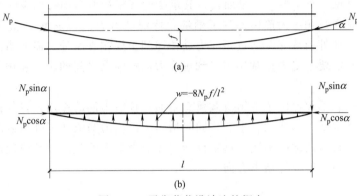

图 2.92 平衡荷载设计法的概念

如图 2.92（a）所示，梁内配有一根线型为二次抛物线的预应力筋，其抛物线方程为：

$$y=4f\left[(x/l)-(x/l)^2\right] \tag{2-151}$$

式中　f——抛物线的矢高；

x——计算截面离梁左端的距离。

预加力 N_p 对梁截面产生的弯矩也是抛物线形的，即：

$$M=4N_pf(l-x)x/l^2 \tag{2-152}$$

将式（2-152）对 x 求导两次，可得由 M 引起的等效荷载 w，即：

$$w=\frac{\mathrm{d}^2M}{\mathrm{d}x^2}=-\frac{8N_pf}{l^2} \tag{2-153}$$

式（2-153）中负号表示 w 作用方向朝上。

设梁各截面预应力钢筋的预加力 N_p 相等，并设 e（$=y$）为预应力钢筋形心至梁截面形心的偏心距，则由式（2-152）和式（2-153）可得：

$$N_pe=w(l-x)x/2 \tag{2-154}$$

式（2-154）说明：如果梁上作用的均布荷载值 q 与 w 相等，则该荷载将全部被预加力所平衡，由此，称为平衡荷载法。这是林同炎教授于 1963 年提出的。

由图 2.92（b）可知，N_p 对梁的作用力有：w 向上作用的分布荷载；水平分力 $N_p\cos\alpha\approx N_p$；竖向分力 $N_p\sin\alpha\approx N_p\tan\alpha=4N_pf/l$。当竖向荷载 q 被 w 全部平衡时，梁上承受的竖向荷载为零，此时，梁如同一仅受到水平轴力 N_p 作用的轴心受压构件。

如果 $q>w$，则由荷载差引起的截面弯曲应力可直接利用材料力学公式求得，此时，原先的梁则演变为一偏心受压构件。

（2）转移荷载的设计概念

从平衡荷载的设计概念可以看出，将预加力的不同分力与结构所受荷载相平衡，可使结构的设计更直观也更方便。但它没有很好地揭示支座与锚固端的受力特性。转移荷载的概念是针对平衡荷载概念的局限性而提出的。

转移荷载的概念是认为预加力除了一部分用于平衡外荷载，其余部分力作为了新引入的荷载作用于结构端部。这样作用的结果相当于通过预加力，人为地将外荷载进行了转移，荷载形式也随之改变。

现以一受跨中集中荷载 P 作用的简支梁为例来说明其概念。为方便说明，如图 2.93 对简支梁施加单根折线形预应力筋，折点位于跨中。该折线形预应力筋张拉后会在跨中折点处产生大小为 P_{pres} 的向上集中作用力，同时在梁端产生相应和向下的集中作用力和轴向力 N_p。由图 2.93 可见，对于混凝土梁而言，其承受的弯矩和剪力均有相应的减小，显然，这部分减小的内力是通过预应力筋传递到了梁端。特别是当 $P_{pres}=P$ 时，混凝土梁将不再受弯矩和剪力作用，即外荷载完全通过预应力筋传递到了梁端支座处。需要指出的是，此时的梁并非不受力，它需要承受外荷载作用点到预应力筋转向点之间的压力和预应力产生的轴向压力 N_p。

转移荷载的概念不仅保留了平衡荷载概念中通过预应力筋的作用，将外荷载的作用相抵消一部分，改变结构受力形式的基本点，同时指出了预应力筋改变了外荷载的传递路径，将跨中的部分荷载转移至两端的本质。这不仅指出预应力结构的截面设计应遵循的原则，也为相应的支座或预应力线形设计指出方向。

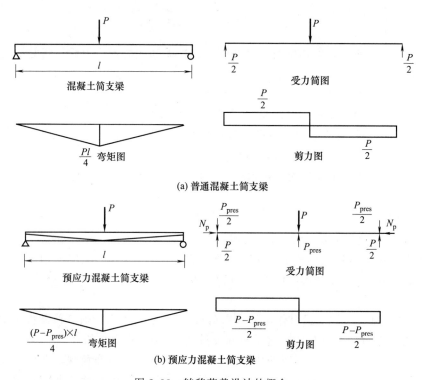

图 2.93　转移荷载设计的概念

（3）整体预应力结构设计的概念

将预应力构件截面应力平衡概念拓展为预加应力与外荷载相平衡的概念后，预应力结构设计也就不仅需要考虑构件截面应力的条件，同时还需要从整体上来分析、设计一个预应力结构。这种设计思想尤其在一些大型、复杂的预应力结构体系中能发挥其优越性。

整体预应力结构设计的思想是要从结构所受的外荷载状况，采用平衡外荷载的思路进行预应力筋的线形布置，根据转移荷载的结果考虑支座及预应力筋的锚固体系设计，同时，对于预应力混凝土结构，整体的预应力设计概念并不排斥截面应力平衡的设计思想，它仍然是截面抗裂设计的主要依据。

整体预应力结构的设计概念将预应力混凝土的设计思想直接推广到了所有结构体系中。正是因为整体预应力结构设计概念是建立在对外荷载的平衡和转移思路上的，不论是钢结构、混凝土结构还是砌体结构都需要承受各种外荷载的作用，于是，预应力技术也就不再是混凝土结构所专用的了，钢结构、砌体结构也同样可以根据需要采用预应力技术。目前，预应力钢结构体系已成为大跨度结构中的一项重要技术得到广泛的应用。同时，这一设计思路也拓展了结构体系的创新，例如大跨度楼盖中采用扁梁技术、连续梁中支座的制作技术等，这些技术与其他结构设计原则相结合，取得了良好的整体设计效果。

随着预应力混凝土结构在工程中的推广应用，大量的工程实践和实验理论在不断地推动着预应力技术的提高，也推动着预应力结构设计理论的进步，这里只是从预应力概念的角度探讨了新设计方法的产生和发展轨迹，以启发读者创造新的设计思路。

2.10.9.2 整体预应力结构设计的工程应用

（1）整体预应力板柱结构

整体预应力板柱结构（图2.94），以预制楼板和柱为基本构件。柱截面尺寸通常为300mm×300mm、350mm×350mm、400mm×400mm。楼板一般预制成200mm厚的整体密肋楼板。板与柱接触面间的立缝中灌入砂浆或细石混凝土形成平板接头，在楼板与楼板之间的明槽中设置直线或折线预应力筋，然后对整个楼层施加双向预应力，使之成为整体空间结构。楼板依靠预应力的静摩擦力支承在柱上，板柱之间形成预应力摩擦节点。板柱之间形成的摩擦节点是整体预应力板柱结构的关键部位。摩擦节点在双向预加力分力的作用下，加上垂直荷载，使节点处于三向受压状态，具有良好的强度和刚度，节点核心区的混凝土具有较强的抗剪能力，对抗震十分有利。

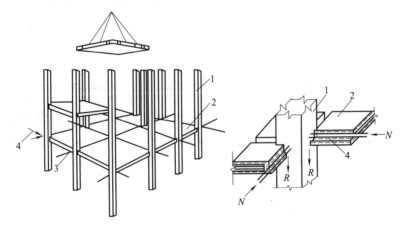

图2.94　整体预应力板柱结构示意图
1—柱；2—预制楼板；3,4—预应力筋

（2）预应力混凝土框架结构

预应力混凝土框架结构是预应力结构中应用最广的结构形式，主要有装配整体式预应力框架和现浇整体预应力框架。整体装配式预应力框架结构是由预制柱、预制框架槽梁和预应力空心板等基本构件组成的，如图2.95所示。预应力筋布置在预制框架槽梁中心的空间内，其工艺与预应力板柱结构基本相同。

现浇整体预应力框架结构中，现浇钢筋混凝土框架梁采用后张法施加预应力，楼板可以采用预应力叠合楼板，也可采用预制的预应力空心板。预应力叠合楼板是由预制的预应力薄

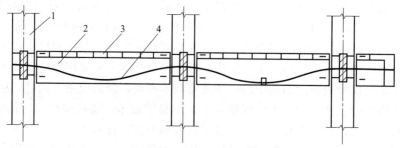

图 2.95　装配式预应力框架结构示意图

1—预制柱；2—预制梁；3—预制板；4—预应力钢筋

板与现浇叠合层组成的。预应力薄板一般 50mm 厚，施工时可以做永久模板使用，现浇叠合层厚度按设计要求而定，一般为 60～90mm。这种结构形式与普通框架相比，可扩大空间，减轻结构自重，降低楼层高度。与预制楼板相比，整体性和抗震性好，可减少楼板厚度。深圳车港工程是我国柱网最大的预应力混凝土框架结构之一，总建筑面积 $9.5 \times 10^4 \text{ m}^2$，标准柱网 16m×25m，标准层平面尺寸为 159m×103.5m，横向框架梁截面 1200mm×1200mm，纵向框架梁及次梁截面 1000mm×1000mm。

（3）预应力混凝土转换层结构

高层建筑中，由于上、下部建筑功能的不同，上部需要小开间的轴线布置和较多的墙来满足旅店或住宅的要求，中部办公室需要较小的室内空间，下部公用部分则往往要求尽可能大的自由空间，柱网尺寸尽量大，而墙体尽量少。解决这种矛盾的最常用方式就是设置结构转换层、预应力混凝土板式转换层、预应力混凝土桁架式转换层和预应力混凝土巨型框架转换层等，就是利用荷载转移的概念将转换层跨中的荷载转移到两端，如图 2.96 所示。

图 2.96　预应力混凝土转换层结构示意图

2.10.10　中心张拉预应力梁

考虑一简支梁，在梁中性轴上有一预应力钢筋，同时还承受外荷载的作用，如图 2.97（a）所示。预拉力 F 在梁截面（面积为 A）上产生均匀的压应力 σ_c 为：

$$\sigma_c = \frac{F}{A} \tag{2-155}$$

应力分布如图 2.97（c）所示。若 M 为外荷载作用下梁跨中最大弯矩，则在跨中截面上任意点 y 处的法向应力为：

$$\sigma_b = \frac{My}{I} \tag{2-156}$$

式中　y——计算点到中性轴的距离；

I——绕中性轴的截面惯性矩。

由式（2-156）确定的应力分布如图 2.97（d）所示。在上述两种应力共同作用下的总应力为：

$$\sigma=\frac{F}{A}+\frac{My}{I} \tag{2-157}$$

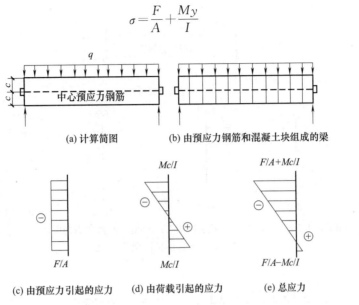

(a) 计算简图　　　　(b) 由预应力钢筋和混凝土块组成的梁

(c) 由预应力引起的应力　　(d) 由荷载引起的应力　　(e) 总应力

图 2.97　中心张拉预应力梁

（图中＋号代表拉应力，－号代表压应力，下同）

相应的应力图，如图 2.97（e）所示。假定在给定的预应力和荷载条件下梁内任意截面处不存在拉应力，则图 2.97（a）中的梁也可看作是由一根预应力钢筋和若干混凝土块组成，如图 2.97（b）所示。可见，预应力使梁截面产生压应力，从而减小或消除了由外荷载产生的拉应力。

2.10.11　偏心张拉预应力梁

如果将图 2.97（a）中的预应力钢筋偏心放置在梁中性轴的下侧，偏心距为 e，如图 2.98（a）所示，则在偏心作用下会产生一附加弯矩，由此引起的截面法向应力为：

$$\sigma_{\mathrm{e}}=\frac{Fey}{I} \tag{2-158}$$

图 2.98（d）给出了由偏心附加弯矩引起的梁截面典型应力分布情况。由图 2.98（c）和图 2.98（d）所示，可知由偏心预应力引起的截面应力 σ_{e} 的方向恰好与外荷载作用下的梁截面应力方向相反，从而使得梁截面内的应力分布更加均匀。

2.10.12　体外张拉预应力梁

预应力钢筋也可以折线或曲线的形式置于梁的外部。图 2.99（a）所示为一体外张拉预应力简支梁，有两根折线形预应力钢筋对称布置在梁的外侧。如果对梁和预应力钢筋分别进行受力分析，可看出预应力钢筋不仅对梁产生了预压力 F，还产生了一对向上的力 P〔如图 2.99（b）所示〕，从而可以有效地平衡部分外荷载。为便于讨论，假定预应力钢筋在弯折部位没有摩擦损失，而且由弯折引起的钢筋长度偏差要比梁长小很多，则向上的力 P 等于预张力 F 的竖向分量 F_{y}，由其产生的梁跨中截面法向应力 σ_{P} 见式（2-159）。

$$\sigma_P = \frac{F_y a y}{I} \tag{2-159}$$

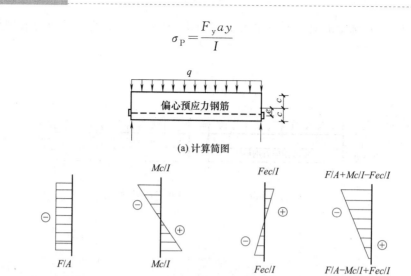

(a) 计算简图

(b) 由预应力引起的应力　(c) 由荷载引起的应力　(d) 由附加弯矩引起的应力　(e) 总应力

图 2.98　偏心张拉预应力梁

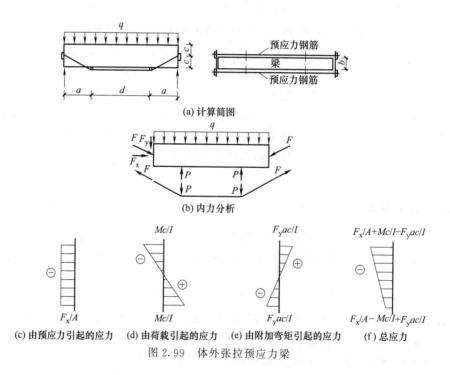

(a) 计算简图

(b) 内力分析

(c) 由预应力引起的应力　(d) 由荷载引起的应力　(e) 由附加弯矩引起的应力　(f) 总应力

图 2.99　体外张拉预应力梁

【例2.18】　一矩形截面预应力混凝土简支梁，跨度 $L=8\mathrm{m}$，梁宽 $b=300\mathrm{mm}$，梁高 $h=2c=600\mathrm{mm}$，竖向均布荷载 $q=20\mathrm{kN/m}$，采用以下三种预应力方式：

① 情况A，中心张拉方式，预张力200kN，如图2.97（a）所示；

② 情况B，偏心张拉方式，偏心距 $e=200\mathrm{mm}$，预张力200kN，如图2.98（a）所示；

③ 情况C，体外张拉方式，钢筋弯起点与梁端距 $a=1.5\mathrm{m}$，如图2.99（a）所示，两预应力钢筋的总预张力为200kN。

试计算以上三种情况下梁跨中截面的最大和最小法向应力。

【解】　情况③中，预应力钢筋对混凝土梁端施加的水平和竖向力分量为 [图2.99（b）]：

$$F_x = F\cos\alpha = 200\frac{1.5}{\sqrt{1.5^2 + 0.3^2}} = 196(\text{kN})$$

$$F_y = P = F\sin\alpha = 200 \times \frac{0.3}{\sqrt{1.5^2 + 0.3^2}} = 39.2(\text{kN})$$

由均布荷载 q、钢筋预张力 F 和向上力 P 所产生的弯矩分别为：

$$M = \frac{1}{8}ql^2 = \frac{1}{8} \times 20 \times 8^2 = 160(\text{kM} \cdot \text{m})$$

$$M_e = Fe = 200 \times 0.2 = 40(\text{kN} \cdot \text{m})$$

$$M_p = F_y a = 39.2 \times 1.5 = 58.8(\text{kN} \cdot \text{m})$$

由 F（或 F_x）、M、M_e 和 M_p 产生的梁跨中截面最大法向应力分别为：

$$\sigma_c = \frac{F}{A} = \frac{200 \times 10^3}{300 \times 600} = 1.11(\text{N/mm}^2)$$

$$\sigma_{ct} = \frac{F_x}{A} = \frac{196 \times 10^3}{300 \times 600} = 1.09(\text{N/mm}^2)$$

$$\sigma_q = \frac{Mc}{bh^3/12} = \frac{160 \times 10^6 \times 300}{300 \times 600^3/12} = 8.89(\text{N/mm}^2)$$

$$\sigma_e = \frac{M_e c}{bh^3/12} = \frac{40 \times 10^6 \times 300}{300 \times 600^3/12} = 2.22(\text{N/mm}^2)$$

$$\sigma_p = \frac{M_p c}{bh^3/12} = \frac{58.8 \times 10^6 \times 300}{300 \times 600^3/12} = 3.27(\text{N/mm}^2)$$

梁跨中截面上下边缘处的应力值分别为：

① 情况 A

下边缘　　　　　$-\sigma_c + \sigma_q = -1.11 + 8.89 = 7.78$（N/mm^2）

上边缘　　　　　$-\sigma_c - \sigma_q = -1.1 - 8.89 = -10.0$（N/mm^2）

② 情况 B

下边缘　　　$-\sigma_c + \sigma_q - \sigma_e = -1.11 + 8.89 - 2.22 = 5.56$（N/mm^2）

上边缘　　　$-\sigma_c - \sigma_q + \sigma_e = -1.11 - 8.89 + 2.22 = -7.78$（N/mm^2）

③ 情况 C

下边缘　　　$-\sigma_{ct} + \sigma_q - \sigma_p = -1.09 + 8.89 - 3.27 = 4.53$（N/mm^2）

上边缘　　　$-\sigma_{ct} - \sigma_q + \sigma_p = -1.09 - 8.89 + 3.27 = -6.71$（N/mm^2）

结果表明，在降低梁截面应力水平方面，体外张拉预应力最为有效，其次是偏心张拉预应力，而中心张拉预应力的效果最差。

预应力还可用于形成内力以拉力为主的张力结构，如膜结构、预应力索网结构和张弦结构等。

思考题与习题

一、思考题

2.1　混凝土的强度等级是如何确定的？我国《混凝土结构设计规范》规定的混凝土强度等

级有哪些？

2.2　混凝土轴心抗压强度标准值、轴心抗拉强度标准值和立方体抗压强度标准值是如何确定的？

2.3　混凝土的弹性模量是如何确定的？

2.4　轴心受拉构件受力全过程中，钢筋和混凝土的应力随轴压力增加是如何变化的？

2.5　轴心受拉构件的开裂荷载公式中，系数 $2\alpha_E$ 反映了钢筋混凝土的什么受力特征？为什么开裂前瞬间的钢筋应力与配筋率无关？开裂后瞬间的钢筋应力与配筋率有关吗？

2.6　轴心受压构件受力全过程中，钢筋和混凝土的应力随轴压力增加是如何变化的？

2.7　在柱中配置环向钢筋（螺旋钢筋）为什么能提高柱子的承载力？能举出几个利用约束混凝土原理形成高强混凝土核芯的实际例子吗？

2.8　单筋矩形截面梁承载力公式是如何建立的？为什么要规定其适用条件？

2.9　适筋梁从开始受荷到破坏经历哪几个受力阶段？各阶段的主要受力特征是什么？它与匀质弹性材料梁有什么区别？

2.10　根据矩形截面承载力计算公式，分析提高混凝土强度等级、提高钢筋级别、加大截面宽度和高度对提高承载力的作用？哪种最有效、最经济？

2.11　在双筋截面中受压钢筋起什么作用？为何一般情况下采用双筋截面受弯构件不经济？在什么条件下可采用双筋截面梁？

2.12　为什么在双筋矩形截面承载力计算中必须满足 $x \geq 2a'$ 的条件？当双筋矩形截面出现 $x < 2a'$ 时应当如何计算？

2.13　根据中和轴位置不同，T形截面的承载力计算有哪几种情况？截面设计和承载力复核时应如何鉴别？

2.14　T形截面承载力计算公式与单筋矩形截面及双筋矩形截面承载力计算公式有何异同点？

2.15　什么叫少筋梁、适筋梁和超筋梁？在实际工程中为什么应避免采用少筋梁和超筋梁？

2.16　什么叫配筋率，它对梁的正截面受弯承载力有何影响？

2.17　什么是界限破坏？界限破坏时的界限相对受压区高度 ξ_b 与什么有关？ξ_b 与最大配筋率 ρ_{max} 有何关系？

2.18　为什么要掌握钢筋混凝土受弯构件正截面受弯全过程中各阶段的应力状态，它与建立正截面受弯承载力计算公式有何关系？

2.19　试述剪跨比的概念及其对斜截面破坏的影响？

2.20　梁上斜裂缝是怎样形成的？它发生在梁的什么区段内？

2.21　试述梁斜截面受剪破坏的三种形态及其破坏特征。

2.22　在设计中采用什么措施来防止梁的斜压和斜拉破坏？

2.23　计算梁斜截面受剪承载力时应取哪些计算截面？

2.24　什么是正截面受弯承载力图？如何绘制？为什么要绘制？

2.25　为了保证梁斜截面受弯承载力，对纵筋的弯起、锚固、截断以及箍筋的间距有什么构造要求？

2.26　影响钢筋混凝土受弯构件刚度的主要因素有哪些？提高构件截面刚度的最有效措施是什么？

2.27　如何进行受弯构件的裂缝宽度验算？

2.28　根据受弯构件最大裂缝宽度计算公式，试说明影响裂缝宽度的主要因素？

2.29　什么是最小刚度原则？计算受弯构件挠度的步骤有哪些？

2.30　轴向压力和轴向拉力对钢筋混凝土抗剪承载力有何影响？在偏心受力构件斜截面承载力计算公式中是如何反映的？

2.31　钢筋混凝土纯扭构件有哪几种破坏形式？各有什么特点？

2.32　简述剪扭的相关性及考虑方法。

2.33　受扭构件的配筋有哪些构造要求？

2.34　钢筋混凝土矩形截面梁在扭矩的作用下，裂缝是怎样形成和发展的？最后是怎样破坏的？受扭钢筋应如何配置？

2.35　在弯剪扭构件中，受弯的纵筋和受扭的纵筋是怎样叠加的？受剪的箍筋和受扭的箍筋又是如何叠加的？举例加以说明。

2.36　什么是平衡扭转？什么是协调扭转？

2.37　细长构件在压力的作用下会产生纵向弯曲，使承载力降低。轴心受压构件和偏心受压构件分别是如何考虑纵向弯曲影响的？受拉构件在拉力的作用下会产生纵向弯曲吗？在轴心受拉构件中，混凝土起什么作用？

2.38　在钢筋混凝土偏心受压构件中，何谓大偏心受压构件、何谓小偏心受压构件？它们的根本区别是什么？

2.39　对称配筋偏心受压构件如果算得 A_s' 为负值，这是什么原因？此时该如何配筋？

2.40　控制截面弯矩设计值的变化对偏心受压构件的承载力有何影响？

2.41　附加偏心距 e_a 的物理意义是什么？如何取值？

2.42　如何进行偏心受压构件对称配筋时的配筋设计？

2.43　试说明弯矩增大系数 η_{ns} 的意义。

2.44　预应力混凝土构件有哪些受力特征？

2.45　预应力是如何施加的？先张法构件和后张法构件的预应力是如何传递给混凝土的？

2.46　预应力损失有哪几种？先张法构件和后张法构件的预应力损失各是如何组合的？

2.47　何谓张拉控制应力？为什么对预应力钢筋的张拉应力要进行控制？

2.48　有人说"预应力混凝土构件的极限承载力与用同样钢筋、同样混凝土但未施加预应力的钢筋混凝土构件的极限承载力完全相同"，你同意这种观点吗？如果同意，预应力混凝土有什么优越性？如果不同意，说明理由。

2.49　简述预应力混凝土整体结构中平衡荷载的设计概念。

2.50　简述预应力混凝土整体结构中转移荷载的设计概念。

二、习题

2.51　已知某钢筋混凝土屋架下弦按轴心受拉构件设计，其截面尺寸 $b \times h = 180\text{mm} \times 200\text{mm}$，承受的轴向拉力设计值 $N = 250\text{kN}$，结构重要性系数 $\gamma_0 = 1.1$，混凝土的强度等级为 C25，纵向钢筋为 HRB400 级，试按正截面承载力要求计算其所需配置的纵向受拉钢筋截面面积 $A_s = ?$

2.52　已知现浇钢筋混凝土轴心受压柱，截面尺寸为 $b = h = 300\text{mm}$，柱的计算长度 $l_0 = 4800\text{mm}$，混凝土强度等级为 C30，配有 4Φ22 的纵向受力钢筋，求该柱所能承受的最大轴向力设计值。

2.53　已知圆形截面柱，工作环境为一类。柱截面直径 $d = 400\text{mm}$，柱计算长度 $l_0 = 4500\text{mm}$，材料采用 C30 级混凝土，HRB400 级纵筋，HPB300 级箍筋。承受轴心压力设计值 $N = 3000\text{kN}$，试设计该柱。

2.54　已知矩形截面梁尺寸 $b \times h = 250\text{mm} \times 500\text{mm}$，承受弯矩设计值 $M = 100\text{kN} \cdot \text{m}$，采用

C25 级混凝土，HRB400 级钢筋，环境类别为一类，结构安全等级为一级。求所需受拉钢筋截面面积 A_s，配置钢筋并绘制截面配筋图。

2.55 已知梁的截面尺寸为 $b \times h = 250mm \times 500mm$，采用 C30 级混凝土，HRB400 级钢筋，截面承受设计弯矩 $M = 350kN \cdot m$，环境类别为一类。求所需受压钢筋截面面积 A'_s 和受拉钢筋截面面积 A_s。（$a' = 40mm$，$a = 65mm$）

2.56 已知条件同习题 2.55，但受压区已配置 2Φ22 钢筋（HRB400 级钢筋），求受拉钢筋截面面积 A_s。（$a' = 40mm$，$a = 65mm$）

2.57 已知矩形梁的截面尺寸 $b \times h = 200mm \times 400mm$，环境类别为一类。承受弯矩设计值 $M = 125kN \cdot m$。混凝土强度等级为 C30，采用 HRB400 级钢筋。已配有受拉钢筋 4Φ25，受压钢筋 2Φ18。试验算此截面是否安全。

2.58 某 T 形截面梁，$b'_f = 400mm$，$h'_f = 100mm$，$b = 200mm$，$h = 600mm$，采用 C25 混凝土，HRB400 级钢筋。环境类别为一类，结构安全等级为二级。试计算以下情况该梁的配筋（取 $a = 70mm$）：（1）$M = 150kN \cdot m$；（2）$M = 300kN \cdot m$；（3）$M = 360kN \cdot m$。

2.59 某 T 形截面梁，翼缘计算宽度 $b'_f = 1200mm$，$b = 250mm$，$h = 600mm$，$h'_f = 80mm$，混凝土强度等级为 C25，配有 4 根直径 20mm 的 HRB400 级受拉钢筋，承受弯矩设计值 $M = 260kN \cdot m$，试复核梁截面是否安全。（$a = 70mm$）

2.60 钢筋混凝土简支梁，承受均布荷载，截面尺寸为 $b \times h = 200mm \times 500mm$，$a = 40mm$，采用混凝土为 C30 级，箍筋为 HPB300 级，承受剪力设计值 $V = 140kN$，环境类别为一类。求所需受剪箍筋。

2.61 梁截面尺寸同上题，但 $V = 62kN$ 及 $V = 280kN$，应如何处理？

2.62 钢筋混凝土梁如图 2.100 所示，采用混凝土为 C30 级，箍筋为 HPB300 级，承受均布荷载设计值 $q = 40kN/m$（包括自重），环境类别为一类。求截面 A、$B_{左}$、$B_{右}$ 受剪钢筋。

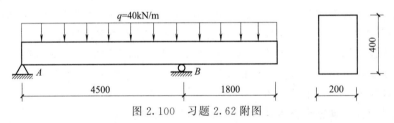

图 2.100 习题 2.62 附图

2.63 图 2.101 所示简支梁，承受均布荷载设计值 $q = 50kN/m$（包括自重），采用混凝土为 C30 级，箍筋为 HPB300 级，环境类别为一类。试求：

（1）不设弯起钢筋时的受剪箍筋；

（2）利用现有纵筋为弯起钢筋，求所需箍筋；

（3）当箍筋为 Φ8@200 时，弯起钢筋应为多少？

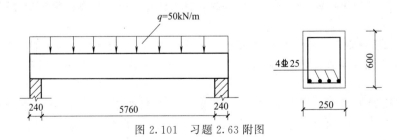

图 2.101 习题 2.63 附图

2.64 有一简支梁如图 2.102 所示，采用混凝土为 C30 级，箍筋为 HPB300 级，纵筋采用

HRB400 级，荷载设计值为两个集中力 $P = 100kN$，环境类别为一类。试求：

（1）所需纵向受拉钢筋；

（2）求受剪箍筋（无弯起钢筋）；

（3）利用受拉纵筋为弯起钢筋，求所需箍筋。

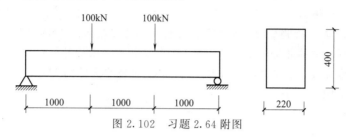

图 2.102 习题 2.64 附图

2.65 如图 2.103 所示简支梁，采用混凝土为 C30 级，箍筋为 HPB300 级，纵筋采用 HRB400 级，环境类别为一类。如果忽略梁自重，试求此梁所能承受的最大荷载设计值 P，此时该梁为正截面破坏还是斜截面破坏？

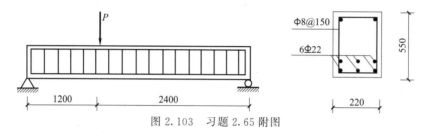

图 2.103 习题 2.65 附图

2.66 某矩形截面纯扭构件，截面尺寸为 $b \times h = 300mm \times 500mm$，承受扭矩设计值 $T = 12kN \cdot m$，采用 C25 级混凝土，纵筋采用 HRB400 级钢筋，箍筋采用 HPB300 级钢筋，试计算其配筋。

2.67 已知矩形截面构件，$b \times h = 250mm \times 400mm$，承受扭矩设计值 $T = 8kN \cdot m$，弯矩设计值 $M = 50kN \cdot m$，均布荷载产生的剪力设计值 $V = 42kN$，采用 C25 级混凝土，纵筋和箍筋均采用 HPB300 级钢筋，试计算其配筋。

2.68 有一钢筋混凝土矩形截面受纯扭构件，已知截面尺寸 $b \times h = 300mm \times 500mm$，配有 4 根直径为 14mm 的 HRB400 纵向钢筋。箍筋为 HPB300 级，间距为 150mm。混凝土为 C30 级，试求该截面所能承受的扭矩值。

2.69 已知某钢筋混凝土屋架下弦，$b \times h = 200mm \times 200mm$，轴向拉力 $N_k = 130kN$，配有 4 根 HRB400 级直径 16mm 的受拉钢筋，C30 等级混凝土，保护层厚度 $c = 20mm$，$w_{lim} = 0.2mm$。验算裂缝宽度是否满足，当不满足时如何处理？

2.70 已知某矩形截面偏心受压柱尺寸为 $b \times h = 350mm \times 550mm$，柱的计算长度 $l_0 = 4800mm$，承受轴向压力设计值 $N = 1200kN$，弯矩设计值 $M_1 = 220kN \cdot m$，$M_2 = 250kN \cdot m$，采用 C30 混凝土和 HRB400 级钢筋，HRB400 级箍筋。试求按对称配筋的钢筋截面面积 $A_s = A'_s = ?$ 并绘配筋图（取 $a = a' = 40mm$）。

2.71 已知矩形截面柱 $b \times h = 400mm \times 600mm$，采用 C30 级混凝土，HRB500 级钢筋对称配筋，柱的计算长度 $l_0 = 4000mm$，控制截面承受如下两组设计内力：①$N = 1530kN$，$M = 343kN \cdot m$；②$N = 1200kN$，$M = 345kN \cdot m$。试判断哪一组内力对配筋起控制作用，并求对称配筋时的钢筋截面面积 $A_s = A'_s = ?$

2.72 已知某对称配筋的矩形截面偏心受压短柱，截面尺寸 $b \times h = 400mm \times 600mm$，承受

轴向压力设计值 $N = 1500kN$，控制截面弯矩设计值 $M = 360kN \cdot m$，该柱采用的混凝土强度等级为 C25，纵向受力钢筋为 HRB400 级，试求纵向受力钢筋截面面积 $A_s = A_s' = ?$ 选择钢筋直径、根数，画出配筋断面图（箍筋按构造规定选取）。

2.73 已知某矩形截面偏心受拉构件，处于二 a 类工作环境。正截面尺寸 $b \times h = 300mm \times 700mm$。承受内力设计值为 $N = 625kN$，$M = 54kN \cdot m$。试设计该构件正截面，并绘出配筋简图。

2.74 已知条件同 2.73 题，试按对称配筋设计该构件正截面，并绘出配筋简图。

2.75 已知矩形水池的池壁厚 150mm。水池材料为混凝土 C30 级，钢筋 HPB300 级。沿池壁高 1000mm 高度的垂直截面上拉力设计值 $N = 25.5kN$，池壁平面外的 $M = 18.4kN \cdot m$。试设计该截面，并绘出配筋简图。

第3章

砌 体 结 构

3.1 概　述

砌体结构是指其承重构件的材料是由块材和砂浆砌筑而成的结构。它是砖砌体、砌块砌体和石砌体结构的统称。

在工程结构中，主要承重构件由砖石和钢筋混凝土两种不同的结构材料所构成的结构，称为混合结构。

砌体结构在我国具有悠久的历史，隋代李春建造的河北赵县赵州桥，是世界上最早建造的空腹式单孔圆弧石拱桥［图3.1（a）］，还有举世闻名的万里长城［图3.1（b）］、河南登封砖砌单筒体结构的嵩岳寺塔［图3.1（c）］，以及西安砖砌单筒体结构的大雁塔［图3.1（d）］等。世界上著名的埃及金字塔［图3.1（e）］，是精确的正方锥体，其中最大的胡夫金字塔塔高146.6m，底边长230.60m，约用230万块重2.5t的石块建成；又如罗马大角斗场（科洛西姆圆形竞技场），平面为椭圆形，长轴189m，短轴156.4m，高48.5m，分四层，

(a) 赵州桥

(b) 万里长城

(c) 河南登封嵩岳寺塔

(d) 大雁塔

(e) 埃及金字塔

(f) 罗马大角斗场

(g) 圣索菲亚大教堂

图 3.1　砌体结构实例

可以容纳 5 万～8 万观众，也用块石砌成 [图 3.1 (f)]；中世纪在欧洲用加工的天然石和砖砌筑的拱、穹窿和圆顶等结构形式得到很大发展，如公元 532～537 年在君士坦丁堡建造的圣索菲亚大教堂，东西长 77m，南北长 71.7m，正中是直径 32.6m、高 15m 的穹顶，墙和穹顶都是砖砌的 [图 3.1 (g)]。自新中国成立以来，随着新材料、新技术和新结构的不断研制和使用，以及砌体结构计算理论和计算方法的逐步完善，砌体结构得到很大发展，取得了显著的成就。特别是为了不破坏耕地和占用农田，由硅酸盐砌块、混凝土空心砌块代替黏土砖作为墙体材料，既符合国家可持续发展的方针政策，也是我国墙体材料改革的有效途径之一。

砌体结构之所以被广泛应用，是由于它具有如下的优点。

① 就地取材，节省钢筋和水泥，造价低。

② 运输和施工简便。

③ 耐久性和耐火性好。

④ 具有较好的隔声、隔热、保温性能。

但砌体结构也有如下一些明显的缺点。

① 砌体强度低，特别是抗拉、抗剪和抗弯强度很低。

② 自重大，整体性差。

③ 砌筑工作繁重，施工进度慢。

砌体结构是我国应用广泛的结构形式之一。随着我国基本建设规模的扩大，人们居住条件的不断改善，砌体结构在我国的现代化建设中仍将发挥很大的作用。

3.2　砌体力学性能

3.2.1　砌体材料及其强度

3.2.1.1　砖

在我国，目前用于砌体结构的砖主要有烧结普通砖、烧结多孔砖、蒸压灰砂砖、蒸压粉煤灰砖、混凝土普通砖和混凝土多孔砖等。

（1）烧结砖

烧结砖可分为烧结普通砖和烧结多孔砖。

① 烧结普通砖。是以黏土、煤矸石、页岩或粉煤灰为主要原料，经过焙烧而成的实心砖或孔洞率不大于规定值且外形尺寸符合规定的砖，分烧结页岩砖、烧结煤矸石砖、烧结粉煤灰砖等。其规格尺寸为 240mm×115mm×53mm，如图 3.2 (a) 所示。

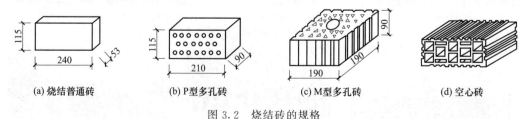

(a) 烧结普通砖　　　(b) P型多孔砖　　　(c) M型多孔砖　　　(d) 空心砖

图 3.2　烧结砖的规格

② 烧结多孔砖。是以黏土、页岩、煤矸石为主要原料经焙烧而成，其孔洞率不大于 35％，孔的尺寸小而数量多，主要用于承重部位的砖。多孔砖分为 P 型砖和 M 型砖以及相

应的配砖，P 型砖的规格尺寸为 240mm×115mm×90mm，如图 3.2（b）所示；M 型砖的规格尺寸为 190mm×190mm×90mm，如图 3.2（c）所示。此外，用黏土、页岩、煤矸石等原料，还可以经焙烧制成孔洞率大于 35% 的大孔空心砖，如图 3.2（d）所示，多用于围护结构。

根据块体强度的大小，将块体分为不同的强度等级，并用 MU 表示。

烧结普通砖、烧结多孔砖的强度等级分为 5 级：MU30、MU25、MU20、MU15 和 MU10。

（2）蒸压砖

蒸压砖包括蒸压灰砂砖和蒸压粉煤灰砖。

① 蒸压灰砂砖。以石灰等钙质材料和砂等硅质材料为主要原料，经坯料制备、加压排气、压制成型、高压蒸汽养护而制成的砖。

② 蒸压粉煤灰砖。以石灰、消石灰（如电石渣）或水泥等钙质材料与粉煤灰等硅质材料及集料（砂等）为主要原料，掺加适量石膏，经坯料制备、加压排气、压制成型、高压蒸汽养护而制成的砖。

蒸压灰砂砖和蒸压粉煤灰砖的强度等级分为 3 级：MU25、MU20、MU15。

3.2.1.2 混凝土砖

以水泥为胶结材料，以砂、石等为主要集料，加水搅拌、成型、养护制成的一种多孔的混凝土多孔砖或实心砖。多孔砖的主要规格尺寸为 240mm×115mm×90mm、240mm×190mm×90mm、190mm×190mm×90mm 等；实心砖的主要规格尺寸为 240mm×115mm×53mm、240mm×115mm×90mm 等。

混凝土普通砖、混凝土多孔砖的强度等级分为 4 级：MU30、MU25、MU20 和 MU15。

3.2.1.3 砌块

由普通混凝土或轻集料混凝土制成，主要规格尺寸为 390mm×190mm×190mm，空心率为 25%～50% 的空心砌块，简称为混凝土砌块或砌块。

混凝土空心砌块的强度等级是根据标准试验方法，按毛截面面积计算的极限抗压强度值（N/mm^2）来划分的。混凝土砌块、轻集料混凝土砌块的强度等级有：MU20、MU15、MU10、MU7.5 和 MU5。

3.2.1.4 石材

将天然石材进行加工后形成满足砌筑要求的石材，根据其外形和加工程度，将石材分为料石与毛石两种。料石又分为细料石、半细料石、粗料石和毛料石。石材的强度等级为：MU100、MU80、MU60、MU50、MU40、MU30 和 MU20。石材的抗压强度高、耐久性好，多用于房屋的基础和勒脚部位。

3.2.1.5 砂浆

砂浆是由胶凝材料（如水泥、石灰等）和细集料（砂子）加水搅拌而成的混合材料。砂浆的作用是将砌体中的单个块体连接成一个整体，并因抹平块体表面而促使应力的分布较为均匀。同时，因砂浆填满块体间的缝隙，减少了砌体的透气性，从而提高了砌体的保温性能与抗冻性能。

（1）砂浆的分类

砂浆有水泥砂浆、混合砂浆和非水泥砂浆三种类型。

① 水泥砂浆。其是由水泥、砂子和水搅拌而成，其强度高、耐久性好，但和易性差、水泥用量大，适用于对防水有较高要求（如±0.000 以下的砌体）以及对强度有较高要求的

砌体。

② 混合砂浆。在水泥砂浆中掺入适量的塑化剂，即形成混合砂浆，最常用的混合砂浆是水泥石灰砂浆。这类砂浆的和易性与保水性都很好，便于砌筑。水泥用量相对较少，砂浆强度也相对较低，适用于一般的墙、柱砌体的砌筑。

③ 非水泥砂浆。石灰砂浆，强度不高，只能在空气中硬化，通常用于地上砌体；黏土砂浆，强度低，用于简易建筑；石膏砂浆，硬化快，一般用于不受潮湿的地上砌体中。

砂浆的质量在很大程度上取决于其保水性的好坏。所谓保水性，是指砂浆在运输和砌筑时保持水分不很快散失的能力。在砌筑过程中，砌块本身将吸收一定的水分。当吸收的水分在一定范围内时，对灰缝内砂浆的强度与密度均具有良好的影响；反之，不仅使砂浆很快干硬而难以抹平，从而降低砌筑质量，同时砂浆也因不能正常硬化而降低砌体强度。

（2）砂浆的强度等级

砂浆的强度一般由边长 70.7mm 的立方体试块在标准条件下养护进行抗压试验，取其抗压强度平均值。

烧结普通砖、烧结多孔砖、蒸压灰砂普通砖和蒸压粉煤灰普通砖砌体采用的普通砂浆的强度等级为：M15、M10、M7.5、M5 和 M2.5；其中，M 表示砂浆（Mortar），其后的数字表示砂浆的强度大小，单位为 N/mm^2。

蒸压灰砂普通砖和蒸压粉煤灰普通砖砌体采用的专用砌筑砂浆的强度等级为：Ms15、Ms10、Ms7.5、Ms5.0。

混凝土普通砖、混凝土多孔砖、单排孔混凝土砌块和煤矸石混凝土砌块砌体采用的砂浆强度等级为：Mb20、Mb15、Mb10、Mb7.5 和 Mb5。

双排孔或多排孔轻集料混凝土砌块砌体采用的砂浆强度等级为：Mb10、Mb7.5 和 Mb5；毛料石、毛石砌体采用的砂浆强度等级为：M7.5、M5.0 和 M2.5。

（3）砂浆的性能要求

为满足工程质量和施工要求，砂浆除应具有足够的强度外，还应具有较好的和易性及保水性，和易性好则便于砌筑、保证砌筑质量和提高施工工效；保水性好，则不至在存放、运输过程中出现明显的泌水、分层和离析，以保证砌筑质量。水泥砂浆的和易性及保水性不如混合砂浆好，所以在砌筑墙体、柱时，除有防水要求外，一般采用混合砂浆。

3.2.2　砌体的分类

根据砌体的作用不同，砌体可分为承重砌体与非承重砌体。如一般的多层住宅，大多数为墙体承重，则墙体称为承重砌体。如框架结构中的墙体，一般为隔墙，并不承重，故称为非承重砌体。根据砌法及材料的不同，又可分为：实心砌体与空斗砌体；砖砌体、石砌体、砌块砌体；无筋砌体与配筋砌体等。

3.2.2.1　砖砌体结构

由砖和砂浆砌筑而成的砌体称为砖砌体。根据砖的不同分为烧结普通砖、烧结多孔砖、混凝土砖、混凝土多孔砖和非烧结硅酸盐砖砌体结构。在房屋建筑中，砖砌体既可作为内墙、外墙、柱、基础等承重结构；又可用作围护墙与隔墙等非承重结构。在砌筑时，要尽量符合砖的模数，常用的标准墙厚度有一砖 240mm、一砖半 370mm 和二砖 490mm 等。

3.2.2.2　砌块砌体结构

由砌块和砂浆砌筑而成的砌体称为砌块砌体。我国目前多采用小型混凝土空心砌块砌筑砌体。采用砌块砌体可减轻劳动强度，有利于提高劳动生产率，并具有较好的经济技术效果。砌块砌体主要用于住宅、办公楼及学校等建筑以及一般工业建筑的承重墙和围护墙。

3.2.2.3　石砌体结构

石砌体是用天然石材和砂浆（或混凝土）砌筑而成，根据石材的规格和砌体的施工方法不同可分为料石砌体、毛石砌体和毛石混凝土砌体。石砌体在产石的山区应用较为广泛。料石砌体不仅可建造房屋，还可用于修建石拱桥、石坝、渡槽和储液池等。

3.2.2.4　配筋砌体结构

其是配置钢筋的砌体结构，是网状配筋砌体柱、水平配筋砌体墙、砖砌体和钢筋混凝土面层或钢筋砂浆面层组合砌体柱（墙）、砖砌体和混凝土构造柱组合墙及配筋砌块砌体剪力墙结构的统称。为提高砌体强度和整体性，减小构件的截面尺寸，可在砌体的水平灰缝内每隔几皮砖放置一层钢筋网，称为网状配筋砌体，如图 3.3（a）所示；当钢筋直径较大时，可采用连弯式钢筋网，如图 3.3（b）所示。此外，砖砌体与钢筋混凝土构造柱组合墙体如图 3.3（c）所示，还有配筋混凝土空心砌块砌体，如图 3.3（d）所示。

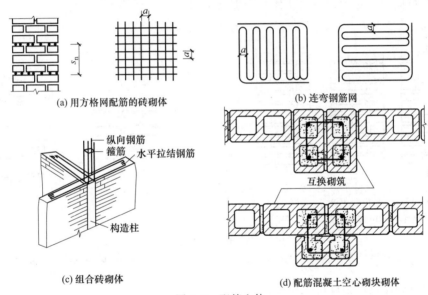

(a) 用方格网配筋的砖砌体　　　　　(b) 连弯钢筋网

(c) 组合砖砌体　　　　　(d) 配筋混凝土空心砌块砌体

图 3.3　配筋砌体

3.2.3　砌体的力学性能

3.2.3.1　砌体的受压性能

（1）砌体受压破坏特征

试验表明，砌体从开始受荷到破坏大致可分为以下三个阶段。

① 第一阶段：从开始加载到个别块体出现裂缝为第一阶段。其特点是第一批裂缝仅在单块砖内产生［图 3.4（a）］，此时的荷载值为破坏荷载的 $50\%\sim70\%$，如不增加压力，该裂缝亦不发展，砌体处于弹性受力阶段。

② 第二阶段：随压力的增大，砌体内裂缝增多，单块砖内裂缝不断发展，并沿竖向通过若干皮砖的连续裂缝［图 3.4（b）］，当荷载达到 $80\%\sim90\%$ 破坏荷载时，连续裂缝将进一步发展成贯通裂缝，表明砌体已临近破坏。

③ 第三阶段：压力继续增加至砌体完全破坏。其特点是砌体中裂缝加长增宽，这时的裂缝已把砌体分成几个 1/2 块体的小立柱，砌体外鼓，最后由于个别块体被压碎或小立柱失

稳而破坏，如图 3.4（c）所示。

（2）砌体受压时块体的受力机理

试验表明，砌体的抗压强度远低于块体的抗压强度，这主要是砌体的受压机理造成的。

① 块体在砌体中处于压、弯、剪的复杂受力状态。由于块体表面不平整，加上砂浆铺的厚度不均匀，密实性也不均匀，致使单个块体在砌体中不是均匀受压，且还无序地受到弯曲和剪切作用，如图 3.5 所示。由于块体的抗弯、抗剪强度远低于抗压强度，因而就较早地使单个块体出现裂缝，导致块体的抗压能力不能充分发挥。这是砌体抗压强度远低于块体抗压强度的主要原因。

② 砂浆使块体在横向受拉。通常，低强度等级的砂浆，它的弹性模量比块体的低，当砌体受压时，砂浆的横向变形比块体的横向变形大，因此砂浆使得块体在横向受拉，从而降低了块体的抗压强度。

③ 竖向灰缝中存在应力集中。竖向灰缝不可能饱满，造成块体间的竖向灰缝处存在剪应力和横向拉应力的集中，使得块体受力更为不利。

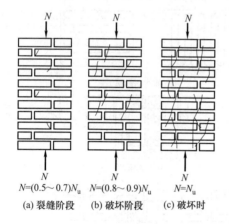

$N=(0.5\sim0.7)N_u$ 　 $N=(0.8\sim0.9)N_u$ 　 $N=N_u$
(a) 裂缝阶段　　(b) 破坏阶段　　(c) 破坏时

图 3.4　砌体受压的受力全过程

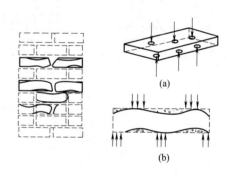

(a)

(b)

图 3.5　砌体内块体的复杂受力状态

（3）影响砌体抗压强度的主要因素

由上可知，凡是影响块体在砌体中充分发挥作用的各种主要因素，也就是影响砌体抗压强度的主要因素。

① 块体的种类、强度等级和形状。当砂浆强度等级相同，对同一种块体，如果块体的抗压强度高，则砌体的强度也高，因而砌体的抗压强度主要取决于块体的抗压强度。

当块体较高（厚）时，块体抵抗弯、剪的能力就大，故砌体的抗压强度会提高。当采用普通砖时，因厚度较小，块体内产生弯、剪应力的影响较大，所以在检验块体时，应使抗压强度和抗弯强度都符合规定。

块体外形是否平整也影响砌体的抗压强度，表面歪曲的块体将引起较大的弯、剪应力，而表面平整的块体有利于灰缝厚度的一致，减少弯、剪作用的影响，从而能提高砌体的抗压强度。

② 砂浆性能。砂浆强度等级高，砌体的抗压强度也高。如上所述，低强度等级的砂浆将使块体横向受拉，反过来，块体就使砂浆在横向受压，使砂浆处于三向受压状态，所以砌体的抗压强度可能高于砂浆强度；当砂浆强度等级较高时，块体与砂浆间的交互作用减弱，砌体的抗压强度就不再高于砂浆的强度。

砂浆的变形率小，流动性、保水性好都是对提高砌体的抗压强度有利的。纯水泥砂浆容易失水而降低流动性，将降低铺砌质量和砌体抗压强度。掺入一定比例的石灰和塑化剂形成混合砂浆，其流动性可以明显改善，但当掺入过多的塑化剂使流动性过大，则砂浆硬化后的变形率就高，反而会降低砌体的抗压强度。

③ 灰缝厚度。灰缝厚度应适当。灰缝砂浆可减轻铺砌面不平的不利影响，因此灰缝不能太薄。但如果过厚，将使砂浆横向变形率增大，对块体的横向拉力就大，产生不利影响，因此灰缝也不宜过厚。灰缝的适宜厚度与块体的种类和形状有关。对于砖砌体，灰缝厚度以10～12mm 为宜。

④ 砌筑质量。砌筑质量的主要标志之一是灰缝质量，包括灰缝的均匀性、密实度和饱满程度等。灰缝均匀、密实、饱满可显著改善块体在砌体中的复杂受力状态，使砌体抗压强度明显提高。

3.2.3.2　砌体的受拉、受弯和受剪性能

（1）砌体的抗拉性能

在砌体结构中，如圆形水池池壁为常见的轴心受拉构件。砌体在由水压力等引起的轴心拉力作用下，构件的主要破坏形式为沿齿缝截面破坏，如图3.6所示。砌体的抗拉强度主要取决于块材与砂浆连接面的黏结强度。由于块材和砂浆的黏结强度主要取决于砂浆强度等级，所以，砌体的轴心抗拉强度可由砂浆的强度等级来确定。

（2）砌体的受弯性能

在砌体结构中常遇到受弯及大偏心受压，如带壁柱的挡土墙、地下室墙体等。按其受力特征，可分为沿齿缝截面受弯破坏、沿通缝截面受弯破坏及沿块体与竖向灰缝截面受弯破坏三种，如图3.7所示。

沿齿缝和沿通缝截面的受弯破坏与砂浆的强度有关。

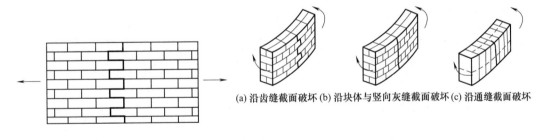

(a) 沿齿缝截面破坏　(b) 沿块体与竖向灰缝截面破坏　(c) 沿通缝截面破坏

图 3.6　砌体轴心受拉破坏形态　　　　图 3.7　砌体弯曲受拉破坏形态

（3）砌体的抗剪性能

砌体在剪力作用下的破坏均为沿灰缝的破坏，故单纯受剪时砌体的抗剪强度主要取决于水平灰缝中砂浆及砂浆与块体的黏结强度。

3.2.3.3　砌体的强度设计值

根据试验和结构可靠度分析结果，《砌体结构设计规范》（以下简称《规范》）规定了各类砌体的强度设计值，如附表14～附表21所示。

3.2.3.4　砌体强度设计值的调整

工程上砌体的使用情况多种多样，考虑到一些不利因素，下列情况的各类砌体，其砌体强度设计值应乘以调整系数 γ_a。

① 对无筋砌体构件，其截面面积小于 $0.3m^2$ 时，γ_a 为其截面面积数值加 0.7；对配筋

砌体构件，当其中砌体截面面积小于 $0.2m^2$ 时，γ_a 为其截面面积数值加 0.8；构件截面面积以"m^2"计。

② 当砌体采用水泥砂浆砌筑时，对附表 14～附表 20 中的数值，γ_a 为 0.9；对附表 21 中数值，γ_a 为 0.8。

③ 当验算施工中房屋的构件时，γ_a 为 1.1。

④ 当施工质量控制等级为 C 级时，γ_a 为 0.89。

3.3 无筋砌体受压构件承载力计算

砌体受压构件承载力与截面尺寸、材料强度等级、偏心距和高厚比有关。《规范》采用一个影响系数 φ 来综合考虑高厚比 β 和轴向力偏心距 e 对受压构件承载力的综合影响。

在试验研究和理论研究的基础上，《规范》规定，无筋砌体受压构件的承载力应按下式计算：

$$N \leqslant N_u = \varphi f A \tag{3-1}$$

式中　N——轴向力设计值；

　　　N_u——轴心受压承载力设计值；

　　　f——砌体抗压强度设计值；

　　　A——截面面积，对各类砌体均按毛截面计算；

　　　φ——高厚比 β 和轴向力的偏心距 e 对受压构件承载力的影响系数，可按式（3-2）或式（3-3）计算；对于 T 形和十字形截面，以折算厚度 h_T 代替 h，仍按式（3-2）或式（3-3）计算；对于轴心受压长柱，有 $\varphi = \varphi_0$。

当 $\beta \leqslant 3$（短柱）时：

$$\varphi = \frac{1}{1 + 12\left(\dfrac{e}{h}\right)^2} \tag{3-2}$$

当 $\beta > 3$（长柱）时：

$$\varphi = \frac{1}{1 + 12\left[\dfrac{e}{h} + \sqrt{\dfrac{1}{12}\left(\dfrac{1}{\varphi_0} - 1\right)}\right]^2} \tag{3-3}$$

式中　φ_0——轴心受压稳定系数，当高厚比较大或砂浆强度等级较低而使砌体变形增大时，φ_0 值将降低；

　　　e——轴向力偏心距，《规范》规定，偏心距 e 的计算值不应超过 $0.6y$（y 为截面重心到轴向力所在偏心方向截面边缘的距离，如图 3.8 所示）。

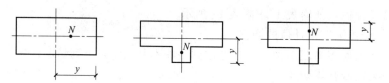

图 3.8　截面的 y 值

$$e = \frac{M}{N} \tag{3-4}$$

M，N——弯矩设计值和轴向力设计值。

$$\varphi_0 = \frac{1}{1 + \alpha\beta^2} \tag{3-5}$$

α 为与砂浆强度等级有关的系数，取值如下。

当砂浆强度等级大于或等于 M5 时，$\alpha = 0.0015$；当砂浆强度等级等于 M2.5 时，$\alpha = 0.002$；当砂浆强度等级等于 0 时，$\alpha = 0.009$。

在计算 φ 或查 φ 表时，构件高厚比 β 按下列公式确定，以考虑砌体类型对受压构件承载力的影响。

对矩形截面
$$\beta = \gamma_\beta \frac{H_0}{h} \tag{3-6}$$

对 T 形截面
$$\beta = \gamma_\beta \frac{H_0}{h_T} \tag{3-7}$$

式中　γ_β——不同砌体材料构件的高厚比修正系数，按表 3.1 采用；

h_T——带壁柱墙截面的折算厚度（图 3.9），$h_T = 3.5i$；

i——带壁柱墙截面的回转半径，$i = \sqrt{\dfrac{I}{A}}$（I、A 分别为截面惯性矩和截面面积）；

H_0——受压构件的计算高度，根据房屋类别和支承条件等按表 3.2 取用；

h——矩形截面轴向力偏心方向的边长，当轴心受压时为截面较小的边长。

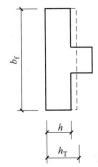

图 3.9　T 形截面折算厚度

表 3.1　高厚比修正系数

砌体材料类别	γ_β
烧结普通砖、烧结多孔砖	1.0
混凝土普通砖、混凝土多孔砖、混凝土及轻集料混凝土砌块	1.1
蒸压灰砂普通砖、蒸压粉煤灰普通砖、细料石	1.2
粗料石、毛石	1.5

注：对灌孔混凝土砌块砌体，γ_β 取 1.0。

表 3.2　受压构件的计算高度 H_0

房屋类别			柱		带壁柱墙或周边拉结的墙		
			排架方向	垂直排架方向	$s > 2H$	$2H \geqslant s > H$	$s < H$
无吊车的单层房屋和多层房屋	单跨	弹性方案	$1.5H$	$1.0H$	$1.5H$		
		刚弹性方案	$1.2H$	$1.0H$	$1.2H$		
	多跨	弹性方案	$1.25H$	$1.0H$	$1.25H$		
		刚弹性方案	$1.10H$	$1.0H$	$1.10H$		
	刚性方案		$1.0H$	$1.0H$	$1.0H$	$0.4s + 0.2H$	$0.6s$

注：1. 对于上端为自由端的构件，$H_0 = 2H$。

2. 独立砖柱，当无柱间支撑时，柱在垂直排架方向的 H_0 应按表中数值乘以 1.25 后采用。

3. s 为房屋横墙间距。

4. 自承重墙的计算高度应根据周边支承或拉结条件确定。

【例 3.1】　某矩形截面砖柱，计算高度为 4.2m，柱截面承受轴向压力设计值为 $N =$

184kN，截面尺寸 370mm×490mm，采用烧结页岩普通砖 MU10、混合砂浆 M5 砌筑，施工质量控制等级为 B 级。试验算该砖柱的受压承载力。

【解】 由式（3-6）得：

$$\beta = \gamma_\beta \frac{H_0}{h} = 1.0 \times \frac{4.2}{0.37} = 11.35$$

由式（3-5）得：

$$\varphi = \varphi_0 = \frac{1}{1+\alpha\beta^2} = \frac{1}{1+0.0015 \times 11.35^2} = 0.838$$

因 $A = 0.37 \times 0.49 = 0.1813$（$m^2$）$< 0.3m^2$，取 $\gamma_a = 0.7 + 0.1813 = 0.8813$，由附表 14 得：

$$f = 0.8813 \times 1.50 = 1.322(MPa)$$

由式（3-1）得：

$$N_u = \varphi f A = 0.838 \times 1.322 \times 181300 \times 10^{-3} = 200.85(kN) > N = 184kN$$

该柱安全。

【例 3.2】 图 3.10 为一单层单跨无吊车工业房屋的窗间墙截面，计算高度 $H_0 = 9.5m$，墙用 MU15 烧结多孔砖及 M5 混合砂浆砌筑（$f = 1.83N/mm^2$，$\alpha = 0.0015$），承受的轴向力设计值 $N = 680kN$，荷载设计值产生的偏心距 $e = 115mm$，且偏向翼缘。求：该窗间墙截面的承载力 N_u。

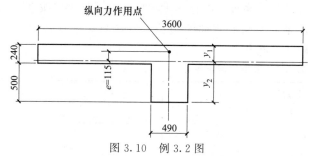

图 3.10 例 3.2 图

【解】 （1）计算折算厚度 h_T

截面面积：

$$A = 3.6 \times 0.24 + 0.5 \times 0.49 = 1.109(m^2)$$

截面重心位置：

$$y_1 = \frac{3.6 \times 0.24 \times 0.12 + 0.49 \times 0.5 \times 0.49}{1.109} = 0.202(m)$$

$$e = 115mm < 0.6y_1 = 121mm$$

$$y_2 = 0.5 + 0.24 - 0.202 = 0.538(m)$$

截面惯性矩：

$$I = \frac{3.6 \times 0.24^3}{12} + 3.6 \times 0.24 \times (0.202-0.12)^2 + \frac{0.49 \times 0.5^3}{12} + 0.49 \times 0.5 \times (0.538-0.25)^2 = 0.03536(m^4)$$

回转半径：

$$i = \sqrt{\frac{I}{A}} = \sqrt{\frac{0.03536}{1.109}} = 0.1786$$

折算厚度：

$$h_{\mathrm{T}} = 3.5i = 3.5 \times 0.1786 = 0.625\mathrm{m}$$

（2）求 φ 值

$$\beta = \gamma_{\beta}\frac{H_0}{h_{\mathrm{T}}} = 1.0 \times \frac{9.5}{0.625} = 15.13$$

$$\frac{e}{h_{\mathrm{T}}} = \frac{0.115}{0.625} = 0.184$$

$$\varphi_0 = \frac{1}{1+\alpha\beta^2} = \frac{1}{1+0.0015 \times 15.13^2} = 0.744$$

$$\varphi = \frac{1}{1+12\left[\dfrac{e}{h_{\mathrm{T}}}+\sqrt{\dfrac{1}{12}\left(\dfrac{1}{\varphi_0}-1\right)}\right]^2} = \frac{1}{1+12\left[\dfrac{0.115}{0.625}+\sqrt{\dfrac{1}{12}\left(\dfrac{1}{0.744}-1\right)}\right]^2} = 0.40$$

（3）验算

$$N_{\mathrm{u}} = \varphi fA$$
$$= 0.40 \times 1.83 \times 1.109 \times 10^6 = 811.8\ (\mathrm{kN}) > N = 680\mathrm{kN}$$

柱承载力安全。

3.4 局部受压承载力的计算

局部受压是砌体结构中常见的受力状态之一。局部压应力均匀分布时称局部均匀受压，例如承受上部柱传来的压力的墙体应力分布。局部压应力不均匀时称为局部不均匀受压，例如梁或屋架端部支承处的砌体截面应力分布，如图 3.11 所示。

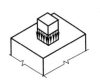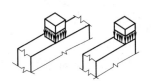

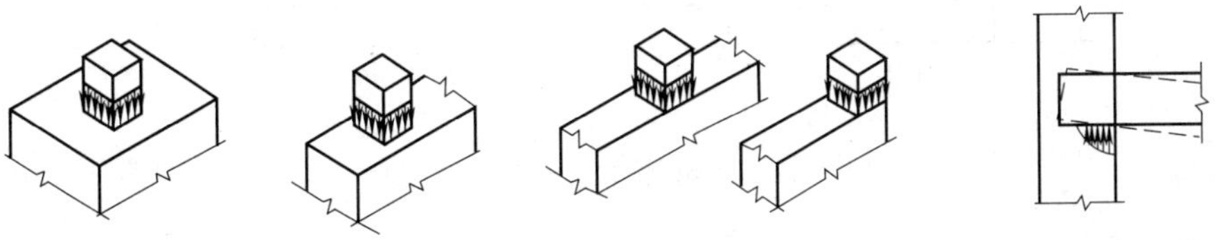

(a) 局部均匀受压　　　　　　　　　　　　　　　　(b) 局部不均匀受压

图 3.11　砌体的局部受压应力

砌体处于局部受压时，由于未直接受压的周围砌体对直接受压部分砌体的加强作用，局部受压范围内砌体的抗压强度有所提高，这一加强作用的实质是由于压应力向周围一定区域扩散，使直接受压部分砌体的压应力有所减少，相对来说是提高了局部抗压强度。

3.4.1 局部均匀受压承载力

3.4.1.1 局部抗压强度提高系数

通过对各种局部均匀受压砌体的试验研究分析，局部受压面积上砌体抗压强度的提高用砌体局部抗压强度提高系数 γ 反映，并按下式计算：

$$\gamma = 1+0.35\sqrt{\frac{A_0}{A_l}-1} \tag{3-8}$$

式中　A_0——影响砌体局部抗压强度的计算面积；

　　　A_l——局部受压面积。

为了避免 A_0/A_l 大于某一限值时会出现危险的劈裂破坏，计算所得 γ 值尚应符合下列规定。

① 在图 3.12（a）的情况下，$\gamma \leqslant 2.5$。

② 在图 3.12（b）的情况下，$\gamma \leqslant 1.5$。

③ 在图 3.12（c）的情况下，$\gamma \leqslant 2.0$。

④ 在图 3.12（d）的情况下，$\gamma \leqslant 1.25$。

⑤ 按《砌体结构设计规范》第 6.2.13 条的要求灌孔的混凝土砌块砌体，在上述①、②的情况下，尚应符合 $\gamma \leqslant 1.5$；未灌孔混凝土砌块砌体，$\gamma = 1.0$。

⑥ 对多孔砖砌体孔洞难以灌实时，应按 $\gamma = 1.0$ 取用；当设置混凝土垫块时，按垫块下的砌体局部受压计算。

3.4.1.2 影响砌体局部抗压强度的计算面积 A_0

影响砌体局部抗压强度的计算面积按图 3.12 确定。

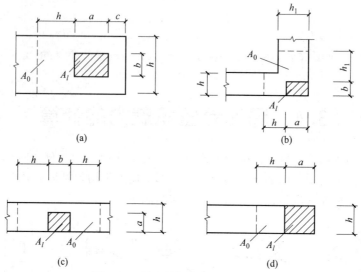

图 3.12 影响局部抗压强度的面积

① 在图 3.12（a）的情况下：

$$A_0 = (a + c + h)h$$

② 在图 3.12（b）的情况下：

$$A_0 = (a + h)h + (b + h_1 - h)h_1$$

③ 在图 3.12（c）的情况下：

$$A_0 = (b + 2h)h$$

④ 在图 3.12（d）的情况下：

$$A_0 = (a + h)h$$

式中 a，b——矩形局部受压面积 A_l 的边长；

h，h_1——墙厚或柱的较小边长，墙厚；

c——矩形局部受压面积的外边缘至构件边缘的较小距离，当大于 h 时，应取 h。

砌体截面中受局部均匀压力时的承载力，应满足下式的要求：

$$N_l \leqslant \gamma f A_l \tag{3-9}$$

式中 N_l——局部受压面积上的轴向力设计值；

γ——砌体局部抗压强度提高系数；

f——砌体的抗压强度设计值，局部受压面积小于 0.3m^2，可不考虑强度调整系数
　　　　　　γ_a 的影响；

　　　　A_l——局部受压面积。

3.4.2　梁端支承处砌体的局部受压

3.4.2.1　梁端有效支承长度

　　钢筋混凝土梁直接支承在砌体上，若梁的支承长度为 a，则由于梁的变形和支承处砌体的压缩变形，梁端有向上翘的趋势，因而梁的有效支承长度 a_0 常常小于实际支承长度 a（$a_0 \leqslant a$）。砌体的局部受压面积为 $A_l = a_0 b$（b 为梁的宽度），如图 3.13 所示。

　　《砌体结构设计规范》建议，a_0 可近似地按下式计算：

$$a_0 = 10\sqrt{\frac{h_c}{f}} \tag{3-10}$$

式中　h_c——梁的截面高度，mm；

　　　　f——砌体的抗压强度设计值，MPa。

3.4.2.2　上部荷载对局部抗压强度的影响

　　作用在梁端砌体上的轴向力除梁端支承压力 N_l 外，还有由上部荷载产生的轴向力 N_0，且梁端底面砌体上的应力不均匀分布，呈曲线图形，属局部不均匀受压 [图 3.14（a）]。试验表明，当上部荷载产生的平均压应力 σ_0 较小时，随梁上荷载增加，梁端底部砌体的局部压缩变形增大，梁端顶部与砌体的接触面减小，甚至梁端顶面与砌体脱开形成缝隙，砌体逐渐以内拱作用传递上部荷载 [图 3.14（b）]，此时，σ_0 的存在和扩散对下部砌体有横向约束作用，提高了砌体局部受压承载力。但上述内拱作用是有变化的，如随着 σ_0 的增大，梁端顶部与砌体接触面也增大，上述内拱作用逐渐减小，其有利效应也减小。这一影响用上部荷载的折减系数表示。根据试验研究，规定当 $A_0/A_l \geqslant 3$ 时，不考虑上部荷载的影响。

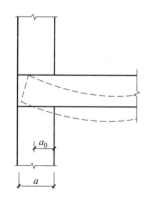

图 3.13　梁端有效支承长度

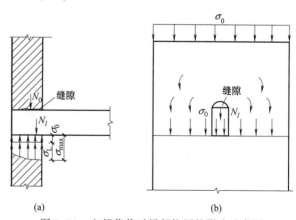

（a）　　　　　　　　　　　　　（b）

图 3.14　上部荷载对局部抗压的影响示意图

3.4.2.3　梁端支承处砌体的局部受压承载力计算

$$\psi N_0 + N_l \leqslant \eta \gamma f A_l \tag{3-11}$$

$$\psi = 1.5 - 0.5\frac{A_0}{A_l} \tag{3-12}$$

$$N_0 = \sigma_0 A_l \tag{3-13}$$

$$A_l = a_0 b \tag{3-14}$$

式中　ψ——上部荷载的折减系数，当 A_0/A_l 大于或等于 3 时，应取 ψ 等于 0；

　　　N_0——局部受压面积内上部轴向力设计值，N；

　　　N_l——梁端支承压力设计值，N；

　　　σ_0——上部平均压应力设计值，N/mm^2；

　　　η——梁端底面压应力图形的完整系数，应取 0.7，对于过梁和墙梁应取 1.0；

　　　b——梁的截面宽度，mm。

图 3.13 中 a_0 为梁端有效支承长度 mm；当 a_0 大于 a 时，应取 a_0 等于 a，a 为梁端实际支承长度，mm。

3.4.3　梁下设有刚性垫块时砌体的局部受压承载力计算

当梁端局部受压承载力不满足要求时，常采用在梁端下设置预制或现浇混凝土垫块的方法，以扩大局部受压面积，提高承载力。当垫块的高度 $t_b \geq 180mm$，且自梁边算起的垫块挑出长度不应大于垫块高度 t_b 时，称为刚性垫块，如图 3.15 所示。刚性垫块下砌体的局部受压可采用砌体偏心受压短柱的承载力表达式进行计算。因此，在梁端下设有预制或现浇刚性垫块的砌体局部受压承载力可按下列公式计算：

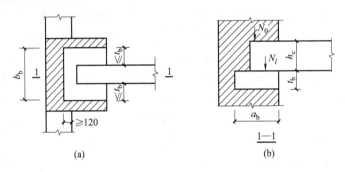

图 3.15　壁柱上设有垫块时梁端局部受压

$$N_0 + N_l \leq \varphi \gamma_l f A_b \tag{3-15}$$
$$N_0 = \sigma_0 A_b \tag{3-16}$$
$$A_b = a_b b_b \tag{3-17}$$

式中　N_0——垫块面积 A_b 内上部轴向力设计值；

　　　φ——垫块上 N_0 与 N_l 合力的影响系数，应取 β 小于或等于 3，应按式（3-2）计算 φ 值；

　　　γ_l——垫块外砌体面积的有利影响系数，γ_l 应为 0.8γ，但不小于 1.0，γ 为砌体局部抗压强度提高系数，按式（3-8）以 A_b 代替 A_l 计算得出；

　　　A_b——垫块面积；

　　　a_b——垫块伸入墙内的长度；

　　　b_b——垫块的宽度。

在带壁柱墙的壁柱内设刚性垫块时，如图 3.15 所示，由于墙的翼缘部分大多位于压应力较小处，参加工作程度有限，其计算面积应取壁柱范围内的面积，而不应计算翼缘部分，同时壁柱上垫块深入翼墙内的长度不应小于 120mm。

梁端刚性垫块上 N_l 作用点的位置可取梁端有效支承长度 a_0 的 0.4 倍。a_0 应按下式计算：

$$a_0 = \delta_1 \sqrt{\frac{h_c}{f}} \tag{3-18}$$

式中　δ_1——刚性垫块的影响系数，可按表 3.3 采用。

表 3.3　刚性垫块的影响系数 δ_1 取值表

σ_0 / f	0	0.2	0.4	0.6	0.8
δ_1	5.4	5.7	6.0	6.9	7.8

注：表中数间的数值可采用线性内插法求得。

3.4.4　梁下设有长度大于 πh_0 的钢筋混凝土垫梁

梁下设有长度大于 πh_0 的垫梁时，其下的压应力分布可近似地简化为三角形分布，其分布长度为 πh_0，如图 3.16 所示。垫梁下砌体局部受压承载力，应按下列公式计算：

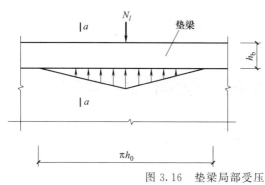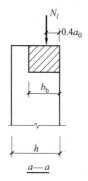

图 3.16　垫梁局部受压

$$N_0 + N_l \leqslant 2.4 \delta_2 f b_b h_0 \tag{3-19}$$

$$N_0 = \pi b_b h_0 \sigma_0 / 2 \tag{3-20}$$

$$h_0 = 2 \sqrt[3]{\frac{E_c I_c}{E h}} \tag{3-21}$$

式中　N_0——垫梁上部轴向力设计值，N；

b_b——垫梁在墙厚方向的宽度，mm；

δ_2——垫梁底面压应力分布系数，当荷载沿墙厚方向均匀分布时可取 1.0，不均匀分布时取 0.8；

h_0——垫梁折算高度，mm；

E_c——垫梁的混凝土弹性模量，N/mm^2；

I_c——垫梁的截面惯性矩，m^4；

E——砌体的弹性模量；

h——墙厚，mm。

【例 3.3】　某窗间墙（图 3.17），截面尺寸为 1200mm×240mm，采用烧结普通砖 MU10、混合砂浆 M5 砌筑，施工质量控制等级为 B 级。墙上支承钢筋混凝土梁，截面尺寸为 $b×h = 200\text{mm}×500\text{mm}$，支承压力设计值 $N_l = 70\text{kN}$，梁底截面处的上部荷载设计值 150kN。试验算梁支承处砌体的局部受压承载力。

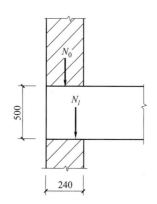

图 3.17　窗间墙砌体局部受压

【解】 查附表 14，$f=1.5$MPa，因局部受压，不考虑强度调整系数的影响，$\gamma_a=1.0$。

$$A_0=(b+2h)h=(0.2+2\times0.24)\times0.24=0.1632(\text{m}^2)$$

$$a_0=10\sqrt{\frac{h_c}{f}}=10\times\sqrt{\frac{500}{1.5}}=182.57(\text{mm})<a=240\text{mm}$$

取 $a_0=182.57$mm

$$A_l=a_0 b=0.18257\times0.24=0.0438(\text{m}^2)$$

$$\frac{A_0}{A_l}=\frac{0.1632}{0.0438}=3.726>3$$

取 $\psi=0$，即不考虑上部荷载的影响。

由式（3-8）得：

$$\gamma=1+0.35\sqrt{\frac{A_0}{A_l}-1}=1+0.35\times\sqrt{3.726-1}=1.578<2.0,\text{取 }\gamma=1.578$$

按式（3-11），并取 $\eta=0.7$，得：

$$\eta\gamma f A_l=0.7\times1.578\times1.5\times0.0438\times10^3=72.57(\text{kN})>N_l=70\text{kN}$$

满足要求。

3.5 轴心受拉、受弯和受剪构件

3.5.1 轴心受拉构件

工程中常见的砌体结构轴心受拉构件有容积较小的圆形水池或筒仓等结构，应按下式计算：

$$N_t\leqslant f_t A \tag{3-22}$$

式中 　N_t——轴心拉力设计值；

　　　f_t——砌体的轴心抗拉强度设计值，应按附表 21 采用。

3.5.2 受弯构件

砖砌过梁及挡土墙等受弯构件，在弯矩作用下砌体沿齿缝截面或沿通缝截面因弯曲受拉而破坏，应进行受弯承载力计算。此外，在支座处有时还存在较大的剪力，还应进行受剪承载力验算。

（1）受弯构件的抗弯承载力

$$M\leqslant f_{tm}W \tag{3-23}$$

式中 　M——弯矩设计值；

　　　f_{tm}——砌体弯曲抗拉强度设计值，应按附表 21 采用；

　　　W——截面抵抗矩。

（2）受弯构件的受剪承载力

$$V\leqslant f_v bz \tag{3-24}$$

式中 　V——剪力设计值；

　　　f_v——砌体抗剪强度设计值，按附表 21 采用；

　　　b——截面宽度；

　　　z——内力臂，$z=I/S$，I 为截面惯性矩，S 为截面面积矩；当截面为矩形时取 z 等于 $2h/3$（h 为截面高度）。

3.5.3 受剪构件

对于既受到竖向压力，又受到水平剪力作用的砌体，《砌体结构设计规范》规定沿通缝或沿阶梯形截面破坏时受剪构件的承载力应按下列公式计算：

$$V \leqslant (f_v + \alpha\mu\sigma_0)A \tag{3-25}$$

当 $\gamma_G = 1.2$ 时

$$\mu = 0.26 - 0.082\frac{\sigma_0}{f} \tag{3-26}$$

当 $\gamma_G = 1.35$ 时

$$\mu = 0.23 - 0.065\frac{\sigma_0}{f} \tag{3-27}$$

式中　V——剪力设计值；

　　　A——水平截面面积；

　　　f_v——砌体抗剪强度设计值，对灌孔的混凝土砌块砌体取 f_{vg}；

　　　α——修正系数，当 $\gamma_G = 1.2$ 时，砖（含多孔砖）砌体取 0.60，混凝土砌块砌体取 0.64；当 $\gamma_G = 1.35$ 时，砖（含多孔砖）砌体取 0.64，混凝土砌块砌体取 0.66；

　　　μ——剪压复合受力影响系数；

　　　f——砌体的抗压强度设计值；

　　　σ_0——永久水平荷载设计值产生的水平截面平均压应力，其值不应大于 $0.8f$。

3.6　砌体结构与结构选型有关的构造要求

钢筋混凝土材料（或钢材、木材）建造的房屋，如我们常见到的住宅、宿舍、办公楼、食堂、仓库等，一般都是混合结构房屋，在我国的低层和多层民用建筑中应用极为广泛。

混合结构房屋墙体的设计主要包括：结构布置方案、结构计算简图、荷载统计、内力计算、内力组合、构件截面承载力验算及墙柱高厚比验算和各部位的构造设计等。

3.6.1 砌体建筑的结构形式

结构布置方案主要是确定竖向承重构件的平面位置。砌体结构房屋结构布置方案，根据承重墙体和柱的位置不同可分为纵墙承重、横墙承重、纵横墙混合承重、内框架承重、底部框架-抗震墙砌体结构承重 5 种方案。

3.6.1.1 纵墙承重方案

此方案由纵墙直接承受屋面、楼面荷载。屋面板（楼板）直接支承于纵墙上，或支承在搁置于纵墙上的钢筋混凝土梁上，如图 3.18 所示。竖向荷载的主要传递路线是：屋（楼）

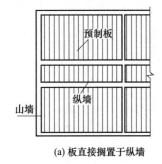

(a) 板直接搁置于纵墙

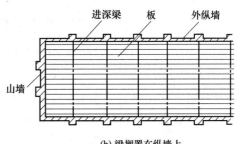

(b) 梁搁置在纵墙上

图 3.18　纵墙承重结构

板荷载→纵墙→基础→地基。

这种承重方案的优点是房屋空间较大，平面布置灵活。但是由于纵墙上有大梁或屋架，外纵墙上窗的设置受到限制，而且由于横墙很少，房屋的横向刚度较差。其适合于非抗震设防区要求空间大的房屋，如厂房、教室、医院、实验楼、图书馆、仓库、俱乐部、展览厅等建筑。

3.6.1.2 横墙承重方案

由横墙直接承受屋面、楼面荷载。竖向荷载的主要传递路线是：屋（楼）面荷载→横墙→基础→地基，如图 3.19 所示。

横墙承重体系的特点为：每一开间设置一道横墙，横墙数量多、间距较密（一般为 3～4.2m），并与内外纵墙拉结，因此房屋的空间刚度大，整体性强，有利于抵抗风荷载和水平地震作用。纵墙主要起围护、隔断和与横墙连接形成整体的作用，受力比较小，对设置门窗大小和位置的限制较少，建筑设计上容易满足采光和通风的要求。但横墙占地面积多，房间布置的灵活性差，墙体用材比较多。横墙承重体系多用于横墙间距较密、房间开间较小的房屋，如宿舍、招待所、住宅、办公楼等房屋。

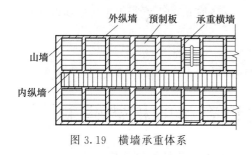

图 3.19 横墙承重体系

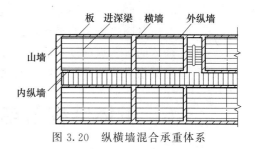

图 3.20 纵横墙混合承重体系

3.6.1.3 纵横墙混合承重方案

在实际工程中，往往是纵墙和横墙混合承重的，形成混合承重方案，如图 3.20 所示。竖向荷载的主要传递路线是：屋（楼）面荷载→横墙及纵墙→相应基础→地基。

纵横墙承重结构具有结构布置较为灵活的优点，空间刚度较纵墙承重结构好，多用于教学楼、办公楼、医院等建筑。

3.6.1.4 内框架承重方案

内框架砌体结构是内部为钢筋混凝土框架，外墙为砌体承重的混合承重结构，如图 3.21 所示。荷载主要传递路线是：竖向楼（屋）面荷载→梁→外墙及内框架柱→相应基础→地基。

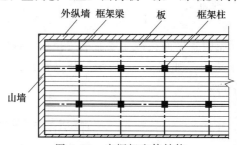

图 3.21 内框架砌体结构

这种承重方案的特点是平面布置较为灵活，容易满足使用要求，但横墙少，房屋的空间刚度较差，不应在抗震设防区采用，一般用于多层厂房、商业和文教用房等建筑。

3.6.1.5 底部框架-抗震墙砌体方案

底部框架-抗震墙砌体结构房屋是指底部一层或两层采用空间较大的框架-抗震墙结构，

上部为砌体结构的房屋。该类房屋多见于沿街的旅馆、住宅、办公楼，底层为商店、餐厅、邮局等大空间房屋，而上部为小开间的多层砌体结构。这类建筑是解决底层需要大空间的一种比较经济的结构形式。底部剪力墙可采用无筋砌体或配筋砌体，有抗震要求的房屋中应采用配筋砌体和钢筋混凝土剪力墙，如图 3.22 所示。

底部框架-抗震墙砌体结构的特点是上刚下柔，较砌体结构的抗震性能差，对抗震不利，在抗震设防地区只允许采用底层或底部两层框架-抗震墙房屋。

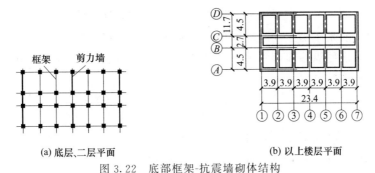

(a) 底层、二层平面 　　(b) 以上楼层平面

图 3.22　底部框架-抗震墙砌体结构

3.6.2　砌体结构的静力计算方案

砌体结构房屋是由墙、柱、楼（屋）盖、基础等结构构件组成的空间工作体系、竖向荷载的传递路线是：楼（屋）面板荷载→楼（屋）面梁→墙（柱）→基础→地基。

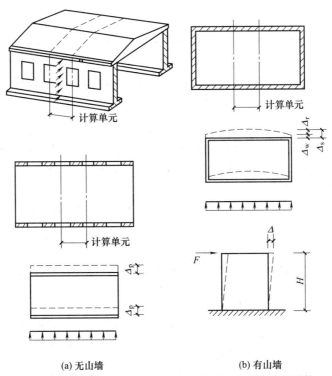

(a) 无山墙 　　　　　　　　　(b) 有山墙

图 3.23　具有不同空间作用的单层纵墙承重砌体房屋结构

对于两端无山墙的房屋 [图 3.23（a）]，水平风荷载的传递路线是：风荷载→纵墙→纵墙基础→地基。纵墙顶部水平位移仅有屋盖水平梁位移一项，屋盖水平梁仅发生平面移动并

无变形，墙体位移沿纵墙是相等的。因而，从房屋中截取的计算单元的受力状态与房屋整体受力状态完全相同，房屋纵墙各开间之间并不存在空间作用，是一种平面结构体系，此时的墙顶位移记为 Δ_p。

两端有山墙的房屋［图3.23（b）］风荷载的传递路线为：

这一传递路线反映了房屋的空间作用：风荷载不仅通过纵墙平面也通过屋盖平面和山墙平面传递。此时，房屋纵墙顶部水平位移沿纵墙方向是变化的，两端小中间大。

空间性能影响系数可取为：

$$\eta = \frac{\Delta_s}{\Delta_p} \tag{3-28}$$

式中 Δ_s——直接受荷载的结构构件某点的总侧移；

Δ_p——相同平面结构构件在同一位置的总侧移。

η 值越大，房屋空间受力性能越差；η 值越小，则房屋空间受力性能越好。房屋的空间受力性能主要取决于楼盖或屋盖的水平刚度以及横墙间距，η 值可按表3.4取用。

表3.4 房屋各层的空间刚度影响系数 η_i

屋盖或楼盖类别	横墙间距 s/m														
	16	20	24	28	32	36	40	44	48	52	56	60	64	68	72
1	—	—	—	—	0.33	0.39	0.45	0.50	0.55	0.60	0.64	0.68	0.71	0.74	0.77
2	—	0.35	0.45	0.54	0.61	0.68	0.73	0.78	0.82	—	—	—	—	—	—
3	0.37	0.49	0.60	0.68	0.75	0.81	—	—	—	—	—	—	—	—	—

注：i 取 $1 \sim n$，n 为房屋的层数。

根据房屋的空间工作性质确定结构静力计算简图。房屋的静力计算方案包括刚性方案、刚弹性方案和弹性方案。

3.6.2.1 刚性方案

其为按楼盖、屋盖作为水平不动铰支座对墙、柱进行静力计算的方案，如图3.24（a）所示。一般的多层住宅、办公楼、教学楼和宿舍等均为刚性方案房屋。

3.6.2.2 刚弹性方案

其为按楼盖、屋盖与墙、柱为铰接，考虑空间工作的排架或框架对墙、柱进行静力计算的方案，如图3.24（b）所示。

3.6.2.3 弹性方案

其为按楼盖、屋盖与墙、柱为铰接，不考虑空间工作的平面排架对墙、柱进行静力计算

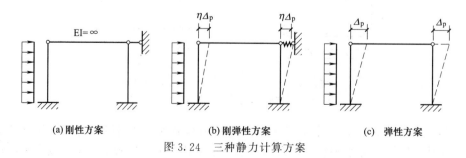

图 3.24 三种静力计算方案

的方案，如图 3.24（c）所示。一般的单层厂房、仓库、礼堂等多属于弹性方案房屋。

由上述分析可知，影响房屋空间作用的主要结构因素是屋盖的刚度和横墙间距。为便于设计，《砌体结构设计规范》规定房屋的静力计算方案按表 3.5 划分。

表 3.5　房屋的静力计算方案　　　　　　　　　　　　　　　单位：m

	屋盖或楼盖类别	刚性方案	刚弹性方案	弹性方案
1	整体式、装配整体和装配式无檩体系钢筋混凝土屋盖或钢筋混凝土楼盖	$s<32$	$32 \leqslant s \leqslant 72$	$s>72$
2	装配式有檩体系钢筋混凝土屋盖、轻钢屋盖和有密铺望板的木屋盖或木楼盖	$s<20$	$20 \leqslant s \leqslant 48$	$s>48$
3	瓦材屋面的木屋盖和轻钢屋盖	$s<16$	$16 \leqslant s<36$	$s>36$

注：1. 表中 s 为房屋横墙间距。

2. 对无山墙或伸缩缝处无横墙的房屋，应按弹性方案考虑。

3.7　混合结构墙柱设计

3.7.1　刚性方案单层房屋

由于是刚性方案，因此在静力分析时可认为房屋上端的水平位移为零，纵墙的上端假定为水平不动铰支承于屋盖，下端嵌固于基础顶面。简化后，刚性方案房屋承重纵墙的计算简图如图 3.25（a）所示。

3.7.1.1　荷载及内力计算

作用于纵墙上的荷载有如下几种。

① 屋面荷载。屋面荷载包括屋盖构件的自重、雪荷载或屋面活荷载。这些荷载经由屋架或屋面梁传递至纵墙顶部。由于屋架支承反力常与墙顶部截面的中心不重合［图 3.25（b）］，因此，作用于墙顶的屋面荷载一般由轴心压力 N_l 和弯矩 M_l 组成，如图 3.25（a）所示。

屋面荷载作用下墙、柱内力如图 3.25（c）所示，分别为：

$$R_A = -R_B = -3M_l/2H \tag{3-29}$$

$$M_B = M_l \tag{3-30}$$

$$M_A = -M_l/2 \tag{3-31}$$

② 风荷载。包括作用在屋面和墙面上的风荷载。屋面上的风荷载可简化为作用于墙顶的集中力 W，它直接通过屋盖传至横墙，再传给基础和地基，在纵墙上不产生内力。墙面上的风荷载为均布荷载，应考虑迎风面和背风面，在迎风面为压力，在背风面为吸力，如图 3.25（a）所示。

墙面风荷载作用下墙、柱内力如图 3.25（d）所示，分别为：

$$R_A = 5wH/8 \tag{3-32}$$

$$R_B = 3wH/8 \tag{3-33}$$

$$M_A = wH^2/8 \tag{3-34}$$

$$M_y = -wHy(3-4y/H)/8 \tag{3-35}$$

$$M_{max} = -9wH^2/128 \quad (y=3H/8时) \tag{3-36}$$

计算时，迎风面 $w = w_1$，背风面 $w = w_2$。

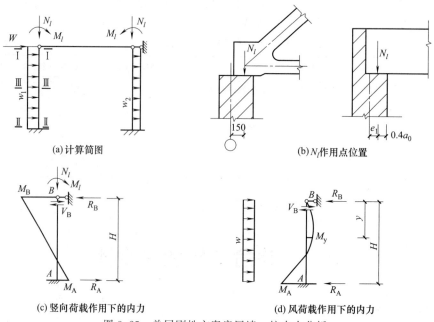

(a) 计算简图

(b) N_l 作用点位置

(c) 竖向荷载作用下的内力

(d) 风荷载作用下的内力

图 3.25 单层刚性方案房屋墙、柱内力分析

3.7.1.2 内力组合

根据上述各种荷载单独作用下的内力，按照可能而又最不利的原则进行控制截面的内力组合，确定其最不利内力。通常控制截面有三个，即墙、柱的上端截面Ⅰ—Ⅰ、下端截面Ⅱ—Ⅱ和均布风荷载作用下的最大弯矩截面Ⅲ—Ⅲ［图 3.25（a）］。

3.7.1.3 截面承载力验算

对截面Ⅰ—Ⅰ和Ⅲ—Ⅲ按偏心受压进行承载力验算，对截面Ⅰ—Ⅰ即屋架或大梁支承处的砌体还应进行局部受压承载力验算；对截面Ⅱ—Ⅱ按轴心受压承载力验算。

3.7.2 多层刚性房屋承重纵墙的计算

3.7.2.1 计算简图

图 3.26（a）、（b）为某多层刚性方案房屋计算单元内的承重纵墙。计算时常选取一个有代表性或较不利的开间墙、柱作为计算单元，其承受荷载范围的宽度 s 取相邻两开间宽度的平均值。在竖向荷载作用下，墙、柱在每层高度范围内可近似地视作两端铰支的竖向构件，其计算简图如图 3.26（c）所示。在水平荷载作用下，则视作竖向连续梁，其计算简图如图 3.26（e）所示。

3.7.2.2 内力分析

墙、柱的控制截面取墙、柱的上、下端Ⅰ—Ⅰ和Ⅱ—Ⅱ截面，如图 3.26（b）所示。

每层墙、柱承受的竖向荷载包括上面楼层传来的竖向荷载 N_u、本层传来的竖向荷载 N_l 和本层墙体自重 N_G。N_u 和 N_l 作用点位置如图 3.27 所示，其中 N_u 作用于上一楼层墙、柱截面的重心处；根据理论研究和试验的实际情况并考虑上部荷载和内力重分布的塑性影响，N_l 距离墙内边缘的距离取 $0.4a_0$（a_0 为有效支承长度）。N_G 则作用于本层墙体截面重心处。

作用于每层墙上端的轴向压力 N 和偏心距分别为：$N = N_u + N_l$，$e = (N_l e_1 - N_u e_0) / (N_u + N_l)$，其中 e_1 为 N_l 对本层墙体重心轴的偏心距，e_0 为上、下层墙体重心轴线之间

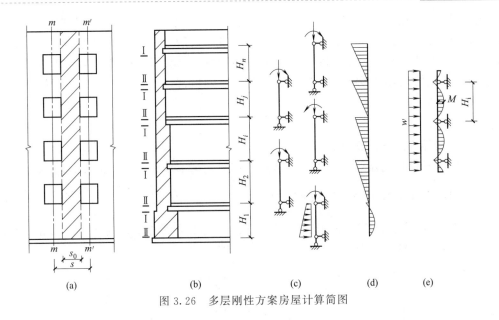

图 3.26 多层刚性方案房屋计算简图

的距离。

每层墙、柱的弯矩图为三角形，上端 $M=Ne$，下端 $M=0$，如图 3.26（d）所示。轴向力上端为 $N=N_u+N_l$，下端则为 $N=N_u+N_l+N_G$。

每层墙、柱上端 Ⅰ—Ⅰ 截面的弯矩最大，轴向压力最小；Ⅱ—Ⅱ 截面的弯矩最小，而轴向压力最大。

均布风荷载 w 引起的弯矩可近似按式（3-37）计算：

$$M=wH_i^2/12 \tag{3-37}$$

式中　w——计算单元每层高墙体上作用的风荷载；

H_i——层高。

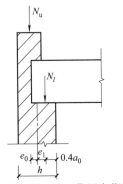

图 3.27 N_u、N_l 作用点位置

3.7.2.3 截面承载力验算

对截面 Ⅰ—Ⅰ 按偏心受压和局部受压承载力验算；对 Ⅱ—Ⅱ 截面，按轴心受压验算承载力。

对于刚性方案房屋，一般情况下风荷载引起的内力往往不足全部内力的 5%，因此墙体的承载力主要由竖向荷载所控制。基于大量计算和调查结果，当多层刚性方案房屋的外墙符合下列要求时，可不考虑风荷载的影响。

① 洞口水平截面面积不超过全截面面积的 2/3。

② 层高和总高不超过表 3.6 的规定。

③ 屋面自重不小于 $0.8kN/m^2$。

表 3.6 外墙不考虑风荷载影响时的最大高度

基本风压值/(kN/m²)	层高/m	总高/m
0.4	4.0	28
0.5	4.0	24
0.6	4.0	18
0.7	3.5	18

注：对于多层混凝土砌块房屋，当外墙厚度不小于 190mm，层高不大于 2.8m，总高不大于 19.5m，基本风压不大于 $0.7kN/m^2$ 时，可不考虑风荷载的影响。

试验与研究表明，墙与梁（板）连接处的约束程度与上部荷载、梁端局部压应力等因素有关。对于梁跨度大于 9m 的墙承重的多层房屋，除按上述方法计算墙体承载力外，尚需考虑梁端约束弯矩对墙体产生的不利影响。此时可按梁两端固结计算梁端弯矩，将其乘以修正系数 γ 后，按墙体线刚度分到上层墙底部和下层墙顶部。其修正系数 γ 可按式（3-38）确定。

$$\gamma = 0.2\sqrt{a/h} \tag{3-38}$$

式中　a——梁端实际支承长度；

　　　h——支承墙体的墙厚，当上、下墙厚不同时取下部墙厚，当有壁柱时取 h_T。

3.7.3　多层刚性房屋承重横墙的计算

多层房屋承重横墙的计算原理与承重纵墙相同，但常沿墙轴线取宽度为 1.0m 的墙作为计算单元，如图 3.28（a）所示。

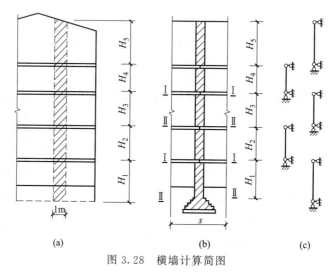

图 3.28　横墙计算简图

对于多层混合结构房屋，当横墙的砌体材料和墙厚相同时，可只验算底层截面 Ⅱ—Ⅱ 的承载力 ［图 3.28（b）］。当横墙的砌体材料或墙厚改变时，尚应对改变处进行承载力验算。

当左、右两开间不等或楼面荷载相差较大时，尚应对顶部截面 Ⅰ—Ⅰ 按偏心受压进行承载力验算。当楼面梁支承于横墙上时，还应验算梁端下砌体的局部受压承载力。

3.8　过梁、挑梁

3.8.1　过梁

混合结构房屋中，为了承担门、窗洞口以上墙体自重，有时还需承担上层楼面梁、板传来的均布荷载或集中荷载，在门、窗洞口上设梁，这种梁常称为过梁。常用的过梁有砖砌过梁和钢筋混凝土过梁，其中砖砌过梁又分砖砌平拱和钢筋砖过梁两种。砖砌平拱的高度一般为 240mm 和 370mm，厚度与墙厚相同，将砖侧立砌筑而成，其净跨度 l_n 不应超过 1.2m。钢筋砖过梁是在其底部水平灰缝内配置纵向受力钢筋，梁的净跨度 l_n 不应超过 1.5m。

砖砌过梁被广泛用于洞口净宽不大的墙中，但其整体性差，抵抗地基不均匀沉降和振动荷载的能力亦较差。当房屋有较大振动荷载作用或可能产生不均匀沉降时应采用钢筋混凝土过梁。

3.8.1.1　过梁上的荷载

过梁上的荷载是指作用于过梁上的墙体自重和过梁计算高度范围内的梁、板荷载。

试验表明，过梁在墙体自重作用下，墙体内存在内拱效应。对于砖砌体过梁，当过梁上砌体的高度超过 $l_n/3$ 后，部分墙体自重将直接传递到过梁支座（如两端的窗间墙）上，过梁挠度并不会随墙体高度增大而增大。同理，当外荷载作用在过梁上 $0.8l_n$ 高度处时，过梁挠度几乎没有变化。过梁上的荷载应按下列规定采用。

（1）墙体荷载

对砖砌体，当过梁上的墙体高度 h_w 小于 $l_n/3$ 时，墙体荷载应按墙体的均布自重采用，否则应按高度 $l_n/3$ 墙体的均布自重采用。

对砌块砌体，当过梁上的墙体高度 h_w 小于 $l_n/2$ 时，墙体荷载应按墙体的均布自重采用，否则应按高度为 $l_n/2$ 墙体的均布自重计算。

（2）梁、板荷载

对砖和砌块砌体，当梁、板下的墙体高度 h_w 小于过梁的净跨 l_n 时，应考虑梁、板传来的荷载；否则可不考虑梁板荷载。

3.8.1.2　过梁的计算

（1）砖砌平拱

砖砌平拱可按式（3-23）进行受弯承载力验算，其中 f_{tm} 取沿齿缝截面的弯曲抗拉强度设计值。

砖砌平拱的受剪承载力一般能满足，不必进行验算。

（2）钢筋砖过梁

钢筋砖过梁跨中截面受弯承载力可按式（3-39）验算，其中 0.85 为内力臂折减系数。

$$M \leqslant 0.85 h_0 f_y A_s \qquad (3-39)$$

式中　M——按简支梁计算的跨中弯矩设计值；

h_0——过梁截面的有效高度，$h_0 = h - a_s$；

a_s——受拉钢筋重心至截面下边缘的距离；

h——过梁的截面计算高度，取过梁底面以上的墙体高度，但不大于 $l_n/3$；当考虑梁、板传来的荷载时，则按梁、板下的高度采用；

f_y——钢筋的抗拉强度设计值；

A_s——受拉钢筋的截面面积。

（3）钢筋混凝土过梁

钢筋混凝土过梁的承载力应按混凝土受弯构件计算。验算过梁下砌体局部受压承载力时，可不考虑上层荷载的影响；梁端底面压应力图形完整系数可取 1.0，梁端有效支承长度可取实际支承长度，但不应大于墙厚，即取 $\psi = 0$ 且 $\eta = 1.0$，$\gamma = 1.25$，$a = a_0$。

3.8.1.3　过梁的构造要求

砖砌过梁的构造，应符合下列要求。

① 砖砌过梁截面计算高度内的砂浆不宜低于 M5（Mb5、Ms5）。

② 砖砌平拱用竖砖砌筑部分的高度不应小于 240mm。

③ 钢筋砖过梁底面砂浆层处的钢筋，其直径不应小于 5mm，间距不宜大于 120mm，钢筋伸入支座砌体内的长度不宜小于 240mm，砂浆层的厚度不宜小于 30mm。

3.8.2 挑梁

挑梁是指一端嵌入墙内，一端挑出墙外的钢筋混凝土悬挑构件。在砌体结构房屋中，挑梁多用于在房屋的阳台、雨篷、悬挑楼梯和悬挑外廊中。

3.8.2.1 挑梁的受力性能

挑梁与墙体共同工作（图3.29）。在悬挑力和墙体荷载作用下，挑梁可能有如下三种破坏形态：一是倾覆破坏（挑梁上部砌体被斜向拉开，产生斜裂缝③，当斜裂缝③继续发展难以抑制时，挑梁即产生倾覆破坏）；二是挑梁下砌体被局部压坏〔挑梁的水平裂缝①、②进一步发展时，挑梁下砌体受压区不断减小，应力集中现象更加明显，最终导致挑梁埋入端前部（A部位）下方的砌体局部压碎，引起挑梁下砌体的局部受压破坏〕；三是挑梁本身承载力不足而导致正截面或斜截面破坏。

（1）挑梁的抗倾覆验算

将图3.30中点O作为挑梁倾覆时的计算倾覆点。它至墙外边缘的距离为x_0，可按下列规定采用：当l_1不小于$2.2h_b$时（l_1为挑梁埋入砌体墙中的长度，h_b为挑梁的截面高度），梁计算倾覆点到墙外边缘的距离可取$x_0 = 0.3h_b$，且其计算结果不应大于$0.13l_1$。

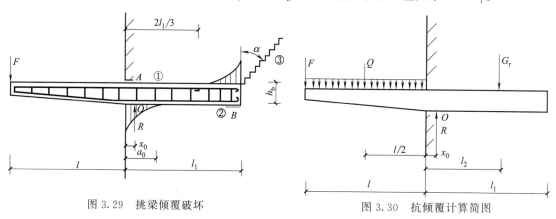

图3.29　挑梁倾覆破坏　　　　　图3.30　抗倾覆计算简图

当l_1小于$2.2h_b$时，梁计算倾覆点到墙外边缘的距离可取$x_0 = 0.13l_1$。

当挑梁下有混凝土构造柱或垫梁时，计算倾覆点到墙外边缘的距离可取$0.5x_0$。

砌体墙中钢筋混凝土挑梁的抗倾覆应按下式计算：

$$M_{ov} \leqslant M_r \tag{3-40}$$

$$M_r = 0.8G_r(l_2 - x_0) \tag{3-41}$$

式中　M_{ov}——挑梁的荷载设计值对计算倾覆点产生的倾覆力矩；

　　　　M_r——挑梁的抗倾覆力矩设计值；

　　　　x_0——计算倾覆点至墙外边缘的距离；

　　　　G_r——挑梁的抗倾覆荷载，为挑梁尾端上部45°扩展角的阴影范围（其水平长度为l_3）内本层的砌体与楼面恒荷载标准值之和（图3.31）；当上部楼层无挑梁时，抗倾覆荷载中可计及上部楼层的楼面永久荷载；

　　　　l_2——G_r作用点至墙外边缘的距离。

雨篷的抗倾覆验算与上述方法相同，应注意的是雨篷梁的宽度往往与墙厚相等，其埋入砌体墙中的长度很小，其倾覆荷载G_r为雨篷梁外端向上倾斜45°扩散角范围（水平投影每边长取$l_3 = l_n/2$）内的砌体与楼面恒荷载标准值之和，如图3.32所示，G_r距墙外边缘的距

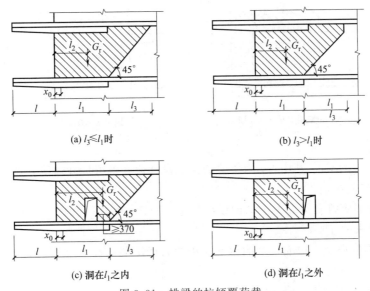

(a) $l_3 \leqslant l_1$ 时   (b) $l_3 > l_1$ 时

(c) 洞在 l_1 之内   (d) 洞在 l_1 之外

图 3.31 挑梁的抗倾覆荷载

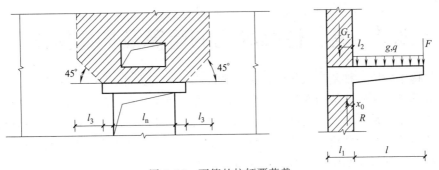

图 3.32 雨篷的抗倾覆荷载

离为 $l_2 = l_1 / 2$。

（2）挑梁下砌体局部受压承载力验算

挑梁下砌体的局部受压承载力可按下式进行验算：

$$N_l \leqslant \eta \gamma f A_l \tag{3-42}$$

式中 N_l——挑梁下的支承压力，可取 $N_l = 2R$，R 为挑梁的倾覆荷载设计值；

      η——梁端底面压应力图形的完整系数，可取 0.7；

      γ——砌体局部抗压强度提高系数，对图 3.33（a）可取 1.25；对图 3.33（b）可取 1.5；

      A_l——挑梁下砌体局部受压面积，可取 $A_l = 1.2bh_b$，b 为挑梁截面宽度，h_b 为挑梁截面高度。

如果式（3-42）不能满足要求，则应在挑梁下与墙体相交处设置刚性垫块或采取其他措施提高挑梁下砌体局部受压承载力。

（3）挑梁中钢筋混凝土梁的承载力计算

挑梁中钢筋混凝土梁的计算方法与一般钢筋混凝土梁的计算方法完全相同，关键是挑梁最不利内力的确定。试验和分析表明，挑梁的最大弯矩与倾覆力矩接近，因此可取挑梁的最大弯矩设计值 $M_{max} = M_0$，其中 M_0 为挑梁的荷载设计值对计算倾覆点截面产生的弯矩。最

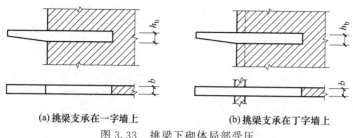

(a) 挑梁支承在一字墙上　　　　　　(b) 挑梁支承在丁字墙上

图 3.33　挑梁下砌体局部受压

大剪力设计值 $V_{max}=V_0$，其中 V_0 为挑梁的荷载设计值在挑梁墙外边缘处截面产生的剪力。

3.8.2.2　构造规定

挑梁设计除了应符合《混凝土结构设计规范》（GB 50010—2010）的有关规定外，尚应满足下列构造要求。

① 纵向受力钢筋至少应有 1/2 的钢筋面积伸入梁尾端，且不少于 $2\phi12$。其余钢筋伸入支座的长度不应小于 $2l_1/3$。

② 挑梁埋入砌体长度 l_1 与挑出长度 l 之比宜大于 1.2；当挑梁上无砌体时，l_1 与 l 之比宜大于 2。

3.9　墙、柱高厚比的验算及构造措施

砌体结构中的墙、柱是受压构件，除要满足截面承载力外，还必须保证其稳定性。墙、柱高厚比验算是保证砌体结构在施工阶段和使用阶段稳定性和房屋空间刚度的重要措施。

墙、柱高厚比系指墙、柱的计算高度 H_0 与规定厚度的比值。规定厚度对墙取墙厚，对柱取对应的边长，对带壁柱墙取截面的折算厚度。墙、柱的高厚比越大，则构件越细长，其稳定性就越差。进行高厚比验算时，要求墙、柱实际高厚比小于允许高厚比。

墙、柱的允许高厚比是在考虑了以往的实践经验和现阶段的材料质量及施工水平的基础上确定的。影响允许高厚比的因素很多，如砂浆的强度等级、横墙的间距、砌体的类型及截面形式、支撑条件和承重情况等，这些因素在计算中通过修正允许高厚比或对计算高度进行修正来体现。

3.9.1　矩形截面墙、柱的高厚比验算

3.9.1.1　墙、柱的高厚比验算

$$\beta=\frac{H_0}{h}\leqslant\mu_1\mu_2[\beta] \tag{3-43}$$

式中　$[\beta]$——墙、柱的允许高厚比，应按表 3.7 采用；

$\quad\quad H_0$——墙、柱的计算高度，应按表 3.2 采用；

$\quad\quad h$——墙厚或矩形柱与 H_0 相应的边长；

$\quad\quad \mu_1$——自承重墙允许高厚比的修正系数，应按下列规定采用；当 $h=240mm$ 时，$\mu_1=1.2$；$h=90mm$ 时，$\mu_1=1.5$；当 $90mm<h<240mm$ 时，μ_1 按线性内插法取值；对上端为自由端的非承重墙，除按上述规定外，μ_1 尚可提高 30%；对于厚度小于 90mm 的墙，当双面用不低于 M10 的水泥砂浆抹面时，

包括抹面层的墙厚不小于 90mm 时，可按墙厚等于 90mm 验算高厚比；

μ_2——有门窗洞口的墙，其允许高厚比的修正系数应按下式计算。

$$\mu_2 = 1 - \frac{0.4b_s}{s} \tag{3-44}$$

式中　b_s——在宽度 s 范围内的门窗洞口总宽度，如图 3.34 所示；

　　　s——相邻窗间墙或壁柱之间的距离。

表 3.7　墙、柱的允许高厚比 $[\beta]$

砌体类型	砂浆强度等级	墙	柱
无筋砌体	M2.5	22	15
	M5.0 或 Mb5.0、Ms5.0	24	16
	≥M7.5 或 Mb7.5、Ms7.5	26	17
配筋砌块砌体	—	30	21

注：1. 毛石墙、柱的允许高厚比应按表中数值降低 20%。

2. 带有混凝土或砂浆面层的组合砖砌体构件的允许高厚比可按表中数值提高 20%，但不得大于 28。

3. 验算施工阶段砂浆尚未硬化的新砌砌体构件的高厚比时，允许高厚比对墙取 14。

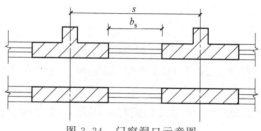

图 3.34　门窗洞口示意图

当按式（3-44）计算的 μ_2 值小于 0.7 时，应采用 0.7。当洞口高度等于或小于墙高对 1/5 时，可取 μ_2 等于 1.0。

当洞口高度大于或等于墙高的 4/5 时，可按独立墙段验算高厚比。

3.9.1.2　带壁柱墙高厚比验算

（1）整片墙高厚比验算

$$\beta = \frac{H_0}{h_T} \leqslant \mu_1\mu_2[\beta] \tag{3-45}$$

式中　h_T——带壁柱墙截面的折算厚度（图 3.9），$h_T = 3.5i$；

　　　i——带壁柱墙截面的回转半径，$i = \sqrt{\dfrac{I}{A}}$，I、A 分别为截面惯性矩和截面面积；

　　　H_0——受压构件的计算高度，根据房屋类别和支承条件等按表 3.2 取用。

如果验算纵墙的高厚比，计算 H_0 时，s 取相邻横墙间距，如图 3.35 所示；如果验算

图 3.35　带壁柱墙验算图

横墙的高厚比，计算 H_0 时，s 取相邻纵墙间距。

（2）壁柱间墙高厚比验算

壁柱间墙的高厚比验算可按式（3-43）进行。计算 H_0 时，s 取如图 3.35 所示壁柱间距离。而且不论房屋静力计算时属于何种计算方案，H_0 则一律按表 3.2 中"刚性方案"考虑。

3.9.1.3　带构造柱墙高厚比验算

① 带构造柱墙，当构造柱截面宽度不小于墙厚 h 时，可按式（3-46）验算：

$$\beta = \frac{H_0}{h} \leqslant \mu_1 \mu_2 \mu_c [\beta] \qquad (3-46)$$

由于钢筋混凝土构造柱可提高墙体使用阶段的稳定性和刚度，因此带构造柱墙的允许高厚比 $[\beta]$ 可乘以一个大于 1 的提高系数 μ_c，μ_c 可按式（3-47）计算：

$$\mu_c = 1 + \gamma \frac{b_c}{l} \qquad (3-47)$$

式中　γ——系数，对细料石砌体，$\gamma = 0$；对混凝土砌块、混凝土多孔砖、粗料石、毛料石及毛石砌体，$\gamma = 1.0$；其他砌体，$\gamma = 1.5$；

　　　　b_c——构造柱沿墙长方向的宽度；

　　　　l——构造柱的间距。

当 $b_c/l > 0.25$ 时取 $b_c/l = 0.25$，当 $b_c/l < 0.05$ 时取 $b_c/l = 0$。

验算带构造柱墙的高厚比，式（3-46）中 h 取墙厚，当确定带构造柱墙的计算高度 H_0 时，s 应取相邻横墙间的距离。

由于在施工阶段中是先砌筑墙体后浇构造柱，因此，考虑构造柱有利作用的高厚比验算不适用于施工阶段。

② 构造柱间墙高厚比验算。构造柱间墙的高厚比验算可按式（3-43）进行验算。计算 H_0 时，s 取相邻构造柱间距离。而且不论房屋静力计算是属于何种计算方案，H_0 一律按表 3.2 中"刚性方案"考虑。

设有钢筋混凝土圈梁的带壁柱墙或带构造柱墙，当 $b/s \geqslant 1/30$ 时，圈梁可视作壁柱间墙或构造柱间墙的不动铰支点（b 为圈梁宽度）。当不满足上述条件且不允许增加圈梁宽度时，可按墙体平面外等刚度原则增加圈梁高度，此时，圈梁仍可视为壁柱间墙或构造柱间墙的不动铰支点。

【例 3.4】　某办公楼平面如图 3.36 所示，采用装配式钢筋混凝土梁板结构，砖墙厚均为 240mm。采用 MU10 砖、M5 混合砂浆砌筑。底层高 4.65m（从基础顶面至楼板高度），窗宽均为 1500mm，门宽为 1000mm。试验算外纵墙高厚比。

【解】　（1）确定房屋静力计算方案

最大横墙间距 $s = 3.6 \times 3 = 10.8$m，查表 3.5，$s < 32$m，为刚性方案。外承重纵墙为 $H = 4.65$m，$s > 2H = 2 \times 4.65 = 9.30$m，查表 3.2，得 $H_0 = 1.0H = 4.65$m。

查表 3.7 得 $[\beta] = 24$。

（2）外纵墙高厚比验算

$$\mu_2 = 1 - 0.4 \frac{b_s}{s} = 1 - 0.4 \times \frac{1500}{3600} = 0.833$$

$$\beta = \frac{H_0}{h} = \frac{4.65}{0.24} = 19.4 < \mu_1 \mu_2 [\beta] = 1.0 \times 0.833 \times 24 = 20$$

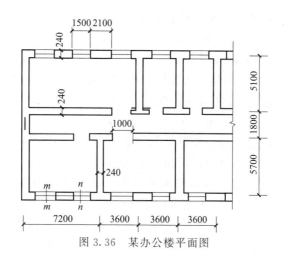

图 3.36　某办公楼平面图

满足要求。

3.9.2　墙、柱的基本构造措施

① 一般五层及五层以上房屋的墙体以及受振动或层高大于 6m 的墙、柱所用材料的最低强度等级：砖为 MU10，砌块为 MU7.5，石材为 MU30，砂浆为 M5。

② 在室内地面以下或防潮层以下的砌体、潮湿房间的墙或潮湿的室内或室外环境，包括与无侵蚀性土和水接触的环境下的砌体，所用材料的最低强度等级应符合表 3.8 的要求。

表 3.8　地面以下或防潮层以下的砌体、潮湿房间的墙所用材料最低强度等级

潮湿程度	烧结普通砖	混凝土普通砖、蒸压普通砖	混凝土砌块	石材	水泥砂浆
稍潮湿的	MU15	MU20	MU7.5	MU30	M5
很潮湿的	MU20	MU20	MU10	MU30	M7.5
含水饱和的	MU20	MU25	MU15	MU40	M10

注：1. 在冻胀地区，地面以下或防潮层以下的砌体，不宜采用多孔砖，如采用，其孔洞率应用不低于 M10 的水泥砂浆预先灌实。当采用混凝土空心砌块时，其孔洞应采用强度等级不低于 Cb20 的混凝土预先灌实。

2. 对安全等级为一级或设计使用年限大于 50 年的房屋，表中材料强度等级应至少提高一级。

③ 板的支承、连接构造要求。为保证结构安全与房屋整体性，预制钢筋混凝土板之间应有可靠连接，预制钢筋混凝土板在圈梁或墙上应有足够的支承长度，这样才能保证楼面板的整体作用，增加墙体约束，减小墙体竖向变形，亦可避免楼板在较大位移时发生坍塌。应符合下列构造要求。

a. 预制钢筋混凝土板与圈梁的连接。预制钢筋混凝土板在混凝土圈梁上的支承长度不应小于 80mm，板端伸出的钢筋应与圈梁可靠连接，且同时浇筑。

b. 预制钢筋混凝土板与墙的连接。预制钢筋混凝土板在墙上的支承长度不应小于 100mm，板支承于内墙时，板端钢筋伸出长度不应小于 70mm，且与支座处沿墙配置的纵筋绑扎，用强度等级不低于 C25 的混凝土浇筑成板带；板支承于外墙时，板端钢筋伸出长度不应小于 100mm，且与支座处沿墙配置的纵筋绑扎，并用强度等级不低于 C25 的混凝土浇筑成板带；预制钢筋混凝土板与现浇板对接时，预制板端钢筋应伸入现浇板中进行连接后再浇筑现浇板。

④ 墙体转角处和纵横墙交接处的构造要求。工程实践表明，墙体转角处和纵横墙交接处设拉结钢筋或焊接钢筋网片，是提高墙体稳定性和房屋整体性的重要措施之一，同时对防止墙体因温度或干缩变形引起的开裂也有一定作用。为此，墙体转角处和纵横墙交接处应沿竖向每隔 400~500mm 设拉结钢筋，其数量为每 120mm 墙厚不少于 1 根直径 6mm 的钢筋或采用焊接钢筋网片，埋入长度从墙的转角或交接处算起，对实心砖墙每边不小于 500mm，对多孔砖墙和砌体墙不小于 700mm。

⑤ 墙、柱截面最小尺寸。墙、柱截面尺寸越小，其稳定性越差，越容易失稳。此外，截面局部削弱、施工质量对墙、柱承载力的影响更加明显。因此，承重的独立砖柱截面尺寸不应小于 240mm×370mm。毛石墙的厚度不宜小于 350mm，毛料石柱较小边长不宜小于 400mm。当有振动荷载时，墙、柱不宜采用毛石砌体。

⑥ 垫块设置。屋架、大梁搁置于墙、柱上时，屋架、大梁端部支承处的砌体处于局部受压状态。当屋架、大梁的受荷面积较大而局部受压面积又较小时，容易发生局部受压破坏。因此，对于跨度大于 6m 的屋架和跨度大于 4.8m 砖砌体、跨度大于 4.2m 砌块或料石砌体、跨度大于 3.9m 毛石砌体的梁，应在支承处砌体上设置混凝土或钢筋混凝土垫块；当墙中设有圈梁时，垫块与圈梁宜浇成整体。

⑦ 壁柱设置。当墙体高度较大且厚度较薄，而所受的荷载却较大时，墙体平面外的刚度和稳定性往往较差。为了加强墙体的刚度和稳定性，可在墙体的适当部位设置壁柱。当梁的跨度大于或等于 6m（采用 240mm 厚的砖墙）、4.8m（采用 180mm 厚的砖墙）、4.8m（采用砌块、料石墙）时，其支承处宜加设壁柱，或采取其他加强措施。山墙处的壁柱宜砌至山墙顶部，屋面构件应与山墙可靠拉结。

⑧ 砌体中留槽洞及埋设管道时的构造要求。在砌体中预留槽洞及埋设管道对砌体的承载力影响较大，尤其是对截面尺寸较小的承重墙体、独立柱更加不利。因此，不应在截面长边小于 500mm 的承重墙体或独立柱内埋设管线；不宜在墙体中穿行暗线或预留、开凿沟槽，无法避免时应采取必要的措施或按削弱后的截面验算墙体的承载力。对受力较小或未灌孔的砌块砌体，允许在墙体的竖向孔洞中设置管线。

⑨ 混凝土砌块墙体的构造要求。为了增强混凝土砌块房屋的整体刚度、提高其抗裂能力，混凝土砌块墙体应符合下列要求。

a. 砌块砌体应分皮错缝搭砌，上、下皮搭砌长度不得小于 90mm。当搭砌长度不满足上述要求时，应在水平灰缝内设置不少于 2 个直径 4mm 的焊接钢筋网片（横向钢筋的间距不应大于 200mm），网片每端均应伸出该垂直缝不小于 300mm。

b. 砌体墙与后砌隔墙交接处，应沿墙高每 400mm 在水平灰缝内设置不少于 2 个直径 4mm、横筋间距不应大于 200mm 的焊接钢筋网片，如图 3.37 所示。

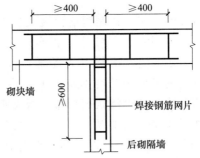

图 3.37 砌块墙与后砌隔墙交接处钢筋网片

c. 混凝土砌块房屋，宜将纵横墙交接处距墙中心线每边不小于 300mm 范围内的孔洞，采用不低于 Cb20 灌孔混凝土沿全墙高灌实。

d. 混凝土砌块墙体的下列部位，如未设圈梁或混凝土垫块，应采用不低于 Cb20 灌孔混凝土将孔洞灌实：搁栅、檩条和钢筋混凝土楼板的支承面下，高度不小于 200mm 的砌体；屋架、梁等构件的支承面下，高度不小于 600mm、长度不小于 600mm 的砌体；挑梁支承面下，距墙中心线每边不小于 300mm、高度不小于 600mm 的砌体。

3.9.3 防止或减轻墙体开裂的主要措施

引起墙体开裂的一种因素是温度变形和收缩变形。当气温变化或材料收缩时，钢筋混凝土屋盖、楼盖和砖墙由于线膨胀系数和收缩率的不同，将产生各自不同的变形，从而引起彼此的约束作用而产生应力。当温度升高时，由于钢筋混凝土温度变形大，砖砌体温度变形小，砖墙阻碍了屋盖或楼盖的伸长，必然在屋盖和楼盖中引起压应力和剪应力，在墙体中引起拉应力和剪应力。当墙体中的主拉应力超过砌体的抗拉强度时，将产生斜裂缝。当温度降低或钢筋混凝土收缩时，将在砖墙中引起压应力和剪应力，在屋盖或楼盖中引起拉应力和剪应力。当主拉应力超过混凝土的抗拉强度时，在屋盖或楼盖中将出现裂缝。

采用钢筋混凝土屋盖或楼盖的砌体结构房屋的顶层墙体常出现裂缝，如内外纵墙和横墙的八字裂缝、沿屋盖支承面的水平裂缝和包角裂缝以及女儿墙水平裂缝等，就是由上述原因产生的。

造成墙体开裂的另一种原因是地基产生过大的不均匀沉降。当地基为均匀分布的软土，而房屋长高比较大时，或地基土层分布不均匀、土质差别很大时，或房屋体型复杂或高差较大时，都有可能产生过大的不均匀沉降，从而使墙体产生附加应力。当不均匀沉降在墙体内引起的拉应力和剪应力超过砌体的强度时，就会产生裂缝。

3.9.3.1 伸缩缝的设置

为防止或减轻房屋在正常使用条件下由温差和砌体干缩变形引起的墙体竖向裂缝，应在墙体中设置伸缩缝。伸缩缝应设在因温度和收缩变形可能引起应力集中、砌体产生裂缝可能性最大的地方。伸缩缝处只需将墙体断开，而不必将基础断开。伸缩缝的间距可按表 3.9 采用。

表 3.9 墙体房屋伸缩缝的最大间距 单位：m

屋盖或楼盖类别		间距
整体式或装配整体式钢筋混凝土结构	有保温层或隔热层的屋盖、楼盖	50
	无保温层或隔热层的屋盖	40
装配式无檩体系钢筋混凝土结构	有保温层或隔热层的屋盖、楼盖	60
	无保温层或隔热层的屋盖	50
装配式有檩体系钢筋混凝土结构	有保温层或隔热层的屋盖、楼盖	75
	无保温层或隔热层的屋盖	60
瓦材屋盖、木屋盖或楼盖、轻钢屋盖		100

注：1. 对烧结普通砖、烧结多孔砖、配筋砌块砌体房屋，取表中数值；对石砌体、蒸压灰砂普通砖、蒸压粉煤灰普通砖、混凝土砌块、混凝土普通砖和混凝土多孔砖房屋，取表中数值乘以 0.8 的系数，当墙体有可靠外保温措施时，其间距可取表中数值。

2. 在钢筋混凝土屋面上挂瓦的屋盖应按钢筋混凝土屋盖采用。

3. 层高大于 5m 的烧结普通砖、烧结多孔砖、配筋砌块砌体结构单层房屋，其伸缩缝间距可按表中数值乘以 1.3。

4. 温差较大且变化频繁地区和严寒地区不采暖的房屋及构筑物墙体的伸缩缝的最大间距，应按表中数值予以适当减小。

5. 墙体的伸缩缝应与结构的其他变形缝相重合，缝宽度应满足各种变形缝的变形要求；在进行立面处理时，必须保证缝隙的变形作用。

3.9.3.2 防止或减轻房屋顶层墙体裂缝的措施

为防止或减轻房屋顶层墙体的裂缝，可根据具体情况采取下列相应措施。

① 屋面应设置保温、隔热层。

② 屋面保温（隔热）层或屋面刚性面层及砂浆找平层应设置分隔缝，分隔缝间距不宜大于 6m，其缝宽不小于 30mm，并与女儿墙隔开。

③ 采用装配式有檩体系钢筋混凝土屋盖和瓦材屋盖。

④ 顶层屋面板下设置现浇钢筋混凝土圈梁，并沿内外墙拉通，房屋两端圈梁下的墙体内宜设置水平钢筋。

⑤ 顶层墙体有门窗等洞口时，在过梁上的水平灰缝内设置 2～3 道焊接钢筋网片或 2 根直径 6mm 钢筋，焊接钢筋网片或钢筋应伸入洞口两端墙内不小于 600mm。

⑥ 顶层及女儿墙砂浆强度等级不低于 M7.5（Mb7.5，Ms7.5）。

⑦ 女儿墙应设置构造柱，构造柱间距不宜大于 4m，构造柱应伸至女儿墙顶并与现浇钢筋混凝土压顶整浇在一起。

⑧ 对顶层墙体施加竖向预应力。

3.9.3.3 防止或减轻房屋底层墙体裂缝的措施

① 增大基础圈梁的刚度。

② 在底层的窗台下墙体灰缝内设置 3 道焊接钢筋网片或 2 根直径 6mm 钢筋，并应伸入两边窗间墙内不小于 600mm。

3.9.3.4 墙体防裂的加强措施

在每层门、窗过梁上方的水平灰缝内及窗台下第一和第二道水平灰缝内，宜设置焊接钢筋网片或 2 根直径 6mm 钢筋，焊接钢筋网片或钢筋应伸入两边窗间墙内不小于 600mm。当墙长大于 5m 时，宜在每层墙高度中部设置 2～3 道焊接钢筋网片或 3 根直径 6mm 的通长水平钢筋，竖向间距为 500mm。

3.9.3.5 防止或减轻房屋两端和底层第一、第二开间门窗洞处的裂缝

房屋两端和底层第一、第二开间门窗洞处，可采取下列防裂措施。

① 在门窗洞口两边墙体的水平灰缝中设置长度不小于 900mm、竖向间距为 400mm 的 2 根直径 4mm 的焊接钢筋网片。

② 在顶层和底层设置通长钢筋混凝土窗台梁，窗台梁高宜为块材高度的模数，梁内纵筋不少于 4 根，直径不小于 10mm，箍筋直径不小于 6mm，间距不大于 200mm，混凝土强度等级不低于 C20。

③ 在混凝土砌块房屋门窗洞口两侧不少于一个孔洞中设置直径不小于 12mm 的竖向钢筋，竖向钢筋应在楼层圈梁或基础内锚固，孔洞用不低于 Cb20 的混凝土灌实。

3.9.3.6 设置竖向控制缝

当房屋刚度较大时，可在窗台下或窗台角处墙体内、墙体高度或厚度突然变化处设置竖向控制缝。竖向控制缝宽度不宜小于 25mm，缝内填以压缩性能好的填充材料，且外部用密封材料密封，并采用不吸水的闭孔发泡聚乙烯实心圆棒（背衬）作为密封膏的隔离物，如图 3.38 所示。

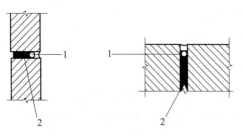

图 3.38 控制缝构造
1—不吸水的闭孔发泡聚乙烯实心圆棒；
2—柔软、可压缩的填充物

3.10　砌体抗震要求

3.10.1　砌体房屋结构的震害

多层砌体房屋所用材料属脆性材料，抗拉、抗剪强度低，抗震性能差。在国内外历次强烈地震中，砌体结构的破坏较严重。砌体结构的抗震设计是为了增强房屋的整体性和延性，防止结构的倒塌。

实践证明，经过认真的抗震设计，通过合理的抗震设防、得当的构造措施、良好的施工质量保证，则即使在中、强地震区，砌体结构房屋也能够不同程度地抵御地震的破坏。

在砌体结构房屋中，墙体是主要的承重构件，它不仅承受垂直方向的荷载，也承受水平和垂直方向的地震作用，受力复杂，加之砌体本身的脆性性质，地震时墙体很容易发生裂缝。在地震反复作用下，裂缝会发展、增多和加宽，最后导致墙体崩塌、楼盖塌落、房屋破坏。其震害情况大致如下。

① 房屋倒塌。这是最严重的震害，主要发生在房屋墙体特别是底层墙体整体抗震强度不足时，房屋将发生整体倒塌；当房屋局部或上层墙体的抗震强度不足或个别部位构件间连接强度不足时，易造成局部倒塌。

② 墙体开裂、破坏。此类破坏主要是因为墙体的强度不足而引起的。墙体裂缝形式主要有水平裂缝、斜裂缝、交叉裂缝和竖向裂缝。高宽比较小的墙体易出现斜裂缝；高宽比较大的窗间墙易出现水平偏斜裂缝；当墙体平面外受弯时，易出现水平裂缝；当纵横墙交接处连接不好时，易出现竖向裂缝。

③ 墙角破坏。墙角为纵横墙的交汇点，房屋对它的约束作用相对较弱。在地震时，房屋发生扭转，该处的位移反应比房屋的其他部位要大，加之在地震作用下的应力状态复杂，较易发生受剪斜裂缝、受压竖向裂缝、块材被压碎或墙角脱落等破坏。

④ 纵横墙及内外墙的连接破坏。一般是因为施工时纵横墙或内外墙分别砌筑，没有很好地咬槎，连接较差，加之地震时两个方向的地震作用，使连接处受力复杂、应力集中，极易被拉开而破坏。这种破坏将导致整片纵墙、山墙外闪甚至倒塌。

⑤ 楼梯间破坏。汶川地震表明，地震中楼梯本身也有破坏，楼梯间的墙体由于在高度方向缺乏支撑，空间相对刚度较差，而且高厚比较大，稳定性差，容易造成破坏。

⑥ 楼盖与屋盖破坏。这类破坏主要是由于楼盖及屋盖的支承系统不完善（如支承长度不足、装配式的支承连接不可靠牢固）所致，或是由于楼盖及屋盖的支承墙体破坏倒塌，引起楼盖、屋盖倒塌。

⑦ 其他附属构件的破坏。主要是由于"鞭端效应"的影响，加之这些构件与建筑物本身连接较差，在地震时容易破坏。如突出屋面的小烟囱、女儿墙或附墙烟囱、隔墙等非结构构件、室内外装饰等，在地震中极易开裂、倒塌。

3.10.2　砌体房屋的抗震概念设计

震害调查与分析表明，砌体结构房屋的抗震性能与其建筑布置、结构选型、抗震计算、构造措施和施工质量等有密切关系。相对于其他形式的结构，砌体结构房屋的抗震概念设计尤为重要，它是保证"小震不坏、中震可修、大震不倒"，尤其是防止房屋在罕遇地震下倒塌的重要环节。抗震概念设计主要包括建筑总体布置、结构选型和抗震构造措施。

3.10.2.1 建筑平面和立面布置中应注意的问题

当房屋的平面和立面布置不规则，亦即平面上凹凸曲折、立面上高低错落时，震害往往比较严重。这一方面是由于各部分的质量和刚度分布不均匀，在地震时，房屋各部分将产生较大的变形差异，使各部分连接处的变形突然变化而引起应力集中。另一方面是由于房屋的质量中心和刚度中心不重合，在地震时，地震作用对刚度中心有较大的偏心矩，因而不仅使房屋产生剪切和弯曲，而且还使房屋产生扭转，从而大大加剧了地震的破坏作用。对于突出屋面的部分，由于鞭端效应将使地震作用增大。突出部位越细长，受地震作用越大，震害往往更为严重。

因此，房屋的平、立面布置宜规则、对称，房屋的质量分布和刚度变化宜均匀。在平面布置方面，应避免墙体局部突出和凹进，如为 L 形或槽形时，应将转角交叉部位的墙体拉通，使水平地震作用能通过贯通的墙体传到相连的另一侧。如侧翼伸出较长（超过房屋宽度），则应以防震缝将其分割成若干独立单元，以免由于刚度中心和质量中心不一致而引起扭转振动，以及在转角处由于应力集中而破坏。此外，应尽量避免将大房间布置在单元的两端。在立面布置方面，应避免局部的突出。如必须布置局部突出的建筑物时，应采取措施，在变截面处加强连接，或采用刚度较小的结构并减轻突出部分的结构自重。

楼梯间或由于刚度相对较大，或由于形式相对复杂，受到的地震作用往往比其他部位大。同时，其顶层的层高又较大，且墙体往往受嵌入墙内的楼梯段的削弱，所以楼梯间的震害往往比其他部位严重。因此，楼梯间不宜布置在房屋端部的第一开间及转角处，不宜突出，也不宜开设过大的窗洞，以免将楼层圈梁切断。同时，应特别注意楼梯间顶层墙体的稳定性。楼层错层处墙体往往震害较重，故楼层不宜有错层，否则应采取特别加强措施。

3.10.2.2 结构选型时应注意的事项

（1）限制砌体结构房屋的高度、层高

在结构布置中，应优先选用横墙承重或纵横墙承重的方案。由于砌体结构的抗震性能较差，故对多层砌体房屋的总高度和层数应有限制，如表 3.10 所示。

表 3.10 砌体结构房屋总高度、层数限值

房屋类别		最小墙厚/mm	设防烈度和设计基本地震加速度										
			6 度		7 度				8 度				9 度	
			0.05g		0.10g		0.15g		0.20g		0.30g		0.40g	
			高度/m	层数	高度/m	层数	高度/m	层数	高度/m	层数	高度/m	层数	高度/m	层数
多层砌体房屋	普通砖	240	21	7	21	7	21	7	18	6	15	5	12	4
	多孔砖	240	21	7	21	7	18	6	18	6	15	5	9	3
	多孔砖	190	21	7	18	6	15	5	15	5	12	4	—	—
	混凝土砌块	190	21	7	21	7	18	6	18	6	15	5	9	3
底部框架-抗震墙砌体	普通砖多孔砖	240	22	7	22	7	19	6	16	5	—	—	—	—
	多孔砖	190	22	7	19	6	16	5	13	4	—	—	—	—
	混凝土砌块	190	22	7	22	7	19	6	16	5	—	—	—	—

注：1. 房屋的总高度指室外地面到主要屋面板板顶或檐口的高度，半地下室从地下室室内地面算起，全地下室和嵌固条件好的半地下室应允许从室外地面算起；对带阁楼的坡屋面应算到山尖墙的 1/2 高度处。

2. 室内外高差大于 0.6m 时，房屋总高度应允许比表中的数据适当增加，但增加量应少于 1.0m。

3. 乙类的多层砌体房屋仍按本地区设防烈度查表，其层数应减少一层且总高度应降低 3m；不应采用底部框架-抗震墙砌体房屋。

各层横墙较少的多层砌体房屋，总高度应比表3.10中的规定降低3m，层数相应减少一层；各层横墙很少的多层砌体房屋，还应再减少一层。所谓横墙较少，是指同一楼层内开间大于4.2m的房间占该层总面积的40%以上；其中，开间不大于4.2m的房间占该层总面积不到20%且开间大于4.8m的房间占该层总面积的50%以上为横墙很少。

　　采用蒸压灰砂普通砖和蒸压粉煤灰普通砖的砌体房屋，当砌体的抗剪强度仅达到普通黏土砖砌体的70%时，房屋的层数应比普通砖房屋减少一层，总高度应减少3m；当砌体的抗剪强度达到普通黏土砖砌体的取值时，房屋层数和总高度的要求同普通砖房屋。

　　（2）限制砌体结构房屋的高宽比

　　多层砌体房屋的总高度与总宽度的最大比值宜符合表3.11的要求。

表3.11　房屋最大高宽比

烈度	6度	7度	8度	9度
最大高宽比	2.5	2.5	2.0	1.5

注：1. 单面走廊房屋的总宽度不包括走廊宽度；
2. 建筑平面接近正方形时，其高宽比宜适当减小。

　　房屋抗震横墙的间距不应超过表3.12的要求。为限制门窗开得过宽削弱墙体的抗震能力，房屋中砌体墙段的局部尺寸不能太小，宜符合表3.13的要求。

表3.12　房屋抗震横墙的间距　　　　　　　　单位：m

房屋类别		烈度			
		6度	7度	8度	9度
多层砌体房屋	现浇或装配整体式钢筋混凝土楼、屋盖	15	15	11	7
	装配式钢筋混凝土楼、屋盖	11	11	9	4
	木屋盖	9	9	4	—
底部框架-抗震墙砌体房屋	上部各层	同多层砌体结构			—
	底部或底部两层	18	15	11	—

注：1. 多层砌体房屋的顶层，除木屋盖外的最大横墙间距应允许适当放宽，但应采取相应加强措施。
2. 多孔砖抗震横墙厚度为190mm时，最大横墙间距应比表中数值减少3m。

表3.13　房屋的局部尺寸限值　　　　　　　　单位：m

部位	烈度			
	6度	7度	8度	9度
承重窗间墙最小宽度	1.0	1.0	1.2	1.5
承重外墙尽端至门窗洞边的最小距离	1.0	1.0	1.2	1.5
非承重外墙尽端至门窗洞边的最小距离	1.0	1.0	1.0	1.0
内墙阳角至门窗洞边的最小距离	1.0	1.0	1.5	2.0
无锚固女儿墙（非出入口处）的最大高度	0.5	0.5	0.5	0.0

注：1. 局部尺寸不足时，应采取局部加强措施弥补，且最小宽度不宜小于1/4层高和表列数据的80%。
2. 出入口处的女儿墙应有锚固。

3.10.2.3 多层砖砌体房屋抗震构造措施

(1) 砖砌体房屋的构造柱

在砌体房屋砌体的规定部位，按构造配筋，并按先砌墙后浇灌混凝土柱的施工顺序制成的混凝土柱通常称为混凝土构造柱，简称构造柱。

历次地震表明，合理设置构造柱的砌体结构房屋抗震能力和抗倒塌能力明显强于未设置构造柱的砌体结构房屋。这是因为构造柱和圈梁对砌体有较大的约束，增大了墙体的塑性变形能力。因而，设置钢筋混凝土构造柱是多层砌体房屋的一项重要抗震构造措施。

① 构造柱设置部位。一般情况下构造柱设置部位应符合表 3.14 的要求；外廊式和单面走廊式的多层房屋、横墙较少的房屋、错层房屋、蒸压灰砂砖和蒸压粉煤灰砖的砌体房屋，其构造柱的设置严于表 3.14 的规定。

表 3.14 砖砌体房屋构造柱设置要求

项目	烈度				设 置 部 位	
	6 度	7 度	8 度	9 度		
房屋层数	4、5	3、4	2、3		楼梯、电梯间四角，楼梯斜梯段上下端对应的墙体处；外墙四角和对应转角；错层部位横墙与外纵墙交接处；大房间内外墙交接处；较大洞口两侧	隔12m或单元横墙与外纵墙交接处；楼梯间对应的另一侧内横墙与外纵墙交接处
	6	5	4	2		隔开间横墙（轴线）与外墙交接处；山墙与内纵墙交接处
	7	≥6	≥5	≥3		内墙（轴线）与外墙交接处；内墙的局部较小墙垛处；内纵墙与横墙（轴线）交接处

注：较大洞口，内墙指不小于 2.1m 的洞口；外墙在内外墙交接处已设置构造柱时应允许适当放宽，但洞侧墙体应加强。

② 构造柱的截面与连接。构造柱最小截面可采用 180mm×240mm（墙厚 190mm 时为 180mm×190mm），纵向钢筋宜采用 4φ12，箍筋间距不宜大于 250mm，且在柱上下端应适当加密；6、7 度时超过 6 层，8 度时超过 5 层和 9 度时，构造柱纵向钢筋宜采用 4φ14，箍筋间距不应大于 200mm；房屋四角的构造柱应适当加大截面及配筋。

构造柱与墙连接处应砌成马牙槎，沿墙高每隔 500mm 设 2φ6 水平钢筋和 φ4 分布短筋平面内点焊组成的拉结网片或 φ4 点焊钢筋网片，每边伸入墙内不宜小于 1m。6、7 度时底部 1/3 楼层，8 度时底部 1/2 楼层，9 度时全部楼层，上述拉结钢筋网片应沿墙体水平通长设置。

构造柱与圈梁连接处，构造柱的纵筋应在圈梁纵筋内侧穿过，保证构造柱纵筋上下贯通。

构造柱可不单独设置基础，但应伸入室外地面下 500mm，或与埋深小于 500mm 的基础圈梁相连。

屋高度和层数接近规范表规定的限值时（表 3.10），纵、横墙内构造柱间距尚应符合下列要求：①横墙内的构造柱间距不宜大于层高的两倍；下部 1/3 楼层的构造柱间距适当减小；②当外纵墙开间大于 3.9m 时，应另设加强措施。内纵墙的构造柱间距不宜大于 4.2m。

丙类的多层砖砌体房屋，当横墙较少且总高度和层数接近或达到规范规定限制时（表 3.10），应采取下列加强措施：①房屋的最大开间尺寸不宜大于 6.6m；②同一结构单元内横墙错位数量不宜超过横墙总数的 1/3，且连续错位不宜多于两道；错位的墙体交接处均应增设构造柱,且楼、屋面板应采用现浇钢筋混凝土板;③横墙和内纵墙上洞口的宽度不宜大于1.5m;外纵墙上洞口的宽度不宜大于2.1m或开间尺寸的一半;且内外墙上洞口位置不应影响内外纵墙与横墙的整体连接;④所有纵横墙均应在楼、屋盖标高处设置加强的现浇钢筋混凝土圈梁;圈梁的截面高度不宜小于150mm,上下纵筋各不应少于3φ10,箍筋不小于φ6,间距不大于300mm;⑤所有纵横墙交接处及横墙的中部均应增设满足下列要求的构造柱:在纵、横墙内的柱距不宜大于3.0m,最小截面尺寸不宜小于240mm×240mm(墙厚190mm时为240mm×190mm),配筋宜符合表3.15的要求;⑥同一结构单元的楼、屋面板应设置在同一标高处;⑦房屋底层和顶层的窗台标高处,宜设置沿纵横墙通长的水平现浇钢筋混凝土带;其截面高度不小于60mm,宽度不小于墙厚,纵向钢筋不少于2φ10,横向分布筋的直径不小于6mm,且其间距不大于200mm。

表3.15 增设构造柱的纵筋和箍筋设置要求

位置	纵向钢筋			箍筋		
	最大配筋率 /%	最小配筋率 /%	最小直径 /mm	加密区范围 /mm	加密区间距 /mm	最小直径 /mm
角柱	1.8	0.8	14	全高	100	6
边柱			14	上端700 下端500		
中柱	1.4	0.6	12			

（2）砖砌体房屋的圈梁

在砌体房屋檐口、窗顶、楼层、吊车梁顶或基础顶面标高处,沿砌体墙水平方向设置封闭状按构造配筋的混凝土梁式构件,称为圈梁。设置了圈梁的房屋整体性和空间刚度都大为增强,能有效地防止和减轻由于地基不均匀沉降或较大振动荷载等对房屋引起的不利影响。

① 圈梁的设置。

a. 车间、仓库等空旷的单层砖砌体房屋,檐口标高为5～8m时,应在檐口标高处设置圈梁一道;檐口标高大于8m时,应增加设置数量。

砌块及料石砌体房屋,檐口标高为4～5m时,应在檐口标高处设置圈梁一道;檐口标高大于5m时,应增加设置数量。

对有吊车或较大振动设备的单层工业房屋,当未采取有效的隔振措施时,除在檐口或窗顶标高处设置现浇钢筋混凝土圈梁外,尚应增加设置数量。

b. 住宅、宿舍、办公楼等多层砌体结构民用房屋,且层数为3～4层时,应在底层和檐口标高处各设置一道圈梁。当层数超过4层时,除应在底层和檐口标高处各设置一道圈梁外,至少应在所有纵、横墙上隔层设置。设置墙梁的多层砌体结构房屋,应在托梁、墙梁顶面和檐口标高处设置现浇钢筋混凝土圈梁。多层砌体工业房屋,应每层设置现浇钢筋混凝土圈梁。设置墙梁的多层砌体房屋应在托梁、墙梁顶面和檐口标高处设置现浇钢筋混凝土圈梁,其他楼层处应在所有纵横墙上每层设置。

c. 建筑在软弱地基或不均匀地基上的砌体结构房屋,除按上述规定设置圈梁外,尚应符合《建筑地基基础设计规范》(GB 5007)的有关规定。

d. 有抗震要求的多层烧结普通砖、多孔砖房的现浇混凝土圈梁设置应符合下列要求。

（a）装配式钢筋混凝土楼盖、屋盖或木楼盖、屋盖的砖房,横墙承重时应按表3.16的要求设置圈梁;纵墙承重时,抗震横墙上的圈梁间距应比表3.16内的要求适当加密。

（b）现浇或装配整体式钢筋混凝土楼盖、屋盖与墙体有可靠连接的房屋,应允许不另设圈梁，但楼板沿墙体周边应加强配筋，并应与相应的构造柱钢筋可靠连接。

表 3.16 多层砖砌体房屋现浇钢筋混凝土圈梁设置要求

墙类	烈度		
	6 度、7 度	8 度	9 度
外墙和内纵墙	屋盖处及每层楼盖处	屋盖处及每层楼盖处	屋盖处及每层楼盖处
内横墙	同上； 屋盖处间距不应大于 4.5m； 楼该处间距不应大于 7.2m	同上； 各层所有横墙，且间距 不应大于 4.5m	同上； 各层所有横墙
	构造柱对应部位	构造柱对应部位	

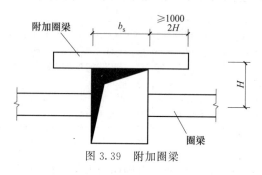

图 3.39 附加圈梁

② 圈梁的构造要求。圈梁宜连续地设在同一水平面上，并形成封闭状，圈梁宜与预制板设在同一标高处或紧靠板底。当圈梁被门窗洞口截断时，应在洞口上部增设相同截面的附加圈梁。附加圈梁与圈梁的搭接长度不应小于其中心线到圈梁中心线垂直间距的两倍，并且不得小于 1m，如图 3.39 所示。

圈梁在表 3.16 要求的间距内无横墙时，应利用梁或板缝中配筋替代圈梁。

圈梁的截面高度不应小于 120mm，配筋应符合表 3.17 的要求。因地基不均匀沉降等原因增设的地圈梁，截面高度不应小于 180mm，配筋不应小于 4ϕ12。

表 3.17 多层砌体房屋圈梁配筋要求

配筋	烈度		
	6 度、7 度	8 度	9 度
最小纵筋	4ϕ10	4ϕ12	4ϕ14
箍筋最大间距/mm	250	200	150

③ 加强构件间连接的构造措施。为增强楼（屋）盖的整体稳定性和保证与墙体有足够支承长度及可靠拉结，有效传递地震作用，楼（屋）盖在构造方面应当满足下列各项要求。

a. 现浇钢筋混凝土楼板或屋面板伸进纵、横墙内的长度，均不应小于 120mm；装配式钢筋混凝土楼板或屋面板，当圈梁未设在板的同一标高时，板端伸进外墙的长度不应小于 120mm；伸进内墙的长度不应小于 100mm 或采用硬架支模连接，在梁上不应小于 80mm 或采用硬架支模连接。

当板的跨度大于 4.8m 并与外墙平行时，靠外墙的预制板侧边应与墙或圈梁拉结。

房屋端部大房间的楼盖，6 度时房屋的屋盖和 7～9 度时房屋的楼盖、屋盖，当圈梁设在板底时，钢筋混凝土预制板应相互拉结，并应与梁、墙或圈梁拉结。

b. 楼盖、屋盖的钢筋混凝土梁或屋架应与墙、柱（包括构造柱）或圈梁可靠连接；不得采用独立砖柱。跨度不小于 6m 大梁的支承构件，应采用组合砌体等加强措施，并满足承载力要求。

c. 楼梯间是地震时的疏散通道，历次地震震害表明，由于楼梯间墙体在高度方向比较空，常常被破坏。当楼梯间设置在房屋尽端时，破坏尤为严重。楼梯间设置应符合下列要求：顶层楼梯间墙体应沿墙高每隔 500mm 设 2ϕ6 通长钢筋和ϕ4 分布短钢筋平面内点焊组成的拉结网片或ϕ4 点焊钢筋网片，7～9 度时其他各层楼梯间应在休息平台或楼层半高处设置 60mm 厚、纵向钢筋不应少于 2ϕ10 的钢筋混凝土带或配筋砖带，配筋砖带不少于 3 皮，每皮配筋不少于 2ϕ6，砂浆强度等级不应低于 M7.5 且不低于同层墙体的砂浆强度等级。

　　楼梯间及门厅内墙阳角处的大梁支承长度不应小于 500mm，并应与圈梁连接。

　　装配式楼梯段应与平台梁可靠连接，8、9 度时不应采用装配式楼梯段；不应采用墙中悬挑式踏步或踏步竖肋插入墙体的楼梯，不应采用无筋砖砌栏板。

　　突出屋顶的楼梯间、电梯间，构造柱应伸到顶部，并与顶部圈梁连接，所有墙体应沿墙高每隔 500mm 设 2ϕ6 通长钢筋和拉结网片或ϕ4 点焊网片。

思考题与习题

一、思考题

　　3.1　砌体结构有何优缺点？主要应用范围如何？

　　3.2　砌体的种类有哪些？

　　3.3　砖砌体轴心受压时分哪几个受力阶段？它们的特征如何？

　　3.4　影响砌体局部抗压强度的因素有哪些？

　　3.5　如何确定砌体房屋的静力计算方案？画出单层房屋三种静力计算方案的计算简图。

　　3.6　为什么要验算墙柱的高厚比？如何验算？

　　3.7　简述圈梁和构造柱在抗震中的作用。

　　3.8　砌体受压构件承载力计算公式中，系数 φ 的意义是什么？

　　3.9　偏心距如何确定？在受压承载力计算时有何限制？

　　3.10　多层刚性方案房屋墙、柱设计的步骤是什么？

二、习题

　　3.11　一承受轴心压力的砖柱，截面尺寸为 $b \times h = 370\text{mm} \times 490\text{mm}$，采用 MU10 烧结普通砖、M5 混合砂浆砌筑，荷载设计值在柱顶产生的轴向力 $N = 200\text{kN}$，柱的计算高度 $H_0 = H = 4.6\text{m}$，试验算该柱的承载力。

　　3.12　某砖柱，截面尺寸为 $b \times h = 490\text{mm} \times 620\text{mm}$，采用 MU10 烧结普通砖、M5 混合砂浆砌筑，荷载设计值在柱底产生的轴向力设计值 $N = 750\text{kN}$，弯矩设计值 $M = 85\text{kN} \cdot \text{m}$（沿长边），该砖柱的计算高度为 $H_0 = H = 3.9\text{m}$，试验算柱的承载力。

　　3.13　如图 3.40 所示砖墙，采用 MU10 烧结普通砖、M7.5 水泥砂浆砌筑，施工质量控制等级为 B 级，计算高度 $H_0 = H = 5.0\text{m}$，当轴向压力作用于该墙截面 A 点时，试验算：(1) 无壁柱时砖墙的承载力为多少？(2) 有壁柱时砖墙的承载力为多少？进行比较。

　　3.14　某单层带壁柱房屋（刚性方案），山墙间距 $s = 20\text{m}$，$H_0 = H = 6.5\text{m}$，开间距离 4m，每开间有 2m 宽的窗洞，采用 MU10 烧结普通砖和 M5 水泥砂浆砌筑。墙厚 370mm，壁柱尺寸如图 3.41 所示。试验算墙的高厚比是否满足要求。

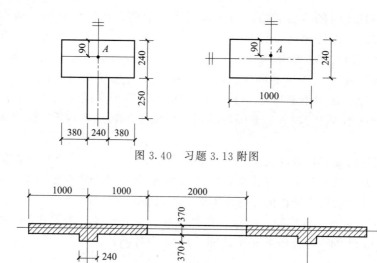

图 3.40 习题 3.13 附图

图 3.41 习题 3.14 附图

第4章
钢 结 构

钢结构通常由钢板和型钢等制成的柱、梁、桁架、板等构件组成，各部分之间用焊缝、螺栓或铆钉连接，是主要的建筑结构之一。

4.1 钢结构的特点和应用范围

4.1.1 钢结构的特点

钢结构是由钢板、热轧型钢或冷弯薄壁型钢制造而成的。钢结构和其他材料的结构（如混凝土、砖石和木材）相比，具有如下特点。

① 钢材的强度高，结构的重量轻。钢材的重度虽然比其他建筑材料大，但它的强度却高得多，在同样受力情况下，钢结构自重小，可以做成高层建筑、超高层建筑、跨度较大的公共建筑。

② 钢材的塑性、韧性好。钢材的塑性好，结构在一般情况下，不会因偶然超载或局部超载而突然断裂。钢材的韧性好，使结构对动荷载的适应性较强。

③ 钢材的材质均匀，可靠性高。钢材内部组织均匀、各向同性。钢结构的实际工作性能与所采用的理论计算结果符合程度好，因此，结构的可靠性高。

④ 钢材具有可焊性。由于钢材具有可焊性，使钢结构的连接大为简化，适应于制造各种复杂形状的结构。

⑤ 钢结构制作、安装的工业化程度高。钢结构的制作主要是在专业化金属结构厂进行，因而制作简便，精度高。制成的构件运到现场安装，装配化程度高，安装速度快，工期短。

⑥ 钢结构的密封性好。钢材内部组织很致密，当采用焊接连接，甚至采用铆钉或螺栓连接时，都容易做到紧密不渗漏。

⑦ 钢结构耐热但不耐火。当钢材表面温度在100℃以内时，钢材的强度变化很小，因此钢结构适用于热车间。当温度超过250℃时，其强度明显下降。当温度达到600℃时，强度几乎为零。所以，发生火灾时，钢结构的耐火时间较短，会发生突然的坍塌。因此，当环境温度有可能达到150℃以上时钢结构需要采取隔热和耐火措施。

⑧ 钢材的耐腐蚀性差。钢材在潮湿环境中，特别是处于有腐蚀性介质环境中容易锈蚀，需要定期维护，如除锈、刷漆，增加了维护费用。

4.1.2 钢结构的应用范围

（1）大跨度结构

结构跨度越大，自重在全部荷载中所占比重也就越大，减轻结构自重可以获得明显的经济效果。钢结构强度高而重量轻，特别适合于大跨度结构，如大会堂、体育馆、飞机装配车间以及铁路、公路桥梁等。

（2）重型工业厂房结构

在跨度、柱距较大，有大吨位吊车的重型工业厂房以及某些高温车间，可以部分采用钢结构（如钢屋架、钢吊车梁）或全部采用钢结构（如冶金厂的平炉车间、重型机器厂的铸钢车间、造船厂的船台车间等）。

（3）受动力荷载影响的结构

设有较大锻锤或产生动力作用的厂房，或对抗震性能要求高的结构，宜采用钢结构，因钢材有良好的韧性。

（4）高层建筑和高耸结构

当房屋层数多和高度大时，采用其他材料的结构会给设计和施工增加困难。因此，高层建筑的骨架宜采用钢结构。

高耸结构包括塔架和桅杆结构，如高压电线路的塔架、广播和电视发射用的塔架、桅杆等，宜采用钢结构。

（5）可拆卸的移动结构

需要搬迁的结构，如建筑工地生产和生活用房的骨架、临时性展览馆等，用钢结构最为适宜，因钢结构重量轻，而且便于拆装。

（6）容器和其他构筑物

冶金、石油、化工企业大量采用钢板制作容器，包括油罐、气罐、热风炉、高炉等。此外，经常使用的还有皮带通廊栈桥、管道支架等钢构筑物。

（7）轻型钢结构

当荷载较小时，小跨度结构的自重也就成为一个重要因素，这时采用钢结构较为合理。这类结构多用圆钢、小角钢或冷弯薄壁型钢制作。

4.2 钢结构的材料

4.2.1 钢材的主要机械性能指标

钢结构在使用过程中要受到各种形式的作用，这就要求钢材必须具有抵抗各种作用而不产生过大变形和不会引起破坏的能力。钢材在各种作用下所表现出的各种特征，如弹性、塑性、强度，称为钢材的机械性能。钢材的主要机械性能指标有五项，即抗拉强度、断后伸长率、屈服强度、冷弯性能和冲击韧性，这都是通过试验得到的。

钢材的单向均匀受拉应力-应变曲线（图 4.1）提供了前三项机械性能指标。抗拉强度（或称极限强度）f_u 是钢材的一项强度指标，它反映钢材受拉时所能承受的极限应力，是检验钢材质量的重要指标；当以钢材屈服强度作为静力强度计算依据时，抗拉强度成为结构的安全储备。断后伸长率（简称伸长率）δ 是表示钢材塑性性能的一个指标，用以表示钢材断裂前发生塑性变形的能力，δ 值越大，塑性性能越好。屈服强度（也称屈服点）f_y 是钢结构设计中静力强度计算的依据，它是衡量钢材的承载能力及确定钢材抗拉、抗压、抗弯强度设计值的一项重要指标。通过冷弯试验得到对钢材性能要求的第四项指标：冷弯性能，它是衡量钢材的塑性性能和检验钢材质量优劣的一个综合指标。通过冲击试验得到对钢材性能要求的第五项指标：冲击韧性，它是衡量钢材抵抗可能因低温、应力集中、动力荷载作用而导致脆性断裂能力的一项指标。满足冲击韧性的要求是个比较严格的指标，实际上只有经常承受较大、使用较频繁的动力荷载的结构，特别是焊接结构，才需要有冲击韧性的保证。

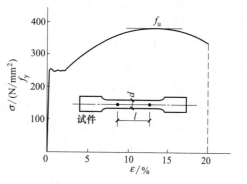

图 4.1　碳素结构钢材的应力-应变曲线

4.2.2　钢材的种类、选择和规格

4.2.2.1　钢材的种类

我国现有的钢材牌号有上百种，但适宜于制作钢结构的却只有有限的几种。对承重结构，《钢结构设计标准》（GB 50017—2017）推荐采用以下六种钢材：Q235、Q345、Q390、Q420、Q460 和 Q345GJ 钢，其中 Q235 钢是碳素结构钢，Q345、Q390、Q420、Q460 钢是低合金高强度结构钢，Q345GJ 钢是高性能建筑结构用钢。

（1）碳素钢

我国生产的专用于结构的碳素钢有 Q235（Q 是屈服点的汉语拼音首位字母，数值表示钢材的屈服点，单位 N/mm^2）。Q235 钢共分为 A、B、C、D 四个质量等级（A 级最差，D 级最好）。A、B 级钢按脱氧方法分为沸腾钢（符号 F）、镇静钢（符号 Z），C 级为镇静钢，D 级为特殊镇静钢（符号 TZ）；Z 和 TZ 在牌号中省略不写。

（2）低合金钢

为了得到较 Q235 钢更高的强度，可在低碳钢的基础上冶炼时加入为提高钢材强度的合金元素如锰、钒等，得到合金钢。加入适量的合金成分后，可使钢水在冷却时得到细而均匀的晶粒，从而提高了强度又不损害塑性与韧性。这与碳素钢依靠增加碳的含量而提高强度完全不同。我国钢结构设计标准中推荐采用的低合金钢是《低合金高强度结构钢》（GB/T 1591—2018）中的 Q355 钢、Q390 钢、Q420 钢和 Q460 钢四种，推荐采用的高性能建筑结构用钢 Q345GJ，质量等级分 A～E 共 5 级，低合金钢均为镇静钢或特殊镇静钢。

在受力大的承重钢结构中采用低合金钢，可较 Q235 钢节约钢材 15%～25%。

4.2.2.2　钢材的选择

选择钢材的目的是要在保证结构安全可靠的基础上，经济合理地使用钢材。通常要考虑以下几点。

（1）选择钢材的依据

① 结构或构件的重要性。

② 荷载性质（静力荷载或动力荷载）。

③ 连接方法（焊接、铆钉或螺栓连接）。

④ 工作条件（温度及腐蚀介质）。

（2）建筑钢结构的选材要求

① A级钢仅可用于结构工作温度高于0℃的不需要验算疲劳的结构，且Q235A钢不宜用于焊接结构。

② 需验算疲劳的焊接结构用钢材符合下列规定：当工作温度高于0℃时其质量等级不应低于B级；当工作温度不高于0℃但高于－20℃时，Q235钢、Q355钢不应低于C级，Q390钢、Q420钢和Q460钢不应低于D级；当工作温度不高于－20℃时，Q235钢和Q355钢不应低于D级，Q390钢、Q420钢及Q460钢应选用E级。

③ 需验算疲劳的非焊接结构，其钢材质量等级要求可较上述焊接结构降低一级但不应低于B级。吊车起重不小于50t的中级工作制吊车梁，其质量等级要求与需要验算疲劳的构件相同。

④ 承重结构的钢材至少应保证屈服强度（f_y）、抗拉强度（f_u）、断后伸长率（δ）和硫、磷含量的合格，对焊接结构还应具有碳含量的合格保证。

焊接承重结构以及重要的非焊接承重结构采用的钢材应具有冷弯试验的合格保证，例如吊车梁、吊车桁架，有振动设备或有大吨位吊车厂房的屋架、托架，大跨度重型桁架等，以及需要弯曲成型的构件等承重结构的钢材。

对于直接承受动力荷载或需验算疲劳的构件所用钢材尚应具有冲击韧性的合格保证，例如重级工作制和吊车起重量等于或大于50t的中级工作制焊接吊车梁、吊车桁架或类似结构的钢材。

对于重级工作制的非焊接吊车梁、吊车桁架或类似结构的钢材，必要时亦应具有冲击韧性的合格保证。

4.2.2.3　钢材的规格

钢结构所用钢材主要有热轧成型的钢板和型钢以及冷弯成型的薄壁型钢。

（1）钢板

钢板分为厚钢板、薄钢板和扁钢。其规格如下：厚钢板，厚度5～60mm，宽度600～3000mm，长度4～12 m；薄钢板，厚度0.35～4mm，宽度500～1500mm，长度0.5～4 m；扁钢，厚度4～60mm，宽度12～200mm，长度3～9 m。

钢板通常用"—厚度×宽度×长度"表示。如—10×600×12000表示为10mm厚、600mm宽、12m长的钢板（也有采用把宽度写在厚度前面的标注方法，两者均可）。

（2）型钢

型钢可以直接用作构件，以减少加工制造工作量，在设计中应优先选用。常用的热轧型钢有角钢、L型钢、工字钢、槽钢和钢管，如图4.2所示。

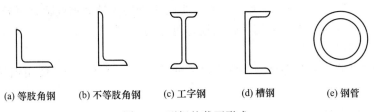

|(a) 等肢角钢　　(b) 不等肢角钢　　(c) 工字钢　　(d) 槽钢　　(e) 钢管|

图4.2　型钢的截面形式

角钢有等肢的和不等肢的两种。等肢角钢以肢宽和厚度表示，如∟100×10为肢宽100mm、厚10mm的等肢角钢。不等肢角钢则以两肢宽度和厚度表示，如∟100×80×8为长肢宽100mm、短肢宽80mm、厚度为8mm的角钢。角钢长度一般为8～19m。

槽钢用号数表示，号数即为其高度的厘米数。号数20以上还附以字母a或b或c以区别腹板厚度，如⊏32a、⊏32b 和⊏32c 三种截面的高度都是 320mm，但其腹板厚度不同，各为 8mm、10mm 和 12mm。槽钢有普通槽钢和轻型槽钢两种。槽钢长度一般为 5～19m。

工字钢和槽钢一样用号数表示，20 号以上附以区别腹板厚度的字母。如 I 40c 即高度为 400mm、腹板为较厚的工字钢。常用的工字钢有普通工字钢和轻型工字钢两种。工字钢长度一般为 5～19m。

钢管用"ϕ"后面加"外径×厚度"表示，如 $\phi102×5$ 即外径 102mm、壁厚 5mm 的钢管。钢管有无缝钢管和焊接钢管两种。钢管长度一般为 3～10m。

（3）薄壁型钢

薄壁型钢是用 1.5～5mm 厚的薄板经模压或弯曲成型。我国目前生产的薄壁型钢的截面形式如图 4.3 所示。

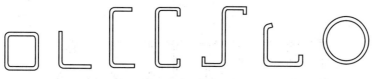

图 4.3　薄壁型钢的截面形式

4.3　钢结构的基本构件的设计

钢结构的基本构件有轴心受力构件、受弯构件和拉弯、压弯构件。普通钢结构中，一般受力构件及其连接中不应采用厚度小于 5mm 的钢板、厚度小于 3mm 的钢管、截面小于 ∟45×4 或 ∟56×36×4 的角钢（焊接结构）和截面小于 ∟50×5 的角钢（螺栓连接或铆钉连接的结构）。轻型钢结构采用圆钢或小角钢（小于 ∟45×4 或 ∟56×36×4）制作，受力构件及其连接中不宜采用厚度小于 4mm 的钢板；圆钢直径不宜小于 12mm（对于屋架）、8mm（对于檩条或拉条）、16mm（对于支撑）。

4.3.1　轴心受力构件

4.3.1.1　轴心受力构件的应用和截面形式

轴心受力构件包括轴心受拉构件和轴心受压构件。

在钢结构中，屋架、托架、塔架和网架等各种类型的平面或空间桁架以及支撑系统，通常均为轴心受拉和轴心受压构件组成。工作平台、多层和高层房屋骨架的柱承受梁或桁架传来的荷载，当荷载为对称布置且不考虑水平荷载时，属于轴心受压柱。柱通常由柱头、柱身和柱脚三部分组成，如图 4.4 所示。

在普通桁架、塔架、网架及其支撑系统中的杆件常采用的截面形式如图 4.5 所示。轴心受压柱以及受力较大的轴心受力构件采用的截面形式如图 4.6

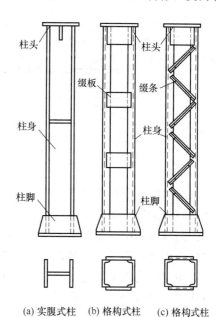

图 4.4　柱组成

(a) 实腹式柱　(b) 格构式柱（缀板式）　(c) 格构式柱（缀条式）

所示，其中图 4.6（a）为实腹式构件，图 4.6（b）为格构式构件。

图 4.5　普通桁架杆件的截面形式

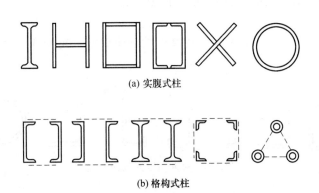

(a) 实腹式柱

(b) 格构式柱

图 4.6　柱的截面形式

4.3.1.2　轴心受拉构件的计算

设计轴心受拉构件时，应根据结构的用途、构件受力大小和材料供应情况选用合理的截面形式。轴心受拉构件的计算包括强度和刚度两方面的内容。

图 4.7 所示为一由双角钢组成的 T 形截面轴心受拉构件，端部以螺栓与节点板相连。构件上将出现两个控制截面：一个是有螺栓孔的净截面 1—1，另一个是无螺栓孔的毛截面 2—2。

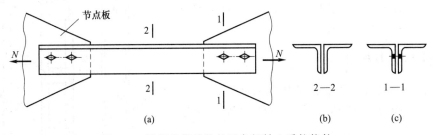

图 4.7　端部有螺栓孔的双角钢轴心受拉构件

当净截面上的平均应力达到屈服点 f_y，并不会导致构件破坏，但当净截面上的平均应力达到钢材的抗拉强度 f_u 时，就会使构件在净截面处断裂。对毛截面而言，则当其平均应力达到钢材的屈服点时，整个构件将产生较大的伸长变形。根据承载能力极限状态的定义，当结构或构件达到最大承载能力或达到不适于继续承载的变形时，即进入承载能力极限状态。上述拉杆的两个情况：一个使构件拉断，另一个使构件产生过大的伸长变形，因而都将使构件进入承载能力极限状态。这样，对轴心受拉构件的承载能力极限状态的验算应包括下列两式，即必须同时满足：

对毛截面
$$\sigma = \frac{N}{A} \leqslant f_y \frac{1}{\gamma_{Ry}}$$
(4-1)

对净截面

$$\sigma = \frac{N}{A_n} \leqslant f_u \frac{1}{\gamma_{Ru}} \tag{4-2}$$

式中，N 为构件所承受的轴心拉力设计值；A 和 A_n 分别为构件的毛截面面积和净截面面积；f_y 和 f_u 分别为钢材的屈服强度和抗拉强度；γ_{Ry} 和 γ_{Ru} 分别为验算钢材屈服和钢材断裂的抗力分项系数。由于断裂的危害大于过大变形，因而一般常取 $\gamma_{Ru} = 1.2\gamma_{Ry}$。

我国《钢结构设计标准》（GB 50017—2017）中，γ_{Ry} 的取值随钢材牌号和钢材厚度而有所不同，为 $1.090 \sim 1.180$，则 $\gamma_{Ru} = 1.2\gamma_{Ry} = 1.31 \sim 1.42$，即 $1/\gamma_{Ru} = 0.70 \sim 0.76$，设计标准统一取 $1/\gamma_{Ru} = 0.7$；$f_y/\gamma_{Ry} = f$。因此验算轴心受拉构件截面强度的公式为式（4-3）式和（4-4）。

（1）强度计算

轴心受拉构件截面强度的公式为：

对毛截面

$$\sigma = \frac{N}{A} \leqslant f \tag{4-3}$$

对净截面

$$\sigma = \frac{N}{A_n} \leqslant 0.7f_u \tag{4-4}$$

当沿构件全长都有排列较密的螺栓孔时，为避免变形过大，其截面强度应按下式计算：

$$\frac{N}{A_n} \leqslant f \tag{4-5}$$

采用高强度螺栓摩擦型连接的构件，其毛截面强度应按式（4-3）计算，净截面断裂按下式计算：

$$\sigma = \left(1 - \frac{0.5n_1}{n}\right)\frac{N}{A_n} \leqslant 0.7f_u \tag{4-6}$$

式中　N——所计算截面处拉力设计值，N；

　　　A_n——构件的净截面面积，当构件多个截面有孔时，取最不利的截面，mm^2；

　　　f——钢材抗拉强度设计值，N/mm^2；

　　　f_u——钢材的抗拉强度最小值，N/mm^2；

　　　n——在节点或拼接处，构件一端连接的高强度螺栓数目；

　　　n_1——所计算截面（最外列螺栓处）高强度螺栓数目；

　　　A——构件的毛截面面积，mm^2。

（2）刚度计算

轴心受拉构件的刚度通常用长细比 λ 来衡量，长细比是构件的计算长度 l_0 与构件截面回转半径 i 的比值，即 $\lambda = l_0/i$。λ 越小，构件刚度越大，反之则刚度越小。l_0 的取值见表 4.1。

表 4.1　桁架弦杆和单系腹杆的计算长度 l_0

弯曲方向	弦杆	腹杆	
		支座斜杆和支座竖杆	其他腹杆
桁架平面内	l	l	$0.8l$
桁架平面外	l_1	l	l
斜平面	—	l	$0.9l$

注：1. l 为构件的几何尺寸（节点中心距离）；l_1 为桁架弦杆侧向支承点之间的距离。

2. 斜平面是指与桁架平面斜交的平面，适用于构件截面两主轴均不在桁架平面内的单角钢腹杆和双角钢十字形截面腹杆。

3. 无节点板的腹杆计算长度在任意平面内均取其等于几何长度。

λ 过大会使构件在使用过程中由于自重发生挠曲，在动荷载作用下容易产生振动，在运输和安装过程中容易产生弯曲。因此，设计时应使构件最大长细比不超过规定的容许长细比，即：

$$\lambda = \frac{l_0}{i} \leqslant [\lambda] \tag{4-7}$$

式中　[λ]——构件容许长细比，按表4.2采用。

表 4.2　受拉构件的容许长细比

构件名称	承受静力荷载或间接承受动力荷载的结构			直接承受动力荷载的结构
	一般建筑结构	对腹杆提供平面外支点的弦杆	有重级工作制起重机的厂房	
桁架的杆件	350	250	250	250
吊车梁或吊车桁架以下的柱间支撑	300	—	200	—
其他拉杆、支撑、系杆等（张紧的圆钢除外）	400	—	350	—

注：1. 除对腹杆提供平面外支点的弦杆外，承受静力荷载的结构中受拉构件，可仅计算受拉构件在竖向平面内的长细比。

2. 在直接或间接承受动力结构荷载的结构中，计算单角钢受拉构件的长细比时，应采用角钢的最小回转半径；但在计算交叉杆件平面外的长细比时，应采用与角钢肢边平行轴的回转半径。

3. 受拉构件在永久荷载与风荷载组合作用下受压时，其长细比不宜超过250。

4. 中、重级工作制吊车桁架下弦杆的长细比不宜超过200。

5. 在设有夹钳或刚性料耙等硬钩起重机的厂房中，支撑的长细比不宜超过300。

6. 跨度大于或等于60m的桁架，其受拉弦杆和腹杆的长细比，承受静力荷载或间接承受动力荷载时不宜超过300，直接承受动力荷载时不宜超过250。

（3）截面设计

轴心受拉构件的截面设计较为简单。在选定了构件截面形式和所用钢材牌号后，即可根据构件的内力设计值 N 和构件在两个方向的计算长度 l_{0x} 和 l_{0y}，按下述公式求得需要的构件截面面积和必须具有的回转半径 i_x 和 i_y。

需要的截面面积为：

$$A \geqslant \frac{N}{f}, A_n \geqslant \frac{N}{0.7f_u} \tag{4-8}$$

当为焊接结构时，$A_n = A$；当为螺栓连接时，$A_n = (0.80 \sim 0.90)A$。

需要的截面回转半径为：

$$i_x \geqslant \frac{l_{0x}}{[\lambda]}, i_y \geqslant \frac{l_{0y}}{[\lambda]} \tag{4-9}$$

根据需要的截面面积 A 和回转半径 i_x 与 i_y，即可由型钢表上选取采用的截面尺寸，然后按式（4-3）、式（4-4）和式（4-7）分别验算截面的强度和刚度。

4.3.1.3　实腹式轴心受压构件的计算

实腹式轴心受压构件的计算包括强度、整体稳定、局部稳定和刚度四个方面的内容。

（1）强度

轴心受压构件的强度计算公式同轴心受拉构件式（4-3）和式（4-4），但孔洞有螺栓填充者（无虚孔）不必验算净截面强度。通常截面强度不是轴心受压构件的控制条件，除非构件长细比 λ 很小且截面又有削弱（含有虚孔）时。

（2）整体稳定

轴心受压构件，除构件很短及有孔洞等削弱时可能发生强度破坏外，往往当荷载还没有达到按强度考虑的极限值时，构件就会因屈曲而丧失承载力，即整体失稳破坏。稳定问题是钢结构中的一个突出问题，设计时应给予极大的重视。

材料力学中讨论了理想的轴心受压杆的整体稳定计算，但实际工程中并不存在这种理想的压杆。实际工程中的轴心受压构件常受到以下主要的不利因素的影响。

① 初始缺陷。初始缺陷包括初弯曲和初偏心。构件在制造、运输和安装过程中，不可避免地会产生微小的初弯曲；由于构造或施工的原因，轴向压力没有通过构件截面的形心而形成偏心。这样，在轴向压力作用下，构件侧向挠度从加载起就会不断增加，使得构件除受有轴向压力作用外，实际上还存在因构件挠曲而产生的弯矩，如图 4.8 所示，从而降低了构件的稳定承载力。

② 残余应力。残余应力是指构件受力前，构件内就已经存在自相平衡的初应力。构件的焊接、钢材的轧制、火焰切割等会产生残余应力。图 4.9 给出了焊接工字形截面构件的残余应力（焊接应力）的分布（"＋"号表示残余拉应力，"－"号表示残余压应力）。残余应力通常不会影响构件的静力强度承载力，因它本身自相平衡。但残余压应力将使其所处截面提早发展塑性，导致轴心受压构件的刚度和稳定承载力下降。

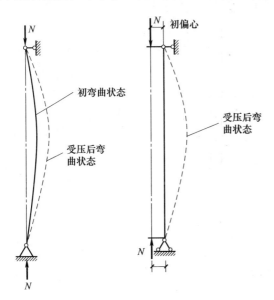

图 4.8　有初始缺陷的轴心受压构件

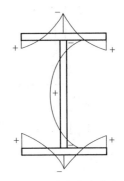

图 4.9　残余应力分布

轴心受压构件整体稳定按下式计算：

$$\frac{N}{\varphi A f} \leqslant 1.0 \qquad (4\text{-}10)$$

式中　A——构件毛截面面积；

　　　φ——轴心受压构件稳定系数，它与构件的长细比 λ 有关，按表 4.3、表 4.4 查得截面分类后，按附表 24、附表 25 查出。

根据截面形式、对截面哪一个主轴屈曲、钢材边缘加工方法、组成截面板材厚度四个因素，截面分为 a、b、c、d 四类：a 类截面，残余应力的影响最小，稳定系数 φ 值最高；b 类有多种截面，稳定系数 φ 值低于 a 类；c 类截面，残余应力的影响最大，稳定系数 φ 值更低；d 类截面，为厚板工字形截面绕弱轴（y 轴）屈曲的情形，其残余应力在厚度方向变化影响更显著，稳定系数 φ 值最低。

表 4.3　轴心受压构件的截面分类（板厚 $t < 40\text{mm}$）

截面形式			对 x 轴	对 y 轴
轧制			a 类	a 类
轧制	$b/h \leqslant 0.8$		a 类	b 类
	$b/h > 0.8$		a^* 类	b^* 类
轧制等边角钢			a^* 类	a^* 类
焊接，翼缘为焰切边		焊接		
轧制				
轧制、焊接（板件宽厚比>20）	轧制或焊接		b 类	b 类
焊接		轧制截面和翼缘为焰切边的焊接截面		
格构式		焊接，板件边缘焰切		

续表

截面形式	对 x 轴	对 y 轴
焊接,翼缘为轧制或剪切边	b 类	c 类
焊接,板件边缘轧制或剪切	c 类	c 类
轧制、焊接(板件宽厚比≤20)	c 类	c 类

注：1. a* 类含义为 Q235 钢取 b 类，Q355、Q390、Q420 和 Q460 钢取 a 类；b* 类含义为 Q235 钢取 c 类，Q355、Q390、Q420 和 Q460 钢取 b 类。

2. 无对称轴且剪心和形心不重合的截面，其截面分类可按有对称轴的类似截面确定，如不等边角钢采用等边角钢的类别；当无类似截面时，可取 c 类。

表 4.4　轴心受压构件的截面分类（板厚 $t \geqslant 40\text{mm}$）

截面形式		对 x 轴	对 y 轴
轧制工字形或 H 形截面	$t<80\text{mm}$	b 类	c 类
	$t \geqslant 80\text{mm}$	c 类	d 类
焊接工字形截面	翼缘为焰切边	b 类	b 类
	翼缘为轧制或剪切边	c 类	d 类
焊接箱形截面	板件宽厚比>20	b 类	b 类
	板件宽厚比≤20	c 类	c 类

（3）局部稳定

实腹式组合截面（如工字形、箱形等）的轴心受压构件都是由板件组成的，如果这些板件过薄，则在均匀压应力作用下，将偏离其正常位置而形成波形屈曲，这种现象称为局部失稳，如图 4.10 所示。

《钢结构设计规范》对实腹式组合截面的轴心受压构件的局部稳定采取限制板件宽（高）厚比的办法来保证。对于工程中常用的工字形组合截面轴心受压构件，翼缘板和腹板的局部稳定计算如下：

翼缘板
$$\frac{b}{t}\leqslant(10+0.1\lambda)\varepsilon_k \qquad (4-11)$$

腹板
$$\frac{h_0}{t_w}\leqslant(25+0.5\lambda)\varepsilon_k \qquad (4-12)$$

式中　b，t——翼缘板自由外伸宽度和厚度，见图 4.11；

h_0，t_w——腹板的计算高度和厚度，见图 4.11；

λ——构件对截面两主轴（x 轴、y 轴）长细比中的较大值，即 $\lambda=\max(\lambda_x,\lambda_y)$，当 $\lambda<30$ 时，取 $\lambda=30$；当 $\lambda>100$ 时，取 $\lambda=100$；

ε_k——钢号修正系数，其值为 235 与钢材牌号中屈服点数值的比值的平方根，即 $\varepsilon_k=\sqrt{235/f_y}$；

f_y——钢材的屈服强度设计值。

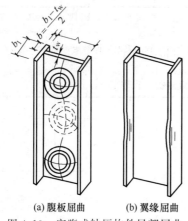

| (a) 腹板屈曲　　(b) 翼缘屈曲 |
图 4.10　实腹式轴压构件局部屈曲

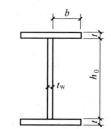

图 4.11　H 形（工字形）截面

由于轧制的工字钢、槽钢的翼缘板和腹板均较厚，局部稳定均能满足要求，不必计算。

（4）刚度

轴心受压构件的刚度同轴心受拉构件一样用长细比来衡量，按式（4-5）验算刚度。

对于受压构件，长细比更为重要。长细比过大，会使其稳定承载力降低太多，在较小荷载下就会丧失整体稳定，因此其容许长细比 [λ] 限制更应严格。受压构件的容许长细比按表 4.5 采用。

表 4.5　钢结构受压构件的容许长细比 [λ]

项次	构件名称	容许长细比[λ]
1	轴心受压柱、桁架和天窗架中的杆件	150
	柱的缀条、吊车梁或吊车桁架以下的柱间支撑	
2	支撑（吊车梁或吊车桁架以下的柱间支撑除外）	200
	用以减少受压构件计算长度的杆件	

注：1. 当杆件内力设计值等于或小于承载能力的 50% 时，容许长细比可取为 200。

2. 跨度等于或大于 60m 的桁架，其受压弦杆和端压杆和直接承受动力荷载的受压腹杆的长细比不宜大于 120。

3. 计算单角钢受压构件的长细比时，应采用角钢的最小回转半径，但计算在交叉点相互连接的交叉杆件在平面外的长细比时，可采用与角钢肢边平行轴的回转半径。

4. 验算容许比时，可不考虑扭转效应。

（5）轴心受压构件截面的设计原则

① 截面面积的分布应尽可能远离主轴线，以增加截面的回转半径，从而提高构件的稳定性和刚度。具体措施是在满足局部稳定和使用等条件下，尽量加大截面轮廓尺寸而减小板厚，在工字形截面中应取腹板较薄而翼缘较厚。

② 使两个主轴的稳定系数尽量接近，这样构件对两个主轴的稳定性接近相等，即等稳定设计。

③ 便于与其他构件连接。

④ 构造简单、制造方便。

⑤ 选用能得到供应的钢材规格。

单角钢截面适用于塔架、桅杆结构。双角钢便于在不同情况下组成接近等稳定的压杆截面，常用于节点连接杆件的桁架中。用单独的热轧普通工字钢作轴心受压构件，制造最省工，但它的两个主轴回转半径相差较大，当构件对两个主轴的计算长度相差不多时，其两个主轴的稳定性相差很大，用料费。用三块钢板焊成的工字形组合截面轴压柱，具有组织灵活、截面的面积分布合理，便于采用自动焊和构造简单等特点。这种截面通常高度和宽度做得相同，当构件对两个主轴的计算长度相差一倍时，能接近等稳定，故应用最广泛。箱形、十字形、钢管截面，其截面对两个主轴的回转半径相近或相等，箱形截面的抗扭刚度大，但与其他构件的连接比较困难。格构式轴压构件的优点是肢件的间距可以调整，能够使两个主轴稳定性相等，用料较实腹式经济，但制作较费工。格构式轴心受压构件的计算有强度、整体稳定、单肢稳定、刚度及连接肢件的缀材计算等内容。

4.3.1.4　轴心受压构件的设计步骤

① 假定长细比。根据经验，荷载小于 1500kN、构件计算长度为 5～6m 时，可假定 $\lambda = 80 \sim 100$；荷载为 3000～3500kN 的构件，可假定 $\lambda = 60 \sim 70$。由假定长细比按截面形式和加工条件查出相应的稳定系数 φ。

② 由假定的长细比 λ 和查得的 φ，按式（4-10）求出保持整体稳定所需的截面面积：

$$A \geqslant \frac{N}{\varphi f}$$

以及构件在两个主轴方向的回转半径 i_x、i_y：

$$i_x = \frac{l_{0x}}{\lambda} \tag{4-13}$$

$$i_y = \frac{l_{0y}}{\lambda} \tag{4-14}$$

③ 根据 A、i_x、i_y 选择型钢号并按式（4-7）验算长细比，不合适时须重选再验算。

④ 对于实腹式轴心受压构件，按式（4-11）和式（4-12）要求验算局部稳定。

【例 4.1】　图 4.12 所示为一管道支架，其支柱的设计压力为 $N = 1400$kN（设计值），柱两端铰接，钢材为 Q235，截面无孔眼削弱。试用热轧 H 型钢设计此支柱的截面。

【解】　支柱在两个方向的计算长度不相等，故取如图 4.12（b）所示的朝向，将强轴顺 x 轴方向，弱轴顺 y 轴方向。这样，柱在两个方向的计算长度

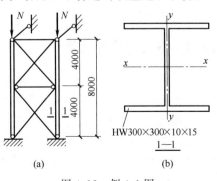

图 4.12　例 4.1 图

分别为：$l_{0x}=8000\mathrm{mm}$；$l_{0y}=4000\mathrm{mm}$。

（1）试选截面

Q235 钢钢号修正系数 $\varepsilon_k=1.0$。

假设热轧 H 型钢的长细比 $\lambda=60$，因 $b/h=300/300=1.0>0.8$，由表 4.3 查得对 x 轴属 b 类截面、对 y 轴属 c 类截面，当 $\lambda=60$ 时，由附表 24 查得 $\varphi=0.807$，由附表 25 查得 $\varphi=0.709<0.807$，所需截面几何量为：

$$A=\frac{N}{\varphi f}=\frac{1400\times10^3}{0.709\times215}=9184(\mathrm{mm}^2)$$

$$i_x=\frac{l_{0x}}{\lambda}=\frac{8000}{60}=133(\mathrm{mm})$$

$$i_y=\frac{l_{0y}}{\lambda}=\frac{4000}{60}=67(\mathrm{mm})$$

试选 HW300×300×10×15，$A=11850\mathrm{mm}^2$，$i_x=131\mathrm{mm}$，$i_y=75.5\mathrm{mm}$，$t_w=10\mathrm{mm}$，$t=15\mathrm{mm}$，$b=145\mathrm{mm}$，$h_0=300-15\times2=270$（mm）。

（2）截面验算

$$\lambda_x=\frac{l_{0x}}{i_x}=\frac{8000}{131}=61.1<[\lambda]=150$$

$$\lambda_y=\frac{l_{0y}}{i_y}=\frac{4000}{75.5}=53.0<[\lambda]=150$$

因对 x 轴属 b 类、对 y 轴属 c 类，故由 $\lambda_x=61.1$ 查附表 24 得 $\varphi=0.802$，由 $\lambda_y=53.0$ 查附表 25 得 $\varphi=0.755$。

$$\frac{N}{\varphi A f}=\frac{1400\times10^3}{0.755\times11850\times215}=0.73<1.0$$

（3）按式（4-11）、式（4-12）验算局部稳定

$$\lambda_{\max}=\max\{\lambda_x,\lambda_y\}=\lambda_x=61.1$$

$$\frac{b}{t}=\frac{145}{15}=9.67<(10+0.1\lambda)\varepsilon_k=(10+0.1\times61.1)\times1=16.11$$

$$\frac{h_0}{t_w}=\frac{270}{10}=27<(25+0.5\lambda)\varepsilon_k=(25+0.5\times61.1)\times1.0=55.55$$

满足要求。

（4）刚度

$$\lambda_{\max}=61.1<[\lambda]=150$$

满足要求。

4.3.2 钢受弯构件（梁）

4.3.2.1 受弯构件的应用及截面形式

受弯构件是用以承受横向荷载的构件，也称为梁，应用很广泛。例如建筑中的楼（屋）盖梁、檩条、墙架梁、工作平台梁以及吊车梁等。

梁按受力和使用要求可采用型钢梁和组合梁。前者加工简单、价格较廉，但截面尺寸受到规格的限制。后者适用于荷载和跨度较大，而采用型钢梁不能满足受力要求的情况。

型钢梁通常采用热轧工字钢和槽钢［图 4.13（a）、（b）］，荷载和跨度较小时，也可采

用冷弯薄壁型钢［图 4.13（c）、(d)］，但因截面较薄，对防腐要求较高。

组合梁由钢板用焊缝或铆钉或螺栓连接而成。其截面组织较灵活，可使材料在截面上的分布更为合理，用料省。用三块钢板焊成的工字形组合梁［图 4.13（e）］，构造简单、制作方便，故应用最为广泛。承受动荷载的梁，如钢材质量不满足焊接结构要求时，可采用铆接或高强度螺栓连接［图 4.13（f）］。当梁的荷载很大而其截面高度受到限制，或抗扭要求较高时，可采用箱形截面［图 4.13（g）］。

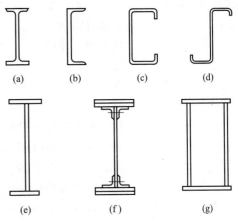

图 4.13　梁的截面形式

梁按其弯曲变形情况不同，分为仅在一个主平面内受弯的单向弯曲梁和在两个主平面内受弯的双向弯曲梁（也称斜弯曲梁）。工程中大多数是单向弯曲梁，屋面檩条和吊车梁等是双向弯曲梁。

4.3.2.2　钢梁的计算

梁的计算包括截面的强度、整体稳定、构件的局部稳定、局部承压强度、构件的刚度（挠度）五个方面的内容。

通过上述计算可确定所选构件截面是否可靠和适用。五项内容中前四项属按承载能力极限状态的计算，需采用荷载的设计值。第五项为按正常使用极限状态的计算，计算挠度时需按荷载标准值计算。

（1）强度

梁在横向荷载作用下，在其截面中将产生弯曲正应力和剪应力（图 4.14），梁的截面通常由抗弯强度和抗剪强度确定。

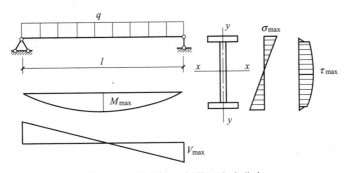

图 4.14　梁的内力与截面应力分布

① 抗弯强度（正应力）计算。梁的抗弯强度按下式计算。

在弯矩 M_x 作用下：

$$\frac{M_x}{\gamma_x W_{nx}} \leqslant f \qquad (4\text{-}15)$$

在弯矩 M_x 和 M_y 作用下：

$$\frac{M_x}{\gamma_x W_{nx}} + \frac{M_y}{\gamma_y W_{ny}} \leqslant f \qquad (4\text{-}16)$$

式中　M_x，M_y——同一截面处绕 x 轴和 y 轴的弯矩设计值（对工字形截面，x 轴为强轴，y 轴为弱轴）；

$\quad\quad\quad W_{nx}$，W_{ny}——截面对 x 轴和 y 轴的净截面弹性截面模量，当截面板件宽厚比等级为 S1 级、S2 级、S3 级和 S4 级时应取全截面模量；当截面宽厚比等级为 S5 级时应取有效截面模量（均匀受压翼缘有效外伸宽度可取 $15t_f\varepsilon_k$）；

$\quad\quad\quad\quad\quad f$——钢材抗弯强度设计值（抗拉、抗压相同）；

$\quad\quad\quad \gamma_x$，γ_y——对 x 轴和 y 轴的截面塑性发展系数，对工字形和箱形截面（当截面板件宽厚比等级为 S4 级、S5 级时），$\gamma_x=\gamma_y=1.0$；对工字形截面（当截面板件宽厚比等级为 S1 级、S2 级、S3 级时），$\gamma_x=1.05$，$\gamma_y=1.2$；对箱形截面（当截面板件宽厚比等级为 S1 级、S2 级、S3 级时），$\gamma_x=\gamma_y=1.05$；对需要计算疲劳的梁，宜取 $\gamma_x=\gamma_y=1.0$。

截面板件宽厚比等级，根据截面承载力和塑性转动变形能力的不同，我国《钢结构设计标准和条文说明》（GB 50017—2017）将截面按其板件宽厚比分为 5 个等级。

S1 级：可达全截面塑性，保证塑性铰具有塑性设计要求的转动能力，且在转动过程中承载力不降低，称为一级塑性截面，也可称为塑性转动截面。

S2 级：可达全截面塑性，但由于局部屈曲，塑性铰转动能力有限，称为二级塑性截面。

S3 级：翼缘全部屈服，腹板可发展不超过 1/4 截面高度的塑性，称为弹塑性截面。

S4 级：边缘纤维可达屈服强度，但由于局部屈曲而不能发挥塑性，称为弹性截面。

S5 级：在边缘纤维达屈服应力前，腹板可能发生局部屈曲，称为薄壁截面。

工字形截面梁的截面板件宽厚比等级划分见表 4.6，表中 ε_k 是钢号修正系数。

表 4.6　工字形、箱形截面梁的截面板件宽厚比等级及限值

板件宽厚比等级		S1	S2	S3	S4	S5	备注
工字形截面	翼缘 b/t	$9\varepsilon_k$	$11\varepsilon_k$	$13\varepsilon_k$	$15\varepsilon_k$	20	b 和 t 分别为翼缘板的自由外伸宽度和厚度
	腹板 h_0/t_w	$65\varepsilon_k$	$72\varepsilon_k$	$93\varepsilon_k$	$124\varepsilon_k$	250	h_0 和 t_w 分别为腹板的计算高度和厚度
箱形截面	壁板（腹板）间翼缘 b_0/t	$25\varepsilon_k$	$32\varepsilon_k$	$37\varepsilon_k$	$42\varepsilon_k$	—	b_0 和 t 分别为壁板间的距离和板厚度

② 梁截面上的抗剪强度（剪应力）计算。梁的抗剪强度按下式计算：

$$\tau = \frac{VS_x}{I_x t_w} \leqslant f_v \qquad (4\text{-}17)$$

式中　V——计算截面沿腹板方向作用的剪力设计值；

$\quad\quad S_r$——计算剪应力处以上或以下毛截面对中和轴 x 的面积矩；

$\quad\quad I_x$——计算截面对主轴 x 的毛截面惯性矩；

$\quad\quad t_w$——计算剪应力处腹板的截面厚度；

$\quad\quad f_v$——钢材抗剪强度设计值。

（2）整体稳定

如图 4.15 所示，梁在最大刚度平面内弯曲（绕 x 轴弯曲），当受压翼缘的弯曲应力达到某一值后，就会出现平面外的弯曲和扭转，最后使梁迅速丧失承载力，这种现象称为梁丧失整体稳定。梁丧失整体稳定时的荷载一般低于强度破坏时的荷载，且失稳破坏是突然发生的，危害性大，因此，除计算梁的强度外，还必须验算其稳定性。

在最大刚度主平面内受弯的构件，其整体稳定性按下式计算：

$$\frac{M_x}{\varphi_b W_x f} \leqslant 1.0 \tag{4-18}$$

式中 M_x——梁跨中绕截面强轴 x 的最大弯矩设计值；

       W_x——按受压最大纤维确定的梁毛截面模量，当截面板件宽厚比等级为 S1 级、S2 级、S3 级、S4 级时应取全截面模量；当截面宽厚比等级为 S5 级时应取有效截面模量（均匀受压翼缘有效外伸宽度可取其厚度 $15t_f \varepsilon_k$）；

       φ_b——梁的整体稳定系数（下标 b 为 beam 的简写）。

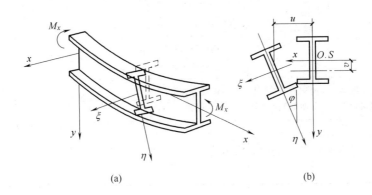

图 4.15   钢梁丧失整体稳定

在两个主平面受弯的 H 型钢截面或工字形截面构件，其整体稳定性按下式计算：

$$\frac{M_x}{\varphi_b W_x f} + \frac{M_y}{\gamma_y W_y f} \leqslant 1.0 \tag{4-19}$$

式中 W_x，W_y——按受压纤维确定的对 x 轴和 y 轴毛截面抵抗矩；

       φ_b——绕强轴弯曲所确定的梁的整体稳定系数。

对于等截面焊接工字形和轧制 H 型钢简支梁的整体稳定系数 φ_b 可按下列公式计算：

$$\varphi_b = \beta_b \frac{4320}{\lambda_y^2} \times \frac{Ah}{W_x} \left[\sqrt{1 + \left(\frac{\lambda_y t_1}{4.4h}\right)^2} + \eta_b \right] \varepsilon_k \tag{4-20}$$

$$\lambda_y = \frac{l_1}{i_y} \tag{4-21}$$

当按式（4-20）算得的 φ_b 值大于 0.6 时，应以下式计算的 φ'_b 代替 φ_b 值：

$$\varphi'_b = 1.07 - \frac{0.282}{\varphi_b} \leqslant 1.0 \tag{4-22}$$

式中 β_b——梁整体稳定的等效弯矩系数，应按表 4.7 采用；

       λ_y——梁在侧向支承点间对截面弱轴 y—y 的长细比；

       A——梁的毛截面面积；

   h，t_1——梁截面的全高和受压翼缘厚度，等截面铆接（或高强度螺栓连接）简支梁，其受压翼缘厚度 t_1 包括翼缘角钢厚度在内，mm；

       l_1——梁受压翼缘侧向支承点之间的距离，mm；

       i_y——梁毛截面对 y 轴的回转半径，mm；

       η_b——截面不对称影响系数，对双轴对称截面 $\eta_b = 1.0$，对单轴对称工字形截面，加强受压翼缘 $\eta_b = 0.8(2\alpha_b - 1)$，加强受拉翼缘 $\eta_b = 2\alpha_b - 1$，其中 $\alpha_b = \dfrac{I_1}{I_1 + I_2}$。

表 4.7　H 型钢和等截面工字形简支梁的系数 β_b

项次	侧向支承	荷载		$\xi \leqslant 2.0$	$\xi > 2.0$	适用范围
1	跨中无侧向支承	均布荷载作用在	上翼缘	$0.69+0.13\xi$	0.95	双轴对称和加强受压翼缘的单轴对称工字形截面
2			下翼缘	$1.73-0.20\xi$	1.33	
3		集中荷载作用在	跨度中点有一个侧向支承点	$0.73+0.18\xi$	1.09	
4			下翼缘	$2.23-0.28\xi$	1.67	
5	跨度中点有一个侧向支承点	跨度中点有一个侧向支承点	均布荷载作用在	上翼缘	1.15	双轴对称和所有单轴对称工字形截面
6				下翼缘	1.40	
7			集中荷载作用在截面高度上任意位置		1.75	
8						
9	跨中有不少于两个等距离侧向支承点	跨中有不少于两个等距离侧向支承点	任意荷载作用在	上翼缘	1.20	双轴对称和所有单轴对称工字形截面
				下翼缘	1.40	
10	梁端有弯矩,但跨中无荷载作用			$1.75-1.05\left(\dfrac{M_2}{M_1}\right)+$ $0.3\left(\dfrac{M_2}{M_1}\right)^2$,但≤2.3		

注:1. ξ 为参数,$\xi=\dfrac{l_1 t_1}{b_1 h}$,其中 b_1 为受压翼缘的宽度。

2. M_1 和 M_2 为梁的端弯矩,使梁产生同向曲率时 M_1 和 M_2 取同号,产生反向曲率时取异号,$|M_1| \geqslant |M_2|$。

3. 表中项次 3、4 和 7 的集中荷载是指一个或少数几个集中荷载位于跨中央附近的情况,对其他情况的集中荷载,应按表中项次 1、2、5、6 内的数值采用。

4. 表中项次 8、9 的 β_b,当集中荷载作用在侧向支承点处时,取 $\beta_b=1.20$。

5. 荷载作用在上翼缘是指荷载作用点在翼缘表面,方向指向截面形心;荷载作用在下翼缘是指荷载作用点在翼缘表面,方向背向截面形心。

6. 对 $\alpha_b > 0.8$ 的加强受压翼缘工字形截面,下列情况的 β_b 值应乘以相应的系数:项次 1,当 $\xi \leqslant 1.0$ 时,乘以 0.95;项次 3,当 $\xi \leqslant 0.5$ 时,乘以 0.90;当 $0.5 < \xi \leqslant 1.0$ 时,乘以 0.95。

对于轧制普通工字钢简支梁,其整体稳定系数 φ_b 可按表 4.8 采用。

表 4.8　轧制普通工字钢简支梁的整体稳定系数 φ_b

项次	荷载情况			工字钢型号	自由长度 l_1								
					2m	3m	4m	5m	6m	7m	8m	9m	10m
1	跨中无侧向支承点的梁	集中荷载作用于	上翼缘	10~20	2.0	1.30	0.99	0.80	0.68	0.58	0.53	0.48	0.43
				22~32	2.40	1.48	1.09	0.86	0.72	0.62	0.54	0.49	0.45
				36~63	2.80	1.60	1.07	0.83	0.68	0.56	0.50	0.45	0.40
2			下翼缘	10~20	3.10	1.95	1.34	1.01	0.82	0.69	0.63	0.57	0.52
				22~40	5.50	2.80	1.84	1.37	1.07	0.86	0.73	0.64	0.56
				45~63	7.30	3.60	2.30	1.62	1.20	0.96	0.80	0.69	0.60
3		均布荷载作用于	上翼缘	10~20	1.70	1.12	0.84	0.68	0.57	0.50	0.45	0.41	0.37
				22~40	2.10	1.30	0.93	0.73	0.60	0.51	0.45	0.40	0.36
				45~63	2.60	1.45	0.97	0.73	0.59	0.50	0.44	0.38	0.35
4			下翼缘	10~20	2.50	1.55	1.08	0.83	0.68	0.56	0.52	0.47	0.42
				22~40	4.00	2.20	1.45	1.10	0.85	0.70	0.60	0.52	0.46
				45~63	5.60	2.80	1.80	1.25	0.95	0.78	0.65	0.55	0.49

项次	荷载情况	工字钢型号	自由长度 l_1								
			2m	3m	4m	5m	6m	7m	8m	9m	10m
5	跨中有侧向支承点的梁（不论荷载作用点在截面高度上的位置）	10～20	2.20	1.39	1.01	0.79	0.66	0.57	0.52	0.47	0.42
		22～40	3.00	1.80	1.24	0.96	0.76	0.65	0.56	0.49	0.43
		45～63	4.00	2.20	1.38	1.01	0.80	0.66	0.56	0.49	0.43

注：1. 荷载作用于上翼是指荷载作用点在翼缘表面，方向指向截面形心；荷载作用于下翼缘是指荷载作用于翼缘表面，方向背向截面形心。

2. 表中集中荷载是指一个或少数几个集中荷载位于跨中附近情况。

3. 表中数字适用于 Q235 钢，对其他钢号，表中数值应乘以 ε_k^2。

4. 当所得的 φ_b 大于 0.6 时，应由 $\varphi'_b = 1.07 - (0.282/\varphi_b)$ 代替 φ_b。

提高梁整体稳定性的措施是：梁的整体稳定承载力与梁的侧向刚度（EI_y）、受压翼缘的自由长度等因素有关。加大侧向刚度或减小受压翼缘自由长度都可以提高梁的整体稳定性。具体措施是：加大梁受压翼缘宽度；在受压翼缘平面内设置支承以减小其自由长度。《钢结构设计标准》规定，满足下列条件之一者，梁的整体稳定有保证，可以不计算其整体稳定。

① 有铺板（各种钢筋混凝土板和钢板）密铺在梁的受压翼缘上并与其牢固连接，能阻止梁受压翼缘的侧向位移时。

② H 型钢或等截面工字形截面简支梁受压翼缘的自由长度 l_1 与其宽度 b_1 之比不超过表 4.9 所规定的数值时 ［原《钢结构设计规范》（GB 50017—2003）规定，可参考使用］。

表 4.9　H 型钢或工字形截面简支梁不需计算整体稳定性的最大 l_1/b_1

钢号	跨中无侧向支承点的梁		跨中有侧向支承点的梁，不论荷载作用于何处
	荷载作用在上翼缘	荷载作用在下翼缘	
Q235	13.0	20.0	16.0
Q355	10.5	16.5	13.0
Q390	10.0	15.5	12.5
Q420	9.5	15.0	12.0

注：1. 其他钢号的梁不需计算整体稳定性的最大 l_1/b_1 值，应取 Q235 钢的数值乘以钢号修正系数 ε_k。

2. 表中对跨中无侧向支承点的梁，l_1 为梁的跨度；对跨中有侧向支承点的梁，l_1 为受压翼缘侧向支承点间的距离（梁的支座处应视为有侧向支承），b_1 为受压翼缘的宽度。

（3）局部稳定

从经济的观点出发，设计组合梁截面时总是力求采用高而薄的腹板以增大截面的抗弯刚度；采用宽而薄的翼缘板以提高梁的整体稳定。但当钢板过薄时，腹板或受压翼缘在尚未达到强度限值或丧失整体稳定之前，就可能发生波曲或屈曲而偏离其正常位置，这种现象称为梁的局部失稳。梁的局部失稳会恶化梁的整体工作性能，必须避免。

为保证梁受压翼缘的局部稳定，当截面宽厚比等级为 S4 级时应满足（其他板件宽厚比等级应满足表 4.6）：

$$\frac{b}{t} \leqslant 15\varepsilon_k \tag{4-23}$$

式中　b，t——受压翼缘的自由外伸宽度和厚度。

为保证梁腹板的局部稳定，较为经济的办法是设置加劲肋（图 4.16）。按腹板高（h_0）

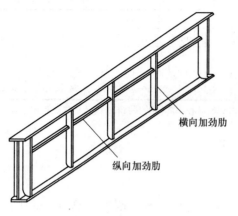

横向加劲肋

纵向加劲肋

图 4.16 采用加劲肋的梁

厚（t_w）比的不同，当 $h_0/t_w \leqslant 80\varepsilon_k$ 时，一般梁不设置加劲肋；当 $80\varepsilon_k < h_0/t_w \leqslant 170\varepsilon_k$ 时，应设置横向加劲肋；当 $h_0/t_w > 170\varepsilon_k$ 时，应设置横向加劲肋和在受压区设置纵向加劲肋。

轧制的工字钢和槽钢，其翼缘和腹板都比较厚，不会发生局部失稳，不必采取措施。

（4）局部承压强度

当梁的翼缘受有沿腹板平面作用并指向腹板的集中荷载，且该荷载处又未设置支承加劲肋时，临近荷载作用处的腹板计算高度边缘将受到较大的局部承压应力。为了避免该处产生局部屈服，计算公式如下：

$$\sigma_c = \frac{\psi F}{l_z t_w} \leqslant f \tag{4-24}$$

$$l_z = a + 5h_y + 2h_R \tag{4-25}$$

$$l_z = 3.25\sqrt[3]{\frac{I_R + I_f}{t_w}} \tag{4-26}$$

式中　F——集中荷载设计值，对动力荷载应考虑动力系数，N；

　　　ψ——集中荷载的增大系数，对重级工作制吊车，$\psi = 1.35$；对其他梁，$\psi = 1.0$；

　　　l_z——集中荷载在腹板计算高度上边缘的假定分布长度，可按式（4-25）或式（4-26）计算；

　　　I_R——轨道绕自身形心轴的惯性矩，mm^4；

　　　I_f——梁上翼缘绕翼缘中面的惯性矩，mm^4；

　　　a——集中荷载沿梁跨度方向的支承长度，mm，对钢轨上的轮压可取 50mm；

　　　h_y——自梁顶面至腹板计算高度上边缘的距离，对焊接梁为上翼缘厚度，对轧制工字形截面梁，是梁顶面到腹板过渡完成点的距离，mm；

　　　h_R——轨道的高度，对梁顶无轨道的梁取值为 0，mm；

　　　f——钢梁的抗压强度设计值，N/mm^2。

在梁的支座处，当不设置支承加劲肋时，应计算腹板计算高度下边缘的局部压应力，但取 $\psi = 1.0$。支座集中反力的假定分布长度，应根据支座具体尺寸按式（4-25）计算。

在梁的腹板计算高度边缘处，若同时承受较大的正应力、剪应力和局部压应力时，其折算应力应按下列公式计算：

$$\sqrt{\sigma^2 + \sigma_c^2 - \sigma\sigma_c + 3\tau^2} \leqslant \beta_1 f \tag{4-27}$$

$$\sigma = \frac{M}{I_n}y_1 \tag{4-28}$$

式中　σ，τ，σ_c——腹板计算高度边缘同一点上同时产生的正应力、剪应力和局部正应力，σ 和 σ_c 以拉应力为正值，压应力为负值，N/mm^2；

　　　I_n——梁净截面惯性矩，mm^4；

　　　y_1——所计算点至梁中和轴的距离，mm；

　　　β_1——强度增大系数，当 σ 和 σ_c 异号时，取 $\beta_1 = 1.2$；当 σ 和 σ_c 同号时或 $\sigma_c = 0$

时，取 $\beta_1 = 1.1$。

（5）刚度

梁的刚度要求就是限制其在荷载标准值作用下的挠度不超过容许值，变形过大会影响正常使用，同时也给人带来不安全感。

梁的刚度应满足：

$$v \leqslant [v] \tag{4-29}$$

式中　v——梁的最大挠度，按材料力学中计算杆件挠度的方法计算；

　　　$[v]$——梁的容许挠度，一般简支梁为 $l/250$。

满跨均布荷载作用下简支梁的最大挠度为：

$$v = \frac{5}{384} \times \frac{q_k l^4}{EI_x} = \frac{5}{48} \times \frac{M_{xk} l^2}{EI_x} \tag{4-30}$$

跨度中点一个集中荷载作用下简支梁的最大挠度为：

$$v = \frac{1}{48} \times \frac{P_k l^3}{EI_x} = \frac{1}{12} \times \frac{M_{xk} l^2}{EI_x} \tag{4-31}$$

在较复杂荷载作用下，如在均布荷载和多个集中荷载共同作用下，简支梁的最大挠度可近似按下式计算：

$$v = \frac{1}{10} \times \frac{M_{xk} l^2}{EI_x} \tag{4-32}$$

4.3.3　钢拉弯和压弯构件

拉弯和压弯构件是指同时承受轴心拉力或轴心压力及弯矩的构件，也称为偏心受拉或偏心受压构件。拉弯和压弯构件的弯矩可以由纵向荷载不通过构件截面形心的偏心引起，也可由横向荷载引起（图 4.17）。

钢结构中常采用拉弯和压弯构件，尤其是压弯构件的应用更为广泛。例如单层厂房的柱、多层或高层房屋的框架柱、承受不对称荷载的工作平台柱、支架柱等。桁架中承受节间荷载的杆件则通常是压弯或拉弯构件。

拉弯和压弯构件，当弯矩较小时，它们的截面形式与一般轴心受力构件截面形式相同（图 4.5、图 4.6）；当弯矩较大时，应采用在弯矩作用平面内高度较大的截面。对于压弯构件，如只有一个方向的弯矩较大时（如绕 x 轴的弯矩），可采用如图 4.18 所示的单轴对称的截面形式，并使较大翼缘位于受压较大一侧。

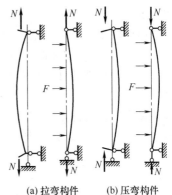

(a) 拉弯构件　　(b) 压弯构件

图 4.17　拉弯和压弯构件

4.3.3.1　钢拉弯构件的计算

拉弯构件的计算一般只需要考虑强度和刚度两个方面。但对以承受弯矩为主的拉弯构件，当截面一侧最外纤维发生较大的压应力时，则也应考虑和计算构件的整体稳定性以及受压板件的局部稳定性。这里只讲一般受力情况下拉弯构件的计算。

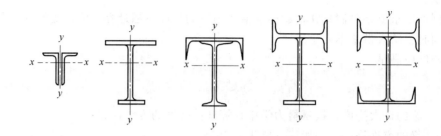

图 4.18　实腹式压弯构件截面形式

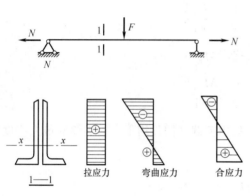

图 4.19　拉弯构件截面应力分布

（1）强度

拉弯构件的截面上，除有轴心拉力产生的拉应力外，还有弯矩产生的弯曲应力，构件截面的应力应为两者之和（图 4.19）。截面设计时，应按截面上最大正应力计算强度：

$$\frac{N}{A_n} \pm \frac{M_x}{\gamma_x W_{nx}} \pm \frac{M_y}{\gamma_y W_{ny}} \leqslant f \qquad (4\text{-}33)$$

式中　N，M_x，M_y——轴心拉力设计值、绕 x 轴和绕 y 轴的弯矩设计值。

其余符号意义同前，其实质是应力的叠加，即弯矩作用下的截面边缘最大应力与轴心受力的轴力作用下截面应力的叠加。当单向受弯时，公式可简化为：

$$\frac{N}{A_n} \pm \frac{M_x}{\gamma_x W_{nx}} \leqslant f \qquad (4\text{-}34)$$

（2）刚度

拉弯构件的刚度计算与轴心受拉构件相同，限值构件的最大长细比小于容许长细比。

4.3.3.2　钢压弯构件的计算

实腹式压弯构件的计算包括强度、整体稳定、局部稳定和刚度四个方面的内容。

（1）强度

对实腹式压弯构件，当截面无削弱、等效弯矩系数 $\beta_{mx} \approx 1.0$（或 $\beta_{tx} \approx 1.0$ 且截面影响系数 $\eta = 1.0$）时可不计算，其他情况下压弯构件的强度计算公式同拉弯构件一样采用式（4-33）、式（4-34）计算，但式中 N 为轴心压力的设计值。

（2）整体稳定

压弯构件的承载力通常是由稳定性来决定的，通常这是确定构件截面尺寸的控制条件。现以弯矩在一个主平面内作用的压弯构件为例，说明其丧失整体稳定现象（图 4.20）。在 N 和 M_x 共同作用下，一开始构件就在弯矩作用平面内发生变形，呈弯曲状态，当 N 和 M_x 同时增加到一定值时则达到极限，超过此极限，构件的内外力平衡被破坏，表现出构件不再能够抵抗外力作用而被压溃，这种现象称为构件在弯矩作用平面内丧失整体稳定［图 4.20（a）］。

对侧向刚度较小的压弯构件，当 N 和 M_x 增加到一定值时，构件在弯矩作用平面外不能保持平直，突然发生平面外的弯曲变形，并伴随截面绕纵轴的扭转，从而丧失承载力，这种现象称为构件在弯矩作用平面外丧失稳定 [图4.20 (b)]。

压弯构件需要进行弯矩作用平面内和弯矩作用平面外的稳定计算,计算较复杂。有关整体稳定计算,参照《钢结构设计标准》(GB 50017—2017) 有关规定。

(3) 局部稳定

实腹式压弯构件,当板件过薄时,腹板或受压翼缘在尚未达到强度极限值或构件丧失整体稳定之前,就可能发生波曲及屈曲 (即局部失稳)。压弯构件的局部稳定采用限制板件宽 (高) 厚比的办法来保证。

对于工字形组合截面压弯构件,受压翼缘的局部稳定按式 (4-23) 计算。

腹板的局部稳定计算较为复杂,《钢结构设计标准》(GB 50017—2017) (表3.5.1) 对 S4级工字形及 H 形截面压弯构件腹板的高厚比限值规定为:

$$\frac{h_0}{t_w} \leqslant (45 + 25\alpha_0^{1.66})\varepsilon_k \qquad (4\text{-}35)$$

$$\alpha_0 = \frac{\sigma_{max} - \sigma_{min}}{\sigma_{max}} \qquad (4\text{-}36)$$

式中　σ_{max}——腹板计算高度边缘的最大压应力,N/mm^2;

　　　　σ_{min}——腹板计算高度另一边相应的应力,压应力取正值,拉应力取负值,N/mm^2;

　　　　h_0——腹板净高,mm;

　　　　t_w——腹板厚度,mm;

　　　　α_0——腹板所受压应力的应力梯度,$\alpha_0 = 0$ 时表示承受均布压应力,$\alpha_0 = 2$ 时表示纯弯曲正应力。

对上述式 (4-35) 如取 $\alpha_0 = 2$,即为受弯构件 S4 级截面要求的腹板高厚比限值公式:

$$\frac{h_0}{t_w} \leqslant 124\varepsilon_k \qquad (4\text{-}37)$$

当宽 (高) 厚比较大而不满足 S4 级截面要求时,应以有效截面代替实际截面按《钢结构设计标准》(GB 50017—2017) 第8.4.2条的有关规定计算构件的强度和稳定性;或用纵向加劲肋加强以满足 S4 级截面的板件宽 (高) 厚比要求,加劲肋宜在板件两侧成对配置,其一侧外伸宽度不应小于板件厚度 t 的 10 倍,厚度不宜小于 $0.75t$。

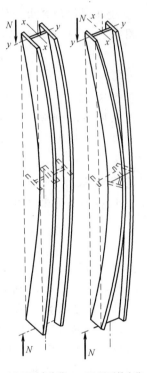

(a) 平面内失稳　(b) 平面外失稳

图 4.20　压弯构件平面内及平面外丧失稳定

(4) 刚度

压弯构件的刚度计算与轴心受压构件相同,限值构件的最大长细比小于容许长细比。

【例4.2】　某焊接工字形截面简支梁,跨度 $l = 12m$,跨度中间无侧向支承。跨度中点上翼缘处承受一集中静荷载,标准值为 P_k,其中永久荷载占 20%,可变荷载占 80%。钢材采用 Q235B 钢。已选定两个截面如图 4.21 所示。两者的总截面和梁高均相等。求此两截面的梁各能承受集中荷载标准值 P_k (梁自重忽略不计),设 P_k 由梁的整体稳定性和抗弯刚度控制。

【解】　Q235 钢强度设计值 (附表26):$f_y = 215\text{N/mm}^2$。

(1) 确定截面板件宽厚比等级

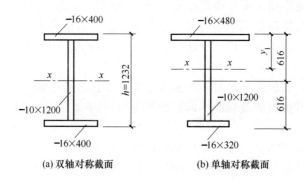

(a) 双轴对称截面　　　　　(b) 单轴对称截面

图 4.21　焊接工字形梁的两个截面

① 受压翼缘的自由外伸宽厚比

图 4.21（a）所示双轴对称截面为：

$$\frac{b}{t}=\frac{(400-10)/2}{16}=12.19\begin{cases}>11\varepsilon_k=11\\<13\varepsilon_k=13\end{cases}$$

属于 S3 级。

图 4.21（b）所示单轴对称截面为：

$$\frac{b}{t}=\frac{(480-10)/2}{16}=14.69\begin{cases}>13\varepsilon_k=13\\<15\varepsilon_k=15\end{cases}$$

属于 S4 级。

② 腹板的高厚比（图 4.21）

$$\frac{h_0}{t_w}=\frac{1200}{10}=120\begin{cases}>93\varepsilon_k=93\\<124\varepsilon_k=124\end{cases}$$

属于 S4 级。

因此，计算图 4.21 两种截面梁的抗弯强度和整体稳定性时，截面模量按全截面计算，截面塑性发展系数 $\gamma_x=1.0$。

（2）当为双轴对称工字形截面［图 4.21（a）］时

梁所能承受荷载的大小将由其整体稳定性条件所控制。

整体稳定性系数为：

$$\varphi_b=\beta_b\frac{4320}{\lambda_y^2}\times\frac{Ah}{W_x}\sqrt{1+\left(\frac{\lambda_y t_1}{4.4h}\right)^2}$$

惯性矩为：

$$I_x=\frac{1}{12}\times1.0\times120^3+2\times40\times1.6\times60.8^2=617170(\text{cm}^4)$$

$$I_y=2\times\frac{1}{12}\times1.6\times40^3=17067(\text{cm}^4)$$

截面模量为：

$$W_x=\frac{2I_x}{h}=\frac{2\times617170}{123.2}=10019(\text{cm}^3)$$

截面面积为：

$$A=2\times40\times1.6+120\times1.0=248(\text{cm}^2)$$

回转半径为：

$$i_y = \sqrt{\frac{I_y}{A}} = \sqrt{\frac{17067}{248}} = 8.30 (\text{cm})$$

侧向长细比为：

$$\lambda_y = \frac{l_1}{i_y} = \frac{1200}{8.3} = 144.6$$

参数为：

$$\xi = \frac{l_1 t_1}{b_1 h} = \frac{1200 \times 1.6}{40 \times 123.2} = 0.390 < 2.0$$

查表 4.7 项次 3，得梁整体稳定等效弯矩系数：

$$\beta_b = 0.73 + 0.18\xi = 0.73 + 0.18 \times 0.390 = 0.800$$

所以：

$$\varphi_b = 0.800 \times \frac{4320}{144.6^2} \times \frac{248 \times 123.2}{10019} \times \sqrt{1 + \left(\frac{144.6 \times 1.6}{4.4 \times 123.2}\right)^2} = 0.8 \times 0.685 = 0.548 < 0.6$$

此截面梁能承受的弯矩设计值为：

$$M_x = \varphi_b f W_x = 0.548 \times 215 \times 10019 \times 10^3 \times 10^{-6} = 1180.4 (\text{kN} \cdot \text{m})$$

集中荷载设计值为：

$$P = \frac{4M_x}{l} = \frac{4 \times 1180.4}{12} = 393.5 (\text{kN})$$

因为：

$$P = 1.3 \times (0.2P_k) + 1.5 \times (0.8P_k) = 1.46P_k$$

所以此梁能承受的跨中集中荷载标准值为：

$$P_k = \frac{P}{1.46} = \frac{393.5}{1.46} = 269.5 (\text{kN})$$

（3）当为单轴对称工字形截面［图 4.21（b）］时

整体稳定系数为：

$$\varphi_b = \beta_b \frac{4320}{\lambda_y^2} \times \frac{Ah}{W_x} \left[\sqrt{1 + \left(\frac{\lambda_y t_1}{4.4h}\right)^2} + \eta_b\right] \varepsilon_k$$

形心轴位置（由对梁顶求面积矩直接求 y_1）：

$$y_1 = \frac{48 \times 1.6 \times 0.8 + 120 \times 1.0 \times 61.6 + 32 \times 1.6 \times 122.4}{48 \times 1.6 + 120 \times 1.0 + 32 \times 1.6} = \frac{13720}{248} = 55.32 (\text{cm})$$

$$y_2 = h - y_1 = 123.2 - 55.32 = 67.88 (\text{cm})$$

惯性矩为：

$$I_x = 48 \times 1.6 \times 54.52^2 + \frac{1}{3} \times 1.0 \times \left[(55.32 - 1.6)^3 + (67.88 - 1.6)^3\right]$$

$$+ 32 \times 1.6 \times 67.08^2 = 607401 \ (\text{cm}^4)$$

$$I_y = I_1 + I_2 = \frac{1}{12} \times 1.6 \times 48^3 + \frac{1}{12} \times 1.6 \times 32^3 = 19115 (\text{cm}^4)$$

梁截面对受压翼缘的截面模量为：

$$W_{1x} = \frac{I_x}{y_1} = \frac{607401}{55.32} = 10980 (\text{cm}^3)$$

截面面积为：

$$A = 248 (\text{cm}^2)$$

回转半径为：

$$i_y = \sqrt{\frac{I_y}{A}} = \sqrt{\frac{19115}{248}} = 8.78 (\text{cm})$$

侧向长细比为：

$$\lambda_y = \frac{l_1}{i_y} = \frac{1200}{8.78} = 136.7$$

参数为：

$$\xi = \frac{l_1 t_1}{b_1 h} = \frac{1200 \times 1.6}{48 \times 123.2} = 0.325 < 2.0$$

$$\alpha_b = \frac{I_1}{I_1 + I_2} = \frac{14746}{19115} = 0.771 < 0.8$$

查表 4.7 项次 3，得梁整体稳定等效弯矩系数：

$$\beta_b = 0.73 + 0.18\xi = 0.73 + 0.18 \times 0.325 = 0.789$$

截面不对称影响系数：

$$\eta_b = 0.8(2\alpha_b - 1) = 0.8 \times (2 \times 0.771 - 1) = 0.434$$

所以：

$$\varphi_b = 0.789 \times \frac{4320}{136.7^2} \times \frac{248 \times 123.2}{10980} \left[\sqrt{1 + \left(\frac{136.7 \times 1.6}{4.4 \times 123.2} \right)^2} + 0.434 \right] = 0.768 > 0.6$$

应换算成：

$$\varphi_b' = 1.07 - \frac{0.282}{0.768} = 0.703$$

按整体稳定性条件此梁能承受的弯矩设计值为：

$$M_x = \varphi_b' W_{1x} f = 0.703 \times 10980 \times 10^3 \times 215 \times 10^{-6} = 1660 (\text{kN} \cdot \text{m})$$

对加强受压翼缘的单轴对称工字形截面，还需要计算按受拉翼缘抗弯强度梁所能承受的弯矩设计值：

$$W_{2x} = \frac{I_x}{y_2} = \frac{607401}{67.88} = 8948 (\text{cm}^3)$$

$$M_x = \gamma_x W_{2x} f = 1.0 \times 8948 \times 10^3 \times 215 \times 10^{-6} = 1924 (\text{kN} \cdot \text{m}) > 1660 (\text{kN} \cdot \text{m})$$

因此图 4.21 (b)，由梁的整体稳定条件所控制。

能承受的集中荷载设计值为：

$$P = \frac{4M_x}{l} = \frac{4 \times 1660}{12} = 553.3 (\text{kN})$$

能承受的集中荷载标准值为：

$$P_k = \frac{P}{1.46} = \frac{553.3}{1.46} = 379.0 (\text{kN})$$

比较上述计算结果，加强受压翼缘的单轴对称截面梁所能承受的集中荷载标准值比双轴对称截面梁大 40.6%，但 I_x 约降低 1.6%（即挠度值将比双轴对称截面梁增加约 1.6%）。

4.4　钢结构的连接

4.4.1　钢结构的连接方法

钢结构的连接方法有焊接连接、铆钉连接和螺栓连接（图4.22）。

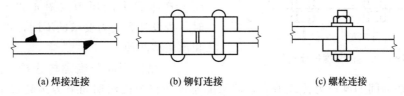

(a) 焊接连接　　　　(b) 铆钉连接　　　　(c) 螺栓连接

图4.22　钢结构的连接方法

4.4.1.1　焊接连接

焊接是钢结构中应用最广泛的一种连接方法。它的优点是构造简单，用钢量省，加工简便，连接的密封性好，刚度大，易于采用自动化操作。缺点是焊件会产生焊接残余应力和焊接残余变形；焊接结构对裂纹敏感，局部裂纹会迅速扩展到整个截面；焊缝附近材质变脆。

焊接连接的方法有很多，其中手工电弧焊、自动或半自动埋弧电弧焊和二氧化碳气体保护焊最为常见。

手工电弧焊由焊条、夹焊条的焊把、电焊机、焊件和导线组成。常用的焊条为E43××、E50××和E55××型。字母E表示焊条，后面的两位数表示熔敷金属（焊缝金属）抗拉强度的最小值，如43表示熔敷金属抗拉强度为$f_u = 430\text{N/mm}^2$；第三位数字表示适用的焊接位置（平焊、横焊、立焊和仰焊）；第三位和第四位数字组合时表示药皮类型和适用的焊接电源种类。按焊条选用应和焊件钢材的强度相适应的原则，Q235钢应选择E43××型焊条，Q355钢应选择E50××型焊条，焊接Q345GJ钢和Q390钢的焊条型号为E50××或E55××型焊条，Q420钢和Q460钢应选择E55××或E62××型焊条。手工电弧焊设备简单，操作灵活，适用性强，是钢结构中最常用的焊接方法。后两种焊接方法的生产效率高，焊接质量好，在金属结构制造厂中常用。

4.4.1.2　铆钉连接

铆钉连接是将一端带有预制钉头的铆钉，插入被连接构件的钉孔中，利用铆钉或压铆机将另一端压成封闭钉头而成。铆钉连接因费钢费工，劳动条件差，成本高，现已很少采用。但因铆钉连接的塑性和韧性好，传力可靠，质量易于检查，所以在某些重型和经常受动力荷载作用的结构，有时仍采用铆钉连接。

4.4.1.3　螺栓连接

螺栓连接可分为普通螺栓连接和高强度螺栓连接。

（1）普通螺栓连接

主要用在安装连接和可拆装的结构中。普通螺栓有两种类型：一种是粗制螺栓（称为C级），它的制作精度较差，孔径比螺栓杆直径大1.0～1.5mm，便于制作和安装，粗制螺栓连接适用于承受拉力，而受剪性能较差，因此它常用于承受拉力的安装螺栓连接（同时有较大剪力时常另加承托承受）、次要结构和可拆卸结构的抗剪连接，以及安装时的临时固定；另一种是精制螺栓（A级或B级），它的制作精度较高，孔径比螺栓杆直径大0.3～0.5mm，连接的受力性能较粗制螺栓连接好，但其制作和安装都较费工，价格昂贵，故钢结构中较少采用。

钢结构采用的普通螺栓形式为大六角头型,其代号用字母 M 和公称直径(单位 mm)表示。建筑工程中常用 M16、M20、M22、M24、M27、M30 等。

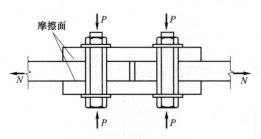

图 4.23 高强度螺栓连接

(2)高强度螺栓(包括螺帽和垫圈均采用高强度材料制作)连接

安装时,用特制的扳手拧紧螺母给螺栓杆施加很大的预拉力,从而在被连接板件的接触面上产生很大的压力(图 4.23)。当受剪力时,按设计和受力要求的不同,可分为摩擦型和承压型两种。

① 摩擦型高强度螺栓连接。这种连接仅依靠板件接触面间的摩擦力传递剪力,即保证连接在整个使用期间剪力不超过最大摩擦力。这种连接,板件间不会产生相对滑移,其工作性能可靠,耐疲劳,在我国已取代铆钉连接并得到越来越广泛的应用。

②承压型高强度螺栓连接。这种连接是依靠板件间的摩擦力与螺栓杆承压和抗剪共同承受剪力。连接的承载力较摩擦型的高,可节约螺栓。但这种连接受剪时的变形比摩擦型大,所以只适用于承受静荷载和对结构变形不敏感的连接中。

高强度螺栓的强度等级分 8.8 级和 10.9 级两种。小数点前"8"和"10"表示螺栓经热处理后的最低抗拉强度;".8"和".9"表示螺栓经热处理后的屈服点与抗拉强度之比。如 8.8 级表示螺栓经热处理后的最低抗拉强度 $f_u \geqslant 800N/mm^2$,屈服点与抗拉强度之比为 0.8。按摩擦型设计时,孔径比螺栓杆直径大 1.5～2.0mm;按承压型设计时,孔径比螺栓杆直径大 1.0～1.5mm。

4.4.2 焊接连接的构造和计算

4.4.2.1 连接形式和焊缝形式

连接形式有对接、搭接和 T 形连接三种基本形式(图 4.24)。

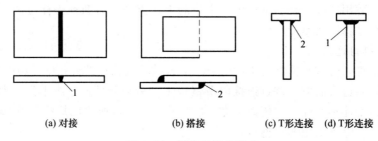

(a) 对接   (b) 搭接   (c) T形连接   (d) T形连接

图 4.24 焊接连接的形式

1—对接焊缝;2—角焊缝

焊缝形式有对接焊缝和角焊缝两种。对接焊缝指焊缝金属填充在由被连接板件构成的坡口内,成为被连接板件截面的组成部分 [图 4.24(a)、(d)]。角焊缝指焊缝金属填充在由被连接板件构成的直角或斜角区域内 [图 4.24(b)、(c)]。板件构成为直角时称为直角角焊缝;为锐角或钝角时称为斜角角焊缝。直角角焊缝最常用。

由对接焊缝构成的对接,构件位于同一平面,截面无显著变化,传力直接,应力集中小,钢板和焊条用量省;但要求构件平直,板较厚时(≥10mm)还要对板的焊接边缘进行坡口加工,故较费工。角焊缝连接,由于板件相叠,截面突变,应力集中较大,且较费料,但施工简便，因而应用较普遍。T形连接板件相互垂直，一般采用角焊缝，直接承受动力荷载时应采用对接焊缝。

4.4.2.2 焊缝代号

钢结构图纸中用焊缝代号标注焊缝形式、尺寸和辅助要求。焊缝代号由引出线、图形符号和辅助符号三部分组成。图形符号表示焊缝剖面的基本形式。当引出线的箭头指向焊缝所在的一面时，应将图形符号和焊缝尺寸等标注在水平横线的上面；当箭头指向对应焊缝所在的另一面时，则应将图形符号和焊缝尺寸标注在水平横线下面。表 4.10 给出了几个常用的焊缝代号标注方法。

表 4.10　焊缝代号

	角焊缝				槽焊缝	对接焊接
	单面焊缝	双面焊缝	安装焊缝	周围焊缝		
形式	h_f	h_f h_f				α_1 b α_2 p
标注方法	h_f	h_{f1} h_{f2}	p	$\square h_f$ $\square h_f$		p α_1 b α_2 p α_1 b α_2

4.4.2.3 对接焊缝连接的构造和计算

（1）对接焊缝的构造

① 对接焊缝的坡口形式，应根据板厚和施工条件按现行标准《手工电弧焊焊接接头的基本形式与尺寸》和《埋弧焊焊接接头的基本形式与尺寸》的要求选用。

② 在对接焊缝的拼接处，当焊件的宽度不同或厚度相差 4mm 以上时，应分别在宽度方向或厚度方向从一侧或两侧做成坡度不大于 1∶2.5 的斜角，如图 4.25 所示。

③ 对接焊缝的起点和终点，常因不能熔透而出现凹形焊口，为避免其受力而出现裂纹及应力集中，对于重要的连接，焊接时应采用引弧板，将焊缝两端引至引弧板上，然后再将多余的部分割除（图 4.26）。

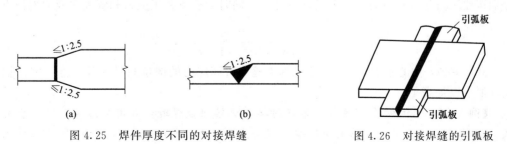

(a)　　　　　　　　　　　(b)

图 4.25　焊件厚度不同的对接焊缝　　　　图 4.26　对接焊缝的引弧板

（2）对接焊缝的计算

① 对接焊缝的强度。当对接焊缝承受压力或剪力时，焊缝中的缺陷对强度无明显影响。因此，对接焊缝的抗压和抗剪强度设计值均与焊件的抗压和抗剪强度设计值相同。

② 对接焊缝的计算。对接焊缝截面上的应力分布与焊件截面上的应力分布相同，按材料力学中计算杆件截面应力的方法计算焊缝截面的应力，并保证不超过焊缝的强度设计值。

对接焊缝在轴向力（拉力或压力）作用下（图 4.27），假设焊缝截面上的应力是均匀分布的，按下式计算：

$$\sigma = \frac{N}{l_w h_e} \leqslant f_t^w \ \text{或} \ f_c^w \tag{4-38}$$

式中　　N——轴心拉力或压力设计值，N；

l_w——焊件计算长度，当采用引弧板时，取焊缝实际长度，当未采用引弧板时，每条焊缝取实际长度减去 $2h_e$，mm；

h_e——对接焊缝的计算厚度，mm，在对接连接节点中取连接件的较小厚度，在 T 形连接节点中取腹板的厚度；

f_t^w，f_c^w——对接焊缝的抗拉、抗压强度设计值，N/mm²，一、二级抗拉焊缝强度同母材，三级抗拉焊缝强度为母材的 85%（取 $f_t^w = 0.85f$，并取以 5N/mm² 为倍数的整数）。

当承受轴心力的焊件用斜对接焊缝时 [图 4.27（b）]，若焊缝与作用力间的夹角符合 $\tan\theta \leqslant 1.5$ 时，其强度可不计算。

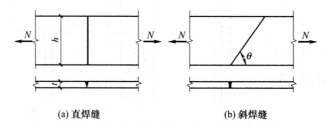

(a) 直焊缝　　　　　　　　　　　(b) 斜焊缝

图 4.27　焊件厚度相同的对接焊缝

对接焊缝在弯矩作用下，按下式计算：

$$\sigma = \frac{M_x}{W_x} \leqslant f_t^w \tag{4-39}$$

式中　　M_x——对接焊缝截面所受的弯矩设计值；

W_x——焊缝有效截面的弹性截面模量，$W_x = I_x / y_{max}$；

I_x——焊缝有效截面对其中和轴的惯性矩；

y_{max}——由中和轴至截面上最远纤维的距离。

承受弯矩和剪力共同作用的对接焊缝（在对接和 T 形接头中），除对其正应力和剪应力分别按建筑力学（材料力学）公式计算外，在同时受有较大正应力和较大剪应力处按下式计算折算应力：

$$\sqrt{\sigma^2 + 3\tau^2} \leqslant 1.1 f_t^w \tag{4-40}$$

式（4-40）中的系数 1.1，是考虑到需验算折算应力的部位只是局部一点，因而把强度设计值予以提高 10%。

【例 4.3】　两钢板 T 形连接，采用对接与交接组合焊缝，未用引弧板，焊缝质量为二级。Q235 钢，手工焊，焊条为 E43 型。受力如图 4.28 所示（图中的外力 P 为设计值，翼

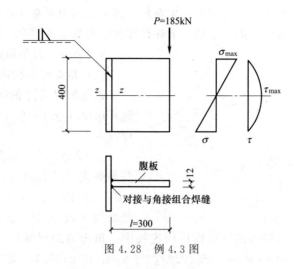

图 4.28　例 4.3 图

缘板上的反力未画出）。试验算此对接焊缝的强度。

【解】　对接与角接组合焊缝的强度计算与对接焊缝相同。

（1）焊缝截面的几何特性

对 x 轴的惯性矩（x 轴为垂直于 z 轴的水平轴）为：

$$I_x = \frac{1}{12} h_e l_w^3 = \frac{1}{12} \times 1.2 \times (40.0 - 2 \times 1.2)^3 = 5316 (\text{cm}^3)$$

截面模量为：

$$W_x = \frac{I_x}{y_{max}} = \frac{5316}{(40 - 2 \times 1.2)/2} = 282.8 (\text{cm}^3)$$

中和轴以上焊缝截面对中和轴的面积矩为：

$$S_x = \frac{1}{2} h_e l_w \left(\frac{l_w}{4} \right) = \frac{1}{8} \times 1.2 \times (40 - 2 \times 1.2)^2 = 212.1 (\text{cm}^3)$$

（2）焊缝所受内力设计值

弯矩为：

$$M = Pl = 185 \times 0.3 = 55.5 (\text{kN} \cdot \text{m})$$

剪力为：

$$V = P = 185 (\text{kN})$$

（3）焊缝强度验算

抗弯强度（位于焊缝的上端）为：

$$\sigma_{max} = \frac{M}{W_x} = \frac{55.5 \times 10^6}{282.8 \times 10^3} = 196.3 (\text{N/mm}^2) < f_t^w = 215 \text{N/mm}^2$$

满足要求。

抗剪强度（位于焊缝高度的中点）为：

$$\tau_{max} = \frac{VS_x}{I_x h_e} = \frac{185 \times 10^3 \times 212.1 \times 10^3}{5316 \times 10^4 \times 12} = 61.5 (\text{N/mm}^2)$$

或　$$\tau_{max} = \frac{1.5V}{l_w h_e} = 1.5 \times \frac{185 \times 10^3}{376 \times 12} = 61.5 (\text{N/mm}^2) < f_v^w = 125 \text{N/mm}^2$$

满足要求。

因最大剪应力和最大弯曲正应力不发生在同一点上,因而不必计算折算应力。因矩形截面的最大剪应力为平均剪应力的 1.5 倍,上述计算剪应力的公式完全一致。

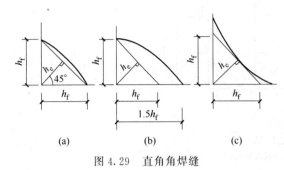

图 4.29 直角角焊缝

4.4.2.4 直角角焊缝的构造和计算

(1) 角焊缝的构造

直角角焊缝是钢结构中最常用的角焊缝。这里主要讲述直角角焊缝的构造和计算。

① 焊脚尺寸。直角角焊缝中最常用的是普通式 [图 4.29 (a)],其他如平坡凸型 [图 4.29 (b)]、凹面型 [图 4.29 (c)] 主要是为了改变受力状态,减小应力集中,一般多用于直接承受动力荷载的结构构件的连接中。角焊缝的焊脚尺寸是指角焊缝的直角边,以其中较小的直角边 h_f 表示(图 4.29),与 h_f 成 45°的喉部长度为角焊缝的有效高度 h_e(亦即角焊缝的计算高度),$h_e = \cos45° \times h_f \approx 0.7h_f$(两焊件间隙 $b \leqslant 1.5\text{mm}$ 时);当两焊件间隙 $1.5\text{mm} < b \leqslant 5\text{mm}$ 时,$h_e = 0.7(h_f - b)$。

② 角焊缝计算长度。焊缝计算长度 l_w 当未加引弧板时,其实际长度减去引弧 (h_f) 和灭弧 (h_f) 的影响。

角焊缝按外力作用方向分为平行于外力作用方向的侧面角焊缝和垂直于外力作用方向的正面角焊缝或称端焊缝(图 4.30)。

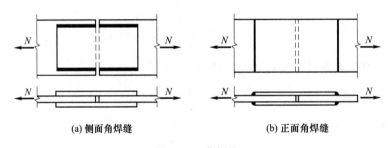

(a) 侧面角焊缝　　　　　　　　　　(b) 正面角焊缝

图 4.30 角焊缝

(2) 角焊缝的尺寸限制

① 角焊缝的焊脚尺寸 h_f(图 4.31)

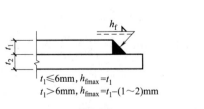

$t_1 \leqslant 6\text{mm},\ h_{fmax} = t_1$
$t_1 > 6\text{mm},\ h_{fmax} = t_1 - (1\sim2)\text{mm}$

(a) 搭接连接

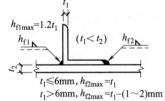

$t_1 \leqslant 6\text{mm},\ h_{f2max} = t_1$
$t_1 > 6\text{mm},\ h_{f2max} = t_1 - (1\sim2)\text{mm}$

(b) 角钢背为T形连接、角钢尖为搭接连接

图 4.31 搭接连接和 T 形连接角焊缝的最大焊脚尺寸 h_{fmax}

角焊缝的焊脚尺寸相对于母材的厚度不能过小。角焊缝最小焊脚尺寸宜按表 4.11 取值,承受动力荷载时角焊缝焊脚尺寸不宜小于 5mm。

表 4.11　角焊缝最小焊脚尺寸

母材厚度 t/mm	角焊缝最小焊脚尺寸 h_f/mm	母材厚度 t/mm	角焊缝最小焊脚尺寸 h_f/mm
$t \leqslant 6$	3	$12 < t \leqslant 20$	6
$6 < t \leqslant 12$	5	$t > 20$	8

注：1. 采用不预热的非低氢焊接方法进行焊接时，t 等于焊接连接部位中较厚件厚度，宜采用单道焊；采用预热的非低氢焊接方法或低氢焊接方法进行焊接时，t 等于焊接连接部位中较薄件厚度。

2. 焊缝尺寸 h_f 不要求超过连接部件中较薄件厚度的情况除外。

焊脚尺寸相对母材的厚度也不能过大。对搭接连接，角焊缝沿母材（厚度为 t_1）棱边的最大焊脚尺寸 h_fmax 应符合下列要求以避免母材边缘棱角被烧熔（图 4.31）：当 $t_1 \leqslant 6\text{mm}$ 时，$h_\text{fmax} = t_1$；当 $t_1 > 6\text{mm}$ 时，$h_\text{fmax} = t_1 - (1 \sim 2)$ mm。

② 角焊缝的计算长度 l_w。正面角焊缝和侧面角焊缝的计算长度应满足：$l_\text{w} \geqslant 40\text{mm}$ 和 $l_\text{w} \geqslant 8h_\text{f}$。

角焊缝的搭接焊接连接中，侧面角焊缝计算长度 l_w 可以超过 $60h_\text{f}$ 但不应超过 $180h_\text{f}$；当 $l_\text{w} > 60h_\text{f}$ 时，焊缝的承载力设计值应乘以折减系数 α_f：

$$\alpha_\text{f} = 1.5 - \frac{l_\text{w}}{120h_\text{f}} \geqslant 0.5 \tag{4-41}$$

若内力是沿侧面角焊缝均匀分布，则其计算长度不受限制。

搭接连接中，搭接长度不得小于焊件较小厚度的 5 倍，并不得小于 25mm。

（3）角焊缝的计算

① 受轴心力焊件的拼接板连接（图 4.30）。对于侧焊缝（作用力平行于焊缝长度方向）：

$$\tau_\text{f} = \frac{N}{h_\text{e} l_\text{w}} \leqslant f_\text{f}^\text{w} \tag{4-42}$$

对于端焊缝（作用力垂直于焊缝长度方向）：

$$\sigma_\text{f} = \frac{N}{h_\text{e} l_\text{w}} \leqslant \beta_\text{f} f_\text{f}^\text{w} \tag{4-43}$$

② 在各种力综合作用下，σ_f 和 τ_f 共同作用处应满足：

$$\sqrt{\left(\frac{\sigma_\text{f}}{\beta_\text{f}}\right)^2 + \tau_\text{f}^2} \leqslant f_\text{f}^\text{w} \tag{4-44}$$

式中　　τ_f——按焊缝有效截面（$h_\text{e} l_\text{w}$）计算，沿角焊缝长度方向的剪应力，N/mm^2。

$\quad\quad h_\text{e}$——直角角焊缝的计算厚度，mm，当两焊件间隙 $b \leqslant 1.5\text{mm}$ 时，$h_\text{e} = 0.7h_\text{f}$；当两焊件间隙 $1.5\text{mm} < b \leqslant 5\text{mm}$ 时，$h_\text{e} = 0.7(h_\text{f} - b)$，$h_\text{f}$ 为焊脚尺寸（图 4.29）。

$\quad\quad N$——轴心力（拉力、压力）设计值，N。

$\quad\quad l_\text{w}$——焊缝的计算长度，mm，对每条焊缝取其实际长度减去 $2h_\text{f}$。

$\quad\quad \sigma_\text{f}$——按焊缝有效截面（$h_\text{e} l_\text{w}$）计算，垂直于焊缝长度方向的应力，$\text{N}/\text{mm}^2$。

$\quad\quad \beta_\text{f}$——正面角焊缝的强度设计值增大系数，对承受静力荷载或间接承受动力荷载的结构，$\beta_\text{f} = 1.22$；对直接承受动力荷载的结构，$\beta_\text{f} = 1.0$。

$\quad\quad f_\text{f}^\text{w}$——角焊缝强度设计值，$\text{N}/\text{mm}^2$。

③ 受轴心力角钢的连接

a. 当用侧面角焊缝连接角钢时，如图 4.32（a）所示，虽然轴心力通过角钢的形心，但肢背焊缝和肢尖焊缝到形心的距离 $e_1 \neq e_2$，受力大小不相等。设肢背焊缝受力为 N_1，肢尖焊缝受力为 N_2，由平衡条件可得：

$$N_1 = \frac{e_2}{e_1 + e_2} N = K_1 N \tag{4-45}$$

$$N_2 = \frac{e_1}{e_1 + e_2} N = K_2 N \tag{4-46}$$

式中　K_1，K_2——焊缝内力分配系数，等肢角钢连接，$K_1 = 0.7$，$K_2 = 0.3$；不等肢角钢短肢连接，$K_1 = 0.75$，$K_2 = 0.25$；不等肢角钢长肢连接，$K_1 = 0.65$，$K_2 = 0.35$。

　　b. 当采用三面围焊缝时，如图 4.32（b）所示，可选定正面角焊缝的焊脚尺寸 h_f，并算出它所能承担的内力 $N_3 = 0.7 h_f l_{w3} \beta_f f_f^w$，再通过平衡关系，可以解得 N_1、N_2，再按式（4-42）计算侧面角焊缝。

　　对于如图 4.32（c）所示 L 形的角焊缝，同理求得 N_3 后，可得 $N_1 = N - N_3$，求得 N_1 后，再按式（4-42）计算侧面角焊缝。

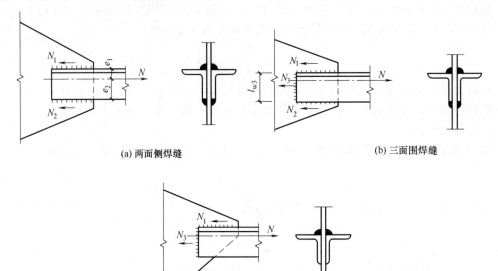

(a) 两面侧焊缝　　　　　　　　　　　　　　**(b) 三面围焊缝**

(c) L形角焊缝

图 4.32　角钢角焊缝上受力分配

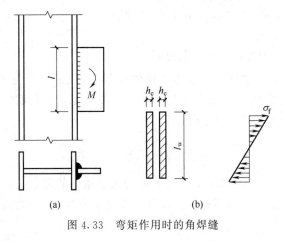

图 4.33　弯矩作用时的角焊缝

　　当构件截面为一只角钢时，考虑角钢与节点板单边连接所引起的偏心影响，焊缝的强度设计值应乘以折减系数 0.85，即取 $0.85 f_f^w$。

　　④ 弯矩作用下角焊缝计算。当弯矩作用平面与焊缝群所在平面垂直时，焊缝受弯（图 4.33）。弯矩在焊缝有效截面上产生和焊缝长度方向垂直的应力 σ_f，此弯曲应力呈三角形分布，边缘应力最大，图 4.33（b）给出焊缝有效截面，计算公式为：

$$\sigma_f = \frac{M}{W_w} \leqslant \beta_f f_f^w \tag{4-47}$$

式中　W_w——角焊缝有效截面的弹性截面模量。

⑤ 轴心力、剪力和弯矩共同作用时。如图 4.34 所示，采用角焊缝连接的 T 形接头，角焊缝承受 M、N、V 共同作用时，N 引起垂直焊缝长度方向的应力 σ_A^N，V 引起沿焊缝长度方向的应力 τ_A^V，M 引起垂直焊缝长度方向按三角形分布的应力 σ_A^M，即：

$$\sigma_A^N = \frac{N}{h_e \sum l_w} \tag{4-48}$$

$$\sigma_A^M = \frac{M}{W_w} = \frac{6M}{h_e \sum l_w^2} \tag{4-49}$$

$$\tau_A^V = \frac{V}{h_e \sum l_w} \tag{4-50}$$

且

$$\sigma_A = \sigma_A^N + \sigma_A^M \tag{4-51}$$

则最大应力在焊缝的上端，其验算公式为：

$$\sqrt{(\tau_A^V)^2 + \left(\frac{\sigma_A}{\beta_f}\right)^2} \leqslant f_f^w \tag{4-52}$$

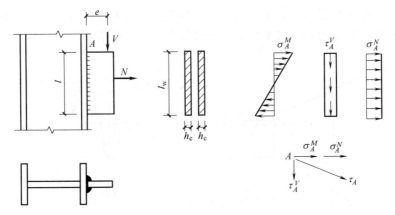

图 4.34　轴心力、剪力和弯矩作用下的角焊缝

【例 4.4】　试验算一钢板对接焊缝的强度。已知 $a = 500\text{mm}$，$t = 20\text{mm}$，轴心力设计值 $N = 2000\text{kN}$，如图 4.35 所示。钢材为 Q235-B，手工焊，焊条为 E43 型，三级检验标准的焊缝，施焊时加引弧板。

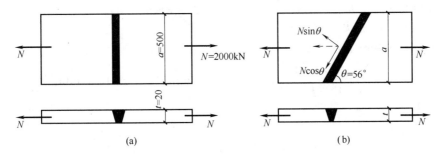

图 4.35　例 4.4 图

【解】　直接连接时计算长度 $l_w = 500\text{mm}$，查附表 27 得 $f_t^w = 175\text{N/mm}^2$，$f_v^w = 120\text{N/mm}^2$，焊缝正应力为式（4-38）：

$$\sigma = \frac{N}{l_w h_e} = \frac{2000 \times 10^3}{500 \times 20} = 200(\text{N/mm}^2) > f_t^w = 175\text{N/mm}^2$$

不满足要求，改用斜对接焊缝，取斜度 $1.5:1$，即 $\theta = 56°$，焊缝长度为：

$$l_w = \frac{a}{\sin\theta} = \frac{500}{\sin 56°} = 603(\text{mm})$$

则焊缝的正应力为：

$$\sigma = \frac{N\sin\theta}{l_w h_e} = \frac{2000 \times 10^3 \times \sin 56°}{603 \times 20} = 137(\text{N/mm}^2) < f_t^w = 175\text{N/mm}^2$$

满足要求。

剪应力为：

$$\tau = \frac{N\cos\theta}{l_w h_e} = \frac{2000 \times 10^3 \times \cos 56°}{603 \times 20} = 93(\text{N/mm}^2) < f_v^w = 120\text{N/mm}^2$$

满足要求。

可见，当承受轴心力的钢板用斜裂缝对接且 $\tan\theta \leqslant 1.5$ 时，其强度可以不验算。

【例 4.5】　在图 4.36 所示的角钢和节点板采用两边侧焊缝的连接中，静力荷载设计值 $N = 850\text{kN}$，角钢为 $2 \llcorner 125 \times 10$（$A = 48.746\text{cm}^2$），节点板厚度 $t = 15\text{mm}$，钢材为 Q235A.F，焊条为 E43 型，采用不预热的非低氢手工焊。试确定所需角焊缝的焊脚尺寸 h_f 和实际长度。

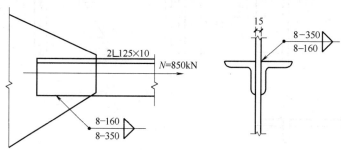

图 4.36　例 4.5 图

【解】　查附表 27 得角焊缝强度设计值 $f_f^w = 160\text{N/mm}^2$。

（1）焊脚尺寸

最小焊脚尺寸 h_f，查表 4.11，$h_f = 6\text{mm}$。

最大焊脚尺寸 h_f，$h_f = t - (1\sim2) = 10 - (1\sim2) = 8\sim9(\text{mm})$。

采取 $h_f = 8\text{mm}$，满足上述要求。

（2）验算构件截面上的应力

$$\sigma = \frac{N}{A} = \frac{850 \times 10^3}{48.746 \times 10^2} = 174.37(\text{N/mm}^2) < f = 215\text{N/mm}^2$$

满足要求。

（3）焊缝受力

$$N_1 = K_1 N = 0.7 \times 850 \times 10^3 = 595 \times 10^3(\text{N})$$
$$N_2 = K_2 N = 0.3 \times 850 \times 10^3 = 255 \times 10^3(\text{N})$$

（4）所需焊缝长度

$$l_{w1} = \frac{N_1}{2h_e f_f^w} = \frac{595 \times 10^3}{2 \times 0.7 \times 8 \times 160} = 332(\text{mm})$$

$$l_{w2} = \frac{N_2}{2h_e f_f^w} = \frac{255 \times 10^3}{2 \times 0.7 \times 8 \times 160} = 142.3 (\text{mm})$$

因需增加 $2h_f = 2 \times 8 = 16$（mm）的焊口长度，故：肢背侧面焊缝的实际长度＝332＋16＝348（mm），取350mm；肢尖侧面焊缝的实际长度＝142.3＋16＝158.3（mm），取160mm，如图 4.36 所示。

4.4.3 螺栓连接的构造和计算

4.4.3.1 螺栓连接的构造

螺栓在构件上的排列通常分为并列和错列两种形式，它们的最大、最小容许距离，如图 4.37 所示（图中 d_0 为螺栓孔径）。螺栓间距过小，会使螺栓周围应力相互影响，也会使构件截面削弱过多，降低承载力；间距过大，则会使连接件间不能紧密贴合，在受压时容易发生鼓曲现象，且一旦潮气侵入缝隙，还会使钢材生锈。

螺栓连接除了满足上述螺栓排列的容许距离外，根据不同情况尚应满足下列构造要求。

① 每一杆件在节点上以及拼接接头的一端，永久性螺栓数不宜少于两个。对于组合构件的缀条，其端部连接可采用一个螺栓。

② C级螺栓只宜用于沿其杆轴方向受拉的连接。承受静力荷载结构的次要连接、可拆卸结构的连接和临时固定构件用的安装连接中，也可采用 C 级螺栓受剪。但在重要的连接中，如制动梁或吊车梁上翼缘与柱的连接，不得采用 C 级螺栓。柱间支撑与柱的连接，以及柱间支撑处吊车梁下翼缘的连接，应优先采用高强度螺栓。

③ 对于直接承受动力荷载（如吊车荷载）的普通螺栓连接应采用双螺帽或其他防止螺帽松动的有效措施。

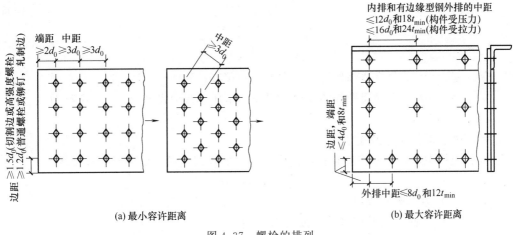

图 4.37　螺栓的排列

4.4.3.2 普通螺栓连接的计算

① 抗剪螺栓连接的计算。普通螺栓的受剪连接，应考虑螺栓杆受剪和孔壁承压两种情况（图 4.38），且每个螺栓的承载力设计值应取受剪和承压承载力设计值中的较小者。

单个抗剪螺栓的抗剪承载力设计值为：

$$N_v^b = n_v \frac{\pi d^2}{4} f_v^b \tag{4-53}$$

单个抗剪螺栓的承压承载力设计值为：

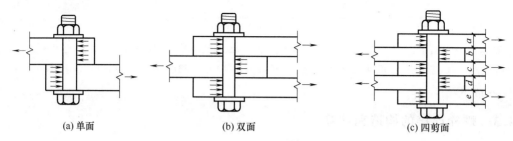

(a) 单面　　　　　　　(b) 双面　　　　　　　(c) 四剪面

图 4.38　抗剪螺栓连接

$$N_c^b = d \sum t f_c^b \tag{4-54}$$

式中　n_v——螺栓的受剪面数，单面受剪时，取 $n_v = 1$，双面受剪时，取 $n_v = 2$，四面受剪时，取 $n_v = 4$；

　　　　d——螺栓杆直径，mm；

　　　$\sum t$——在同一方向承压的构件较小总厚度，对于四面剪 $\sum t$ 取 $(a+c+e)$ 或 $(b+d)$ 的较小值，mm；

f_v^b，f_c^b——螺栓的抗剪、承压强度设计值，N/mm^2。

② 抗拉螺栓连接的计算。单个抗拉螺栓的承载力设计值为（沿杆轴方向受拉）：

$$N_t^b = \frac{\pi d_e^2}{4} f_t^b \tag{4-55}$$

式中　d_e——螺栓在螺纹处的有效直径，mm；

　　　f_t^b——普通螺栓的抗拉强度设计值，N/mm^2。

③ 同时承受剪力和杆轴方向拉力时，应符合下列公式要求：

$$N_v \leqslant N_c^b \tag{4-56}$$

$$\sqrt{\left(\frac{N_v}{N_v^b}\right)^2 + \left(\frac{N_t}{N_t^b}\right)^2} \leqslant 1 \tag{4-57}$$

式中　N_v，N_t——某个普通螺栓所承受的剪力和拉力，N；

N_v^b，N_t^b，N_c^b——一个普通螺栓的受剪、受拉和承压承载力设计值，N，见附表 28。

4.4.3.3　高强度螺栓

（1）高强度螺栓摩擦型连接

在抗剪连接中，每个摩擦型连接的高强度螺栓的承载力设计值应按下式计算：

$$N_v^b = 0.9 k n_f \mu P \tag{4-58}$$

式中　n_f——传力摩擦面数目；

　　　μ——摩擦面的抗滑移系数，按表 4.12 采用；

　　　P——每个高强度螺栓的预拉力设计值，按表 4.13 采用；

　　　k——孔型系数，标准孔取 1.0，大圆孔取 0.85，内力与槽孔长向垂直时取 0.70，内力与槽孔长向平行时取 0.60；

　　0.9——抗力分项系数 γ_R 的倒数，即取 $\gamma_R = 1.111$。

在求得 N_v^b 后，当外力设计值 N 通过螺栓群的形心时，即可由下式求所需螺栓数目：

$$n = \frac{N}{N_v^b} \tag{4-59}$$

然后即可排列螺栓。最后对连接板件的截面强度按下列公式进行验算：

毛截面屈服 $$\sigma = \frac{N}{A} \leqslant f \qquad (4\text{-}60)$$

净截面断裂 $$\sigma = \left(1 - \frac{0.5n_1}{n}\right)\frac{N}{A_n} \leqslant 0.7f_u \qquad (4\text{-}61)$$

式中　N——所计算截面处拉力设计值，N；

　　　A_n——构件的净截面面积，当构件多个截面有孔时，取最不利的截面，mm^2；

　　　f——钢材抗拉强度设计值，N/mm^2；

　　　f_u——钢材的抗拉强度最小值，N/mm^2；

　　　n——在节点或拼接处，构件一端连接的高强度螺栓数目；

　　　n_1——所计算截面（最外列螺栓处）高强度螺栓数目；

　　　A——构件的毛截面面积。

表 4.12　钢材摩擦面抗滑移系数 μ

在连接处构件接触面的处理方法	抗滑移系数		
	Q235 钢	Q355 钢、Q390 钢	Q420 钢或 Q460 钢
喷硬质石英砂或铸钢棱角砂	0.45	0.45	0.45
抛丸（喷砂）	0.40	0.40	0.40
钢丝刷清除浮锈或未经处理的干净轧制面	0.30	0.35	—

注：1. 钢丝刷除锈方向应与受力方向垂直。

　　2. 当连接构件采用不同钢材牌号时，μ 按相应较低强度者取值。

　　3. 采用其他方法处理时，其处理工艺及抗滑移系数值均需经试验确定。

表 4.13　一个高强度螺栓的预拉力设计值 P

螺栓的承载性能等级	预拉力设计值/kN					
	M16	M20	M22	M24	M27	M30
8.8 级	80	125	150	175	230	280
10.9 级	100	155	190	225	290	355

在螺栓杆轴方向受拉的连接中，每个高强度螺栓的承载力设计值应按下式计算：

$$N_t^b = 0.8P \qquad (4\text{-}62)$$

当高强度螺栓摩擦型连接同时承受摩擦面间的剪力和螺栓杆轴方向的外拉力时，其承载力按下式计算：

$$\frac{N_v}{N_v^b} + \frac{N_t}{N_t^b} \leqslant 1.0 \qquad (4\text{-}63)$$

式中　N_v，N_t——某个高强度螺栓所承受的剪力和拉力，N；

　　　N_v^b，N_t^b——一个高强度螺栓的受剪、受拉承载力设计值，N。

（2）高强度螺栓承压型连接

此时，高强度螺栓的预拉力 P 与摩擦型的相同（表 4.13），连接处构件接触面应清除油污及浮锈；高强度螺栓承压型连接不应用于直接承受动力荷载结构。

抗剪连接的计算及杆轴方向受拉连接的计算方法与普通螺栓相同；同时受剪和受拉时，除应满足式（4-51）外，尚应保证：

$$N_v = \frac{N_c^b}{1.2} \qquad (4\text{-}64)$$

【例4.6】 某牛腿与柱用C级普通螺栓和承托板连接，如图4.39所示，承受竖向荷载设计值$F=200$ kN，F作用点离柱边缘$e=180$mm。已知构件和螺栓均用Q235钢材，螺栓为M20（即螺杆公称直径20mm）。试验算此螺栓的抗拉承载力。

【解】 本螺栓连接件承受的弯矩$M=Fe=200×180=36×10^3$（kN·mm），由N_1～N_4的受拉和N_4下端连接板受压承受。中和轴在N_4处，故$N_4=0$。

本螺栓连接件承受的剪力$V=F=200$kN，由承托板承受。

$y_1=300$mm，$y_2=200$mm，$y_3=100$mm，查附表28得$f_t^b=170$N/mm²。

由公式$N_i=\dfrac{My_i}{m\sum y_i^2}$得：

$$N_1=\frac{My_1}{2(y_1^2+y_2^2+y_3^2)}=\frac{36×10^3×300}{2×(300^2+200^2+100^2)}=38.6(\text{kN})$$

最上层一个螺栓的抗拉承载力为：

$$N_1^b=\frac{\pi d_e^2}{4}f_t^b=\frac{\pi×17.65^2}{4}×170=41590(\text{N})=41.59(\text{kN})>38.6\text{kN}$$

满足要求。

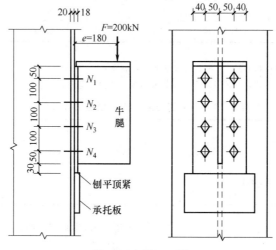

图4.39 例4.6图

思考题与习题

一、思考题

4.1 钢结构与钢筋混凝土结构、砌体结构相比，有哪些特点？

4.2 钢结构对钢材性能有哪些要求？

4.3 钢材有哪几项主要机械性能指标？各项指标可用来衡量钢材哪些方面的性能？

4.4 引起钢材脆性破坏的主要因素有哪些？应如何防止脆性破坏的产生？

4.5 角焊缝的尺寸有哪些要求？

4.6 对接接头采用对接焊缝和采用加盖板的角焊缝各有何特点？

4.7 焊缝的质量分为几个等级？与钢材等强的受拉对接焊缝须采用几级？

4.8　角焊缝计算公式中，为什么有强度设计值增大系数？在什么情况下不考虑？

4.9　螺栓在钢板和型钢上的容许距离都有哪些规定？它们是根据哪些要求制定的？

4.10　普通螺栓的受剪螺栓连接有哪几种破坏形式？用什么方法可以防止？

4.11　用于钢结构的国产钢材主要有哪几种？

4.12　在受弯构件强度计算中，为什么要引入塑性发展系数？

4.13　如何进行实腹式轴心受压构件的稳定计算？

4.14　如何进行角焊缝的强度计算？

4.15　钢柱与基础的连接有哪几种形式？

4.16　提高轴心压杆钢材的抗压强度能否提高其稳定承载力？为什么？

4.17　什么是构件的强度问题？什么是构件的稳定问题？为什么稳定问题可一律用全截面计算？

4.18　对轴心受压构件为什么要规定容许长细比？

二、习题

4.19　试验算如图 4.40 所示的焊接 H 形截面柱（翼缘为焰切边）。轴心压力设计值 $N = 4500\text{kN}$，柱的长度 $l_{0x} = l_{0y} = 6\text{m}$。钢材为 Q235，截面无削弱。

4.20　如图 4.41 所示的两个轴心受压柱，截面面积相等，两端铰接，柱高 8m，材料用 Q235 钢，翼缘火焰切割后又经过刨边。判断这两个柱的承载能力的大小，并验算截面的局部稳定。

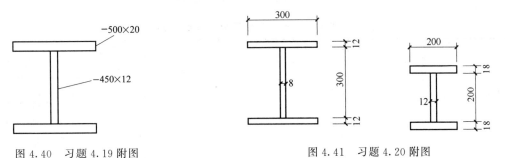

图 4.40　习题 4.19 附图　　　　　图 4.41　习题 4.20 附图

4.21　设计 500×14 钢板的对接焊缝拼接。钢板承受轴心拉力，其中所受的荷载设计值为 1400kN，已知钢材为 Q235，采用 E43 型焊条，采用不预热的非低氢手工电弧焊，三级质量标准，施焊时未用引弧板。

4.22　验算如图 4.42 所示牛腿与柱的角焊缝连接，偏心力 $N = 200\text{kN}$（静力荷载，设计值），$e = 150\text{mm}$，翼缘厚度 $t_1 = 12\text{mm}$，翼缘宽度 $b = 150\text{mm}$，腹板高度 $h = 240\text{mm}$，腹板厚度 $t_2 = 10\text{mm}$，钢板为 Q235A. F，采用不预热的非低氢手工焊，焊条为 E43 型。

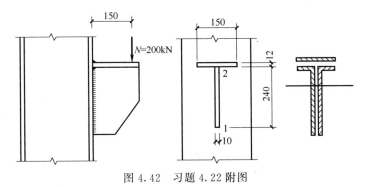

图 4.42　习题 4.22 附图

4.23 截面为 340×12 的钢板构件的拼接板，采用双盖板普通螺栓连接，盖板厚度为 8mm，钢材为 Q235。螺栓为 C 级，M20，构件承受轴心拉力设计值 $N=600$kN。试设计该拼接接头的普通螺栓连接。

4.24 某平台的钢梁格布置如图 4.43 所示，平台活荷载 15.0kN/m²（活荷载分项系数取 1.5），若要求次梁按简支梁设计，其最大挠度与跨度比不超过 1/250，试选择 Q235 钢的轧制工字钢做成的次梁截面。轧制工字钢可供选用的截面按表 4.14 考虑。

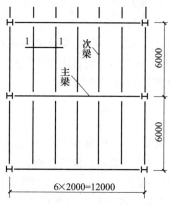

图 4.43 习题 4.24 附图

表 4.14 轧制工字钢可供选择的截面

型号	h /mm	y /mm	b /mm	t_w /mm	t /mm	I_x /mm⁴	重力 /(kN/m)	附图
I16	160	80	88	6.0	9.9	11.27×10^6	0.201	
I32a	320	160	130	9.5	15.0	110.80×10^6	0.517	
I36a	360	180	136	10.0	15.8	157.96×10^6	0.588	
I40a	400	200	142	10.5	16.5	217.14×10^6	0.663	
I45a	450	225	150	11.5	18.0	322.41×10^6	0.788	

第5章
混凝土楼盖结构

5.1 概　　述

钢筋混凝土楼（屋）盖作为建筑结构的水平分体系，一般是由板、梁、柱（或无梁）组成的梁板结构体系。其作用为：在竖向，承受楼面或屋面的竖向荷载，并把它传给竖向分体系；在水平方向，起隔板和支撑竖向构件的作用，并保持竖向构件的稳定。工业与民用建筑中的屋盖、楼盖、阳台、雨篷、楼梯等构件广泛采用楼盖结构形式。工程结构中梁板结构体系的结构构件极为常见，如板式基础、水池的顶板和底板、挡土墙、桥梁的桥面结构等。了解楼（屋）盖结构的选型，正确布置梁格，掌握结构的计算和构造，具有重要的工程意义。

5.1.1 单向板与双向板

现浇钢筋混凝土肋形楼盖由板、次梁、主梁组成，如图5.1所示。按板的受力特点，可分为现浇单向板肋形楼盖和现浇双向板肋形楼盖。楼盖板为单向板的楼盖，称为单向板肋形楼盖；相应地，楼盖板为双向板的楼盖，称为双向板肋形楼盖。

现浇肋形楼盖中板的四边支承在次梁、主梁或砌体承重墙上，当板的长边 l_2 与短边 l_1 之比较大时，如图5.2所示，荷载主要沿短边方向传递，而沿长边方向传递的荷载很少，可以忽略不计。

板中的受力钢筋将沿短边方向布置，在垂直于短边方向只布置分布钢筋，这种板称为单向板，也叫梁式板。当板的长边 l_2 与短边 l_1 之比不大时，如图5.3所示，板上荷载沿长短边两个方向传递，板在两个方向的弯曲均不可忽略。板中的受力钢筋应沿长短边两个方向布置，这种板称为双向板。实际工程中，对于周边支承的板，通常将 $l_2/l_1 \geqslant 3$ 的板按单向板计算；将 $l_2/l_1 \leqslant 2$ 的板按双向板计算。而当 $2 < l_2/l_1 < 3$ 时，宜按双向板计算；若按单向板计算时，应沿长边方向布置足够数量的构造钢筋。

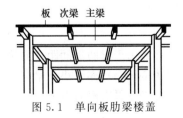

图5.1　单向板肋梁楼盖

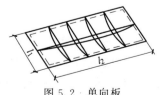

图5.2　单向板

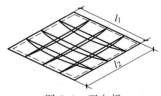

图5.3　双向板

应当注意的是，单边嵌固的悬臂板和两对边支承的板，不论其长、短边尺寸的关系如何，都只在一个方向受弯，故属于单向板。对于三边支承板或相邻两边支承的板，则将沿两个方向受弯，属于双向板。

单向板肋形楼盖构造简单，施工方便，是整体式楼盖结构中最常见的形式。因板、次梁和主梁为整体现浇，所以将板视为多跨超静定连续板，而将梁视为多跨超静定梁。

双向板比单向板受力好，板的刚度大，板跨可达5m以上。当跨度相同时，双向板较单向板薄。

5.1.2　楼盖的类型

结构选型应综合考虑建筑设计、使用功能、结构性能以及技术经济指标等因素。

5.1.2.1　钢筋混凝土楼盖按结构形式分类

（1）肋梁楼盖

单向板肋梁楼盖由相交的肋梁（一般为主梁和次梁）和板组成，荷载传递途径为板→次梁→主梁→柱或承重墙→基础→地基，如图5.4（a）所示。图5.4（b）所示为一肋梁筏板基础，实际可视为一倒置的肋梁楼盖。

双向板肋梁楼盖由相交的肋梁和板组成，荷载传递途径为板→支承梁→柱或承重墙→基础→地基，如图5.4（c）所示。

肋梁楼盖是工程中最常见的结构形式。这种结构的特点是构造简单，结构布置灵活，用钢量较低，缺点是模板工程比较复杂。

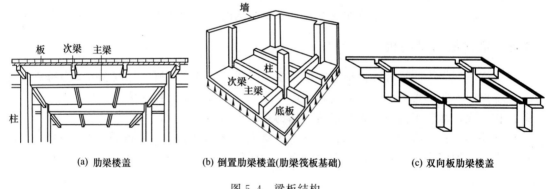

(a) 肋梁楼盖　　　(b) 倒置肋梁楼盖(肋梁筏板基础)　　　(c) 双向板肋梁楼盖

图5.4　梁板结构

（2）井式楼盖

井式楼盖由双向板（边长一般为2～3m）和两个方向的交叉梁系组成。其特点是两个方向的梁的截面尺寸相同，梁高比肋梁楼盖小，外形美观，但用钢量大，造价高。宜用于跨度较大（可达10～35m）的结构，如图5.5所示。由于是两个方向共同受力，因而梁的截面高度较肋梁楼盖小，故适用于公共建筑的门厅、入口、会议室、大教室、图书阅览室、展览馆等具有较大跨度的大空间。

（3）密肋楼盖

密肋楼盖由密布的小梁（肋）和板组成，如图5.6所示。密肋楼盖由于梁肋的间距（肋梁的间距一般不大于1.5m，截面宽度60～120mm）小，板厚（一般为50mm）亦很小，梁高也较肋梁楼盖小，故结构的自重较轻，造价较低。采用塑料模壳施工可以克服支模的困难。

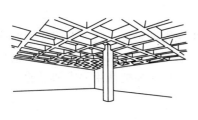

图 5.5 井式楼盖

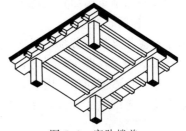

图 5.6 密肋楼盖

（4）无梁楼盖

无梁楼盖又称板柱楼盖。这种楼盖不设梁，而将板直接支撑在带有柱帽（或无柱帽）的柱上，如图5.7所示。无梁楼盖顶棚平整，通常用于书库、仓库、商场等工程中，也用于水池的顶板、底板和平板式筏形基础等处。

5.1.2.2　钢筋混凝土楼盖按施工方法分类

（1）现浇整体式楼盖

现浇整体式楼盖混凝土为现场浇筑，其优点是刚度大，整体性好，抗震抗冲击性能好，防水性好，结构布置灵活；缺点是模板用量大，现场作业量大，工期较长，施工受季节影响比较大。多层工业建筑的楼盖、楼面需承受某些特殊设备荷载或有较复杂孔洞时，常采用现浇整体式楼盖。随着商品混凝土、泵送混凝土以及工具式模板的广泛使用，整体式楼盖在多高层建筑中的应用也日益增多。

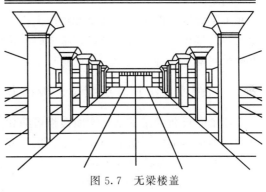

图 5.7 无梁楼盖

（2）装配式楼盖

装配式楼盖是由预制的梁板构件在现场装配而成的，具有施工速度快、省工、省材等优点，符合建筑工业化的要求。缺点是结构的刚度和整体性不如现浇整体式楼盖，对抗震不利，因而不宜用于高层建筑，在有些抗震设防要求较高的地区已被限制使用。

（3）装配整体式楼盖

装配整体式楼盖是在预制板（梁）上现浇一叠合层而成为一个整体，最常见的做法是在板面做40mm厚的配筋现浇层。其特点介于整体式和装配式结构之间，适用于荷载较大的多层工业厂房、高层民用建筑及有抗震设防要求的建筑。

5.1.2.3　按预加应力情况分类

楼盖可分为钢筋混凝土楼盖和预应力混凝土楼盖。预应力混凝土楼盖常用的是无黏结预应力混凝土平板楼盖；当柱网尺寸较大时，预应力楼盖可有效减小板厚，降低建筑层高。

5.2　单向板肋梁楼盖

5.2.1　结构平面布置

平面楼盖结构布置的主要任务是合理地确定柱网和梁格尺寸，它通常是在建筑设计初步方案提出的柱网和承重墙布置基础上进行的。

5.2.1.1 柱网布置

柱网布置应与梁格布置统一考虑。柱网尺寸（即主梁的跨度）过大，将使梁的截面过大而增加材料用量和工程造价；反之，柱网尺寸过小，会使柱和基础的数量增多，也会使造价增加，并将影响房屋的使用。因此，柱网布置应综合考虑房屋的使用要求和梁的合理跨度。

通常次梁的跨度取 4～6m，主梁的跨度取 5～8m 为宜。

5.2.1.2 梁格布置

梁格布置除需确定梁的跨度外，还应考虑主梁、次梁的方向和次梁的间距，并与柱网布置相协调。

主梁可沿房屋横向布置，它与柱构成横向刚度较强的框架体系，但因次梁平行侧窗，而使顶棚上形成次梁的阴影；主梁也可沿房屋纵向布置，便于通风管道等的通过，并且因次梁垂直侧窗而使顶棚明亮，但横向刚度较差。次梁间距（即板的跨度）增大，可使次梁数量减少，但会增大板厚而增加整个楼盖的混凝土用量。在确定次梁间距时，应使板厚较小，常用的次梁间距为 1.7～2.7m。

在主梁跨度内以布置 2 根及 2 根以上次梁为宜，可使其弯矩变化较为平缓，有利于主梁的受力；若楼板上开有较大洞口，必要时应沿洞口周围布置小梁；主梁和次梁应力求布置在承重的窗间墙上，避免搁置在门窗洞口上；否则，过梁应另行设计。

5.2.2 按弹性方法计算连续梁、板内力

所谓单向板肋梁楼盖就是梁间楼板可简化为单向受力状态，且楼板周边以梁作为支撑和约束的一种楼盖结构。肋梁楼盖中板、次梁和主梁一般均为多跨连续超静定结构。其内力计算方法有两种，一是按弹性理论计算，二是考虑塑性变形内力重分布的计算方法。

5.2.2.1 按弹性理论的计算方法

（1）计算假定

① 支座可以自由转动，但没有竖向位移。

② 不考虑薄膜效应对板内力的影响。

③ 在确定板传给次梁的荷载以及多跨次梁传给主梁的荷载时，分别忽略板、次梁的连续性，按简支构件计算支座竖向反力；当次梁仅两跨时需考虑次梁的连续性，即按连续梁的反力作用在主梁上。

④ 跨数超过五跨的连续梁、板，当各跨荷载相同，且跨度相差不超过 10% 时，可按五跨的等跨连续梁、板计算（图 5.8）。

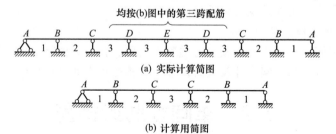

(a) 实际计算简图

(b) 计算用简图

图 5.8 连续梁、板计算简图

（2）传力路径及计算简图

设计单向板肋形楼盖时，应对板、次梁和主梁分别进行内力计算与配筋计算。

　　楼盖中楼板将楼面荷载及板的自重以均布荷载的形式传递给次梁，次梁把板传递而来的荷载加上次梁的自重以集中荷载的形式传给主梁。主梁再依照梁的支撑条件传给竖向分体系。

　　当板的厚度、板面荷载均相同时，沿板跨方向取出1m宽的板带作为板的计算单元，对其进行内力计算与配筋。此1m宽板带为多跨连续板，次梁和端部墙体为其支座，假定板铰支于支座上。单向板肋梁楼盖的计算简图如图5.9所示。

　　同样，在各次梁和主梁的截面尺寸、跨数、跨度以及荷载完全相同的情况下，只需要取出一根次梁和一根主梁进行内力计算与配筋。

　　次梁和主梁的计算简图分别如图5.9（c）和（d）所示。次梁和主梁为多跨连续梁，次梁铰支于主梁和端墙上。主梁与柱的线刚度比大于5时，可将主梁视为铰支于柱上的连续梁计算，否则应按框架梁计算。次梁承受板传来的荷载和次梁自重；主梁承受由次梁传来的集中荷载（即次梁在支座处的反力）和主梁自重，主梁自重是均布荷载，计算时将其化为集中荷载。

　　（3）计算跨度

　　由图5.9（a）知，次梁的间距就是板的跨长，主梁的间距就是次梁的跨长，但不一定就等于计算跨度。按弹性理论计算时，中间各跨取支承中心线之间的距离（$l_0 = l_n + b$），边跨如果端部搁置在支承构件上，则对于梁边跨计算长度在$1.025l_n + b/2$与$l_n + (a+b)/2$两者中取小值，如图5.9（c）、（d）所示；对于板，边跨计算长度在$l_n + (a+b)/2$与$l_n + (h+b)/2$两者中取较小值，如图5.9（b）所示。梁、板在边支座与支承构件整浇时，边跨也取支承中心线之间的距离。这里l_n为梁、板边跨的净跨长，b为第一内支座的支承宽度，h为板厚。

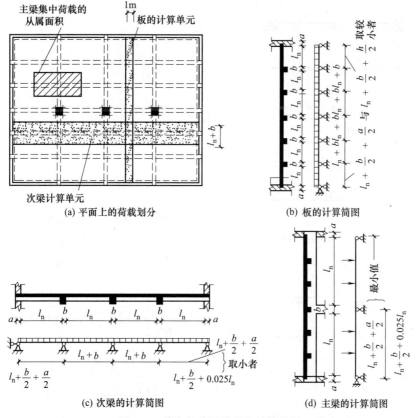

(a) 平面上的荷载划分

(b) 板的计算简图

(c) 次梁的计算简图

(d) 主梁的计算简图

图5.9　单向板肋梁楼盖的计算简图

（4）支座约束影响

如前所述，计算假定忽略了支座对被支承构件的转动约束，这对等跨连续梁、板在恒荷载作用下带来的误差是不大的，但在活荷载不利布置下，次梁的转动将减少板的内力。为了使计算结果比较符合实际情况，且为了简单，采取增大恒荷载，相应减少活荷载，保持总荷载不变的方法来计算内力，以考虑这种有利影响。同理，主梁的转动也将减少次梁的内力，所以对次梁也采用折算荷载来计算次梁的内力。

折算荷载的取值如下：

连续板
$$g' = g + \frac{q}{2} ; q' = \frac{q}{2} \tag{5-1}$$

连续梁
$$g' = g + \frac{q}{4} ; q' = \frac{3q}{4} \tag{5-2}$$

式中 g，q——单位长度上恒荷载、活荷载设计值；

g'，q'——单位长度上折算恒荷载、折算活荷载设计值。

当板或梁搁置在砌体或钢结构上时，则荷载不做调整。

（5）活荷载的不利布置

活荷载是以一跨为单位来改变其位置的，因此在设计连续梁、板时，应研究活荷载如何布置将使梁、板内某一截面的内力绝对值最大，这种布置称为活荷载的最不利布置。

图 5.10 是五跨连续梁，单跨布置活荷载时的弯矩 M 和剪力 V 的图形。研究图 5.10 的弯矩和剪力分布规律以及不同组合后的效果，得到活荷载最不利布置的规律（图 5.11）如下。

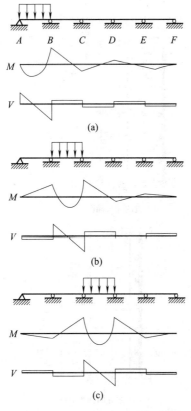

图 5.10 活荷载不同布置时的内力图

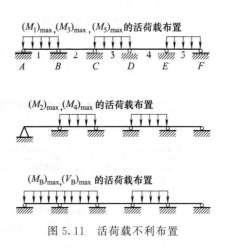

图 5.11 活荷载不利布置

① 求某跨跨内最大正弯矩时，应在本跨布置活荷载，然后隔跨布置。

② 求某跨跨内最大负弯矩（即最小弯矩）时，本跨不布置活荷载，而在其左右临跨布置，然后隔跨布置。

③ 求某支座绝对值最大的负弯矩时，或支座左、右截面最大剪力时，应在该支座左右两跨布置活荷载，然后隔跨布置。

（6）内力计算

明确活荷载不利布置后，可按《结构力学》中讲述的方法求出弯矩和剪力。为计算方便，对于 2～5 跨等跨连续梁，在不同的荷载布置作用下的内力计算已制成表格，查得相应的内力系数，即可求得相应截面的内力。

（7）内力包络图

内力包络图由内力叠合图形的外包线构成。作包络图的目的是求出梁（板）各截面可能出现的最不利内力，并以此来进行截面配筋计算及沿梁（板）长度布置钢筋和上部纵向筋的切断与下部钢筋的弯起位置。

5.2.2.2　考虑塑性变形内力重分布的塑性内力计算方法

（1）内力重分布的概念

按弹性方法计算结构的内力时，假定结构的刚度不因荷载大小和作用时间的长短而改变。对于静定结构，认为结构上任意截面内力达到该截面极限承载能力时，整个结构破坏。对于超静定结构，某一截面达到极限承载能力时，不一定导致整个结构破坏。

对于超静定结构，如钢筋混凝土连续梁，某一截面出现塑性铰，并不能使结构成为破坏机构，而还能承受继续增加的荷载。当继续加荷时，先出现塑性铰的截面所承受的极限弯矩 M_u 维持不变，截面产生转动。没有出现塑性铰的截面所承受的弯矩继续增加，即结构的内力分布规律与出现塑性铰前的弹性计算不再一致，直到结构形成几何可变体系。这就是塑性变形引起的结构内力重分布。塑性铰转动的过程就是内力重分布的过程。

（2）连续梁、板按调幅法的内力计算

如图 5.12 所示两跨连续梁在集中荷载 P 作用下，采用弹性方法分析时得到的弯矩系数模式为（$+0.156$，-0.188，$+0.156$）；而考虑材料的塑性变形特征时，在支座截面首先出现塑性铰后仍能继续承受荷载 ΔP，在集中荷载（$P+\Delta P$）作用下的弯矩系数模式为（$+0.167$，-0.167，$+0.167$）。这种内力重分布现象称为考虑塑性变形的内力重分布。

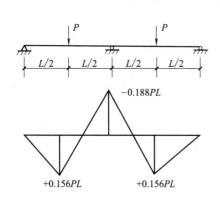

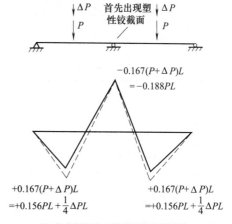

(a) 弹性分析方法得到的弯矩系数　　(b) 考虑塑性铰分析得到的弯矩系数

图 5.12　考虑塑性变形的内力重分布

钢筋混凝土虽不是理想塑性材料，为了使计算简化，可以认为在截面纵向受拉钢筋达到屈服应力后，该截面能承受的弯矩 M 不再继续增加却可以产生很大的角变形（即产生很大的曲率 φ），这时认为该截面出现了塑性铰。因此，钢筋混凝土超静定连续构件同样也会因产生塑性变形引起内力重分布。

钢筋混凝土多跨连续梁、板考虑塑性变形内力重分布的估算步骤如下。

① 按荷载不利布置，用弹性方法求得弯矩包络图。

② 调整支座截面弯矩，使调整后的弯矩值 M' 小于原来的弯矩值。调幅系数 β 应满足：

$$\beta = \frac{M - M'}{M} \times 100\% \leqslant 20\%$$

③ 按调幅后的支座弯矩计算各跨跨中弯矩，该弯矩不得大于原包络图中外包络线所示该截面的弯矩值。

④ 按调整后的支座截面弯矩画出新的弯矩包络图，并按新包络图所示各截面弯矩值配筋。

⑤ 为了保证在塑性铰出现后支座截面能够有较大的转动能力，要求支座截面配筋率不宜过大，一般要求 $x \leqslant 0.35 h_0$（即 $\xi \leqslant 0.35$）。

五跨等跨连续梁、板在均布荷载作用下按考虑塑性变形内力重分布方法计算的弯矩系数和剪力系数见图 5.13，弯矩和剪力按下式计算：

$$M = \alpha_M (g + q) l_0^2 \tag{5-3}$$
$$V = \alpha_V (g + q) l_n \tag{5-4}$$

式中　α_M——连续梁、板的弯矩系数；

　　　α_V——连续梁、板的剪力系数；

　　g，q——作用在梁、板上的均布永久荷载和可变荷载设计值；

　l_0，l_n——计算跨度和净跨度，计算跨度的取值见表 5.1。

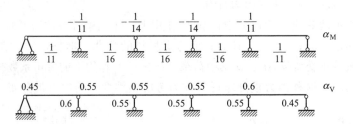

图 5.13　五跨等跨连续梁、板在均布荷载作用下的弯矩系数和剪力系数

表 5.1　按考虑塑性内力重分布计算时梁、板的计算跨度 l_0

支承情况	计算跨度 l_0	
	梁	板
两端与梁（柱）整体连接	$l_0 = l_n$	$l_0 = l_n$
两端支承在砖墙上	$l_0 = 1.05 l_n \leqslant l_n + a$	$l_0 = l_n + h \leqslant l_n + a$
一端与梁（柱）整体连接，另一端支承在砖墙上	$l_0 = 1.025 l_n \leqslant l_n + a/2$	$l_0 = h/2 \leqslant l_n + a/2$

注：h 为板厚；a 为板、梁端支承长度。

（3）两种内力计算方法的选择

考虑塑性变形内力重分布的计算方法比按弹性方法计算节约钢筋，降低造价；利用结构内力重分布的特性，合理调整钢筋布置，可以克服支座钢筋拥挤现象、简化配筋构造、方便混凝土浇捣，从而提高施工效率和质量，但会使结构较早出现裂缝，构件的裂缝宽度及变形均较大。因此，在下列情况下不宜采用塑性计算法，而应采用弹性计算法。

① 在使用阶段不允许出现裂缝或对裂缝开展有较严格限值的结构，以及处于侵蚀性环境中的结构。

② 直接承受动力和重复荷载的结构。

③ 预应力结构和二次受力叠合结构。

④ 要求有较高安全储备的结构。

对于一般民用建筑中的肋形楼盖的板和次梁，均可采用塑性计算方法；而对于主梁一般选用弹性计算方法。

5.2.2.3 板的设计要点和配筋构造

（1）板的设计要点

在满足刚度要求和施工条件的前提下，板应尽量设计得薄一些。单向板的板厚 $h \geqslant l_0/30$，悬臂板的板厚 $h \geqslant l_0/12$（l_0 为板的计算跨度），实心楼板、屋面板最小厚度80mm。连续单向板通常用塑性内力重分布方法计算内力。

由于负弯矩的作用，板的支座截面上部开裂，而由于正弯矩的作用，板的跨内截面下部开裂，于是板的实际轴线成了拱形，在荷载的作用下，在板平面内产生水平推力，使板的承载力有所提高，如图5.14所示，这一有利影响称为内拱作用。因此，《混凝土结构设计规范》规定设计四周与梁整体连接的连续板截面时，对所有中间支座截面、中间跨中截面的计算弯矩值都可考虑折减20%，但边跨跨中截面以及第一内支座截面的计算弯矩不应折减。

现浇板在砌体墙上的支承长度不宜小于120mm。

图5.14 板的内拱作用

（2）配筋构造

① 受力钢筋（板底受力钢筋、板顶受力钢筋）。通常用 HPB300 级、HRB335 级钢筋，直径 6mm、8mm、10mm、12mm 和 14mm。当板厚 $h \leqslant 150$mm 时，受力钢筋的间距为 70～200mm，当板厚 $h > 150$mm 时，不应大于 $1.5h$ 且不应大于 250mm；混凝土保护层厚度为 15mm（混凝土强度等级大于 C25）和 20mm（混凝土强度等级不大于 C25）；板底受力钢筋深入支座的长度不应小于 $5d$。正钢筋（板底钢筋）采用 HPB300 级钢筋时，端部采用半圆弯钩。负钢筋（板顶受力钢筋）端部应做成直钩支承在底模上，且负钢筋直径一般不小于 8mm。

板中受力钢筋有两种布置形式：弯起式和分离式，如图5.15所示。

分离式配筋的钢筋锚固稍差，耗钢量略高，但施工比较方便，是目前最常用的方式。当板厚超120mm且承受的动力荷载较大时，不宜采用分离式配筋。

弯起式配筋中，部分按计算需要的跨中受拉钢筋在近支座的一定位置以 30°弯起，伸入

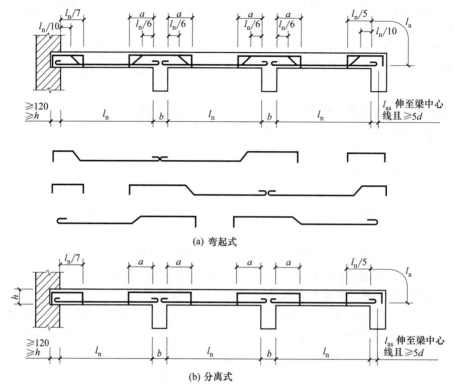

图 5.15　连续单向板的配筋

支座作为支座上部负弯矩钢筋，并满足延伸长度的要求。弯起式配筋又分为一端弯起式和两端弯起式两种。单跨板的钢筋弯起可按连续板端支座配筋构造布置。伸入支座的部分下部钢筋的间距不应大于 400mm，截面面积不应小于该方向跨中正弯矩钢筋面积的 1/3。

② 长方向支座处的负弯矩钢筋。为了承担实际上存在的负弯矩，应在单向板长方向支座处配置一定数量的构造钢筋，因为在单向板的计算中忽略了这一负弯矩。钢筋的间距不应大于 200mm，直径不应小于 8mm，同时，单位长度内钢筋的总面积不应小于板中单位宽度内受力钢筋截面面积的 1/3。延伸到梁外的长度每边不应小于板计算长度 l_0 的 1/4，如图 5.16 所示。

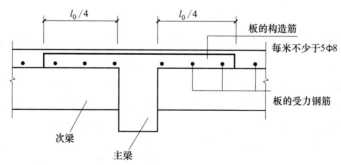

图 5.16　板中长向支座处的负弯矩钢筋

③ 嵌固板的上部构造钢筋。对与支承结构整体浇筑或嵌固在承重砌体墙内的现浇混凝土板，应沿支承周边配置上部构造钢筋，如图 5.17 所示。其直径不宜小于 8mm，间距不宜大于 200mm，并应符合下列规定。

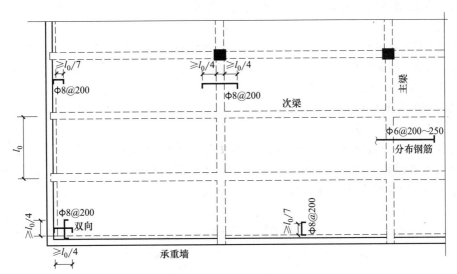

图 5.17　单向板的构造钢筋

现浇楼盖周边与混凝土梁或混凝土墙整体浇筑的单向板或双向板，应在板边上部设置垂直于板边的构造钢筋，其截面面积不宜小于板跨中相应方向纵向钢筋截面面积的 1/3。该钢筋自梁边或墙边伸入板内的长度，在单向板中不宜小于受力方向板计算跨度的 1/5，在双向板中不宜小于板短跨方向计算跨度的 1/4。在板角处该钢筋应沿两个垂直方向布置或按放射状布置。当柱角或墙的阳角突入板内且尺寸较大时，亦应沿柱边或墙阳角边布置构造钢筋，该构造钢筋伸入板内的长度应从柱边或墙边算起。上述上部构造钢筋应按受拉钢筋锚固在梁内、墙内或柱内。

嵌固在砌体墙内的现浇混凝土板，其上部与板边垂直的构造钢筋伸入板内的长度，从墙边算起不宜小于板短边跨度的 1/7，在两边嵌固于墙内的板角部分，应配置双向上部构造钢筋，该钢筋伸入板内的长度从墙边算起不宜小于板短边跨度的 1/4。沿板的受力方向配置的上部构造钢筋，其截面面积不宜小于该方向跨中受力钢筋截面面积的 1/3。沿非受力方向配置的上部构造钢筋，可根据经验适当减少。

④ 分布钢筋。矩形板中的分布钢筋沿垂直于受力钢筋的方向布置。它的作用一是固定板中受力钢筋的位置组成钢筋网，使钢筋在浇筑混凝土时能保持设计位置；二是把楼面上的局部荷载较均匀地分布到受力钢筋上去，改善板的受力；三是承担由于温度变化和混凝土收缩引起的内力；四是在四边支承的单向板中可以承担长边方向实际上存在的弯矩。

分布钢筋应配置在受力钢筋的内侧，在受力钢筋的弯折阴角处均应配置 1 根，梁的范围内可以不配置。单位长度板上分布钢筋的截面面积不应小于单位宽度板中受力钢筋截面面积的 15%，且不宜小于该方向板截面面积的 0.15%。间距不宜大于 250mm，直径不宜小于 6mm，常用 $\phi 6@250$。

在框架结构楼盖中，边跨板的端边常与框架梁整体现浇连接，这时，端边板截面的上部钢筋应按内支座截面相同的数量配置。

5.2.2.4　次梁的设计要点和配筋构造

（1）次梁的设计要点

次梁的跨度一般为 4～6m，梁高为跨度的 1/18～1/12；梁宽为梁高的 1/3～1/2。纵向钢筋的配筋率一般为 0.6%～1.5%。

次梁通常按塑性内力重分布方法计算内力，但不考虑内拱作用。计算剪力时计算跨度一律取净跨度。

与次梁整体连接的板，可作为次梁的翼缘。翼缘的有效宽度 b'_f 可按第 2 章表 2.4 的规定确定。在跨中截面，次梁应按 T 形截面计算。在支座附近的负弯矩区段，次梁应按矩形截面计算。

（2）次梁的配筋构造

次梁配筋的一般构造如受力钢筋的直径、弯起、截断、锚固长度以及架立钢筋、箍筋构造等如第 2 章 2.5 节所述。

次梁分别按跨内截面和支座截面的最大弯矩值确定受力钢筋的数量后，理应按弯矩和剪力的包络图布置钢筋。根据工程实践的总结，对于相邻跨跨度相差不大于 20%、活荷载与恒载比 $q/g \leqslant 3$ 的连续次梁，可按图 5.18 布置钢筋。

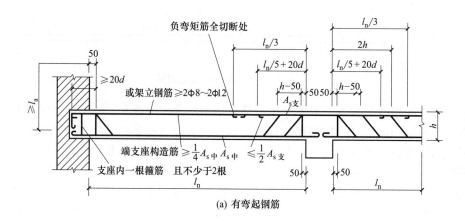

(a) 有弯起钢筋

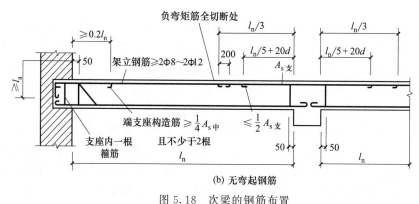

(b) 无弯起钢筋

图 5.18 次梁的钢筋布置

5.2.2.5 主梁的设计要点和截面配筋计算

（1）主梁的计算要点

主梁的跨度一般以 5～8m 为宜；梁高为跨度的 $1/15$～$1/10$。主梁除承受自重和直接作用的重物重量外，主要承受由次梁传来的集中荷载。多跨连续主梁的受载范围见图 5.9。为简化计算，可把主梁自重折算为集中荷载，如图 5.9（d）所示。

主梁的内力通常按弹性理论方法计算。

（2）截面配筋计算

按弹性理论方法计算内力时，计算跨度按支承面中心距离计算，因此求得的支座截面负弯矩大于实际值。计算配筋时，应取支座边缘的弯矩值 M_1，如图 5.19 所示。

$$M_1 = M - \frac{1}{2}Vb \qquad (5-5)$$

式中　M——支座中心处的弯矩设计值；

　　　V——按简支梁计算的支座剪力设计值（取绝对值）；

　　　b——支座宽度。

另外，由于次梁和主梁中承受负弯矩的钢筋相互交叉，主梁纵向钢筋须放在次梁纵向钢筋的下方，有效高度 h_0 值减少。当主梁支座配置一层负弯矩钢筋时，可取 $h_0 = h - (55 \sim 60)\text{mm}$；若为两层钢筋，取 $h_0 = h - (80 \sim 90)\text{mm}$，$h$ 为梁截面高度。

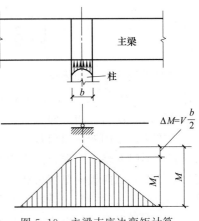

图 5.19　主梁支座边弯矩计算

主梁配筋应按内力包络图的要求通过绘制抵抗弯矩图布置。当有充分的工程经验时，可以根据实践总结确定。

主梁的截面高度一般较大，当梁扣除翼缘厚度后的截面高度大于或等于 450mm 时，应在梁的两个侧面沿高度配置纵向构造钢筋。每侧纵向构造钢筋（不包括受力钢筋和架立钢筋）的截面面积应不小于扣除翼缘厚度后的梁的截面面积的 0.1%。纵向构造钢筋的间距不宜大于 200mm。

主梁承受次梁传来的集中荷载，与楼面集中荷载不同的是次梁的集中荷载作用于主梁截面高度内，为防止发生主梁截面高度内的斜裂缝，应在主、次梁相交处设置附加横向钢筋（箍筋或吊筋），宜优先采用附加箍筋。

附加箍筋和吊筋的总截面面积按下式计算：

$$F \leqslant 2f_y A_{sb} \sin\alpha + mn f_{yv} A_{sv1} \qquad (5-6)$$

式中　F——由次梁传递的集中荷载设计值；

　　　f_y——吊筋的抗拉屈服强度设计值；

　　　f_{yv}——附加箍筋的抗拉屈服强度设计值；

　　　A_{sb}——一根吊筋的截面面积；

　　　A_{sv1}——单肢箍筋的截面面积；

　　　m——附加箍筋的排数；

　　　n——在同一截面内附加箍筋的肢数；

　　　α——吊筋与梁轴线间的夹角。

附加横向钢筋应布置在长度 $s = 2h_1 + 3b$ 的范围内，以便能充分发挥作用，如图 5.20 所示。

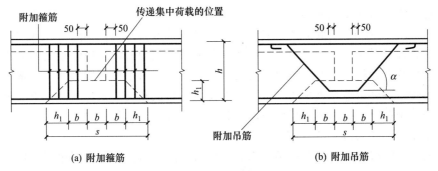

(a) 附加箍筋　　　　　　　　　　　　(b) 附加吊筋

图 5.20　附加横向钢筋布置

5.3　双向板肋形楼盖

在肋梁楼盖中，如果梁格布置使各区格板的长边与短边跨度之比 $l_2/l_1 \leqslant 2$，应按双向板设计；当 $2 < l_2/l_1 < 3$ 时，宜按双向板设计，也可按单向板设计。当按沿短边方向受力的单向板计算时，应沿长边方向布置足够数量的构造钢筋。

与单向板不同的是双向板上的荷载沿两个跨度方向传递，两个方向的弯曲变形和内力都应计算，不能忽略。双向板的受力性能比单向板好，刚度也较大，跨度可达 5m。在相同跨度的条件下，双向板的厚度可比单向板小，也减轻了自重。为结构设计需要，楼盖中同时有单向板和双向板的情况也是经常有的。

双向板的厚度一般不小于 80mm。为使板具有足够的刚度，要求板厚与短边跨度之比为：$h/l_1 \geqslant 1/40$。

连续双向板中梁、板的计算跨度取值参见连续单向板中梁、板的计算跨度取值。双向板的内力计算方法也有弹性理论和塑性理论两种，下面重点介绍按弹性理论的计算方法。

5.3.1　单跨双向板内力计算

在均布荷载作用下，根据实际支承情况和短跨与长跨的比值，直接查附表 29 可查出弯矩系数，即可算得有关弯矩：

$$m = 表中系数 \times pl_1^2 \tag{5-7}$$

式中　m——跨中或支座单位板宽内的弯矩设计值，kN·m/m；

　　　p——均布荷载设计值，kN/m²；

　　　l_1——短跨方向的计算跨度，m，计算方法与单向板相同。

附表 29 中的系数是根据材料的泊松比 $\mu=0$ 制定的，当 $\mu \neq 0$ 时，可按下式计算：

$$m_1^\mu = m_1 + \mu m_2 \tag{5-8}$$

$$m_2^\mu = m_2 + \mu m_1 \tag{5-9}$$

对混凝土，可取 $\mu = 0.2$。

5.3.2　多跨连续双向板

多跨连续双向板的计算多采用单区格板计算为基础的实用计算方法。此法假定支承梁不产生竖向位移且不受扭；同时还规定，双向板沿同一方向相邻跨度的比值 $l_{min}/l_{max} \geqslant 0.75$，以免计算误差过大。

（1）跨中最大弯矩值计算

求算连续板各跨跨中的最大弯矩时，恒载 g 仍是满布的，活荷载 q 应按棋盘式布置，如图 5.21 中的阴影部分。于是，可把荷载布置看作是满布荷载 $(g+q/2)$ 与间隔荷载 $\pm q/2$ 两种情况的叠加。对于中间区格板，计算满布荷载下的内力时，可以假定是四边固定板；计算间隔布置荷载下板的内力时，可以假定是四边简支板。对于楼盖周边的边区格板或角区格板，应按实际情况确定边缘支承条件。只要根据两种荷载和支承条件分别按单块板内力表格算出相应的跨中弯矩，叠加后就得到各区格板的跨中最大弯矩值。

（2）支座弯矩最大值

可以近似按恒载和活荷载全部满布求算。此时中间区格板可作为四边固定板，周边区格板的端边按实际情况确定支承条件。根据荷载和支承条件，按单块板内力表格即可算出各区格板的支座弯矩最大值。如果由两相邻区格板计算的同一支座弯矩值不相等，应取其中的绝对值较大者。

（3）配筋设计

求得跨中和支座截面的弯矩后，即可用下式计算单位宽度板的配筋：

$$A_s = \frac{M}{\gamma_s f_y h_0} \tag{5-10}$$

双向板两个方向都布置受力钢筋，应将短跨方向受力钢筋放在长跨方向受力钢筋的外侧，截面有效高度 h_{01}，一般取长跨方向的截面有效高度 $h_{02} = h_{01} - 10\text{mm}$。另外，为简化计算，可近似取 $\gamma_s = 0.9$。

按弹性理论设计计算，板底钢筋数量根据跨中弯矩计算。在靠近支座的范围内，弯矩值已减小很多，所以受力钢筋的数量可以减少。布置时可把整块板按纵向和横向各划分成两个边缘板带和一个中间板带（图 5.22），边缘板带配置 50% 的中间板带配筋量的钢筋。

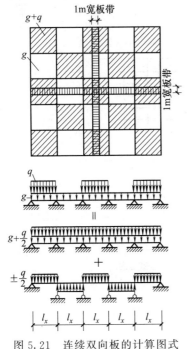

图 5.21　连续双向板的计算图式

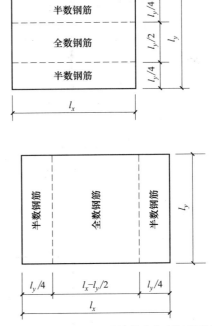

图 5.22　按弹性理论设计的跨中弯矩配筋带

连续支座上的受力钢筋，应沿板跨方向均匀布置。

板中的受力钢筋布置方式也有分离式和弯起式两种，如图 5.23 所示。

板中受力钢筋的直径、间距，锚固长度及延伸长度和支座分布钢筋等构造要求与单向板相同。当边区格板及角区格板的板边嵌固在墙中时，在板边或板角的上部应配置的构造钢筋，也应满足图 5.23 的要求。

（4）双向板弯矩值的折减

与单向板相似，设计周边与梁整体连接的双向板时，也可考虑由于板的内拱作用引起周边支承梁推力的有利作用，按下列情况折减截面的计算弯矩值：连续双向板中间区格板的跨中截面和中间支座截面折减系数取 0.8；边区格板的跨中截面及自楼板边缘算起的第二支座截面，当 $l_b/l \leqslant 1.5$ 时，折减系数取 0.8；当 $1.5 < l_b/l < 2.0$ 时，折减系数取 0.9。l_b 是沿楼板边缘方向区格板的跨度，l 是垂直于 l_b 方向的跨度，如图 5.24 所示。角区格板不予折减。

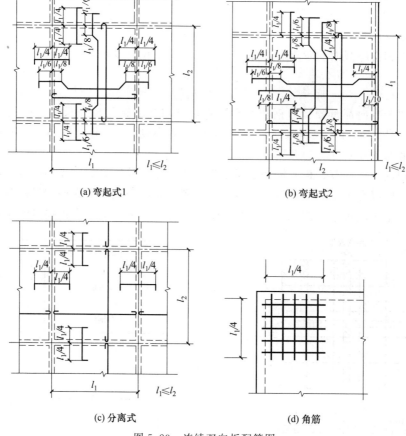

(a) 弯起式1　　　　　　　　　　(b) 弯起式2

(c) 分离式　　　　　　　　　　(d) 角筋

图 5.23　连续双向板配筋图

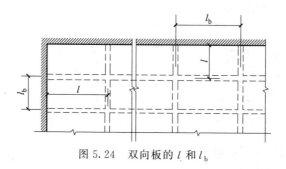

图 5.24　双向板的 l 和 l_b

5.3.3　双向板楼盖支承梁设计

双向板中长跨、短跨方向的弯矩都不能忽略，板上荷载沿四边传给支承梁。为简化起见，长跨中间部分的荷载向短跨方向传递，在板四角以 45° 分角线划分板上荷载，故短跨方向支承梁承受三角形荷载、长跨方向支承梁承受梯形荷载，如图 5.25 所示。

边跨梁荷载的最大值：

$$p' = (g + q)\frac{l_{01}}{2} \tag{5-11}$$

中间跨梁荷载的最大值：

$$p' = (g + q)l_{01} \tag{5-12}$$

式中　g，q——双向板的均布恒载、均布活荷载设计值；

　　　l_{01}——双向板短跨的计算长度。

求得荷载后，即可用结构力学方法（例如弯矩分配法）或其他简化方法计算支承梁的内力，配筋的计算和构造要求与单向板肋梁楼盖的连续梁完全相同。

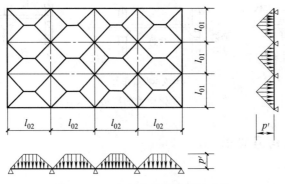

图 5.25　双向板支承梁承受的荷载

按弹性理论设计计算梁的支座弯矩时，可按支座弯矩等效的原则按以下公式将三角形荷载和梯形荷载等效为均布荷载 p_e。

三角形荷载作用时：

$$p_e = \frac{5}{8}p' \tag{5-13}$$

梯形荷载作用时：

$$p_e = (1 - 2\alpha_1^2 + \alpha_1^3)p' \tag{5-14}$$

$$\alpha_1 = \frac{l_{01}}{2l_{02}}$$

式中　l_{01}，l_{02}——双向板短跨、长跨的计算长度。

5.4　无梁楼盖

5.4.1　概述

无梁楼盖是一种不设梁、楼板直接支承在柱上的板柱结构体系，与一般肋梁楼盖的主要区别是楼面荷载由板通过柱直接传给基础。根据柱顶是否设置柱帽，可将其分为有柱帽无梁楼盖和无柱帽无梁楼盖（图 5.26）。楼面荷载较大时，必须采用有柱帽的无梁楼盖，以提高

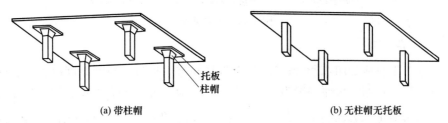

(a) 带柱帽　　　　　　　　　　　　(b) 无柱帽无托板

图 5.26　无梁楼盖

楼板承载能力和刚度，以免楼板太厚。无梁楼盖的楼板可分为平板式和双向密肋式。

柱网通常为正方形或接近正方形的矩形平面。正方形的柱网最为经济。柱网间距一般不超过 6m。当采用预应力楼板，或双向密肋楼板时，柱网间距可以适当增大。

无梁楼盖的四周可支承在承重墙上，或支承在边柱上，或从边柱悬臂伸出，如图 5.27 所示。

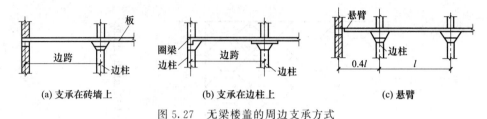

(a) 支承在砖墙上　　　　(b) 支承在边柱上　　　　(c) 悬臂

图 5.27　无梁楼盖的周边支承方式

5.4.2　受力特点与构造要求

5.4.2.1　柱

柱子一般采用正方形截面，也可采用圆形和多边形截面，边柱也可做成矩形截面。柱承受轴向压力和弯矩的作用，为偏心受压构件。

5.4.2.2　柱帽

柱帽是无梁楼盖的重要组成部分，柱帽的尺寸及配筋构造，如图 5.28 所示，图中 $c = (0.2 \sim 0.3)l$，l 为板跨。

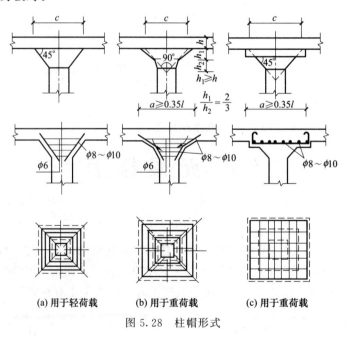

(a) 用于轻荷载　　　　(b) 用于重荷载　　　　(c) 用于重荷载

图 5.28　柱帽形式

5.4.2.3　板

把无梁楼板划分成如图 5.29 所示的柱上板带和跨中板带。板的厚度由受弯、受冲切和变形、裂缝等因素控制，板厚一般为 160～200mm，而且整个楼盖厚度相同，板厚与跨度的比值宜符合以下要求：有柱帽时，$\dfrac{h}{l_0} \geqslant \dfrac{1}{35}$；无柱帽时，$\dfrac{h}{l_0} \geqslant \dfrac{1}{30}$，$l_0$ 为柱网区格长边尺寸。

板为双向受弯构件，跨中承受正弯矩，支座承受负弯矩。弯矩示意图如图 5.30 所示。

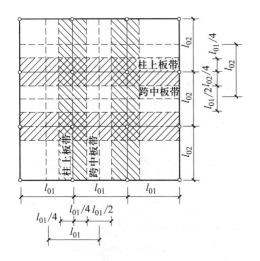

图 5.29　无梁楼板的柱上板带和跨中板带

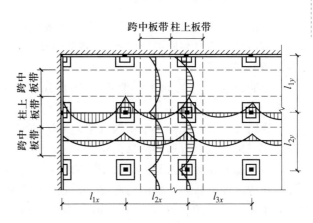

图 5.30　无梁楼盖弯矩分布示意图

5.4.3　无梁楼盖按弹性理论计算

5.4.3.1　等代框架法

等代框架法，即将整个结构分别沿纵、横柱列两个方向分别划分为具有"框架梁"和"框架柱"的纵、横向等效框架，分别进行计算分析。等效框架梁的宽度：当竖向荷载作用时，取为板跨中心线间的距离，当水平荷载作用时，取为板跨中心线间距离的一半，其高度取板厚，跨度取为 $(l_y - 2c/3)$ 或 $(l_x - 2c/3)$（图 5.31）；等代柱的截面即原柱截面，柱的计算高度取为层高减柱帽高度，底层柱高度取为基础顶面至楼板底面的高度减柱帽高度；按框架计算内力。当仅有竖向荷载作用时，可近似按分层法计算；计算所

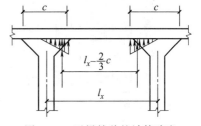

图 5.31　无梁楼盖的计算跨度

得的等效框架控制截面总弯矩，按照划分的柱上板带和跨中板带分别确定支座和跨中弯矩设计值，即将总弯矩乘以相应的分配比系数进行分配。

5.4.3.2　经验系数法

经验系数法又称总弯矩法或直接设计法。该方法先计算两个方向的截面总弯矩，再将截面总弯矩分配给同一方向的柱上板带和跨中板带。

为了使各截面的弯矩设计值适应各种活荷载的不利布置，在应用该法时，要求无梁楼盖的布置必须满足下列条件。

① 每个方向至少应有三个连续跨。

② 同方向相邻跨度的差值不超过较长跨度的 1.3。

③ 任意区格板的长边与短边之比值 $l_x/l_y \leqslant 2$。

④ 可变荷载和永久荷载之比值 $q/g \leqslant 3$。

用该方法计算时，只考虑全部均布荷载，不考虑活荷载的不利布置。

5.5 密肋楼盖和井式楼盖

5.5.1 密肋楼盖和井式楼盖的形式

在前述的肋梁楼盖中，如果用模壳在板底形成规则的"挖空"部分，没有挖空的部分在两个方向形成高度相同的肋（梁），视肋（梁）的间距大小，可将这种形式的楼盖称作密肋楼盖或井式楼盖。

密肋楼盖中肋的间距一般不大于 1.5m，而在井式楼盖中则常采用边长为 2～3m 的网格。

密肋楼盖和井式楼盖中由肋（梁）形成的网格形状大多为正方形或矩形，也有少量的工程采用三角形或六边形的网格形状。

与普通的肋梁楼盖相比，采用密肋楼盖或井式楼盖可以在不增加结构自重的前提下增加板的结构高度，从而增加结构跨度。而且，密肋楼盖和井式楼盖的建筑效果也较好。

工程中采用的密肋楼盖虽然形式多样，但大多是从普通的无梁楼盖演变而来，如图 5.32 所示。为了保证受冲切承载力，柱顶附近部分范围内的板一般不挖空而保持为实心区，如图 5.32 (b)、(d) 所示。也可以在柱网轴线上保留一定宽度的实心板带而形成与密肋板等厚的"暗梁"，如图 5.32 (a)、(b)，使荷载从板传递到柱的路线更加明确。对预应力密肋楼盖，可采用图 5.32 (d) 所示的形式，其中一个方向的预应力钢筋集中布置在柱上板带，而另一个方向的预应力钢筋则分散布置在全部板宽内。

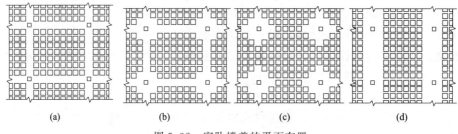

(a)　　　　　　　(b)　　　　　　　(c)　　　　　　　(d)

图 5.32　密肋楼盖的平面布置

有时，由于预应力钢筋布置的需要，密肋楼盖柱网轴线上实心板带的高度大于密肋板而从板底凸出，相当于与柱相连的肋梁，这时的密肋楼盖实际上类似于肋梁楼盖。与普通肋梁楼盖不同的是，这种肋梁的截面呈扁平状，截面的宽度可达截面高度的三倍左右。这种楼盖即扁梁楼盖结构。

钢筋混凝土现浇井式楼盖由交叉梁格和双向板组成。两个方向梁的截面高度相等，没有主梁和次梁之分，共同承受楼板传来的荷载，板为双向板，梁的交叉点不设柱，可以形成较大的空间，如图 5.33 所示。

井式楼盖宜用于正方形平面。如必须用于长方形平面时，则其长边与短边的比值不宜大于 1.5。一般可取梁高 $h=(1/20～1/16)l$，梁宽 $b=(1/4～1/3)h$，l 为房间平面的短边长度。

交叉梁系布置，可以与楼盖平面边线平行［图 5.33 (a)、(b)］，也可斜交［图 5.33 (c)、(d)］。在双向斜交的梁系中，短梁的刚度比长梁的刚度大，因此短梁对长梁起支承作用，四角区格的短梁形成长梁的弹性支座，所以受力性能较好。

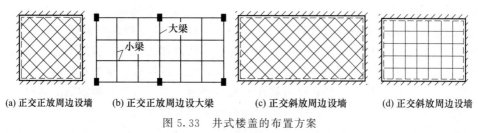

| (a) 正交正放周边设墙 | (b) 正交正放周边设大梁 | (c) 正交斜放周边设墙 | (d) 正交斜放周边设墙 |

图 5.33　井式楼盖的布置方案

井式楼盖四边宜设承重墙，使两个方向的肋梁都支承在竖向位移都很小的支座上；如四周没有承重墙，也可设置截面较高、刚度较大的梁。

5.5.2　井式楼盖受力特点

5.5.2.1　楼板

板为双向板，两个方向受弯，在一般荷载作用下板厚可取梁区格短边长度的 1/45。

5.5.2.2　梁

井式楼盖中梁的内力与变形可近似按节点竖向变形相等的原则进行计算，计算中引入如下计算假定。

① 板简支于梁上，忽略板的连续性对梁的内力与变形的影响。

② 荷载作用在各交叉梁系的各节点上。

③ 不考虑梁的抗扭刚度和剪力的影响。

将相互交叉的各梁在所有节点处全部分离，每一个梁都变成独立梁，其跨度是梁的全长，即边界支座至另一个边界支座的距离，如图 5.34（b）所示；计算时可先将荷载化为作用于交叉点的集中荷载 P，并将它分为沿 l_1 方向作用的 P_1 和沿 l_2 方向作用的 P_2，然后利用两个方向梁的刚度和其挠度在交叉点相等的条件列出联立方程式，以求得各交叉点的荷载分配值，从而得到两个方向梁的弯矩。典型梁格弯矩系数已做成现成表格，可查有关手册。

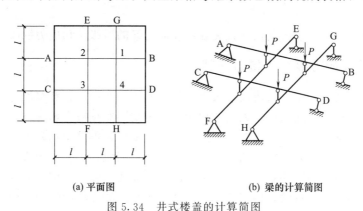

(a) 平面图　　　　(b) 梁的计算简图

图 5.34　井式楼盖的计算简图

5.5.3　密肋楼盖设计计算要点

在我国的工程实践中，钢筋混凝土密肋楼盖的跨度一般不超过 9m，预应力混凝土密肋楼盖的跨度一般不超过 12m。

密肋板的浇注大多采用工具式塑料模壳，密肋的网格尺寸及肋的尺寸由模壳决定。以上海某厂生产的五种规格的塑料模壳为例，肋的中心矩为 600～1150mm，肋高为 190～

350mm，肋的平均宽度（即梯形截面肋的上边与底边宽度的平均值）为120～160mm。

密肋楼盖板面的厚度一般可做到60～130mm，国内有些工程甚至做到40mm厚。考虑到在使用中板面上存在集中荷载的可能，为了防止冲切破坏的发生，板面不宜做得过薄。

密肋楼盖中的板的跨度很小，其配筋一般不需计算，按构造要求配置即可。

密肋楼盖的肋中，钢筋延伸长度可采用平板的规定。对配置负弯矩钢筋的区段（包括实心区在内）应配置封闭的箍筋；在正弯矩区段内可采用开口箍筋。

（1）无梁密肋楼盖的内力计算

单跨密肋楼盖，可变荷载按满布考虑；多跨连续密肋楼盖，通常要考虑可变荷载的不利布置。

对由无梁楼盖演变而来的各种形式的密肋楼盖，如果柱上板带和跨中板带的宽度内含有不少于三个肋（注：对密肋楼盖此条件一般均能满足），可以认为其近似于平板，可以采用前述无梁楼盖的两种实用计算方法（弯矩系数法和等效框架法）进行设计计算。如果密肋楼盖柱上板带的抗弯刚度超出跨中板带的10％以上，可以近似地按两者刚度的比例变化，相应增加柱上板带的弯矩分配比例，减少跨中板带的弯矩分配比例。

（2）有梁密肋楼盖的内力计算

对柱网轴线上有梁的密肋楼盖，目前有两种计算方法：一种是按肋梁楼盖进行计算，假定密肋板是完全支承在这些通过柱网轴线的梁上；另一种则仍按无梁楼盖进行计算，将梁视为柱上板带的组成部分，根据梁与板抗弯刚度比值计算内力。

5.6　无黏结预应力混凝土楼盖

为了满足变形和裂缝控制的要求，对于大跨度钢筋混凝土结构常采用预应力混凝土结构，即在混凝土结构构件受荷载作用前，使它产生预压应力来减少或抵消荷载所引起的混凝土拉应力。根据张拉钢筋与浇捣混凝土的先后关系，施加预应力的方法又分为先张法和后张法两种。

无黏结预应力混凝土楼盖是指配置无黏结预应力筋的后张法预应力混凝土楼盖。

5.6.1　无黏结预应力混凝土楼盖的特点

无黏结预应力筋是采用钢绞线或碳素钢丝外包专用防腐润滑脂和聚乙烯塑料套管，经挤压涂塑工艺制作成型的。施工时，无黏结预应力筋可如同非预应力筋一样，按照设计要求铺设在模板内，然后浇筑混凝土，待混凝土达到设计强度后，再张拉钢筋，预应力筋与混凝土之间没有黏结，张拉力全靠锚具传到构件混凝土上去。因此，无黏结预应力混凝土结构，不需要预留孔道、穿筋及灌浆等复杂工序，操作简便，加快了施工进度。无黏结预应力筋摩擦力小，且易弯成多跨曲线形状，特别适用于建造需要复杂的连续曲线配筋的大跨度楼盖和屋盖结构。

单就施工造价而言，预应力混凝土楼盖比普通混凝土楼盖要高。但采用无黏结预应力混凝土楼盖结构具有如下特点：①有利于降低建筑物层高和减轻结构自重；②改善结构的使用功能，在自重和准永久荷载作用下楼板挠度很小，几乎不存在裂缝；③楼板跨度增大可以减少竖向承重构件的布置，增加有效的使用面积，也容易适应对楼层多用途、多功能的使用要求；④节约钢材和混凝土。因此，总的来说，采用预应力混凝土楼盖是非常经济合理的。

5.6.2 无黏结预应力混凝土楼盖的结构布置

无黏结预应力混凝土楼盖常见的形式如图 5.35 所示。

图 5.35 （a）中单向板在荷载作用下，主要沿一个方向出现弯曲变形，故可按梁进行设计。这种板传力简单、施工方便。单向板常用跨度为 6～9m。图 5.35 （b）无梁平板和图 5.35 （c）带有宽扁梁的板，对于跨度在 7～12m、可变荷载在 5kN/m² 以下的楼盖，比采用单向板要经济合理得多。图 5.35 （d）带柱帽的板、图 5.35 （e）密肋板和图 5.35 （f）梁支承的双向板则用于建筑物跨度或可变化荷载更大时，将会比前两者更为经济合理。

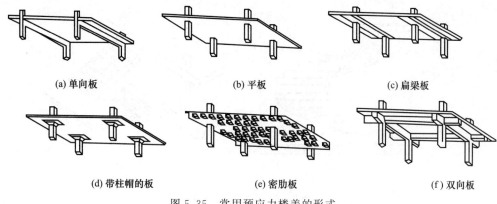

(a) 单向板   (b) 平板   (c) 扁梁板

(d) 带柱帽的板   (e) 密肋板   (f) 双向板

图 5.35 常用预应力楼盖的形式

5.6.3 无黏结预应力梁板的跨高比限值

后张无黏结预应力板的设计，必须确保在正常使用极限状态下，混凝土中的应力满足规定的抗裂等级要求，有足够的承载能力，挠度在允许值范围以内。为此在确定板的厚度时，必须考虑挠度、抗冲切承载力、防火及钢筋防腐蚀等要求。根据工程经验，预应力梁板的跨高比限值见表 5.2。

表 5.2 后张预应力梁板的近似跨高比

结构构件	简支跨	连续跨	悬臂跨
单向实心板	40～48	42～50	14～16
双向无梁板	36～45	40～48	13～15
宽扁梁	26～30	30～35	10～12
单向密肋梁	20～28	24～30	8～10
一般梁	18～22	20～25	7～8
主要梁	14～20	16～24	5～8

5.7 楼 梯

楼梯是多层及高层房屋中重要组成部分。楼梯按结构受力特点分，有板式楼梯 ［图 5.36 （a）］、梁式楼梯 ［图 5.36 （b）］、螺旋楼梯 ［图 5.36 （c）］、悬挑板式楼梯 ［图 5.36 （d）］ 等结构形式。

5.7.1 板式楼梯

板式楼梯是由梯段板、平台梁和平台板组成的。梯段板是斜放的齿形板，支承在平台梁

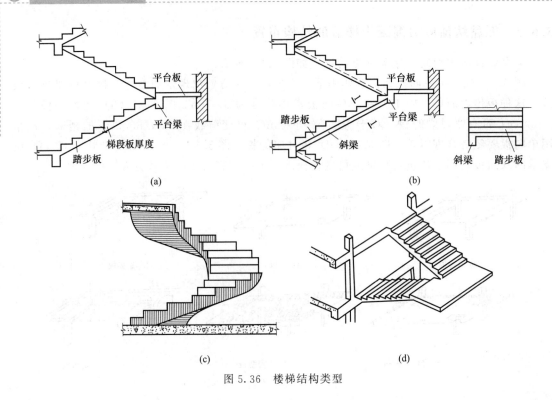

图 5.36　楼梯结构类型

和楼层梁上，底层下端一般支承在地垄梁上，荷载传递途径为：荷载通过梯段板直接传递给平台梁，再由平台梁传至墙体（或柱），再传至基础和地基。

板式楼梯的优点是下表面平整，外观轻巧，施工简便；缺点是斜板较厚。当可承受较小荷载或跨度较小时，选用板式楼梯较为合适，一般应用于住宅等建筑。

（1）梯段斜板的计算

梯段斜板计算时，一般取 1m 斜向板带作为结构及荷载计算单元。梯段斜板支承于平台梁和楼层梁上，进行内力分析时，通常将板带简化为斜向简支板。承受荷载为梯段板自重及活荷载。考虑到平台梁和楼层梁对梯段板两端的嵌固作用，计算时，跨中弯矩可近似取 $M = \dfrac{1}{10} q l^2$。

梯段斜板按矩形截面计算，截面计算高度取垂直斜板的最小厚度。

（2）平台梁的计算

板式楼梯中的平台梁承受梯段板和平台板传来的均布荷载，按承受均布荷载的简支梁计算内力，配筋按倒 L 形截面计算，截面翼缘仅考虑平台板，不考虑梯段斜板参加工作。

（3）构造要求

板式楼梯梯段板的厚度不应小于 $\left(\dfrac{1}{30} \sim \dfrac{1}{25}\right) l_0$（$l_0$ 为梯段板水平投影的净跨度），常用厚度为 100～120mm。梯段板的水平投影长度不宜超过 3～3.3m，否则宜做成梁式楼梯。

踏步板内受力钢筋要求除计算确定外，每级踏步范围内需配置一根 $\phi 8$ 钢筋作为分布筋。考虑到支座连接处的整体性，为防止板面出现裂缝，应在斜板上部布置适量的钢筋。

5.7.2　梁式楼梯

梁式楼梯由踏步板、斜梁、平台板和平台梁等组成。踏步板支承在斜梁上，斜梁再支承在平台梁上。荷载传递途径为：荷载作用于楼梯的踏步板，由踏步板传递给斜梁，再由斜梁传递给平台梁，再由平台梁传至墙体（或柱），再传至基础和地基。

梁式楼梯的优点是传力路径明确，可承受较大荷载，跨度较大；缺点是施工复杂。梁式楼梯广泛应用于办公楼、教学楼等建筑。

（1）踏步板的计算

梁式楼梯的踏步板可视为支承在斜梁上的单向板，并取一个踏步板为计算单元，如图5.37所示。其截面形式为梯形，截面宽度即踏步宽度 b。为简化计算，截面高度 h 可取为：

$$h = \frac{a}{2} + \frac{\delta}{\cos\alpha} \tag{5-15}$$

式中　δ——踏步下斜板的最小厚度，一般取 30～50mm；

　　　α——梯段的斜角；

　　　a——踏步高度。

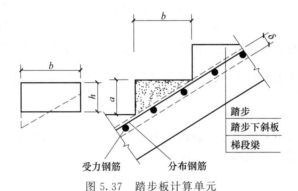

图 5.37　踏步板计算单元

（2）斜梁的计算

斜梁的两端支承在平台梁和楼层梁上，一般按简支梁计算。作用在斜梁上的荷载为踏步板传来的均布荷载，其中恒荷载按倾斜方向计算，活荷载按水平投影方向计算。通常，也将恒荷载换算成水平投影长度方向的均布荷载。

斜梁是斜向搁置的受弯构件。在外荷载的作用下，斜梁上将产生弯矩、剪力和轴力。其中，竖向荷载与斜梁垂直的分量使梁产生弯矩和剪力，与斜梁平行的分量使梁产生轴力。轴向力对梁的影响最小，通常可忽略不计。

若传递到斜梁上的竖向荷载为 q，斜梁长度为 l_1，斜梁的水平投影长度为 l，斜梁的倾角为 α，则与斜梁垂直作用的均布荷载为 $ql\cos\alpha/l_1$，斜梁的跨中最大正弯矩为：

$$M_{\max} = \frac{1}{8}\left(\frac{ql\cos\alpha}{l_1}\right)l_1^2 = \frac{1}{8}ql^2 \tag{5-16}$$

斜梁的支座剪力为：

$$V = \frac{1}{2}\left(\frac{ql\cos\alpha}{l_1}\right)l_1 = \frac{1}{2}ql\cos\alpha \tag{5-17}$$

如图5.38所示，可见斜梁的跨中弯矩为按水平简支梁计算所取得的弯矩，但其支座剪力为按水平简支梁计算所得的剪力乘以 $\cos\alpha$。

斜梁的截面计算高度应按垂直于斜梁纵轴线的最小梁高取用，按倒 L 形截面计算配筋。

（3）平台板和平台梁的计算

平台板一般为支承在平台梁及外墙上或钢筋混凝土过梁上，承受均布荷载的单向板。当

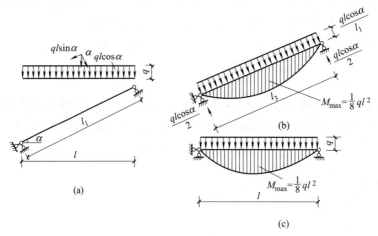

图 5.38 斜梁的弯矩剪力

平台板一端与平台梁整体连接，另一端支承在砖墙上时，跨中计算弯矩可近似取 $\frac{1}{8}ql^2$；当平台板外端与过梁整体连接时，考虑到平台梁和过梁对板的嵌固作用，跨中计算弯矩可近似取 $\frac{1}{10}ql^2$。

平台梁承受平台板传来的均布荷载以及上、下楼梯斜梁传来的集中荷载，一般按简支梁计算内力，按受弯构件计算配筋。

（4）构造要求

梁式楼梯踏步板的厚度 δ 一般取 $30\sim50\text{mm}$，梯段梁与平台梁的高度应满足不需要进行变形验算的简支梁允许高跨比的要求，梯段梁应取 $h \geqslant \frac{1}{15}l$，平台梁应取 $h \geqslant \frac{1}{12}l$（$l$ 为梯段梁水平投影计算跨度或平台梁的计算跨度）。

踏步板内受力钢筋要求除计算确定外，每级踏步范围内不少于 2 根 Φ6 钢筋，且沿梯段方向布置 Φ6@300 的分布钢筋。

思考题

5.1 钢筋混凝土楼盖的结构形式有哪些？进行楼面梁板结构布置时应考虑哪些因素？

5.2 什么是单向板？什么是双向板？设计时的主要区别是什么？

5.3 连续梁活荷载不利布置的原则是什么？

5.4 什么是连续梁的内力包络图？如何得到？

5.5 按塑性内力重分布方法计算连续梁内力的适用范围是什么？要符合哪些要求？

5.6 肋梁结构中板、次梁、主梁的截面尺寸如何设定？原则是什么？

5.7 板式楼梯与梁式楼梯的传力途径、计算简图、踏步板中的配筋等有什么不同？

5.8 井式梁与双向板支承梁在梁的布置上有何区别？

5.9 无梁楼盖设置柱帽的作用是什么？

5.10 无黏结预应力混凝土楼盖有哪些优点？

第6章

地基与基础结构

6.1 结构与地基的关系

建筑结构的全部竖向和水平荷载都要由它下面的地层来承担。受建筑结构影响的那一部分地层称为地基；将建筑物的全部荷载传递给地基的结构称为基础。

地基有两种：一种由地表的土层组成，称为土基；另一种由露出地表或埋藏很浅的岩石层组成，称为岩基。在平原地区，建筑物的地基一般都是土基；在山区，建筑物可能建在岩基上。

下面对常见的土基进行讨论。

6.1.1 土的工程分类和地基承载力

6.1.1.1 土的工程分类

作为建筑地基的岩土，可分为岩石、碎石土、砂土、粉土、黏性土和人工填土。

（1）岩石

指颗粒间牢固联结的、整体的或具有节理、裂隙的岩体；按其风化程度可分为未风化、微风化、中风化、强风化和全风化；按岩块的饱和单轴抗压强度标准值划分，可分为坚硬岩、较硬岩、较软岩、软岩和极硬岩。岩体的完整程度可用测定岩体、岩块波速的方法划分，分为完整、较完整、较破碎、破碎和极破碎五种。

（2）碎石土

指粒径大于 2mm 颗粒超过全重 50% 的土，按粗细程度又可分为块（漂）石、卵（碎）石、圆（角）砾。

（3）砂土

指粒径大于 2mm 颗粒不超过全重 50%、粒径大于 0.075mm 颗粒超过全重 50% 的土，按粗细程度又可分为砾砂、粗砂、中砂、细砂和粉砂。

（4）粉土

为介于砂土和黏性土之间，塑性指数（$I_p = w_L - w_p$，即黏性土液限与塑限的插值，去掉百分数）小于或等于 10 且粒径大于 0.075mm 的颗粒不超过全重 50% 的土。

（5）黏性土

黏性土为塑性指数 $I_p>10$ 的土。其中 $I_p>17$ 的土称为黏土，性质极为复杂，吸水后呈流塑状，强度很低，含水量在塑限左右时强度很高，但难以夯实，干燥后易开裂。$10<I_p\leq17$ 的称为粉质黏土，很容易夯实，是常用的填土材料。黏性土按状态可分为坚硬、硬塑、可塑、软塑和流塑。

（6）人工填土

根据其组成和成因，人工填土可以分为素填土、杂填土、冲填土和压实填土。素填土是由碎石土、砂土、粉土、黏性土等组成的填土。压实填土是经过压实或夯实的素填土。杂填土应是含有建筑垃圾、工业废料、生活垃圾等杂物的填土。冲填土是由水力冲填泥沙形成的填土。

6.1.1.2 地基承载力

荷载的增加使地基变形相应增大，地基承载力也逐渐增大，这是地基土的重要特性。另外，建筑物有一定的使用功能要求，往往当变形达到或超过正常使用的限值时，地基土抗剪强度仍有富余。所以地基承载力是地基按正常使用极限状态设计时单位面积所能承受的最大荷载值（kPa）。地基承载力即是允许承载力。

（1）地基承载力特征值 f_{ak}

地基承载力特征值由荷载试验或用其他原位测试、公式计算并结合工程实践经验等方法综合确定。由荷载试验测定的地基土压力变形曲线线性变形段内规定变形所对应的压力值，其最大值为比例界限值。

（2）修正后的地基承载力特征值 f_a

当基础宽度大于 3m 或埋置深度大于 0.5m 时，从荷载试验、经验值等方法确定的地基承载力特征值也应修正。修正公式如下：

$$f_a = f_{ak} + \eta_b \gamma (b-3) + \eta_d \gamma_m (d-0.5) \tag{6-1}$$

式中　η_b，η_d——基础宽度和埋置深度的地基承载力修正系数，人工填土、孔隙比 e 和液性指数 I_L 大于等于 0.85 的黏性土 $\eta_b=0$，$\eta_d=1.0$；孔隙比 e 和液性指数 I_L 均小于 0.85 的黏性土 $\eta_b=0.3$，$\eta_d=1.6$；粉砂、细砂（不包括很湿与饱和时的稍密状态）$\eta_b=2.0$，$\eta_d=3.0$；中砂、粗砂、砾砂和碎石土 $\eta_b=3.0$，$\eta_d=4.4$；

　　　　γ——基础底面以下土的重度，kN/m^3，地下水位以下取浮重度；

　　　　b——基础底面宽度，m，当小于 3m 时按 3m 考虑，大于 6m 时按 6m 考虑；

　　　　γ_m——基础底面以上土的加权平均重度，kN/m^3，地下水位以下取浮重度；

　　　　d——基础埋置深度，m，一般自室外地面标高算起；在填方整平地区，可自填土地面标高算起，但填土在上部结构施工后完成的，应自天然地面标高算起。设置地下室时如采用箱形基础或筏形基础，基础埋置深度自室外地面标高算起；如采用独立基础或条形基础时，应从室内地面标高算起。

地基规范还规定了当荷载偏心距小于或等于 0.033 倍基础底面宽度 b 时，根据土的抗剪强度指标确定地基承载特征值的要求以及岩石地基承载力的确定方法。

沉降已经稳定的建筑地基或经过预压的地基的承载力可以适当提高。

6.1.2 土层的压缩和建筑物的沉降

（1）土的三相

土由矿物颗粒（固相）、水（液相）和空气（气相）三部分组成，这三部分称为土的三相。固体颗粒所占体积 V_1 和孔隙（颗粒间的液体和气体）所占体积 V_2 之和为土的体积。建筑物搁置在地基上，由于荷载的作用，土将产生压缩。土的压缩可以认为只是孔隙体积 V_2 的缩小。因此，土的压缩性可由土承受的压力与孔隙比 e（$e = V_2/V_1$）变化的关系来确定。砂土的 e 值在 $0.5 \sim 1.0$ 范围内；黏性土的 e 值通常比砂土大，黏性淤泥的 e 值可高达 1.5 以上。孔隙比越大的土，压缩性亦越大。钢材受压后，其压缩可以认为在瞬时内即已完成，而土则不然。土中有水，饱和的土的孔隙中甚至充满着水，必须把土中的水挤走，土中孔隙的体积才能减小，土才会被压缩。因此，土的压缩和孔隙中水的挤走同时发生。但由于土的透水性不同，不同的土其中水挤走的时间快慢很不相同，因而土体完成压缩过程的时间也很不一样。这就是建筑物完成其全部沉降量需要一个时间过程的重要原因。砂土完成压缩过程的时间很快，黏土则很慢；有的建造在黏性土上的建筑物完成其全部沉降量甚至需要十年以上的时间。

（2）地基承受基础传来的荷载

建筑物全部重力荷载和其他作用力通过基础传递给地基。基础底面传给地基的单位面积压力，称为基底压力（kN/m^2）；基底压力减去基底处原有土的自重应力就得到基底附加压应力（kN/m^2）。假设地基土是由无数个直径相同的小圆球组成，当地基表面作用一个集中力 $P = 1kN$ 时，传到某一面上的压力分布就近似于一条抛物线，它的最大值将比 $1kN$ 小得多，如图 6.1（a）所示。同理，对于承受建筑物压力的地基来说，它的各个土层承受的附加压应力也有类似性质，归纳起来有以下三个特点。

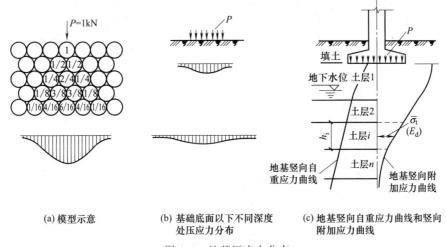

(a) 模型示意　　　(b) 基础底面以下不同深度　　　(c) 地基竖向自重应力曲线和竖向
　　　　　　　　　　　　处压应力分布　　　　　　　　　　　附加应力曲线

图 6.1　地基压应力分布

① 基础底面以下某一深度处的水平面上各点的附加应力不相等，其中以基础面中心线处应力值最大，向两侧逐渐减小，如图 6.1（b）所示。

② 距基础底面越深，附加应力的分布范围越广；在同一垂直线上的附加应力分布随深度而变化，深度越深，附加应力值越小，如图 6.1（c）所示。

③ 土层距基础底面一定深度后，它的附加应力值很小，压缩量也就很小，以致可以认为建筑物的存在对这个土层以及以下的所有土层都没有影响。因此，对于任何建筑物来说，它的地基都有一个计算深度，超过这个深度的土层都可以不予考虑。地基计算深度，对于宽度小于 3m 的独立基础，在无相邻基础影响时，可取为基础宽度的 3 倍。

（3）建筑物的沉降

　　建筑物的沉降是在地基计算深度内各土层发生压缩的结果。地基最终沉降量的确定，一般可采用分层总和法，即地基的沉降量等于基础底面以下计算深度内各土层压缩量的总和。

6.2 基　　础

　　基础是建筑物和地基之间的连接体。基础把建筑物竖向体系传来的荷载传给地基（图6.2）。从平面上可见，竖向结构体系（柱、墙、井筒）将荷载集中于点或分布呈线形。但作为最终支承结构的地基，提供的是一种分布的承载力。

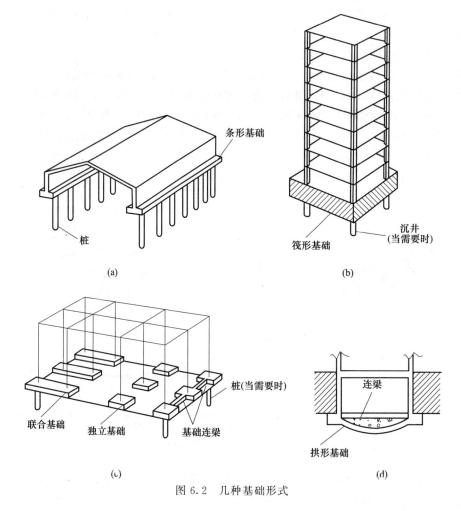

图 6.2　几种基础形式

　　如果地基的承载能力足够，则基础的分布方式与竖向结构的分布方式相同。但有时由于土或荷载的条件，需要采用满铺的筏形基础。筏形基础有扩大地基接触面的优点，但与独立基础相比，它的造价通常要高很多，因此只有必要时才使用。不论哪一种情况，基础的概念都是把集中荷载分散到地基上，使荷载不超过地基的承载能力。因此，分散的程度与地基的承载能力成反比。

　　图 6.2 列举了一些较常用的基础形式。有时，柱子可以支承在下面的方形基础上，墙则支承在沿墙长度方向布置的条形基础上。当建筑物只有几层高时，只需要把墙下的条形基础

和柱子下的方形基础结合使用，就足以把荷载传给基础。这些单独基础可用基础梁连接起来，以加强基础抵抗地震作用的能力。

只有在地基非常软弱，或者建筑物比较高（如在 10 层或 20 层以上，并产生很大的倾覆力）的情况下，才需要采用筏形基础。

在初步估算时，最好先估算建筑物在恒载和活荷载作用下的总重力荷载标准值，并假设它均匀地分布在全部面积上（按建筑物最外边轴线算），从而得到地基每平方米面积需要承受的荷载值 p_k，以便和地基承载力特征值 f_a 相比较。如果 $p_k \leqslant (1/4 \sim 1/3)f_a$，则采用条形基础或单独基础可能比筏形基础更为经济，如果 $p_k > f_a$，一般应采用桩基或沉井；如果 $p_k < f_a$，但表层及浅层土软弱，荷载太大或柱间距太大，采用浅基础不经济时，也可以采用桩基或沉井，把荷载直接传到更深的土层。

对于低矮的建筑物，通常只要计算竖向荷载就足够了，水平荷载一般不成问题。但是对于高而窄的建筑物，必须计算风荷载和地震作用（水平荷载）产生的倾覆作用对基础的影响。

当建筑物高度增加时，基础的竖向荷载集度可能很大，以至表面土层强度不足以支承房屋重量。此时就必须打桩或用沉井，把荷载传到下面更好的或更坚固的地层上去。这样就能用较小的基础面积承受较大的荷载，再通过桩或沉井，把荷载传到地基上去。

6.2.1　无筋扩展基础

其是由砖、毛石、混凝土或毛石混凝土、灰土和三合土等材料组成的，且不需要配置钢筋的墙下条形基础或柱下独立基础。

为保证无筋扩展基础不发生弯曲破坏，基础高度应符合下式要求（图 6.3）：

$$H_0 \geqslant \frac{b-b_0}{2\tan\alpha} \tag{6-2}$$

式中　b——基础底面宽度；

　　b_0——基础顶面的墙体宽度或柱脚宽度；

　　H_0——基础高度；

　　$\tan\alpha$——基础台阶宽高比（$b_2 : H_0$），其允许值见表 6.1 所列；

　　b_2——基础台阶宽度。

α 可称为基础材料的刚性角，满足了式（6-2）的要求，基础宽度就落在刚性角以内。台阶也称作放脚，故无配筋扩展基础也称刚性基础或大放脚基础。

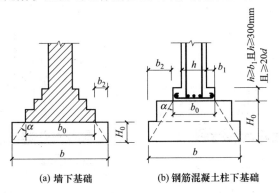

图 6.3　无筋扩展基础构造示意图

（d 为柱中纵向钢筋直径）

表 6.1　基础台阶宽高比的允许值

基础材料	质量要求	台阶宽高比的允许值		
		$p_k \leqslant 100$	$100 < p_k \leqslant 200$	$200 < p_k \leqslant 300$
混凝土基础	C15 混凝土	1：1.00	1：1.00	1：1.25
毛石混凝土基础	C15 混凝土	1：1.00	1：1.25	1：1.50
砖基础	砖不低于 MU10，砂浆不低于 M5	1：1.50	1：1.50	1：1.50
毛石基础	砂浆不低于 M5	1：1.25	1：1.50	—
灰土基础	体积比为 3：7 或 2：8 的灰土，其最小干密度：粉土 1550kg/m³，粉质黏土 1500kg/m³，黏土 1450kg/m³	1：1.25	1：1.50	—
三合土基础	体积比为 1：2：4 或 1：3：6（石灰：砂：骨料），每层约虚铺 220mm，夯至 150mm	1：1.50	1：2.00	—

注：1. p_k 为作用标准组合时基础底面处的平均压应力值，kPa。

2. 阶梯形毛石基础的每阶伸出宽度不宜大于 200mm。

3. 当基础有不同材料叠合组成时，应对接触部分作抗压计算。

4. 混凝土基础单侧扩展范围内基础底面处的平均压力超过 300kPa 时，应进行抗剪验算，对基底反力集中于立柱附近的岩石地基应进行局部受压承载力验算。

6.2.2　扩展基础

除满足构造要求以外，扩展基础结构的设计内容还应包括：以满足地基承载力的条件确定基础的底板尺寸；以满足受冲切承载力、受剪承载力的条件验算基础高度；以满足底板受弯承载力的条件计算基础底板的受力配筋。

6.2.2.1　一般构造要求

① 锥形基础的边缘高度不宜小于 200mm，且两个方向的坡度不宜大于 1：3；阶梯形基础的每阶高度，宜为 300～500mm，底板尺寸应是 100mm 的倍数。

② 如果地基土质较不均匀，应在基础底板下设混凝土垫层，其厚度不宜小于 70mm，混凝土强度等级不宜低于 C10，每边伸出基础底板 100mm。当地基土质均匀、含水量不大时，可不设混凝土垫层。

③ 扩展基础受力钢筋最小配筋率不应小于 0.15%，底板受力钢筋的最小直径不宜小于 10mm，间距不宜大于 200mm，也不宜小于 100mm。墙下条形基础（图 6.4）纵向分布钢筋的直径不小于 8mm，间距不宜大于 300mm，每延米分布钢筋的面积应不小于受力钢筋面积的 15%。当有垫层时混凝土保护层厚度不小于 40mm，无垫层时不小于 70mm。

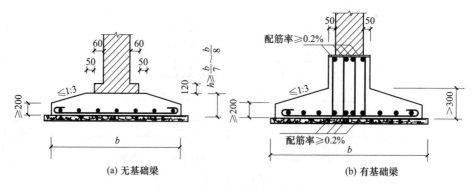

图 6.4　墙下条形基础截面构造

④ 混凝土强度等级不应低于 C20。

⑤ 当柱下独立基础的边长和墙下条形基础的宽度大于或等于 2.5m 时，底板受力钢筋的长度可取边长（或宽度）的 0.9 倍，并交错布置（图 6.5）。

⑥ 钢筋混凝土条形基础底板在 T 形及十字形交接处，底板横向受力钢筋仅沿一个主要受力方向通长布置，另一方向的横向受力钢筋可布置到主要受力方向底板宽度 1/4 处，拐角处底板的横向受力钢筋应沿两个方向布置（图 6.6）。

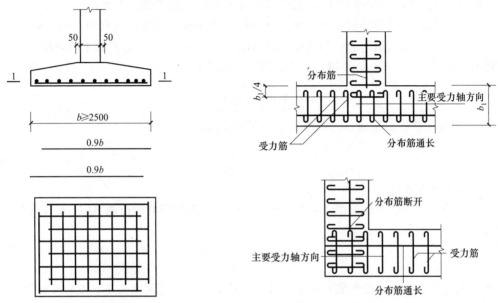

图 6.5　底板受力钢筋的交错布置　　　　　图 6.6　在墙的条形基础底板交接处的受力钢筋布置

⑦ 现浇混凝土基础施工时，为了与柱内纵向钢筋搭接，应在基础内布置插筋，其数量、直径以及钢筋种类应与柱内纵向受力钢筋相同。插筋的锚固长度 l_a 按《混凝土结构设计规范》（GB 50010—2010）确定，插筋与柱的纵向受力钢筋的连接方法也应符合此规范的规定，插筋的下端宜作成直钩放在基础底板钢筋网上。当柱为轴心受压或小偏心受压且基础高度大于等于 1200mm 或柱为大偏心受压且基础高度大于等于 1400mm 时，可仅将四角的插筋伸至底板钢筋网上，其余插筋锚固在距基础顶面 l_a 处（图 6.7）。

6.2.2.2　扩展基础设计计算

（1）柱下扩展基础的设计

① 轴心荷载作用。在轴心荷载作用下，假定基础底面的压力为均匀分布，如图 6.8 所示。按地基持力层承载力计算基底尺寸时，要求基础底面压力满足下式要求：

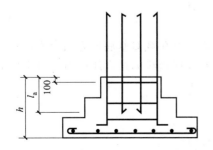

图 6.7　现浇混凝土柱基础的插筋构造示意图

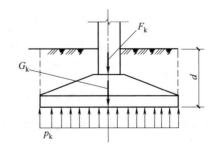

图 6.8　轴心受压基础计算简图

$$p_k = \frac{F_k + G_k}{A} \leqslant f_a \tag{6-3}$$

式中　f_a——修正后的地基持力层承载力特征值（规范规定当基础宽度大于 3m，基础埋深大于 0.5m 时，地基承载力特征值要考虑修正）；

p_k——荷载效应标准组合时，基础底面处的平均压力值；

A——基础底面积；

F_k——荷载效应标准组合时，上部结构传至基础顶面的竖向力值；

G_k——基础自重和基础上的土重，对一般实体基础，可近似地取 $G_k = \gamma_G A d$（γ_G 为基础及回填土的平均重度，可取 $\gamma_G = 20\text{kN/m}^3$，$d$ 为基础平均埋深）。

将 G_k 代入式（6-3），得基础底面积计算公式如下：

$$A \geqslant \frac{F_k}{f_a - \gamma_G d} \tag{6-4}$$

② 柱下独立基础。在轴心荷载作用下，其边长为：

$$b \geqslant \sqrt{\frac{F_k}{f_a - \gamma_G d}} \tag{6-5}$$

（2）墙下条形基础

可沿基础长方向取单位长度 1m 进行计算，荷载也为相应的线荷载（kN/m），则条形基础的宽度为：

$$b \geqslant \frac{F_k}{f_a - \gamma_G d} \tag{6-6}$$

在上面的计算中，一般先要对地基承载力特征值 f_{ak} 进行深度修正，然后按计算得到的基底宽度 b，考虑是否需要对 f_{ak} 进行宽度修正。如需要，修正后重新计算基底宽度，如此反复计算一两次即可。最后确定的基底尺寸 b 和 l 均应为 100mm 的倍数。

（3）柱下独立基础偏心荷载作用

① 基础底面尺寸。当偏心荷载作用时，基础底面的压应力值并非均匀分布，$p_{k,max}$ 值与 $p_{k,min}$ 值相差过大，引发基础倾斜，影响房屋的正常使用，所以应同时符合下列条件：

$$\frac{p_{k,max} + p_{k,min}}{2} \leqslant f_a \tag{6-7}$$

$$p_{k,max} \leqslant 1.2 f_a \tag{6-8}$$

对常见的单向偏心矩形基础，基础底面土的压应力可假定为直线分布（图 6.9），当偏心距 $e \leqslant b/6$ 时，基础最大、最小压应力为：

$$p_{k,max} = \frac{F_k + G_k}{A} + \frac{M_k}{W} \tag{6-9}$$

$$p_{k,min} = \frac{F_k + G_k}{A} - \frac{M_k}{W} \tag{6-10}$$

式中　　　M_k——相应于荷载效应标准组合时基础所有荷载对基底形心的合力矩；

$p_{k,max}$，$p_{k,min}$——相应于荷载效应标准组合时基础底面边缘的最大压应力、最小压应力；

W——基础底面的弹性抵抗模量，$W = \frac{1}{6} l b^2$。

当偏心距 $e > b/6$ 时，$p_{k,max}$ 应按下式计算：

$$p_{k,max} = \frac{2(F_k + G_k)}{3la} \tag{6-11}$$

式中　l——垂直于力矩作用方向的基础底边边长；

　　　a——合力作用点至基础底面最大压应力边缘的距离。

偏心距 $e=M_k/(F_k+G_k)$。确定偏心受压基础底面尺寸时用试算法。首先用 F_k 和 G_k 按轴心受压基础计算底面积 A，然后取它的 $1.2\sim1.4$ 倍作为偏心受压基础的底面积估算值。基础长边与短边之比 b/l 的值不应大于 2.0，一般可取 $1.2\sim1.5$（偏心距较大时，b/l 取较大值）。然后用式（6-9）、式（6-10）计算基础底面土的压应力，并验算是否符合式（6-7）、式（6-8）的要求。若试算结果不符合要求，须调整底面尺寸重新验算。

② 基础高度 h_0。如果独立基础高度不足，将发生如图 6.10 所示的冲切破坏，形成沿柱边向下的混凝土锥体。阶梯形基础也可能从基础的变阶处开始形成锥体而发生冲切破坏。

冲切破坏锥体有四个梯形斜向冲切面。对矩形底板基础，可仅对短边的斜冲切面进行受冲切承载力验算，因其受冲切面积最小，受冲切承载力最差。

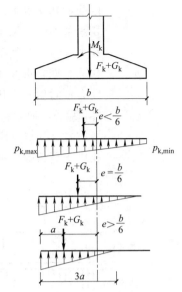

图 6.9　偏心受压基础底面压应力分布

图 6.10　基础冲切破坏

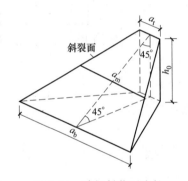

图 6.11　冲切斜截面边长

基础在柱子周边处以及变阶处的高度应满足受冲切承载力的要求，按下式验算：

$$F_l \leqslant 0.7\beta_{hp}f_t a_m h_0 \tag{6-12}$$

$$F_l = p_j A_l \tag{6-13}$$

$$a_m = (a_t + a_b)/2 \tag{6-14}$$

式中　β_{hp}——受冲切承载力截面高度影响系数，当 h 不大于 800mm 时，β_{hp} 取 1.0，当 h 大于等于 2000mm 时，β_{hp} 取 0.9，其间按线性内插法取用；

　　　f_t——混凝土轴心抗拉强度设计值；

　　　h_0——基础冲切破坏锥体的有效高度；

　　　a_m——冲切破坏锥体最不利一侧计算长度；

　　　a_t——冲切破坏锥体最不利一侧斜截面的上边长（图 6.11），当计算柱与基础铰接处的受冲切承载力时，取柱宽（当计算基础变阶处的受冲切承载力时，取上阶宽）；

　　　a_b——冲切破坏锥体最不利一侧斜截面在基础底面积范围内的下边长度，当冲切破坏锥体的底面落在基础底面以内 [图 6.12（a）、（b）]，计算柱与基础交接处的受冲切承载力时，取柱宽加两倍基础有效高度；当计算基础变阶处的受冲切承载力时，取上阶宽加两倍该处的基础有效高度；当冲切破坏锥体的底面在 l 方向落在基础底面以外，即 $a+2h_0 \geqslant l$ 时 [图 6.12 （c）]，$a_b = l$；

p_j——扣除基础自重及其上土重后相应于荷载效应的基本组合时地基土单位面积净反力；对偏心受压基础可取基础边缘处最大地基土单位面积净反力 $p_{j,\max}$；

A_l——冲切验算时取用的部分基底面积 [图 6.12 （a）、（b）中的阴影面积 $ABCDEF$，或图 6.12 （c）中的阴影面积 $ABCD$]；

F_l——相应于荷载效应的基本组合时作用在 A_l 上的地基土净反力设计值。

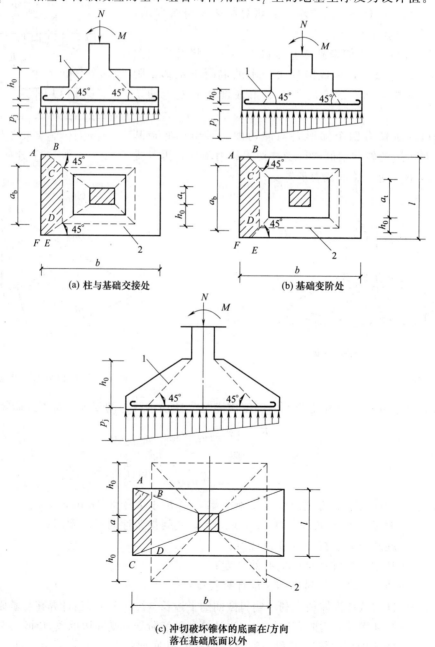

(a) 柱与基础交接处　　　　(b) 基础变阶处

(c) 冲切破坏锥体的底面在 l 方向
落在基础底面以外

图 6.12　计算阶形基础的受冲切承载力截面位置
1—冲切破坏锥体最不利一侧的斜截面；2—冲切破坏锥体的底面线

相应于荷载效应基本组合的基础底面边缘最大、最小单位面积净反力 $p_{j,max}$、$p_{j,min}$ 按下面公式计算：

$$p_{j,max} = \frac{F}{lb} + \frac{M}{W} \tag{6-15}$$

$$p_{j,min} = \frac{F}{lb} - \frac{M}{W} \tag{6-16}$$

式中　F，M——荷载效应基本组合时上部结构传至基础顶面的竖向力和基础底面的力矩设计值。

设计时一般先确定基础的高度 h_0，验算并应满足式（6-12）的要求。除台阶的宽高比小于 1.0 处外，应验算所有变阶处的受冲切承载力。

③ 基础底板配筋。在土反力作用下，独立基础底板的两个方向都发生弯曲，受力钢筋应沿双向按计算分别配置，沿基础长边方向的钢筋放置在短边钢筋的下层。

底板弯矩可以柱与基础底板交接处或变阶处挑出的倒置悬臂板计算。当台阶的宽高比不大于 2.5 和偏心距不大于 1/6 基础宽度时，任意截面的弯矩可按下式计算（图 6.13）：

$$M_I = \frac{1}{12}a_1^2\left[(2l+a')\left(p_{max}+p-\frac{2G}{A}\right)+(p_{max}-p)l\right] \tag{6-17}$$

$$M_{II} = \frac{1}{48}(l-a')^2(2b+b')\left(p_{max}+p_{min}-\frac{2G}{A}\right) \tag{6-18}$$

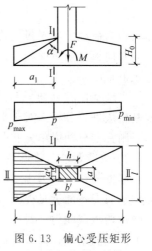

图 6.13　偏心受压矩形
基础底板的弯矩计算

式中　M_I，M_{II}——任意截面 Ⅰ—Ⅰ、Ⅱ—Ⅱ 处相应于荷载效应的基本组合时的弯矩设计值；

a_1——任意截面 Ⅰ—Ⅰ 至基底边缘最大反力处的距离；

p_{max}，p_{min}——相应于荷载效应的基本组合时的基础边缘最大和最小地基反力设计值；

p——相应于荷载效应的基本组合时在任意截面 Ⅰ—Ⅰ 处基础底面地基反力设计值；

G——考虑作用分项系数的基础自重及其上的土重。当组合值由永久作用控制时 $G=1.35G_k$，G_k 为基础自重和其上的土重标准值。

基础底板受力钢筋的计算公式为：

$$A_{sI} = \frac{M_I}{0.9h_{0I}f_y} \tag{6-19}$$

$$A_{sII} = \frac{M_{II}}{0.9h_{0II}f_y} \tag{6-20}$$

长边方向的受力钢筋放在下层，故取相应的截面有效高度 $h_{0II}=h_{0I}-10\text{mm}$。

（4）筏形基础

筏板基础可分为平板式和肋梁式，如图 6.14 所示。

① 内力计算。当地基比较均匀、上部结构刚度较好、梁板式筏基梁的高跨比或平板式筏基板的厚跨比不小于 1/6，且相邻柱荷载及柱距的变化不超过 20% 时，筏形基础可仅考虑局部弯曲作用，按倒楼盖法进行计算。将筏形基础视为倒置的楼盖，以柱子为基础，地基的

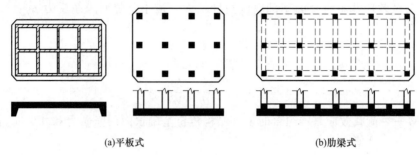

(a)平板式　　　　　　　(b)肋梁式

图 6.14　筏形基础

净反力为荷载。对平板式筏形基础，可按倒置的无梁楼盖计算；对梁板式筏形基础，底板按连续双向板（或单向板）计算；肋梁按连续梁分析，并宜将边跨跨中弯矩以及第一内支座的弯矩值乘以系数 1.2。

当地基比较复杂、上部结构刚度较差，或柱荷载及柱距变化较大时，筏基内力宜按弹性地基板法进行分析。对于平板式筏基，可用有限差分法或有限元法进行分析；对于梁板式筏基，则宜划分肋梁单元和薄板单元，而以有限元法进行分析。

② 构造要求。筏形基础的板厚应按受冲切和受剪承载力计算确定。平板式筏形基础的底板厚度通常可取为 1～3m，最小板厚不宜小于 400mm，当柱荷载较大，等厚度筏板的受冲切承载力不能满足要求时，可在筏板上面增设柱墩或局部增加板厚或采用抗冲切钢筋来提高受冲切承载能力。对梁板式筏形基础，纵、横两个方向的肋梁高度一般取为相等，12 层以上建筑的梁板式筏基的板厚不应小于 400mm，且板厚与最大双向板区格的短边净跨之比不应小于 1/14。

梁板式筏基的肋梁除应满足正截面受弯及斜截面受剪承载力外，还需验算柱下肋梁顶面的局部受压承载力。肋梁与柱或剪力墙的连接构造，如图 6.15 所示。

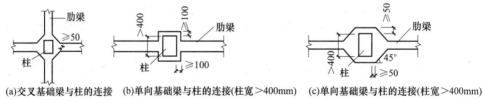

(a)交叉基础梁与柱的连接　(b)单向基础梁与柱的连接(柱宽>400mm)　(c)单向基础梁与柱的连接(柱宽>400mm)

(d)单向基础梁与柱的连接
(柱宽≤400mm)　　　　(e)基础梁与剪力墙的连接

图 6.15　肋梁与地下室底层柱或剪力墙连接的构造

在一般情况下，筏基底板边缘应伸出边柱和角柱外包线或侧墙以外，伸出长度宜不大于伸出方向边跨柱距的 1/4，无外伸梁的底板，其伸出长度一般不宜大于 1.5m。双向外伸部分的底板直角应削成钝角。

筏基的配筋除应满足计算要求外，对梁板式筏基，纵横方向的支座钢筋应有 1/3～1/2 贯通全跨，且配筋率不应小于 0.15%；跨中钢筋应按计算配筋全部连通。对平板式筏基，柱下板带和跨中板带的底部钢筋应有 1/3～1/2 贯通全跨，且配筋率不应小于 0.15%；顶部钢筋按计算全部连通。

筏板边缘的外伸部分应上下配置钢筋。对无外伸肋梁的双向外伸部分，应在板底配置内锚长度为 l_r，大于板的外伸长度（l_1 及 l_2）的辐射状附加钢筋（图 6.16），其直径与边跨板的受力钢筋相同，外端间距不大于 200mm。

当筏板的厚度大于 2000mm 时，宜在板厚中间部位设置直径不小于 12mm、间距不大于 300mm 的钢筋网。

高层建筑筏形基础的混凝土强度等级不应低于 C30。对于设置架空层或地下室的筏基底板、肋梁及侧壁，其所用混凝土的抗渗等级不应小于 0.6MPa。

（5）箱形基础

箱形基础广泛应用于高层建筑中，除了底板、顶板和外墙以外，还设置了相当数量的内纵横墙，构成了一个整体性很强、刚度很大的箱体（图 6.17），可以把上部荷载均匀地传至地基。箱形基础和上部结构的连接整体性很强。

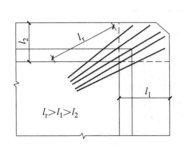

图 6.16 筏板双向外伸部分的辐射状钢筋

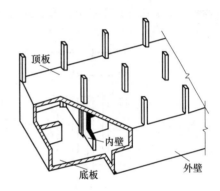

图 6.17 箱形基础

① 设计计算。箱形基础常用以下两种方法进行计算。

第一种方法：把箱形基础当作绝对刚性板，不考虑上部结构的共同作用，用弹性理论确定地基反力和基础内力。计算箱形基础顶板和底板时，包括整体受弯及局部弯曲共同产生的内力。

第二种方法：把箱形基础作为建筑物的一个地下楼层，不考虑箱形基础整体受弯作用，只按局部弯曲来计算底板内力。地基内力假定为均匀分布，底板按倒楼盖计算。隔墙看作支座，顶板按支承在隔墙上的一般平面楼盖计算。

按第二种方法计算得到的底板较薄、配筋较少。高层建筑的箱形基础用第二种方法计算较为合理。

当箱形基础埋置于地下水位以下时，要重视施工阶段中抗浮稳定性。一般采用井点抽水法，使地下水位维持在基底以下进行施工。在箱形基础封完底让地下水位回升前，上部结构应有足够重，保证抗浮稳定系数不小于 1.2。此外，底板及外墙要采取可靠的抗渗措施。

② 构造要求。箱形基础的墙身一般与底层的承重墙或框架的柱网相配合，上下对齐，直接承受上部结构传来的荷载。若上部结构的柱间距大，又要求地下部分有较大的空间，当土反力不大时，也可采用带肋的底板。此外，箱形基础的外轮廓线要少折曲，必要时，可由沉降缝把多曲折的基础平面划分成若干个较为规则的平面来处理。

箱形基础在构造上要求平面形状简单，通常为矩形，基底的形心与主要荷载的合力尽量重合。通常，底板厚 300～600mm，顶板厚 200～400mm，外墙厚 300～400mm，内隔墙厚

200～300mm。隔墙应顺柱列设置。顶、底板之间的净高一般为3～4m，以适合作地下室的要求。顶、底板的配筋率不宜超过0.8%，由计算确定。隔墙的钢筋按经验配置，采用双层钢筋网，通常如下采用：内墙φ10@200，外墙φ10～φ12@150～200，纵向钢筋应伸入顶、底板内，以形成整体。

（6）桩基础

桩有端承桩和摩擦桩。端承桩把荷载从桩顶传递到桩底，桩底支承在坚实土层上；摩擦桩则通过桩表面和四周土壤间的摩擦力或附着力，逐渐把荷载传到周围地基上（图6.18）。

桩基础一般由设置于土中的桩和承接上部结构的承台组成。桩基础的桩数不止一根，各桩在桩顶通过承台连成一体。单桩如用钢筋混凝土做成，截面边长（或直径）为250～550mm。桩的长度根据坚实土层的埋深确定，一般在6～30m之间，最长的可达60m左右。钢筋混凝土桩既可以做成预制桩，也可以做成沉管灌注式桩。钢桩可以用钢管或宽翼缘工字钢做成，钢管直径250～1200mm。每根桩的允许承载力与埋入土的状态、桩的截面尺寸、桩所用材料及桩尖埋入坚实土层的深度有关，一般为300～1500kN。桩的实际承载力宜用现场荷载实验确定。保证安全的允许承载力大约为现场荷载试验所得极限承载力的50%。

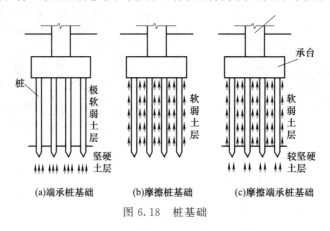

(a)端承桩基础　　(b)摩擦桩基础　　(c)摩擦端承桩基础

图6.18　桩基础

桩基础设计的一般步骤：桩基设计应符合安全、合理和经济的要求。对桩和承台来说，应有足够的强度、刚度和耐久性；对地基（主要是桩端持力层）来说，要有足够的承载力和不产生过量的变形。

a. 选定桩型，确定单桩竖向及水平承载力。

b. 桩的平面布置及承载力验算。

（a）桩的根数。桩的根数根据单桩承载力特征值与作用于桩上的荷载大小确定，即 $n \geqslant (F_k + G_k)/R_a$（$F_k$ 为相应于荷载效应标准组合时作用于桩基承台顶面的竖向力；G_k 为桩基承台及承台上土自重标准值；R_a 为单桩竖向承载力特征值）。

承受水平荷载的桩基，在确定桩数时，还要满足对桩的水平承载力要求。此时，可以取各单桩水平承载力之和，作为桩基的水平承载力。

（b）桩的平面布置原则。桩的平面布置可采用对称式、梅花式、行列式和环状排列，如图6.19所示。为使桩基在其承受较大弯矩的方向上有较大的抵抗矩，也可采用不等距排列，此时，对柱下单独桩基础和整片式的桩基，宜采用外密内疏的布置方式。

为了使桩基中各桩受力比较均匀，群桩横截面的重心应与竖向永久荷载合力的作用点重合或接近。

布置桩位时，桩的间距（中心距）一般采用3～4倍桩径。

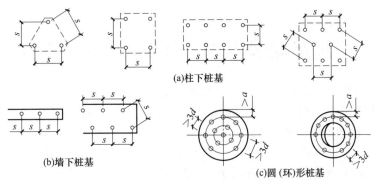

图 6.19　桩的常用平面布置形式

（c）承台设计。承台的作用是将各桩连成一个整体，将上部结构传来的荷载转换、调整、分配于各桩，如图 6.20 所示。桩基承台可分为柱下独立承台、柱下或墙下条形承台（梁式承台）、筏板承台和箱形承台等。柱下单桩承台可按构造配筋，梁式承台应进行受弯和受剪承载力计算，其余承台均应进行受弯、受剪、受冲切承载力计算。

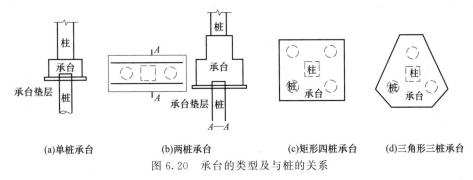

图 6.20　承台的类型及与桩的关系

（d）承台之间的连接。单桩承台，宜在两个相互垂直的方向上设置连系梁；两桩承台，宜在其短向设置连系梁；有抗震要求的柱下独立承台，宜在两个主轴方向设置连系梁；连系梁顶面宜与承台顶面位于同一标高。连系梁的宽度不应小于 250mm，梁的高度可取承台中心距的 1/15～1/10；连系梁的主筋应按计算要求确定。连系梁内上下纵向钢筋直径不应小于 12mm 且不应小于 2 根，并应按受拉要求锚入承台。

（7）沉井基础

沉井是沉入地下的大型空心桩或大型的筒形结构物。沉井先在地面上做成，必要时也可以分节制造，然后用适当的方法在井筒内挖土，使沉井在自重作用下克服四周土层的摩擦阻力而下沉；待下沉到预定的设计标高后，在其下端浇灌混凝土封底。沉井的施工过程如图 6.21 所示。沉井，可以将其内部填实，做成上部结构的基础，称为沉井基础；也可以保持

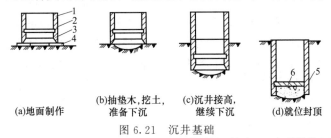

图 6.21　沉井基础

1—井壁；2—凹槽；3—刃脚；4—垫木；5—素混凝土封顶；6—钢筋混凝土底板

空间，作为地下结构物用。

6.3 建筑物有过大不均匀沉降时的处理

发生过大的不均匀沉降而使墙体开裂的原因有：建筑物地基土层软硬不均匀；建筑物高低变化太大，地基承受荷载不均匀；在同一建筑物内设置不同的结构体系和不同的基础类型，使得地基发生过大的不均匀变形。

预防的措施：除在上部结构设计中要做各种考虑外（如合理布置建筑平面，合理布置结构体系，合理布置纵横墙，合理布置圈梁，采用对不均匀沉降欠敏感的结构等），对基础体系的处理上宜有以下考虑。

6.3.1 设置沉降缝

用沉降缝将建筑物（包括基础）分割为两个或多个独立的沉降单元，可有效地防止地基不均匀沉降产生的损害。分割出的沉降单元，原则上要求具备体型简单，长高比小，结构类型不变及所在处的地基比较均匀等条件。为此，沉降缝的位置通常选择在下列部位上。

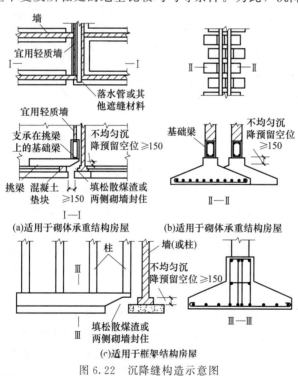

图 6.22 沉降缝构造示意图

① 长高比过大的建筑物的适当部位。

② 平面形状复杂的建筑转折部位。

③ 地基土的压缩性有显著变化处。

④ 建筑物的高度或荷载有很大差别处。

⑤ 建筑物结构类型（包括基础）截然不同处。

⑥ 分期建造房屋的交界处。

⑦ 拟设置伸缩缝或抗震缝处（三缝合一）。

沉降缝的构造如图 6.22 所示。缝内不能填塞，但寒冷地区为了防寒，有时也填以松软材料。沉降缝的造价颇高，且会增加建筑及结构处理上的困难，所以不宜多用。

根据上述原则划分的沉降单元，具有良好的整体刚度，沉降也比较均匀，一般不会再开裂，然而，单元之间仅有一缝之隔，沉降太大时不免要在彼此影响下发生相互倾斜。此时，如果缝的宽度不够或被坚硬物堵塞，单元的上方就会顶住，有可能造成局部挤坏甚至整个单元竖向受挠曲的破坏事故。基础沉降缝宽度一般按下列经验数值取用。

① 2～3 层建筑物，50～80mm。

② 4～5 层建筑物，80～120mm。

③ 5 层以上建筑物，不小于 120mm。

注：当沉降缝两侧单元层数不同时，缝宽按层数大者取用。

沉降缝应沿建筑物高度将两侧房屋完全断开。

有抗渗要求的地下室一般不宜设置沉降缝。因此，对于具有地下室和裙房的高层建筑，为减少高层部分与裙房间的不均匀沉降，常在施工时采用后浇带将两者断开，待两者间的后期沉降差能满足设计要求时再连接成整体。

如果估计到设置沉降缝后难免发生单元之间的严重互相倾斜时，可以考虑将拟划分的沉降单元拉开一段距离，其间另外用静定结构连接（称为连接体）。对于框架结构，还可选取其中一跨（一个开间）改成简支或悬挑跨，使建筑物分为两个独立的沉降单元，如图6.23所示。

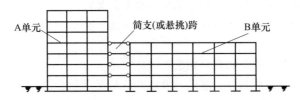

图6.23　用简支（或悬挑）跨分割沉降单元示意图

6.3.2　相邻建筑物基础间净距的考虑

地基中附加应力的向外扩散，使得相邻建筑物的沉降相互影响。在软弱地基上，两建筑物的距离太近时，相邻影响产生的附加不均匀沉降可能造成建筑物的开裂或互倾。这种相邻影响主要表现如下。

① 同期建造的两相邻建筑物之间会彼此影响，特别是当两建筑物轻（低）重（高）差别较大时，轻者受重者的影响较大。

② 原有建筑物受邻近新建重型或高层建筑的影响。

为了避免相邻影响的损害，软弱地基上的建筑物基础之间要有一定的净距。其值视地基的压缩性，影响建筑（产生影响者）的规模和重量，以及被影响建筑（受影响者）的刚度等因素而定。这些因素可以归结为影响建筑的预估沉降量和被影响建筑的长高比两个综合指标，并据此按表6.2选定基础之间所需的净距。

表6.2　相邻建筑物基础间的净距　　　　　　　　　　　　　　单位：m

影响建筑物的预估平均沉降量 S/mm	受影响建筑的长高比	
	$2.0{\leqslant}L/H_f{<}3.0$	$3.0{\leqslant}L/H_f{<}5.0$
70～150	2～3	3～6
160～250	3～6	6～9
260～400	6～9	9～12
＞400	9～12	≥12

注：1. 表中 L 为房屋长度或沉降缝分隔的单元长度，m；H_f 为自基础底面算起的房屋高度，m。

2. 当受影响建筑的长高比为 $1.5{<}L/H_f{<}2.0$ 时，其净距可适当缩小。

6.3.3　基础和上部结构的施工程序

当拟建的相邻建筑物之间轻（低）重（高）悬殊时，一般应按照先重后轻的程序进行施工；有时还需要在重建筑物竣工之后间歇一段时期，再建造轻的邻近建筑物。如果重的主体建筑物与轻的附属部分相连时，也可按上述原则处理。

注意堆载、沉桩和降水等对邻近建筑物的影响，在已建成的建筑物周围，不宜堆放大量的建筑材料或土方等重物，以免地面堆载引起建筑物产生附加沉降。

拟建建筑物内如有采用桩基的建筑物，该工程应首先进行施工。

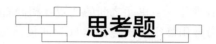

思考题

6.1 地基计算一般应包括哪些内容？建筑物地基有哪些变形特征？

6.2 浅基础有哪些形式？桩基础按其承载类型有几类？

6.3 设计无筋扩展基础时，控制基础高度的意义是什么？

6.4 什么叫刚性角？

6.5 如何确定刚性基础的基础底面宽度？

6.6 试指出计算基础底面尺寸、基础高度以及底板配筋时，基础底面土反力的取值有什么重要的区别。

6.7 验算基础底板受冲切承载力时，计算截面如何确定？

6.8 计算单向偏心受压柱独立基础底板配筋时，计算截面如何确定？

第7章
建筑抗震设计基本知识

地震，就是由于地面运动而引起的振动。振动的原因是地壳板块的构造运动，造成局部岩层变形不断增加、局部应力过大，当应力超过岩石强度时，岩层突然断裂错动，释放出巨大的变形能量。这种能量除一小部分转化为热能外，大部分以地震波的形式传到地面而引起地面振动。这种地震称为构造地震，简称为地震。此外，火山爆发、水库蓄水、溶洞塌陷也可能引起局部地面振动，但释放的能量都小，不属于抗震设计研究的范围。

地球上有两大地震带：环太平洋地震带和欧亚地震带。环太平洋地震带是全球规模最大的地震活动带，主要位于太平洋边缘地区，基本上是大洋岩石圈与大陆岩石圈相聚合的边缘带。它沿南、北美洲西海岸，经阿留申群岛、堪察加半岛、千岛群岛到日本列岛，而后分成东西两支，西支经我国台湾地区、菲律宾、印度尼西亚至新几内亚，东支经马里亚纳群岛至新几内亚，两支汇合后，经所罗门群岛至汤加，然后突转向南至新西兰。全球约80%的浅源地震、90%的中源地震以及几乎所有深源地震都发生于此，所释放的地震能量占全球地震总能量的80%。欧亚地震带是全球第二大地震活动带，横贯欧亚两洲并涉及非洲部分地区。它东起环太平洋地震带的新几内亚，经印度尼西亚南部和西部、缅甸，然后进入我国西南部和西部，再经伊朗北部、土耳其、希腊、意大利南部等地中海地区和非洲北部至大西洋亚速尔群岛。其所释放的地震能量占全球地震总能量的15%。

由于我国地处上述两大地震带之间，因此是个多地震国家。据统计，我国从1909～1971年间就发生过四百多次破坏性地震。

为了减轻建筑的地震破坏，避免人员伤亡，减少经济损失，我国《建筑抗震设计规范》规定：抗震设防烈度为6度及以上地区的建筑必须进行抗震设计。而我国设防烈度6度及以上的地区约占全国总面积的60%，因此掌握抗震设计的基本知识和设计方法，不仅对于土木建筑工程专业人员十分重要，对于建筑学专业及相关专业的人员也是必要的。

7.1　地震常用术语

7.1.1　地震波

在地球内部岩层发生断裂错动的部位会释放大量的能量，并引起周围介质的剧烈震动，称为震源。震源正上方的地面位置称为震中，震中到震源的垂直距离称为震源深度。在震中附近，地面振动最剧烈、破坏最严重的地区称为震中区或极震区。地面某处至震中的水平距离称为震中距，如图 7.1 所示。

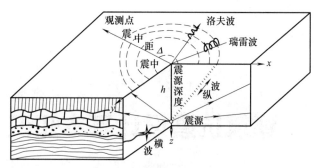

图 7.1 地震波传播示意图

地震引起的振动以波的形式从震源向各个方向传播并释放能量，称为地震波。其中，在地球内部传播的波称为体波，沿地球表面传播的波称为面波。

体波包括纵波和横波。纵波是一种压缩波，也称为 P 波（初波），介质的振动方向与波的传播方向一致；纵波的周期短、振幅小、波速最快（为 200～1400m/s），它引起地面的竖向振动。

横波是一种剪切波，也称为 S 波（次波），介质的振动方向与波的传播方向垂直；横波的周期长、振幅大、波速较慢（约为纵波波速的一半），它引起地面水平方向的振动。

面波是体波经地层界面多次反射和折射后形成的次生波，包括瑞雷波（R 波）和洛夫波（L 波）两种形式。它的波速最慢（约为横波的 0.9 倍），振幅比体波大，振动方向复杂，其能量也比体波的大。

7.1.2 震级和烈度

7.1.2.1 地震震级

地震震级是表示一次地震本身强弱程度和大小的一种度量。目前，国际上比较通用的是里氏震级，其原始定义是在 1935 年由里克特（C. F. Richter）给出的，即地震震级 M 为：

$$M = \lg A \tag{7-1}$$

式中　M——里氏震级；

A——采用标准地震仪（指摆的自振周期为 0.8s、阻尼系数为 0.8、放大倍数为 2800 倍的地震仪）在距离震中 100km 处的坚硬地面上记录到的地面水平振幅（采用两个方向水平分量平均值），μm；当地震仪距震中不是 100km 或非标准时，应按规定修正。

例如，在震中 100km 处标准地震仪记录的振幅是 10mm，即 10000μm，则此次地震的震级为 4 级。

震级表示一次地震释放能量的多少，因而，一次地震只有一个震级，震级 M 与地震释放能量 E 之间的关系为：

$$\lg E = 1.5M + 11.8 \tag{7-2}$$

式中　E——地震释放能量，erg，$1erg = 10^{-7}$J。

震级增加 1 级时，能量增加约 32 倍。

通常将 $M < 2$ 的地震称为微震，$M = 2～4$ 的地震称为有感地震，$M > 5$ 的地震称为破坏性地震（将引起建筑物不同程度的破坏），$M=7\sim8$ 的地震称为强烈地震，$M>8$ 的地震称为特大地震或巨大地震。地震释放的能量相当惊人，例如一次里氏 6 级地震释放的能量相当于一颗 2 万吨级的原子弹爆炸所释放的能量。

7.1.2.2　地震烈度

地震烈度是指地震发生时在一定地点振动的强烈程度，它表示该地点地面和建筑物受破坏的程度（宏观烈度），也反映该地面运动速度和加速度峰值的大小（定值烈度）。地震烈度与建筑所在场地、建筑物特征、地面运动加速度等有关。显然，一次地震只有一个震级，而不同地点则会有不同的地震烈度。

7.2　工程抗震设防

7.2.1　基本术语

抗震设防烈度（seismic precautionary intensity）：按国家规定的权限批准作为一个地区抗震设防依据的地震烈度。一般情况下，取 50 年内超越概率 10% 的地震烈度。

抗震设防标准（seismic precautionary criterion）：衡量抗震设防要求的尺度，由抗震设防烈度或设计地震动参数及建筑抗震设防类别确定。

地震作用（earthquake action）：由地震引起的结构动态作用，包括水平地震作用和竖向地震作用。

设计地震动参数（design parameters of ground motion）：抗震设计用的地震加速度（速度、位移）时程曲线、加速度反应谱和峰值加速度。

设计基本地震加速度（design basic acceleration of ground motion）：50 年设计基准期超越概率 10% 的地震加速度的设计取值。

设计特征周期（design characteristic period of ground motion）：抗震设计用的地震影响系数曲线中，反映地震震级、震中距和场地类别等因素的下降段起始点对应的周期值，简称特征周期。

建筑抗震概念设计（seismic concept design of buildings）：根据地震灾害和工程经验等所形成的基本设计原则和设计思想，进行建筑和结构总体布置并确定细部构造的过程。

抗震措施（seismic measures）：除地震作用计算和抗力计算以外的抗震设计内容，包括抗震构造措施。

抗震构造措施（details of seismic design）：根据抗震概念设计原则，一般不需计算而对结构和非结构各部分必须采取的各种细部要求。

7.2.2　抗震设防烈度和地震影响

抗震设防烈度是一个地区建筑物进行抗震设防的依据。一般情况下，抗震设防烈度可采用中国地震动参数区划图的地震基本烈度，具体参见《建筑抗震设计规范》（GB 50011—2010）中设计基本地震加速度值所对应的烈度值。抗震设防烈度和设计基本地震加速度取值的对应关系应符合表 7.1 的规定。设计基本加速度为 $0.15g$ 和 $0.30g$ 地区内的建筑，除《建筑抗震设计规范》另有规定外，应分别按抗震设防烈度 7 度和 8 度的要求进行抗震设计。

表 7.1 抗震设防烈度和设计基本加速度值的对应关系

抗震设防烈度	6	7	8	9
设计基本加速度值	0.05g	0.10(0.15)g	0.20(0.30)g	0.40g

《建筑抗震设计规范》规定，抗震设防烈度为 6 度及以上地区的建筑必须进行抗震设计。在进行抗震设计时，建筑所在地区遭受的地震影响应采用相应于抗震设防烈度的设计基本地震加速度和设计特征周期或《建筑抗震设计规范》规定的设计地震动参数来表征。建筑的设计特征周期应根据其所在地的设计地震分组和场地类别确定。

震害调查表明，一个地区中的高层建筑在大震级远震中距的地震中遭受的破坏比该地区此类建筑在中、小震级近震中距的地震中遭受的破坏要大得多，这表明震源机制、震级大小、震中距远近对同样场地条件的反应谱形状有较大影响。在《建筑抗震设计规范》中分为三个组，分别为设计地震分组第一组、第二组和第三组。

我国部分主要城镇的抗震设防烈度、设计基本地震加速度和设计地震分组详细内容见《建筑抗震设计规范》附录 A。

7.2.3 抗震设防目标

工程抗震设防的基本目的是在一定的经济条件下，最大限度地限制和减轻建筑物的地震破坏，保障人民的生命财产安全。为实现这一目的，近年来，许多国家抗震设计规范的发展趋势是要求建筑在使用期间，对于不同频率和强度的地震，应具有不同的抵抗能力，即"小震不坏、中震可修、大震不倒"，并将其作为建筑抗震设计的基本准则。

我国对小震、中震和大震规定了具体的概率水准。根据对我国几个主要地震区的地震危险性分析结果，我国地震烈度的概率分布符合极值Ⅲ型分布，地震烈度的概率密度函数曲线的基本形式如图 7.2 所示。当设计基准期为 50 年时，小震对应的烈度可采用地震烈度概率密度函数曲线峰值点所对应的烈度，即众值烈度（又称多遇地震烈度），它在 50 年内的超越概率为 63.2%，重现期为 50 年；中震对应的烈度可采用全国地震动参数区划图所规定的各地的基本烈度，它在 50 年内的超越概率为 10%，重现期为 475 年；大震对应的烈度为罕遇地震烈度，它在 50 年内的超越概率为 2%～3%，重现期为 1600～2400 年。通过对我国 45 个城镇的地震危险性分析结果的统计分析得到：基本烈度与众值烈度相差约 1.55 度，而基本烈度与罕遇烈度相差约为 1 度。

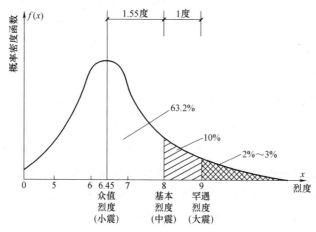

图 7.2 三种烈度含义及其关系

根据"小震不坏、中震可修、大震不倒"的抗震设计准则，我国《建筑抗震设计规范》制定了三个水准的抗震设防目标。

第一水准：当遭受低于本地区抗震设防烈度的多遇地震影响时，主体结构不受损坏或不需修理仍可继续使用。

第二水准：当遭受相当于本地区抗震设防烈度的设防地震影响时，可能发生损坏，但经一般性修理或不需修理仍可继续使用。

第三水准：当遭受高于本地区抗震设防烈度的罕遇地震影响时，不致倒塌或发生危及生命安全的严重破坏。

针对上述三个水准的抗震设防目标，对建筑结构的抗震性能提出了相应的要求。

第一水准："小震不坏"要求建筑结构在多遇地震作用下满足承载能力和弹性变形的要求。

第二水准："中震可修"要求建筑结构在设防烈度地震作用下具有相当的延性变形能力，不发生不可修复的脆性破坏。

第三水准："大震不倒"要求建筑结构在罕遇地震作用下具有足够的变形能力，满足弹塑性变形的要求。

7.2.4　抗震设计方法

为实现三个水准的抗震设防目标，《建筑抗震设计规范》采用两阶段设计方法。

第一阶段设计：按多遇地震烈度对应的地震作用效应和其他荷载效应的组合验算结构构件的承载能力和结构的弹性变形，以满足第一水准的承载能力和弹性变形的要求。

第二阶段设计：按罕遇地震烈度对应的地震作用效应验算结构的弹塑性变形，以满足第三水准的弹塑性变形要求。

对于第二水准的抗震设防要求，《建筑抗震设计规范》主要是通过良好的抗震措施来实现的。

7.2.5　抗震设防类别和设防标准

7.2.5.1　抗震设防类别

由于建筑所在地、所属行业和破坏后的影响等不同，因此应对不同的建筑物划分不同的抗震设防类别，采用不同的抗震设防标准。建筑抗震设防类别的划分应根据下列因素综合分析确定。

① 建筑破坏造成的人员伤亡、直接和间接经济损失及社会影响的大小。

② 城镇的大小、行业的特点、工矿企业的规模。

③ 建筑使用功能失效后，对全局的影响范围大小、抗震救灾影响及恢复的难易程度。

④ 建筑各区段的重要性有显著不同时，可按区段划分抗震设防类别，但下部区段的类别不应低于上部区段。区段是指由防震缝分开的结构单元、平面内使用功能不同的部分、或上、下使用功能不同的部分。

⑤ 不同行业的相同建筑，当所处地位及地震破坏所产生的后果和影响不同时，其抗震设防类别可不相同。

7.2.5.2　抗震设防标准

通过对上述因素的综合分析，建筑工程分为以下四个抗震设防类别。

① 甲类建筑：指使用上有特殊设施，涉及国家公共安全的重大建筑工程和地震时可能

发生严重次生灾害等特别重大灾害后果，需要进行特殊设防的建筑。

② 乙类建筑：指地震时使用功能不能中断或需尽快恢复的生命线相关建筑，以及地震时可能导致大量人员伤亡等重大灾害后果，需要提高设防标准的建筑。

③ 丙类建筑：指大量的除①、②、④条以外按标准要求进行设防的建筑。

④ 丁类建筑：指使用上人员稀少且震损不致产生次生灾害，允许在一定条件下适度降低要求的建筑。

各抗震设防类别建筑的抗震设防标准应符合下列要求。

① 甲类建筑：应按高于本地区抗震设防烈度1度的要求加强其抗震措施；但抗震设防烈度为9度时应按比9度更高的要求采取抗震措施。同时，应按批准的地震安全性评价的结果且高于本地区抗震设防烈度的要求确定其地震作用。

② 乙类建筑：应按高于本地区抗震设防烈度1度的要求加强其抗震措施；但抗震设防烈度为9度时应按比9度更高的要求采取抗震措施；地基基础的抗震措施应符合有关规定。同时，应按本地区抗震设防烈度确定其地震作用。

③ 丙类建筑：应按本地区抗震设防烈度确定其抗震措施和地震作用，达到在遭遇高于当地抗震设防烈度的罕遇地震影响时不致倒塌或发生危及生命安全的严重破坏的抗震设防目标。

④ 丁类建筑：允许比本地区抗震设防烈度的要求适当降低其抗震措施，但抗震设防烈度为6度时不应降低。一般情况下，仍应按本地区抗震设防烈度确定其地震作用。

抗震设防烈度为6度时，除《建筑抗震设计规范》有具体规定外，对乙、丙、丁类建筑可不进行地震作用计算。

7.3 建筑抗震概念设计

由于地震的不确定性，结构地震破坏机理的复杂性，以及结构计算模型的各种假定与实际情况的差异，使仅通过结构的计算分析难以全面准确地反映和把握结构在地震作用下的内力和变形情况。因此建筑抗震设计通常包括三个层次的内容和要求：抗震概念设计、抗震计算和验算、抗震构造措施。

抗震概念设计是根据地震灾害和工程经验等所形成的基本设计原则和设计思想，进行建筑和结构总体布置并确定细部构造的过程，是从总体上把握建筑抗震设计的基本原则，从根本上消除建筑中的抗震薄弱环节。抗震计算和验算是为结构抗震设计提供定量手段。抗震构造措施是根据抗震概念设计原则，一般不需计算而对结构和非结构各部分必须采取的各种细部要求，以保证抗震计算结果的有效性。抗震设计三个层次的内容是不可分割的整体，忽视任何一部分，都可能导致建筑抗震设计的失败。

7.3.1 建筑场地

震害调查表明，建筑场地的地质条件、地形地貌等对建筑物的震害有显著影响。因此，选择建筑场地时，应根据工程需要和地震活动情况、工程地质和地震地质的有关资料，对抗震有利、一般、不利和危险地段做出综合评价。对不利地段，应提出避让要求；当无法避开时应采取有效的措施。对危险地段，严禁建造甲、乙类的建筑，不应建造丙类的建筑。《建筑抗震设计规范》中对各类地段的划分见表7.2。

表 7.2　有利、一般、不利和危险地段的划分

地段类别	地质、地形、地貌
有利地段	稳定基岩,坚硬土,开阔、平坦、密实、均匀的中硬土等
一般地段	不属于有利、不利和危险的地段
不利地段	软弱土,液化土,条状突出的山嘴,高耸孤立的山丘,陡坡、陡坎,河岸和边坡的边缘,平面分布上成因、岩性、状态明显不均匀的土层(如故河道、疏松的断层破碎带、暗埋的塘浜沟谷和半填半挖地基),高含水量的可塑黄土,地表存在结构性裂缝等
危险地段	地震时可能发生滑坡、崩塌、地陷、地裂、泥石流等及地震断裂带上可能发生地表错位的部位

7.3.2　建筑体型和结构总体布置

7.3.2.1　结构总体布置原则

建筑结构的抗震设计,除了要根据建筑高度、抗震设防烈度等合理选择结构材料、抗侧力结构体系外,还要特别重视建筑体型和结构总体布置。建筑体型是指建筑的平面和立面;结构总体布置是指结构构件的平面布置和竖向布置。建筑体型和结构总体布置对结构的抗震性能起着决定性的作用。建筑师根据建筑的使用功能、建设场地、建筑美学等确定建筑的平面和立面;工程师根据结构抵抗竖向荷载、抗风、抗震的要求,布置结构构件。结构总体布置与建筑体型密切相关。一个成功的房屋建筑设计,应该是建筑师和结构工程师密切合作的成果,这种合作应该从方案阶段开始,一直到设计完成,甚至一直到竣工。成功的建筑,不能缺少结构工程师的创新和创造力的贡献。

抗震房屋的建筑体型和结构总体布置应符合下列原则。

① 采用对抗震有利的建筑平面和立面、对抗震有利的结构布置,即采用规则结构,不应采用严重不规则的结构。

② 具有明确的计算简图,能够采用明确的力学模型和数学模型进行结构地震反应分析,得到符合实际的结果。

③ 具有合理的、直接的传力途径。作用在上部结构的竖向力和水平力,应能通过直接的、不间断的传力路径传递到基础、地基。

④ 具有整体牢固性和尽量多的冗余度。结构的整体牢固性和冗余度是结构抗倒塌所必需的。部分结构或构件严重破坏甚至局部倒塌时,不应导致整个结构丧失抗震能力或对重力荷载的承载能力而出现大范围的连续倒塌。

⑤ 构件与构件之间、结构与结构之间,或是牢固连接,或是彻底分离,避免似连接非连接、似分离非分离的不确定状态。

⑥ 设置多道抗震防线。适当处理结构单元承载能力的强弱关系和结构构件承载能力的强弱关系,形成两道或更多的抗震防线,是增强结构抗倒塌能力的重要措施。例如,满足下列要求的框架-剪力墙(或支撑框架)结构中的框架,可以作为第二道抗震防线;剪力墙(或支撑框架)共同抵抗地震剪力;框架应能独立承担不小于 25% 的基底剪力,即框架的地震剪力应不小于总地震剪力的 25%;框架还应能抵抗按框架-剪力墙(或支撑框架)协同工作计算得到的地震剪力。

7.3.2.2　对抗震不利和有利的建筑平面和结构布置

对抗震有利的建筑平面是简单、规则、对称、长宽比不大的平面;对抗震不利的建筑平面(图 7.3)包括狭长平面、突出部分的长度过大的平面、细腰形平面和角部重叠平面等。

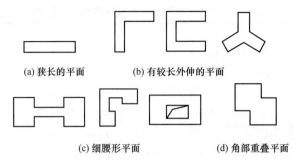

(a) 狭长的平面　　　　(b) 有较长外伸的平面

(c) 细腰形平面　　　　(d) 角部重叠平面

图 7.3　对抗震不利的建筑平面

平面过于狭长的建筑，结构自身的扭转反应以及地震的扭转作用对两端的结构单元有比较大的影响，有可能产生震害；两端结构单元的地震反应相差大。

建筑平面有长的外伸（L 形、H 形、Y 形等）时，在地震作用下，外伸肢与主体结构之间，或外伸肢之间出现相对运动，两肢连接的角部应力集中，容易出现震害。

角部重叠和细腰形的建筑平面，在重叠部分和细腰部位平面变窄，形成薄弱部位，容易产生震害，凹角部位应力集中，容易使楼板开裂破坏。

结构的平面布置与建筑平面有关。平面简单、规则、对称的建筑，容易实现有利于抗震的结构平面布置，即承载力、刚度、质量分布对称、均匀，刚度中心和质量中心尽可能重合，减小扭转效应。

实现对抗震有利的结构平面布置的关键有两条：一是刚度中心与质量中心尽可能重合，减小地震对结构产生的扭转影响；二是增大结构的抗扭刚度，减小地震作用下结构的扭转反应。

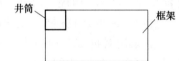

图 7.4　对抗震不利的框架-剪力墙结构平面简图

对抗震不利的框架-剪力墙结构平面简图如图 7.4 所示。楼梯、电梯井筒偏在西北端，在南北方向的地震作用下，结构产生平动和扭转反应。扭转反应对结构至少有三方面的不利影响：①增大了结构的水平位移，特别是东端框架的侧移；②内力不均匀，东端框架的内力大于其他框架的内力，特别对东端框架的角柱不利；③若东端框架首先进入屈服，则该框架的刚度降低，导致偏心距增大，扭转反应进一步增大，有可能使整体结构扭转失稳，引起结构倒塌。

对于框架结构，只要对称布置刚度较大的隔断墙，其扭转反应一般不大；对于钢筋混凝土结构或混合结构的其他结构体系，关键是合理布置剪力墙（筒）；对称布置剪力墙可以减小扭转，将剪力墙围成井筒或两个方向的剪力墙互为端墙可以增大剪力墙的抗扭刚度，将剪力墙（筒）设置在建筑的四周或靠近四周可以增大结构的抗扭刚度；对于钢结构，关键是合理布置增大结构刚度的构件，如钢支撑、钢板墙、开缝墙等。

即使是完全对称布置的结构，在地震作用下也会产生扭转。原因是，由于施工误差，实际结构轴线尺寸、构件截面尺寸、混凝土强度、配筋等不可能完全对称；活荷载的分布也不可能完全对称。因此，弹性阶段抗震计算时，要考虑偶然偏心的影响。

7.3.2.3　对抗震不利和有利的建筑立面和结构布置

对抗震有利的建筑立面是规则、均匀，从上到下外形不变或变化不大，没有过大的外挑或内收的立面；如图 7.5 所示为对抗震不利的建筑立面。

结构构件沿高度布置应连续、均匀，使结构的侧向刚度和承载力上下相同，或下大上小，自下而上连续、逐渐减小，避免突变。刚度突变的楼层，其承载力往往也会突变。尤其

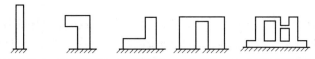

(a) 高宽比大 (b) 高位悬挑 (c) 上部收进 (d) 连体 (e) 大底盘多塔楼连体

图 7.5 对抗震不利的建筑立面

是剪力墙,自下而上要连续布置,在底层或中部某一层或某几层中断都会导致沿高度刚度和承载力的突变,造成薄弱层或软弱层,地震时容易破坏。如果顶部收进较多,或顶部刚度很小,会由于振动而使结构顶部变形过大而导致破坏。图 7.6 为对抗震不利的结构构件沿竖向布置。

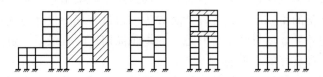

(a) 传力路径中断 (b) 错层 (c) 设置加强层 (d) 连梁两端固定

图 7.6 对抗震不利的结构构件沿竖向布置

建筑体型和平、立面布置的规则性包含了对建筑的平、立面外形尺寸,抗侧力构件布置、质量分布、承载力分布等诸多因素的综合要求。《建筑抗震设计规范》中列举了平面不规则和竖向不规则的建筑类型,见表 7.3、表 7.4。

表 7.3 平面不规则的主要类型

不规则类型	定义和参考指标
扭转不规则	在规定的水平力作用下,楼层的最大弹性水平位移或(层间位移)大于该楼层两端弹性水平位移(或层间位移)平均值的 1.2 倍
凹凸不规则	结构平面凹进的尺寸大于相应投影方向总尺寸的 30%
楼板局部不连续	楼板的尺寸和平面刚度急剧变化,例如,有效楼板宽度小于该层楼板典型宽度 50%,或开洞面积大于该层楼面面积的 30%,或有较大的楼层错层

表 7.4 竖向不规则的主要类型

不规则类型	定义和参考指标
侧向刚度不规则	该层的侧向刚度小于相邻上一层的 70%,或小于其上相邻三个楼层侧向刚度平均值的 80%;除顶层或出屋面小建筑外,局部收进的水平向尺寸大于相邻下一层的 25%
竖向抗侧力构件不连续	竖向抗侧力构件(柱、抗震墙、抗震支撑)的内力由水平转换构件(梁、桁架等)向下传递
楼层承载力突变	抗侧力结构的层间受剪承载力小于相邻上一楼层的 80%

7.3.3 结构体系

结构体系应根据建筑的抗震设防类别、抗震设防烈度、建筑高度、场地条件、地基、结构材料和施工等因素,经技术、经济和使用条件综合比较确定。结构体系应符合下列要求。

① 结构体系应具有明确的计算简图和合理的地震作用传递途径。抗震结构体系要求受力明确、传力途径合理且传力路线不间断,使结构的抗震分析更符合结构在地震时的实际表现,以利于提高结构的抗震性能。这是结构选型与布置结构抗侧力体系时首先考虑的因素

之一。

②　结构体系宜有多道抗震防线，应避免因部分结构或构件破坏而导致整个结构丧失抗震能力或对重力荷载的承载能力。地震造成结构的破坏是一个持续、积累的过程，单一结构体系只有一道防线，一旦破坏就会造成建筑物倒塌。如果结构具有多道抗震防线，则第一道防线的抗侧力构件破坏后，第二道乃至第三道防线的抗侧力构件立即接替，抵御后续地震的冲击，这对保证结构的抗震安全性是非常有效的。如果建筑物的基本周期与地震的卓越周期相同或接近时，多道抗震防线则更能显示其优越性。当第一道防线的抗侧力构件由于共振而破坏后，第二道防线接替工作，建筑物的自振周期将发生较大幅度的变动，避开地震的卓越周期，使建筑物的共振现象得以缓解，减轻地震的破坏作用。

在抗震设计中可以采取多种措施设置多道抗震防线，如采用超静定结构，有目的地设置人工塑性铰，利用框架的填充墙，设置耗能装置等。通过合理的设计应使建筑的自振周期在不同的阶段有明显的差异，以有利于避开地震的卓越周期；并且最后一道防线的抗侧力构件应具有一定的承载力和良好的变形能力。

对于第一道抗震防线的抗侧力构件应优先选择不承担或少承担重力荷载的竖向支撑或填充墙，或者选择轴压比比较小的抗震墙之类的构件；不宜选择轴压比比较大的框架柱作为第一道防线；对于纯框架结构，应采用"强柱弱梁"型的延性框架。例如框架-抗震墙结构中抗震墙是第一道抗震防线；延性框架结构中框架梁是第一道抗震防线；耗能减震结构中耗能装置是第一道抗震防线。

③　结构体系应具备必要的抗震承载力、良好的变形能力和消耗地震能量的能力。对于承载能力较强而变形能力较差的结构，在地震中易产生脆性破坏而倒塌；对于承载能力较差而变形能力较好的结构，在地震中易产生过大的变形，而导致结构和非结构构件的破坏或结构的失稳。因此，抗震结构体系不仅要有必要的抗震承载能力，还要有良好的变形能力，二者结合便使结构具有良好的耗能能力。

结构的变形能力取决于结构构件及其连接的延性。所谓延性是指在结构承载能力无明显降低的前提下（一般不低于其极限承载力的85%），结构产生非弹性变形的能力。通常采用延性系数表示，即结构构件的极限变形与屈服变形之比。提高结构构件的延性可以增强结构抗倒塌能力，并使抗震设计更为经济合理。提高结构构件及其连接的延性的措施包括以下几项。

a. 结构构件应符合下列要求：砌体结构应按规定设置钢筋混凝土圈梁和构造柱、芯柱，或采用约束砌体、配筋砌体等；混凝土结构构件应控制截面尺寸和受力钢筋、箍筋的设置，防止剪切破坏先于弯曲破坏、混凝土的压溃先于钢筋的屈服、钢筋的锚固黏结破坏先于钢筋屈服破坏；预应力混凝土的构件应配有足够的非预应力钢筋；钢结构构件的尺寸应合理控制，避免局部失稳或整个构件失稳；多、高层的混凝土楼、屋盖宜优先采用现浇混凝土板，当采用混凝土预制装配式楼、屋盖时，应从楼盖体系和构造上采取措施确保各预制板之间连接的整体性；装配式单层厂房的各种抗震支撑系统，应保证地震时厂房的整体性和稳定性。

b. 结构各构件之间的连接应符合下列要求：构件节点的破坏，不应先于其连接的构件；预埋件的锚固破坏，不应先于连接件；装配式结构构件的连接，应能保证结构的整体性；预应力混凝土构件的预应力钢筋，宜在节点核心区以外锚固。

④　结构体系宜具有合理的刚度和承载力分布，避免因局部削弱或突变形成薄弱部位，产生过大的应力集中或塑性变形集中；对可能出现的薄弱部位，应采取措施提高其抗震能力。

在结构抗震设计中应使其侧向刚度和承载力变化均匀，注意结构各部位刚度、承载力的协调，避免出现薄弱层（部位）；并有意识、有目的地对可能出现的薄弱部位采取相应的抗震措施，使之具有足够的变形能力，从而提高结构整体的抗震性能。

⑤ 结构体系在两个主轴方向的动力特性宜接近。在结构的两个主轴方向均应布置数量相当的抗侧力构件，使结构两个主轴方向的自振周期、振型等相近，防止由于某一方向上的抗侧力构件较少而发生严重破坏导致整体结构的倒塌。如在框架-抗震墙结构中，沿结构的横向和纵向均应布置一定量的抗震墙，使结构两个主轴方向的动力特性相近。

7.3.4 非结构构件

非结构构件包括建筑非结构构件（如女儿墙、填充墙、隔墙、玻璃幕墙等）和建筑附属机电设备及其与结构主体的连接。在地震作用下非结构构件将或多或少地参与工作，从而可能改变整个结构或某些受力构件的刚度和承载力及其传力途径，有可能会产生出乎预料的地震效应或发生未曾预计到的局部破坏，造成严重震害。因此，应对非结构构件及其支承构件进行抗震设计。对于附着于楼、屋面结构上的非结构构件，楼梯间的非承重墙体，幕墙、装饰贴面等构件，应与主体结构有可靠的连接或锚固，避免地震时倒塌伤人或砸坏重要设备；对于框架结构的围护墙和隔墙，应估计其对结构抗震的不利影响，避免不合理设置而导致主体结构的破坏；对于安装在建筑上的附属机械、电气设备系统的支座和连接，应符合地震时使用功能的要求，且不应导致相关部件的损坏。

7.3.5 抗震框架设计的一般原则

根据框架结构的震害情形以及对框架延性的要求，抗震框架设计时应遵循以下基本原则。

（1）强柱弱梁原则

塑性铰首先在框架梁端出现，避免在框架柱上首先出现塑性铰，即要求梁端受拉钢筋的屈服先于柱端受拉钢筋的屈服，如图7.7所示。

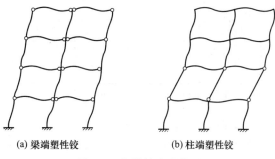

(a) 梁端塑性铰　　　　　　(b) 柱端塑性铰

图 7.7　塑性铰出现位置

（2）强剪弱弯原则

剪切破坏都是脆性破坏，而配筋适当的弯曲破坏是延性破坏；要保证塑性铰的转动能力，应当防止剪切破坏的发生。因此在设计框架结构构件时，构件的受剪承载力应高于该构件的受弯承载力。

（3）强节点、强锚固原则

节点是框架梁、柱的连接部位，节点的失效意味着与之相连的梁与柱同时失效，并且节点破坏后的修复也比较困难，因此，设计时在构件出现塑性铰并充分发挥耗能性能之前，节点不应出现破坏。

7.4　建筑结构的抗震构造措施

钢筋混凝土房屋应根据设防类别、烈度、结构类型和房屋高度采用不同的抗震等级，并应符合相应的计算和构造措施要求。丙类建筑的抗震等级应按表7.5确定。

表 7.5　现浇钢筋混凝土房屋的抗震等级

结构类型			设防烈度 6		设防烈度 7			设防烈度 8			设防烈度 9	
框架结构	高度/m		≤24	>24	≤24	>24		≤24	>24		≤24	
	框架		四	三	三	二		二	一		一	
	大跨度框架		三	三	二	二	二	一	一	一	一	一
框架-抗震墙结构	高度/m		≤60	>60	<24	24~60	>60	<24	24~60	>60	<24	24~50
	框架		四	三	四	三	二	三	二	一	二	一
	抗震墙		三	三	三	三	二	二	二	一	二	一
抗震墙结构	高度/m		≤80	>80	<24	24~80	>80	<24	24~80	>80	<24	24~60
	剪力墙		四	三	四	三	二	三	二	一	二	一
部分框支抗震墙结构	高度/m		≤80	>80	<24	24~80	>80	<24	24~80			
	抗震墙	一般部位	四	三	四	三	二	三	二			
		加强部位	三	二	三	二	一	二	一			
	框支层框架		二	二	二	二	二	一	一			
筒体结构	框架-核心筒	框架	三	三	二	二	二	二	二	二	一	一
		核心筒	二	二	二	二	二	二	二	二	一	一
	筒中筒	外筒	三	三	二	二	二	二	二	二	一	一
		内筒	三	三	二	二	二	二	二	二	一	一
板柱-抗震墙结构	高度/m		≤35	>35	≤35	>35		≤35	>35			
	板柱的柱		三	二	二	二		一	一			
	抗震墙		二	二	二	一		二	一			

注：1. 建筑场地为Ⅰ类时，除6度外可按表内降低1度所对应的抗震等级采取抗震构造措施，但相应的计算要求不应降低。

2. 接近或等于高度分界时，应允许结合房屋不规则程度及场地、地基条件确定抗震等级。

3. 部分框支抗震墙结构中，抗震墙加强部位以上的一般部位应允许按抗震墙结构确定其抗震等级。

7.4.1　框架结构抗震构造措施

7.4.1.1　框架梁的抗震构造措施

① 梁的截面尺寸应满足三方面要求：承载力要求、构造要求、剪压比限制。承载力要求通过承载力验算实现，后两者通过构造措施实现。

框架主梁的截面高度可按 $(1/15～1/10)l_0$ 确定，l_0 为框架主梁计算跨度，满足此要求时，在一般荷载作用下，可不验算挠度。框架主梁截面宽度不宜小于200mm，截面高宽比不宜大于4，净跨与截面高度之比不宜小于4。

若梁截面尺寸过小，致使截面平均剪应力与混凝土轴心抗压强度之比值很大，这种情况下，增加箍筋不能有效地防止斜裂缝过早出现，也不能有效地提高截面的受剪承载力。因此应限制梁的名义剪应力，作为确定梁最小截面尺寸的条件之一。截面剪力设计值应符合下列要求，否则应加大截面尺寸或提高混凝土强度等级，其中加大梁的截面宽度对提高梁的斜截面受剪承载力最有效。

无地震作用组合时：

跨高比大于 2.5 的梁 $\qquad V \leqslant 0.25 \beta_c f_c b h_0$ (7-3)

跨高比不大于 2.5 的梁 $\qquad V \leqslant 0.20 \beta_c f_c b h_0$ (7-4)

有地震作用组合时：

跨高比大于 2.5 的梁 $\qquad V \leqslant \dfrac{1}{\gamma_{RE}}(0.2 \beta_c f_c b h_0)$ (7-5)

跨高比不大于 2.5 的梁 $\qquad V \leqslant \dfrac{1}{\gamma_{RE}}(0.15 \beta_c f_c b h_0)$ (7-6)

式中 β_c——混凝土强度影响系数，混凝土强度等级小于等于 C50 时取 1.0，C80 时取 0.8，大于 C50、小于 C80 时按线性内插法确定。

采用梁宽大于柱宽的扁梁时，楼板应现浇，梁中线宜与柱中线重合，扁梁应双向布置，且不宜用于抗震等级为一级的框架结构。扁梁的截面尺寸应符合下列要求，并应满足现行有关规范对挠度和裂缝宽度的规定：

$$b_b \leqslant 2b_c \tag{7-7}$$

$$b_b \leqslant b_c + h_b \tag{7-8}$$

$$h_b \geqslant 16d \tag{7-9}$$

式中 b_c——柱截面宽度，圆形截面取柱直径的 0.8 倍；

b_b，h_b——梁截面宽度和高度；

d——柱纵筋直径。

② 梁的相对受压区高度和纵向钢筋最小配筋率。为使梁端塑性铰区范围内截面有比较大的曲率延性和良好的转动能力成为延性耗能梁，梁端混凝土受压区高度应满足下列要求。

一级抗震等级的框架梁：

$$x \leqslant 0.25h_0 \tag{7-10}$$

二、三级抗震等级的框架梁：

$$x \leqslant 0.35h_0 \tag{7-11}$$

式中 x——等效矩形应力图的混凝土受压区高度，计算 x 时，应计入受压钢筋；

h_0——梁的截面有效高度。

一、二、三级框架梁塑性铰区以外的部位，四级框架梁和非抗震框架梁，只要求不出现超筋破坏，即 $x \leqslant \xi_b h_0$，ξ_b 为混凝土界限相对受压区高度。

框架梁纵向受拉钢筋的最小配筋率不应小于表 7.6 规定的数值，表中，f_t 为混凝土轴心抗拉强度设计值。抗震设计时，梁端纵向受拉钢筋的配筋率不应大于 2.5%。

表 7.6　框架梁纵向受拉钢筋的最小配筋率　　　　　　　　　　单位：%

截面	非抗震	抗震等级		
		一级	二级	三、四级
支座	0.2 和 $45f_t/f_y$ 中的较大值	0.4 和 $80f_t/f_y$ 中的较大值	0.3 和 $65f_t/f_y$ 中的较大值	0.25 和 $55f_t/f_y$ 中的较大值
跨中		0.3 和 $65f_t/f_y$ 中的较大值	0.25 和 $55f_t/f_y$ 中的较大值	0.2 和 $45f_t/f_y$ 中的较大值

为了减少框架梁端塑性铰区范围内截面的相对受压区高度，塑性铰区截面底部必须配置受压钢筋。受压钢筋的面积除按计算确定外，与顶面纵向钢筋配筋量的比值还应满足下列要求：

一级框架梁 $\qquad\qquad\qquad A'_s/A_s \geqslant 0.5$ $\hfill$ (7-12)

二、三级框架梁 $\qquad\qquad A'_s/A_s \geqslant 0.3$ $\hfill$ (7-13)

式中 A_s，A'_s——梁端塑性铰区顶面受拉钢筋面积和底面受压钢筋面积。

梁的纵筋配置尚应符合以下要求：沿梁全长顶面和底面的配筋，一、二级不应小于 2Φ14，且分别不应少于梁两端顶面和底面配筋中较大截面面积的 1/4；三、四级不应小于 2Φ12。为防止黏结破坏，一、二级框架梁内贯通中柱的每根纵向钢筋直径，对矩形截面柱，不宜大于柱在该方向截面尺寸的 1/20；对圆形截面柱，不宜大于纵向钢筋所在位置柱截面弦长的 1/20。

③ 梁端箍筋加密区要求。梁端箍筋加密区范围内箍筋的配置，除了要满足受剪承载力的要求外，还要满足最大间距和最小直径的要求。梁端箍筋加密区的长度、箍筋最大间距和最小直径应按表 7.7 采用；当梁端纵向受拉钢筋配筋率大于 2% 时，表中箍筋最小直径数值应增大 2mm。框架梁非加密区箍筋最大间距不宜大于加密区箍筋间距的 2 倍。

表 7.7 梁端箍筋加密区的长度、箍筋最大间距和最小直径

抗震等级	加密区长度（采用较大值）/mm	箍筋最大间距（采用最小值）/mm	箍筋最小直径/mm
一	$2.0h$，500	$h/4$，$6d$，100	10
二	$1.5h$，500	$h/4$，$8d$，100	8
三	$1.5h$，500	$h/4$，$8d$，150	8
四	$1.5h$，500	$h/4$，$8d$，150	6

注：d 为纵向钢筋直径，h 为梁截面高度。

④ 箍筋的构造。梁端加密区的箍筋肢距，一级抗震等级不宜大于 200mm 和 20 倍箍筋直径中的较大值；二、三级抗震等级不宜大于 250mm 和 20 倍箍筋直径中的较大值；四级抗震等级不宜大于 300mm。

在纵向钢筋搭接长度范围内的箍筋间距，钢筋受拉时不应大于搭接钢筋较小直径的 5 倍，且不应大于 100mm；钢筋受压时不应大于搭接钢筋较小直径的 10 倍，且不应大于 200mm。

7.4.1.2 框架柱的抗震构造措施

（1）柱的截面尺寸

柱的截面宽度和高度均不宜小于 300mm（非抗震柱的截面宽度和高度均不宜小于 250mm）；圆柱的截面直径不宜小于 350mm；剪跨比宜大于 2；截面长边与短边的边长比不宜大于 3。

（2）柱的纵向钢筋

柱的纵向钢筋配置，除满足承载力要求外，还要满足最小配筋率的要求。表 7.8 列出了柱截面全部纵向钢筋的最小总配筋率。同时，截面每一侧钢筋的配筋率不应小于 0.2%；对建造于Ⅳ类场地且较高的高层建筑，表中的数值应增加 0.1%。

抗震框架柱的纵向配筋尚应符合下列要求：宜对称配置；截面尺寸大于 400mm 的柱，纵向钢筋的间距不宜大于 200mm；柱总配筋率不应大于 5%；一级且剪跨比不大于 2 的柱，每侧纵向钢筋配筋率不宜大于 1.2%；边柱、角柱及抗震墙端柱在地震作用组合产生小偏心受拉时，柱内纵筋总截面面积应比计算值增加 2.5%；柱纵向钢筋的绑扎接头应避开柱端的

箍筋加密区。

表7.8　柱截面纵向钢筋的最小总配筋率　　　　　　　　　单位：%

类别	抗震等级			
	一	二	三	四
中柱和边柱	1.0	0.8	0.7	0.6
角柱、框肢柱	1.2	1.0	0.9	0.8

注：采用 HRB400 级热轧钢筋时应允许减少 0.1%，混凝土强度等级高于 C60 时应增加 0.1%。

（3）柱轴压比限制

柱轴压比：

$$n = \frac{N}{f_c A} \tag{7-14}$$

式中　n——轴压比；

　　　N——考虑地震作用组合的框架柱轴向压力设计值；不进行地震作用计算的结构，取无地震作用组合的轴向压力设计值；

　　　A——框架柱的全截面面积，$A = bh$；

　　　f_c——混凝土轴心抗压强度设计值。

轴压比是指柱的组合轴向压力设计值与柱的全截面面积和混凝土抗压强度设计值乘积的比值。轴压比对柱的延性和破坏形态有重要影响。轴压比越大，柱的延性越差。轴压比较小时，柱为大偏心受压破坏，为延性破坏；轴压比较大时，柱为小偏心受压破坏，为脆性破坏。

抗震设计中，为了实现大偏心受压破坏，使柱具有良好的延性和耗能能力，《混凝土结构设计规范》规定柱轴压比不宜超过表7.9的规定；建造于Ⅳ类场地土且较高的高层建筑，柱轴压比限值应适当减小。

表7.9　柱轴压比限值

结构类型	抗震等级			
	一	二	三	四
框架结构	0.65	0.75	0.85	0.90
框架-抗震墙 板柱-抗震墙及筒体	0.75	0.85	0.90	0.95
部分框支抗震墙	0.6	0.7		—

注：1. 表内限值适用于剪跨比≥2，混凝土强度等级不高于 C60 的各类结构柱；剪跨比小于 2 的柱轴压比限值应降低 0.05；剪跨比小于 1.5 的柱，轴压比限值可参照框支柱的数值并采取特殊构造措施。

2. 沿柱全高采用井字复合箍，且箍筋肢距不大于 200mm、间距不大于 100mm、直径不小于 12mm，或沿柱全高采用复合螺旋箍，螺旋净距不大于 100mm、箍筋肢距不大于 200mm、直径不小于 12mm，柱轴压比限值均可按表中数值增加 0.10；上述三种箍筋的配箍特征值均应按增大的轴压比由本节表 7.11 确定。

3. 在柱的截面中部设置由附加纵向钢筋形成的芯柱，且附加纵向钢筋的总面积不小于柱截面面积的 0.8% 时，其轴压比限制可按表中数值增加 0.05；此项措施与注 2 的措施共同采用时，柱轴压比限值可按表中数值增加 0.15，但箍筋的配箍特征值 λ_V 仍可按轴压比增加 0.10 的要求确定。

4. 柱经采用上述加强措施后，其最终的轴压比限制不应大于 1.05。

（4）柱的箍筋

框架柱的箍筋有三个作用：抵抗剪力、对混凝土提供约束、防止纵筋压屈。箍筋对混凝土的约束程度是影响柱的延性和耗能能力的主要因素之一。约束程度与箍筋的抗拉强度和数量有关，与混凝土强度有关，可以用一个综合指标——配箍特征值度量；约束程度同时还与箍筋的形式有关。

在体积配箍率相同的情况下，各种不同箍筋形式对混凝土核心的约束作用是不同的。图

7.8 所示为目前常用的箍筋形式。

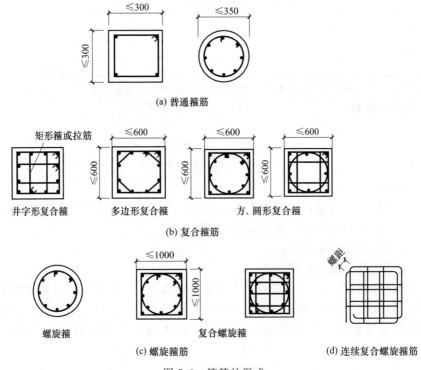

图 7.8 箍筋的形式

柱承受轴向压力时，螺旋箍筋均匀受拉，对核心混凝土提供均匀的侧压力；普通矩形箍在四个转角区域对混凝土提供有效的约束，在直段上，混凝土膨胀可能使箍筋外鼓而减少约束；复合箍使箍筋的肢距减小，在每一个箍筋相交点处都有纵筋对箍筋提供支点，纵筋和箍筋构成网格式骨架，提高箍筋的约束效果。图 7.9 所示为螺旋箍筋、普通箍筋和井字形复合箍筋约束作用的比较。复合或连续复合螺旋箍筋的约束效果更好。

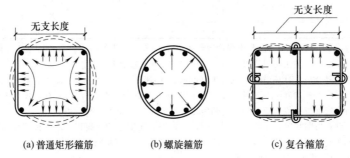

图 7.9 箍筋约束作用比较

（5）箍筋加密区范围及配箍量

① 箍筋加密区范围。在地震作用下框架柱可能形成塑性铰的区段，应设置箍筋加密区，使混凝土成为延性好的约束混凝土。

在长柱中，箍筋加密区范围（图 7.10）取柱净高的 1/6、柱截面长边尺寸 h 和 500mm 三者中的较大值；底层柱的基础顶面以上取不小于柱净高的 1/3；当为刚性地面时，除柱端外尚应取刚性地面上、下各 500mm。

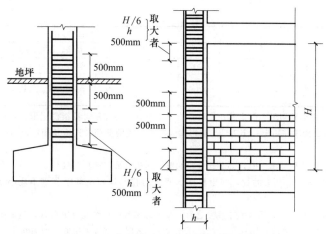

图 7.10　剪跨比大于 2 的柱箍筋加密区

在短柱中，因设置填充墙等形成的柱净高与柱截面高度之比小于 4 的柱，一、二级抗震等级的角柱和框支柱中，箍筋沿全高加密；需提高变形能力的柱，也应取柱的全高作为箍筋加密区。

②箍筋加密区的配箍量。柱箍筋加密区的箍筋量除应符合受剪承载力要求外，还应符合最小配箍特征值、最大间距和最小直径的要求。

柱箍筋在规定的范围内应加密，加密区箍筋的最大间距和最小直径一般情况下按表 7.10 采用。

表 7.10　柱箍筋加密区的箍筋最大间距和最小直径

抗震等级	箍筋最大间距（采用较小值）/mm	箍筋最小直径/mm
一	$6d$,100	10
二	$8d$,100	8
三	$8d$,150（柱根 100）	8
四	$8d$,150（柱根 100）	6（柱根 8）

注：1. 底层柱的柱根系指地下室的顶面或无地下室情况的基础顶面。

2. d 为柱纵筋直径。

二级框架柱的箍筋直径不小于 10mm，且箍筋肢距不大于 200mm 时，除柱根外最大间距允许采用 150mm；三级框架柱的截面尺寸不大于 400mm 时，箍筋最小直径允许采用 6mm；四级框架柱剪跨比不大于 2 时，箍筋直径不应小于 8mm。

柱箍筋加密区箍筋肢距，一级抗震等级不宜大于 200mm，二、三级不宜大于 250mm 和 20 倍箍筋直径中的较大值，四级不宜大于 300mm。至少每隔一根纵向钢筋宜在两个方向有箍筋或拉筋约束；采用拉筋复合箍时，拉筋应有 135°弯钩，宜紧靠纵向钢筋并钩住箍筋。

柱箍筋加密区的最小配箍特征值与框架的抗震等级、柱的轴压比以及箍筋形式有关，见表 7.11。

表 7.11　柱箍筋加密区的箍筋最小配箍特征值

抗震等级	箍筋形式	柱轴压比								
		≤0.3	0.4	0.5	0.6	0.7	0.8	0.9	1.0	1.05
一	普通箍、复合箍	0.10	0.11	0.13	0.15	0.17	0.20	0.23	—	—
	螺旋箍、复合或连续复合矩形螺旋箍	0.08	0.09	0.11	0.13	0.15	0.18	0.21	—	—
二	普通箍、复合箍	0.08	0.09	0.11	0.13	0.15	0.17	0.19	0.22	0.24
	螺旋箍、复合或连续复合矩形螺旋箍	0.06	0.07	0.09	0.11	0.13	0.15	0.17	0.20	0.22

续表

抗震等级	箍筋形式	柱轴压比								
		≤0.3	0.4	0.5	0.6	0.7	0.8	0.9	1.0	1.05
三、四	普通箍、复合箍	0.06	0.07	0.09	0.11	0.13	0.15	0.17	0.20	0.22
	螺旋箍、复合或连续复合矩形螺旋箍	0.05	0.06	0.07	0.09	0.11	0.13	0.15	0.18	0.20

注：1. 普通箍指单个矩形箍和单个圆形箍；螺旋箍指单个螺旋箍筋；复合箍指由矩形、多边形、圆形箍或拉筋组成的箍筋；复合螺旋箍指由螺旋箍与矩形、多边形、圆形箍或拉筋组成的箍筋；连续复合矩形螺旋箍指全部螺旋箍为同一根钢筋加工而成的箍筋。

2. 在计算复合螺旋箍的体积配箍率时，其非螺旋箍的箍筋体积应乘以换算系数 0.8。

3. 对一、二、三、四级抗震等级的柱，其中箍筋加密区的箍筋体积配箍率分别不应小于 0.8%、0.6%、0.4% 和 0.4%。

4. 混凝土强度等级高于 C60 时，箍筋宜采用复合箍、复合螺旋箍或连续复合矩形箍；当轴压比不大于 0.6 时，其加密区的最小配箍特征值宜按表中数值增加 0.02；当轴压比大于 0.6 时，宜按表中数值增加 0.03。

工程设计中，根据框架的抗震等级等由表 7.11 查得需要的最小配箍特征值，即可得到需要的体积配箍率：

$$\rho_v \geq \lambda_v f_c / f_{yv} \tag{7-15}$$

式中　ρ_v——柱箍筋加密区的体积配箍率，一级不应小于 0.8%，二级不应小于 0.6%，三、四级不应小于 0.4%；计算复合箍的体积配箍率时，应扣除重叠部分的箍筋体积；

f_c——混凝土轴心抗压强度设计值；强度等级低于 C35 时，应按 C35 计算；

f_{yv}——箍筋或拉筋抗拉屈服强度设计值；

λ_v——最小配箍特征值，宜按表 7.11 采用。

箍筋的体积配箍率也可用下式计算：

$$\rho_V = \frac{a_{sk} l_{sk}}{l_1 l_2 S} \tag{7-16}$$

式中　a_{sk}——箍筋单肢截面面积；

l_{sk}——截面内箍筋的总长，扣除重叠部分箍筋的长度；

l_1，l_2——外围箍筋包围的混凝土核心的两条边长，可取箍筋的中心线计算；

S——箍筋间距。

为了避免配置的箍筋量过少，体积配箍率还要符合下述要求。

a. 框支柱宜采用复合螺旋箍或井字复合箍，其最小配箍特征值应比表 7.11 中的数值增加 0.02 取用，且体积配筋率不应小于 1.5%。

b. 剪跨比不大于 2 的柱宜采用复合螺旋箍或井字复合箍，其体积配箍率不应小于 1.2%，9 度时不应小于 1.5%。

柱非加密区的箍筋，箍筋的体积配箍率不宜小于加密区体积配筋率的一半；对一、二级抗震等级，箍筋间距不应大于 $10d$；对三、四级抗震等级，箍筋间距不应大于 $15d$，此处 d 为纵向钢筋直径。

7.4.2　抗震墙结构抗震构造措施

7.4.2.1　混凝土强度等级

筒体结构的核心筒和内筒的混凝土强度等级不低于 C25，其他剪力墙的混凝土强度等级不低于 C20。

7.4.2.2　最小截面尺寸

墙肢的截面尺寸应满足承载力的要求，还要满足最小墙厚的要求和剪压比限制的要求。

为保证剪力墙在轴力和侧向力作用下平面外稳定，防止平面外失稳破坏以及有利于混凝土的浇注质量，抗震墙的最小厚度，一、二级不应小于 160mm 且不宜小于层高或无支长度的 1/20，三、四级不应小于 140mm 且不宜小于层高或无支长度的 1/25。无端柱或翼墙时，一、二级不宜小于层高或无支长度的 1/16，三、四级不宜小于层高或无支长度的 1/20。

底部加强部位的墙厚，一、二级不应小于 200mm 且不宜小于层高或无支长度的 1/16，三、四级不应小于 160mm 且不宜小于层高或无支长度的 1/20；无端柱或翼墙时，一、二级不宜小于层高或无支长度的 1/12，三、四级不宜小于层高或无支长度的 1/16。

在框架-剪力墙结构及筒体结构中，剪力墙的厚度不应小于 160mm，且不应小于层高或无支长度的 1/20，其底部加强部位的墙厚不应小于 200mm，且不应小于层高或无支长度的 1/16。筒体底部加强部位及其以上一层不应改变墙体厚度。

试验表明，墙肢截面的剪压比超过一定值时，将过早出现斜裂缝，增加横向钢筋不能提高其受剪承载力，很可能在横向钢筋未屈服的情况下，墙肢混凝土发生斜压破坏。为了避免这种破坏，应限制墙肢截面的平均剪应力与混凝土轴心抗压强度的比值，即限制剪压比。

7.4.2.3　分布钢筋

墙肢应配置竖向和横向分布钢筋。分布钢筋的作用是多方面的：抗剪、抗弯、减少收缩裂缝等。竖向分布钢筋过少，墙肢端的纵向受力屈服时，裂缝宽度大。竖向分布钢筋过少，斜裂缝一旦出现，就会发展成一条主斜裂缝，使墙肢沿斜裂缝劈裂成两半。竖向分布钢筋也起到限制斜裂缝开展的作用。墙肢的竖向和横向分布钢筋的最小要求相同，见表 7.12。

表 7.12　墙肢的竖向和横向分布钢筋的最小配筋要求

抗震等级或部位	最小配筋率/%	最大间距/mm	最小直径/mm	最大直径/mm
一、二、三级	0.25	300	8	$\dfrac{b_{w}}{10}$，b_{w} 为墙肢厚度
四级、非抗震	0.20			
部分框支剪力墙结构底部加强区	0.30	200		

为避免墙表面的温度收缩裂缝，为使混凝土均匀受力，墙肢分布钢筋不允许采用单排配筋，应采用双排或多排配筋。

抗震墙厚度大于 140mm 时竖向和横向分布钢筋应双排布置；墙厚大于 400mm、小于 700mm 时，可采用三排配筋；大于 700mm 时，可采用四排配筋。各排分布钢筋间拉筋的间距不应大于 600mm，可按梅花形布置，且直径不应小于 6mm；在底部加强部位，边缘构件以外的拉筋间距应适当加密。

在温度变化较大的部位，如房屋顶层的剪力墙，长宽比较大矩形平面房屋的楼梯间和电梯间剪力墙，端开间的纵向剪力墙以及端山墙等，墙肢的竖向和横向分布钢筋的最小配筋率都不应小于 0.25%，钢筋间距不应大于 200mm。

7.4.2.4　轴压比限制

一、二、三级抗震等级的剪力墙底部加强部位在重力荷载代表值作用下，墙肢的轴压比 $N/(f_{c}A)$ 不宜超过表 7.13 的限制。

表 7.13　墙肢的轴压比限制

抗震等级或设防烈度	一级（9度）	一级（7,8度）	二、三级
轴压比限制	0.4	0.5	0.6

7.4.2.5　边缘构件

剪力墙截面两端设置边缘构件是提高墙肢端部混凝土极限压应变、改善剪力墙延性的重要措施。边缘构件分为约束边缘构件和构造边缘构件两类。约束边缘构件是指用箍筋约束的暗柱、端柱和翼墙，其箍筋较多，对混凝土的约束较强，因而混凝土有较大的变形能力；构造边缘构件的箍筋较少，对混凝土约束作用较差。

下列剪力墙两端应设置约束边缘构件：一、二级抗震等级的剪力墙结构和框架-剪力墙结构中的剪力墙，在重力荷载代表值作用下，当墙肢底截面轴压比超过 0.1［一级（9度）］、0.2［一级（7、8度）］、0.3（二、三级）；部分框肢剪力墙结构中，一、二级抗震等级落地剪力墙的底部加强部位及以上一层的墙肢。

约束边缘构件包括暗柱（矩形截面端部）、端柱和翼墙和转角墙（图 7.11）四种形式。端柱截面边长不应小于 2 倍墙厚，翼墙长度不应小于其 3 倍厚度；不足时按矩形截面端部处理。

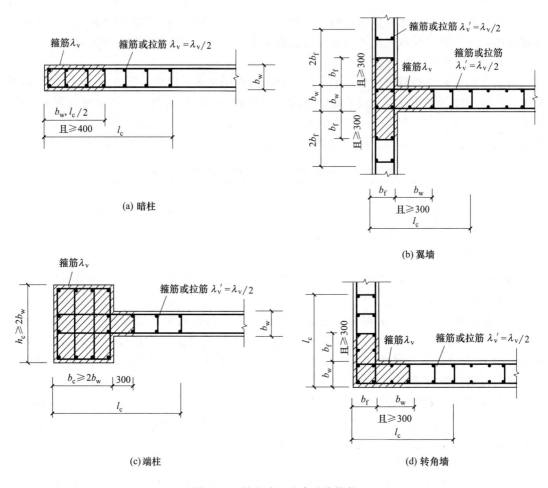

图 7.11　剪力墙的约束边缘构件

约束边缘构件沿墙肢的长度 l_c 不应小于表 7.14 中的数值；有翼墙或端柱时尚不应小于翼墙厚度或端柱沿墙肢方向截面高度加 300mm。约束边缘构件箍筋配箍特征值 λ_v 应符合表 7.14 的要求。

表 7.14　抗震墙约束边缘构件的范围及配筋要求

项目	一级（9度）		一级（8度）		二、三级	
	$\lambda \leqslant 0.2$	$\lambda > 0.2$	$\lambda \leqslant 0.3$	$\lambda > 0.3$	$\lambda \leqslant 0.4$	$\lambda > 0.4$
l_c（暗柱）	$0.20h_w$	$0.25h_w$	$0.15h_w$	$0.20h_w$	$0.15h_w$	$0.20h_w$
l_c（翼墙或端柱）	$0.15h_w$	$0.20h_w$	$0.10h_w$	$0.15h_w$	$0.10h_w$	$0.15h_w$
λ_v	0.12	0.20	0.12	0.20	0.12	0.20
纵向钢筋配筋（取较大值）	$0.012A_c$，$8\Phi16$		$0.012A_c$，$8\Phi16$		$0.010A_c$，$6\Phi16$（三级 $6\Phi14$）	
箍筋或拉筋沿竖向间距	100mm		100mm		150mm	

注：1. 抗震墙的翼墙长度小于其 3 倍厚度或端柱截面边长小于 2 倍墙厚时，按无翼墙、无端柱查表。

2. l_c 为约束边缘构件沿墙肢长度，且不小于墙厚和 400mm；有翼墙或端柱时不应小于翼墙厚度或端柱沿墙肢方向截面高度加 300mm。

3. 为约束边缘构件的配箍特征值，体积配箍率可按式（7-10）计算，并可适当计入满足构造要求且在墙端有可靠锚固的水平分布钢筋的截面面积。

4. h_w 为抗震墙墙肢长度。

5. λ 为墙肢轴压比。

6. A_c 为图 7.11 中约束边缘构件阴影部分的截面面积。

　　工程设计时，由配箍特征值确定体积配箍率 ρ_v，由体积配箍率确定箍筋的直径、肢数、间距等。箍筋的配置范围及相应的配箍特征值 λ_v 和 $\lambda_v/2$ 的区域如图 7.11 所示，其体积配筋率 ρ_v 应按下式计算：

$$\rho_v = \lambda_v \frac{f_c}{f_{yv}} \tag{7-17}$$

式中　λ_v——配箍特征值，对图 7.11 中 $\lambda_v/2$ 的区域，可计入拉筋。

　　一、二级抗震等级剪力墙约束边缘构件的纵向钢筋的截面面积，对暗柱，分别不应小于约束边缘构件沿墙肢长度 l_c 和墙厚 b_w 乘积的 1.2%、1.0%；对端柱、翼墙和转角墙分别不应小于图 7.11 中阴影部分面积的 1.2%、1.0%；约束边缘构件的箍筋或拉筋沿竖向的间距，对一级抗震等级不宜大于 100mm，对二级抗震等级不宜大于 150mm。

　　一、二级框架-核心筒结构的核心筒、筒中筒结构的内筒，转角部位的约束边缘构件要加强：底部加强部位，约束边缘构件沿墙肢的长度取墙肢截面高度的 1/4，且约束边缘构件范围内应全部采用箍筋；沿结构的全高按图 7.11 的转角墙设置约束边缘构件，沿墙肢的长度不小于墙肢截面高度的 1/4。

　　除了要求设置约束边缘构件的各种情况外，剪力墙墙肢要设置构造边缘构件。例如：一、二级剪力墙约束边缘构件以上的部分，轴压比不大于一、二级剪力墙，三、四级剪力墙和非抗震设计的剪力墙。

　　构造边缘构件沿墙肢的长度按图 7.12 阴影部分确定。构造边缘构件的配筋应符合承载力的要求，并不小于表 7.15 的构造要求，底部加强部位和其他部位分别对待；端柱的纵筋和箍筋按框架柱的构造要求配置。非抗震设计时，墙端应配置不少于 4 根直径 12mm 的纵向钢筋，沿纵筋配置直径不小于 6mm、间距为 250mm 的拉筋。

7.4.2.6　钢筋的连接

　　剪力墙内钢筋的锚固长度，非抗震设计时，不小于 l_a，抗震设计时，不小于 l_{aE}。墙肢竖向及横向分布钢筋通常采用搭接连接，一、二级抗震墙的加强部位，接头位置应错开，见图 7.13，每次连接的钢筋数量不超过 50%，错开净距不小于 500mm；其他情况的墙可以在同一部位连接。非抗震设计时，搭接长度不小于 $1.2l_a$，抗震设计时搭接长度不小于 $1.2l_{aE}$。

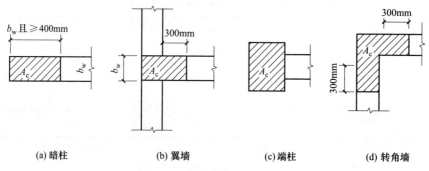

（a）暗柱　　　　　　（b）翼墙　　　　　（c）端柱　　　　（d）转角墙

图 7.12　剪力墙构造边缘构件

7.4.2.7　框架-剪力墙结构中的剪力墙要求

① 剪力墙周边应设置端柱和梁作为边框，端柱截面尺寸宜与同层框架柱相同，且应满足框架柱的要求；当墙周边仅有柱而无梁时，应设置暗梁，其高度可取 2 倍墙厚。

② 剪力墙开洞时，应在洞口两侧配置边缘构件，且洞口上、下边缘宜配置纵向钢筋。

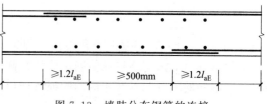

图 7.13　墙肢分布钢筋的连接

表 7.15　构造边缘构件的构造配筋要求

抗震等级	底部加强部位			其 他 部 位		
	纵向钢筋最小配筋量（取大值）	箍筋、拉筋		纵向钢筋最小配筋量（取较大值）	箍筋、拉筋	
		最小直径/mm	沿竖向最大间距/mm		最小直径/mm	沿竖向最大间距/mm
一	$0.01A_c$,6Φ16	8	100	$0.008A_c$,6Φ14	8	150
二	$0.008A_c$,6Φ14	8	150	$0.006A_c$,6Φ12	8	200
三	$0.006A_c$,6Φ12	6	150	$0.005A_c$,4Φ12	6	200
四	$0.005A_c$,4Φ12	6	200	$0.004A_c$,4Φ12	6	250

注：1. A_c 为图 7.12 中所示的阴影面积。

2. 对其他部位，拉筋的水平间距不应大于纵向钢筋间距的 2 倍；转角处宜采用箍筋。

3. 当端柱承受集中荷载时，其纵向钢筋、箍筋直径和间距应满足框架柱配筋要求。

思考题

7.1　地震波包含哪几种？各种波有何特点？

7.2　地震动的三要素包括哪些？

7.3　震级和烈度有何联系和区别？

7.4　如何理解小震、中震和大震的概念？

7.5　简述三水准设防、两阶段设计的基本内容。

7.6　试说明建筑抗震设防的类别及标准。

7.7　简述概念设计、抗震计算和验算、构造措施三者的关系。

7.8　简述建筑体型与平、立面布置的基本要求。

7.9　简述抗震结构体系的基本要求。

7.10　简述抗震框架设计的一般原则。

第8章

桁架、门式刚架及排架结构

8.1 桁架结构

8.1.1 桁架结构的特点

8.1.1.1 桁架结构的组成

简支梁在竖向均布荷载作用下，沿梁轴线的弯矩和剪力的分布和截面内的正应力和剪应力的分布都极不均匀。在弯矩作用下，截面正应力分布为受压区和受拉区两个三角形，在中和轴处应力为零，在上下边缘处正应力为最大。因此，若以上下边缘处材料的强度作为控制值，则中间部分的材料不能充分发挥作用。同时，在剪力作用下，剪应力在中和轴处最大，在上下边缘处为零，分布在上下边缘处的材料不能充分发挥其抗剪作用。用于建筑屋盖上的承重结构，跨度往往较大，若采用传统的大跨度单跨简支梁，其截面尺寸和结构自重就会急剧增大，当跨度比较大时，就很不经济。尽管通过改变梁的截面形式（例如把梁截面由矩形改为工字形）、改变梁的截面尺寸（例如在梁的跨中和支座附近变高度、变梁宽）等做法可改善梁的受力性能，但这些都没有从本质上解决问题。

图 8.1 所示的桁架结构则具有与简支梁完全不同的受力性能。尽管从结构整体来说，外荷载所产生的弯矩图与剪力图与作用在简支梁上完全一致，但在桁架结构内部，则是桁架的上弦受压、下弦受拉，由此形成力偶来平衡外荷载所产生的弯矩。外荷载所产生的剪力则是由斜腹杆的轴力竖向分量来平衡。因此，在桁架结构中，各杆件单元（上弦杆、下弦杆、斜腹杆、竖腹杆）均为轴向受拉或轴向受压杆件，使材料的强度可以得到充分的发挥。

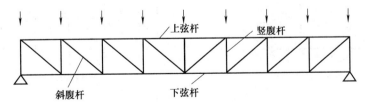

图 8.1　桁架结构的组成

8.1.1.2 桁架结构的计算假定

实际工程中桁架结构的构造和受力情况一般是比较复杂的。为了简化计算，通常选择以下几个基本假定。

① 组成桁架的所有杆都是直杆，所有杆的中心线（轴线）都在同一平面内，这一平面称为桁架的中心平面。

② 桁架的杆件与杆件相连接的节点均为铰接节点。

③ 所有外力（包括荷载与支座反力）都作用在桁架的中心平面内，并集中作用于节点上。

上述假定条件②是桁架结构简化计算模型的关键，在实际房屋建筑工程中，真正采用铰接节点的桁架是极少的。例如，木材常常采用的榫接，与铰接的力学要求较为接近；钢材常用铆接或焊接，节点可以传递一定的弯矩，如图 8.2 所示；钢筋混凝土的节点构造则往往采用刚性连接。因此，严格地说，钢桁架和钢筋混凝土桁架都应该按刚架结构计算，各杆件除承受轴力外，还承受弯矩的作用。但进一步的理论分析和工程实践经验表明，上述杆件内的弯矩所产生的应力很小，只要在节点构造上采取适当的措施，其应力对结构或构件不会造成危害，故计算中一般将桁架结构节点按铰接处理。

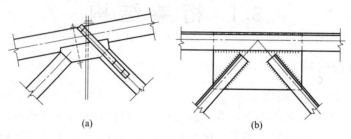

(a)　　　　　(b)

图 8.2　桁架结构的节点

把节点简化成铰接节点后，为保证各杆件仅承受轴力，还必须满足假定条件③的要求，即桁架结构仅受到节点荷载的作用。对于桁架上直接搁置屋面板的结构，当屋面板的宽度和桁架上弦的节间长度不等时，上弦将受到节间荷载的作用并产生弯矩，或对于下弦承受吊顶荷载的结构。当吊顶梁间距与下弦节间长度不等时，也会在下弦产生节间荷载并产生弯矩。这将使上、下弦杆件由轴向受压或轴向受拉变为压弯或拉弯构件［图 8.3（a）］，这是极为不利的。对于木桁架或钢筋混凝土桁架，因其上、下弦杆截面尺寸较大，节间荷载所产生的弯矩对构件受力的影响可通过适当增大截面或采取一些构造措施予以解决；而对于钢桁架，因其上、下弦截面尺寸很小，节间荷载所产生的弯矩对构件受力有较大影响，将会引起材料用量的大幅度增加。这时，桁架节间的划分应考虑屋面板、檩条、吊顶梁的布置要求，使荷载尽量作用在节点上。当节间长度较大时，在钢结构中，常采用再分式屋架［图 8.3（b）］，使屋面荷载直接作用在上弦节点上，避免了上弦受弯。

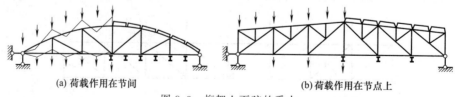

(a) 荷载作用在节间　　　　　(b) 荷载作用在节点上

图 8.3　桁架上下弦的受力

8.1.1.3　桁架结构的内力

尽管桁架结构中构件以轴力为主，其构件的受力状态比梁的结构合理，但在桁架结构各杆件单元中，内力的分布是不均匀的。若同一类杆件截面的大小一致，则杆件的截面尺寸应由同一类杆件中内力最大者所决定，其余杆件的材料强度仍不能得到充分的发挥。下面我们以工程中最常见的平行弦桁架［图8.4（a）］、三角形桁架、梯形桁架、折线形桁架为例，来分析桁架结构的内力分布特点。

（1）弦杆的内力

上弦杆受压，下弦杆受拉，其轴力由力矩平衡方程式得出（矩心取在屋架节点）：

$$N = \pm \frac{M_0}{h}（负值表示上弦杆受压，正值表示下弦杆受拉）\tag{8-1}$$

式中　M_0——简支梁相应于屋架各节点处的截面弯矩［图8.4（c）］；

　　　h——屋架高度。

从式（8-1）中可以看出，上下弦杆的轴力与M_0成正比，与h成反比。由于屋架的高度h值不变，而M_0越接近屋架两端越小，所以中间弦杆的轴力大，越向两端弦杆的轴力越小［图8.4（c）］。

（2）腹杆的内力

屋架内部的杆件称为腹杆，包括竖腹杆与斜腹杆。腹杆的内力可以根据脱离体的平衡法则，由力的竖向投影方程求得：

$$N_y = \pm V_0\tag{8-2}$$

式中　N_y——斜腹杆的竖向分力和竖腹杆的轴力；

　　　V_0——简支梁相应于屋架节间的剪力。

对于简支梁［图8.4（b）］，剪力值［图8.4（d）］在跨中小两端大，所以相应的腹杆内力也是中间杆件小而两端杆件大，若$d=h$，其内力如图8.5（a）所示。

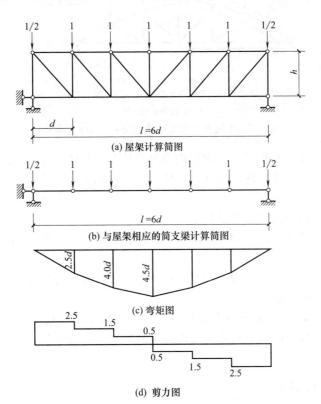

图8.4　平行弦桁架在节点荷载下的内力分析（单位：kN）

通过对桁架各杆件内力的分析，可以看出：从整体来看，屋架相当于一个格构化的受弯构件，弦杆承受弯矩，腹杆承受剪力；而从局部来看，屋架的每个杆件只承受轴心力（拉力或压力）。

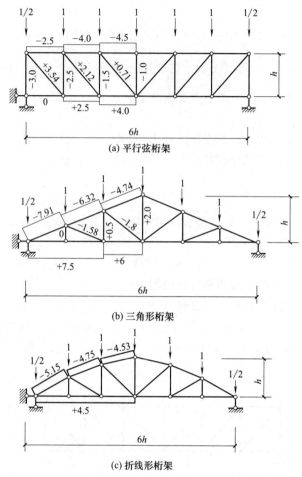

图 8.5　不同形式桁架的内力分析（单位：kN）

同样可以分析三角形和折线形桁架的内力分布情况，如图 8.5（b）、（c）所示。由于这两种屋架的上弦节点的高度中间比两端高，所以上弦杆仍受压，下弦杆仍受拉，但内力大小的分布是各不相同的。

桁架杆件内力与桁架形式的关系如下。

① 平行弦桁架的杆件内力是不均匀的，弦杆内力是两端小而向中间逐渐增大，腹杆内力由中间向两端增大。

② 三角形桁架的杆件内力分布也是不均匀的，弦杆的内力是由中间向两端逐渐增大，腹杆内力由两端向中间逐渐增大。

③ 折线形桁架的杆件内力分布大致均匀，从力学角度看，它是比较好的屋架形式，因为它的形状与相同跨度相同荷载的简支梁的弯矩图形相似，其形状符合内力变化的规律，比较经济。

8.1.2　屋架的结构形式

屋架结构的形式很多，根据材料的不同，可分为木屋架、钢屋架、钢-木组合屋架、轻型钢屋架、钢筋混凝土屋架、预应力混凝土屋架、钢筋混凝土-钢组合屋架等。按屋架外形的不同，有三角形屋架、梯形屋架、抛物线形屋架、折线形屋架、平行弦屋架和立体桁架等。

8.1.2.1 木屋架

常用的木屋架是方木或圆木连接的豪式木屋架，一般分为三角形［图 8.6（a）］和梯形［图 8.6（b）］两种。

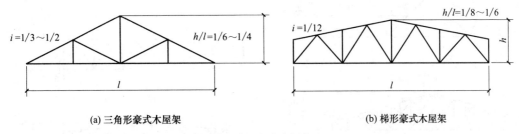

(a) 三角形豪式木屋架　　　　　　　　　(b) 梯形豪式木屋架

图 8.6　豪式木屋架

豪式木屋架的节间长度以控制在 2～3m 的范围内为宜，一般为 4 节间至 8 节间，适用跨度为 12～18m。当屋架跨度不大时，上弦可用整根木料。当屋架跨度较大上弦需做接头时，四节间屋架的接头以设在中间节点处为宜；六节间以上的屋架，接头不宜设在脊节点的两侧。接头位置应尽量靠近节点，避免承受较大的弯矩。木屋架的高跨比不宜小于 1/5～1/4。

三角形屋架的内力分布不均匀，支座处大而跨中小，一般适用于跨度在 18m 以内的建筑。三角形屋架的坡度大，适用于屋面材料为黏土瓦、水泥瓦及小青瓦等要求排水坡度较大的情况。

梯形屋架受力性能比三角形屋架合理。当房屋跨度较大时，选用梯形屋架较为适宜。当采用波形石棉瓦、铁皮或卷材作屋面防水材料时，屋面坡度需取 $i=1/5$。梯形屋架适用跨度为 12～18m。

8.1.2.2 钢-木组合屋架

钢-木组合屋架的形式有豪式屋架、芬克式屋架、梯形屋架和下折式屋架，如图 8.7 所示。

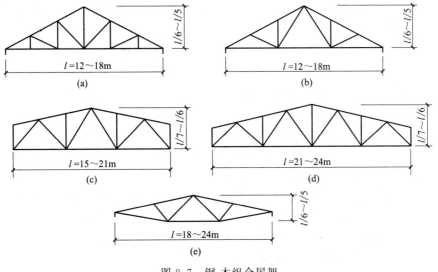

图 8.7　钢-木组合屋架

钢-木组合屋架的适用跨度视屋架结构的外形而定，对于三角形屋架，其跨度一般为 12～18m，对于梯形、折线形等多边形屋架，其跨度可达 18～24m。

8.1.2.3　钢屋架

钢屋架的形式主要有三角形钢屋架（图 8.8）、梯形钢屋架（图 8.9）、矩形（平行弦）钢屋架（图 8.10）等，为改善上弦杆的受力情况，常采用再分式腹杆的形式。

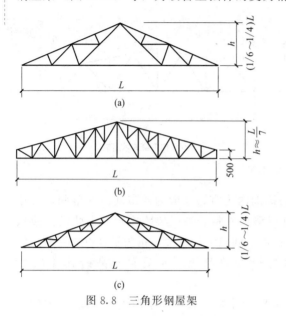

图 8.8　三角形钢屋架

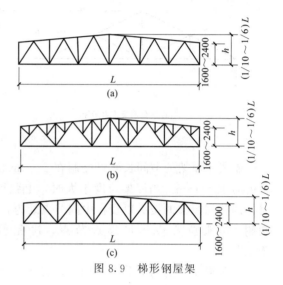

图 8.9　梯形钢屋架

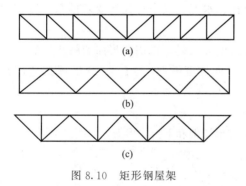

图 8.10　矩形钢屋架

三角形屋架一般用于屋面坡度较大的屋盖结构中。当屋面材料为黏土瓦、机制平瓦时，要求屋架的高跨比为 1/6～1/4。三角形屋架弦杆内力变化较大，弦杆内力在支座处最大，在跨中最小，材料强度不能充分发挥作用。一般宜用于中小跨度的轻屋盖结构。当荷载和跨度较大时，采用三角形屋架就不够经济。三角形钢屋架的常用形式是芬克式屋架，它的腹杆受力合理，长杆受拉，短杆受压，且制作时可先分为两榀小屋架，运输方便。必要时可将下弦中段抬高，使房屋净空增加。

梯形屋架一般用于屋面坡度较小的屋盖中。其受力性能比三角形屋架优越，故适用于较大跨度或较重荷载的工业厂房。当上弦坡度为 1/12～1/8 时，梯形屋架的高度可取（1/10～1/6）L。梯形屋架一般都用于无檩体系屋盖，屋面大多用大型屋面板。这时上弦节间长度应与大型屋面板尺寸相匹配，使大型屋面板的主肋正好搁置在屋架上弦的节点上，在上弦中不产生局部弯矩。当节间过长时，可采用再分式腹杆的形式。当采用有檩体系屋盖时，则上弦节间长度可根据檩条的间距而定，一般为 0.8～3.0m。

矩形屋架也称为平行弦屋架。因其上下弦平行，腹杆长度一致，杆件类型少，易于满足标准化、工业化生产的要求。矩形屋架在均布荷载作用下，杆件内力分布极不均匀，故材料强度得不到充分利用，不宜用于大跨度建筑中，一般常用于托架或支撑系统。当跨度较大时为节约材料，也可采用不同的杆件截面尺寸。

8.1.2.4 轻型钢屋架

轻型钢屋架按结构形式主要有三角形屋架、三角拱屋架和梭形屋架三种，其中最常用的是三角形屋架。屋架的上弦一般用小角钢，下弦和腹杆可用小角钢或圆钢。

屋面有斜坡屋面和平坡屋面两种。三角形屋架和三铰拱屋架适用于斜坡屋面，屋面坡度通常取 1/3～1/2。梭形屋架的屋面坡度较平坦，通常取 1/8～1/2。轻型钢屋架适用于跨度≤18m，柱距 4～6m，设置有起重量≤50kN 的中、轻级工作制桥式吊车的工业建筑和跨度≤18m 的民用房屋。

三角形轻型钢屋架常用的有芬克式和豪式两种。构件布置和受力特点与普通钢屋架相似。三铰拱轻型钢屋架由两根斜梁和一根拉杆组成，斜梁有平面桁架式和空间桁架式两种，如图 8.11 所示。拉杆可用圆钢或角钢。这种屋架的特点是杆件受力合理，斜梁腹杆短，取材方便，经济效果好。三铰拱屋架由于拱拉杆比较细柔，不能承压，并且无法设置垂直支撑和下弦水平支撑，整个屋盖结构的刚度较差，故不宜用于有振动荷载及屋架跨度超过 18m 的工业厂房。为满足整体稳定性要求，斜梁的高跨比宜取 1/12～1/8。斜梁截面的宽度与高度之比宜取 1/2.5～1/2.0。

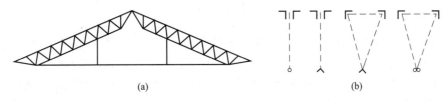

图 8.11 三铰拱轻钢屋架

梭形屋架有平面桁架式和空间桁架式两种。一般是上弦杆为角钢，其余则采用圆钢构成空间桁架结构，（图 8.12），具有取材方便、截面重心低、空间刚度好、一般可不设支撑等优点。图 8.12 中 nd 为屋架跨度，d 为一般节间距离。适用于跨度为 9～15m，间距为 3～4.2m 的屋盖体系。梭形屋架的截面形式分正三角和倒三角形两种，如图 8.12（c）所示。图中正三角形截面有 A 型和 B 型两种，倒三角形截面即 C 型。屋架高度 $H=A+B$，其中 A 由屋面坡度确定；B 越大，则弦杆内力越小，但腹杆长度增加。有的分析结果认为取 $A=B$ 较为合理。屋架的高跨比为 1/12～1/9。

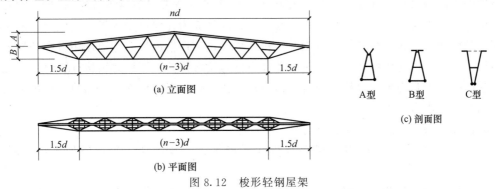

图 8.12 梭形轻钢屋架

8.1.2.5 混凝土屋架

混凝土屋架的常见形式有梯形屋架、折线形屋架、拱形屋架、无斜腹杆屋架等。根据是否对屋架下弦施加预应力，可分为钢筋混凝土屋架和预应力混凝土屋架。钢筋混凝土屋架的适用跨度为 15～24m，预应力混凝土屋架的适用跨度为 18～36m 或更大。混凝土屋架的常用形式如图 8.13 所示。

梯形屋架［图 8.13（a）］上弦为直线，屋面坡度为 1/12～/10，适用于卷材防水屋面。一般上弦节间为 3m，下弦节间为 6m，矢高与跨度之比为 1/8～1/6，屋架端部高度为 1.8～2.2m。梯形屋架自重较大，刚度好，适用于重型、高温及采用井式或横向天窗的厂房。

折线形屋架［图 8.13（b）］外形较合理，结构自重较轻，屋面坡度为 1/4～1/3，适用于非卷材防水屋面的中型厂房或大中型厂房。

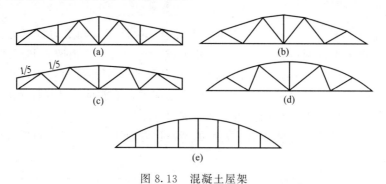

图 8.13 混凝土屋架

为改善屋架端部的屋面坡度，减少油毡下滑和油膏流淌，一般可在端部增加两个杆件，以使整个屋面的坡度较为均匀［图 8.13（c）］，适用于卷材防水屋面的中型厂房。

拱形屋架［图 8.13（d）］上弦为曲线形，一般采用抛物线形，为制作方便，也可采用折线形，但应使折线的节点落在抛物线上。拱形屋架外形合理，杆件内力均匀，自重轻，经济指标良好。但屋架端部屋面坡度太陡，这时可在上弦上部加设短柱而不改变屋面坡度，使之适合于卷材防水。拱形屋架矢高比一般为 1/8～1/6。

无斜腹杆屋架［图 8.13（e）］的上弦一般为抛物线拱。由于没有斜腹杆，故结构构造简单，便于制作。屋面板可以支承在上弦杆上，也可以支承在下弦杆上，因此较适用于采用井式或横向天窗的厂房。这样不仅省去了天窗架等构件，简化了结构构造，而且降低了厂房屋盖的高度，减小了建筑物受风的面积。无斜腹杆屋架的技术经济指标较好，当采用预应力时，适用跨度可达 36m。由于没有斜腹杆，屋架中管道穿行和工人检修等均很方便，使屋架高度的空间得以充分利用。无斜腹杆屋架力学上的显著特点是屋架节点不能简化为铰节点。由力学原理可知，若该屋架简化为铰节点，则将成为几何可变的机构。因此，该屋架应按刚架结构或按拱式结构计算。按刚架结构计算时，各杆件内均有弯矩作用且在杆端节点处弯矩最大。上弦杆为压弯构件，下弦杆和竖腹杆为拉弯构件。按拱式结构计算时，上弦为拱身承受压力，下弦为拱的拉杆，当荷载作用在下弦杆时，竖腹杆受拉，当荷载作用于上弦杆时，则竖腹杆内力为零。

8.1.2.6 钢筋混凝土-钢组合屋架

常见的钢筋混凝土-钢组合屋架有折线形屋架、三铰屋架、两铰屋架等，如图 8.14 所示。

折线形屋架上弦及受压腹杆为混凝土，下弦受拉腹杆为角钢，充分发挥了两种不同材料的力学性能，其特点是自重轻、材料省、技术经济指标较好，适用跨度为 12～18m 的中小型厂房。折线形屋架屋面坡度约为 1/4，适用于石棉瓦、瓦垄铁、构件自防水等屋面。为使屋面坡度均匀一致，也可在屋架端部上弦加设短柱。

两铰或三铰组合屋架，上弦为钢筋混凝土或预应力混凝土构件，下弦为型钢或钢筋，顶

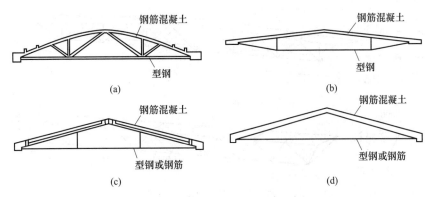

图 8.14　钢筋混凝土-钢组合屋架

接点为刚架（两铰组合屋架）或铰接（三铰组合屋架）。此类屋架特点杆件少、自重轻、受力明确，构造简单，施工方便，特别适用于农村地区的中小型建筑。当采用卷材防水时，屋面坡度为 1/5，非卷材防水时屋面坡度为 1/4。

桥式屋架是将屋面板与屋架合二为一的结构体系，常采用钢筋混凝土-钢组合桥式结构，如图 8.15 所示。屋架结构的上弦为钢筋混凝土屋面板，下弦和腹杆可为钢筋，亦可为型钢。

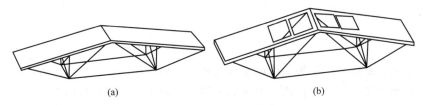

图 8.15　钢筋混凝土-钢组合桥式屋架

8.1.3　立体桁架

平面屋架结构虽然有很好的平面内受力性能，但其在平面外的刚度很小。为保证结构的整体性，必须要设置各类支撑。支撑结构的布置要消耗很多材料，且常常以长细比等构造要求控制，材料强度得不到充分发挥。采用立体桁架可以避免上述缺点。

立体桁架的截面形式有矩形、正三角形、倒三角形。它是由两榀平面桁架相隔一定的距离，以连接杆件使两榀平面桁架形成 90°或 45°夹角，构造与施工简单易行，但耗钢较多。图 8.16（a）所示为矩形截面的立体桁架。为减少连接杆件，可采用三角形截面的立体桁架。当跨度较大时，因上弦压力较大，截面大，可把上弦一分为二，构成倒三角形立体桁架，如图 8.16（b）所示。当跨度较小时，上弦截面不大，如果再一分为二，势必对受压不利，故宜把下弦一分为二，构成正三角形立体桁架，如图 8.16（c）所示。两根下弦在支座节点汇交于一点，形成两端尖的梭子状，故亦称为梭形架。立体桁架由于具有较大的平面外刚度，有利于吊装和使用，节省用于支撑的钢材，因而具有较大的优越性。但三角形截面的立体桁架杆长计算繁琐，杆件的空间角度非整数，节点构造复杂，焊缝要求高，制作复杂。

8.1.4　屋架的选型

屋架的选型应考虑房屋的用途、建筑造型、屋面防水构造、屋架跨度、屋架结构材料及施工技术等，做到受力合理、技术先进、经济适用。其中建筑造型和屋面防水构造与建筑师有很大关系，而屋面防水构造又决定了屋面排水坡度，也决定了屋盖的建筑造型。

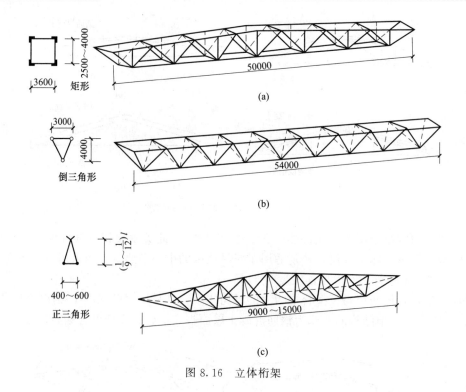

图 8.16 立体桁架

当屋面采用瓦屋面时，屋架上弦坡度应大些，一般不小于 1/3，应选用坡度较陡的三角形屋架或折线形屋架，以利于排水；当屋面采用卷材防水、金属薄板防水时，屋架上弦坡度可平缓些，一般为 1/12～1/8，应选用梯形屋架、拱形屋架以及坡度较缓的折线形屋架。

屋架的节间长度与屋架的形式、材料及荷载条件有关。一般上弦受压，下弦受拉。当屋盖采用有檩体系时，屋架上弦节点应与檩条间距一致，一般取 1.5～4m；当屋盖采用大型屋面板时，屋架上弦节点一般取二倍的屋面板宽度。

8.1.5 屋架的结构布置

屋架的跨度、间距、标高等主要由建筑外观造型及使用功能的要求而决定。屋架的跨度一般以 3m 为模数。屋架的间距除建筑平面柱网布置的要求外，还要考虑屋面板或檩条、吊顶龙骨的跨度，常见的有 6m，有时也有 7.5m、9m、12m。屋架的支座标高除满足工艺要求外，还要考虑建筑外形的要求。

8.1.6 屋架的支撑

平面屋架结构虽然有很好的平面内受力性能，但其平面外的刚度很小。为保证结构的整体性，必须要设置各类支撑，包括屋架之间的垂直支撑、水平系杆以及上、下弦平面内的横向水平支撑和下弦平面内的纵向水平支撑等。

8.2 门式刚架

刚架结构是指梁、柱之间为刚性连接的结构。当梁与柱之间为铰接时，一般称为排架，多层多跨的刚架结构则常称为框架，单层刚架也称为门式刚架。单层刚架为梁柱合一的结构，其内力小于排架结构，梁柱截面高度小，造型轻巧，内部净空较大，故被广泛应用于中小型厂房、体育馆、礼堂、食堂等中小跨度的建筑中。但与拱相比，刚架仍然属于以受弯为主的结构，材料强度仍不能充分发挥作用，这就造成了刚架结构自重较大，用料较多，适用跨度受到限制。

8.2.1 单层刚架结构的受力特点

8.2.1.1 约束条件对结构内力的影响

单层单跨刚架的结构，按构件的布置和支座约束条件可分成无铰刚架、两铰刚架、三铰刚架三种。刚架结构的受力优于排架结构，因刚架梁柱节点处为刚接，所以在竖向荷载作用下，由于柱对梁的约束作用而减小了梁跨中的弯矩和挠度。在水平荷载作用下，由于梁对柱的约束作用，减少了柱内的弯矩和侧向位移，如图8.17所示。因此，刚架结构的承载力和刚度都大于排架结构。

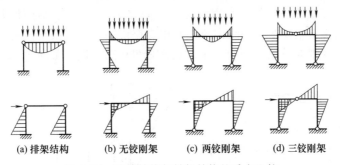

(a) 排架结构　　(b) 无铰刚架　　(c) 两铰刚架　　(d) 三铰刚架

图8.17　刚架结构与排架结构的受力比较

在单层单跨刚架结构中，无铰刚架为三次超静定结构，刚度大，结构内力小，但对基础和地基的要求较高。因柱脚处有弯矩、轴向压力和水平剪力共同作用于基础，故基础用料较多。由于其超静定次数高，当地基发生不均匀沉降时，将在结构内产生附加内力，所以在地基条件较差时应慎用。两铰刚架为一次超静定结构，在竖向荷载或水平向荷载作用下，刚架内弯矩均比无铰刚架大。两铰刚架在基础处为铰支承，故当基础有转角时，对结构内力没有影响，但当两柱脚发生不均匀沉降时，则将在结构内产生附加内力。三铰刚架为静定结构，地基的变形或基础的不均匀沉降对结构内力没有影响，但三铰刚架刚度较差，内力大，故一般适用于跨度较小或地基较差的情况。

刚架结构是一个典型的平面结构，其自身平面外的刚度极小，必须布置适当的支撑。

8.2.1.2 梁、柱线刚度比对刚架结构内力的影响

由结构力学可知，刚架结构在荷载作用下的内力不仅与约束条件有关，而且还与梁、柱的线刚度比有关；即梁、柱各自线刚度的大小直接影响到它本身分配到的弯矩的大小，刚度大所分配到的弯矩也大。

8.2.1.3 门式刚架的高跨比对结构内力的影响

门式刚架的高度与跨度之比，决定了刚架的基本形式，也直接影响着结构的受力状态。设想有一条悬索在竖向均布荷载作用下，在平衡状态将形成一条悬垂线，即所谓的索线，这时悬索内有拉力，将索上下倒置，即成为拱的作用，索内的拉力也变成为拱的压力，这条倒置的索线即为推力线。图8.18给出了三铰刚架和两铰刚架的推力线及其在竖向均布荷载作用下的弯矩图。由推力线的形状可以看出，刚架高度的减小将使支座处水平推力增大。

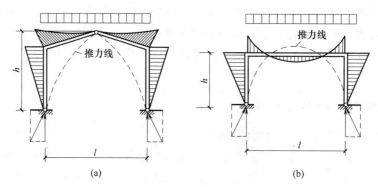

图 8.18　刚架的高跨比对内力的影响

8.2.1.4　结构构造对刚架结构内力影响

在两铰刚架结构中，为了减小横梁内部的弯矩，除可在支座铰处设置水平拉杆外，还可把纵向外墙挂在刚架柱的外肢处，利用墙身产生的力矩对刚架横梁起卸载作用，如图 8.19 (a) 所示；也可把铰支座设在柱轴线内侧，利用支座反力与柱轴线形成的偏心矩对刚架横梁产生负弯矩，以减少刚架横梁的跨中弯矩，从而减少横梁高度，如图 8.19 (b) 所示。

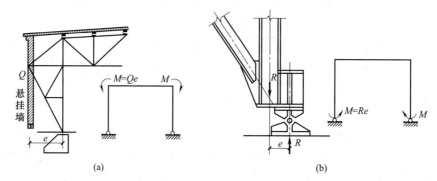

图 8.19　减少刚架横梁跨中弯矩的构造措施

8.2.1.5　温度变化对刚架结构内力的影响

温度变化对静定结构没有影响，但在超静定结构中将产生内力。内力的大小与结构的刚度有关，刚度越大，内力越大。产生结构内力的温差主要有室内外温差和季节温差。对于有空调的建筑物，室内温度为 t_1，室外温度为 t_2，则室内外温差为 $\Delta t = t_2 - t_1$，这将使杆件两侧产生不同的热胀冷缩，从而产生内力。季节温差则是指刚架在施工时温度与使用时的温度之差。设结构在混凝土初凝时的温度为 t_1，在使用时的温度为 t_2，则在温度差 $\Delta t = t_2 - t_1$ 的作用下，也将使结构产生变形内力。

8.2.1.6　支座位移对刚架结构内力的影响

当产生支座位移时，门式刚架的变形与弯矩，如图 8.20 所示。

8.2.2　单层刚架结构的形式与布置

单层刚架的建筑造型可以轻松活泼，形式丰富多变，如图 8.21 所示。单层刚架按材料划分，有胶合木结构、钢结构和钢筋混凝土结构刚架；按构件截面划分，可分成实腹式、空腹式、格构式、等截面与变截面刚架；按建筑形体划分，有平顶、坡顶、拱顶、单跨与多跨刚架；按施工技术划分，有预应力和非预应力刚架。

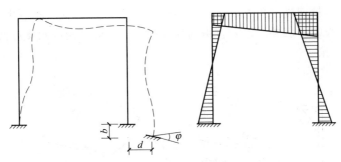

图 8.20 支座位移引起的变形图和位移图

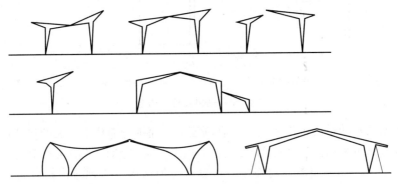

图 8.21 实腹式两铰刚架

单层刚架可以根据通风、采光的需要设置天窗或通风屋脊的采光带。刚架横梁的坡度主要由屋面材料及排水要求确定。对于常见中小跨度的双坡门式刚架,其屋面材料一般多用石棉水泥坡形瓦、瓦楞铁及其他轻型瓦材,常用的屋面坡度为 1/3。

8.2.2.1 胶合木刚架

胶合木刚架结构不受原木尺寸的限制,可用短薄的板材拼接成任意合理截面形式的构件,但现在为了节约木材,使用得较少。

8.2.2.2 钢刚架

钢刚架结构可分为实腹式和格构式两种。

实腹式刚架用于跨度不太大的结构,常做成两铰刚架。结构外露,外形可以做得比较美观,制造和安装也比较方便。实腹式刚架横截面多为焊接工字钢,当两铰或三铰刚架为变截面时,主要改变截面的高度使之适应弯矩图的变化。实腹式刚架的横梁高度一般可取跨度的 1/20～1/12,当跨度大时可在支座水平面内设置拉杆,并可施加预应力,如图 8.22 所示。这时横梁高度可取跨度的 1/40～1/30。

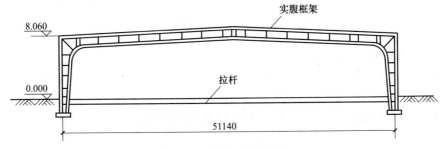

图 8.22 实腹式两铰刚架

在刚架结构的梁柱连接转角处，由于弯矩较大，且应力集中，材料处于复杂应力状态，应特别注意受压翼缘的平面外稳定和腹板的局部稳定。一般可做成圆弧过渡并设置必要的加劲肋，如图8.23所示。

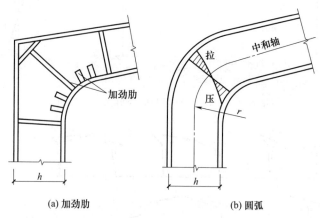

(a) 加劲肋　　　　　　　　　(b) 圆弧

图 8.23　刚架转角处构造

格构式刚架结构的适用范围较大，具有刚度大、耗钢少等优点。当跨度小时可采用三铰式结构，跨度大时可采用两铰式或无铰结构，如图8.24所示。格构式刚架的梁高可取跨度的1/20～1/15，为了节省材料、增加刚度，也可施加预应力。预应力拉杆可布置在支座铰的平面内，也可布置在刚架横梁内仅对横梁施加预应力，也可对整个刚架结构施加预应力，如图8.25所示。

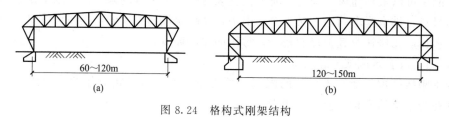

(a)　　　　　　　　　　　　　(b)

图 8.24　格构式刚架结构

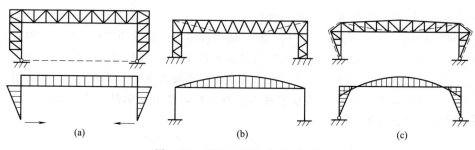

(a)　　　　　　　　(b)　　　　　　　(c)

图 8.25　预应力格构式刚架结构

8.2.2.3　钢筋混凝土刚架

钢筋混凝土刚架适用于跨度18m以内、檐口高度10m以内的无吊车或吊车起重量在100kN以内的建筑中，截面形式多为矩形，也可采用工字形截面，如图8.26所示。在构件转角处，由于弯矩较大，且应力集中，可采用加腋的形式，也可用圆弧过渡，如图8.27所示。

为了减少材料用量，减轻自重，可采用空腹刚架。空腹刚架有两种形式，一种是把杆件做成空心截面，另一种是在杆件上留洞，如图 8.28 所示。

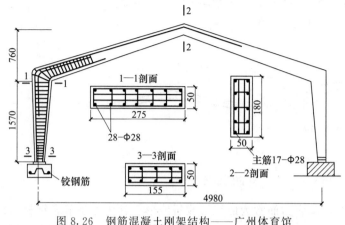

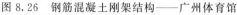

图 8.26　钢筋混凝土刚架结构——广州体育馆

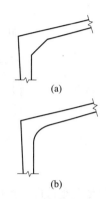

图 8.27　刚架折角处的处理

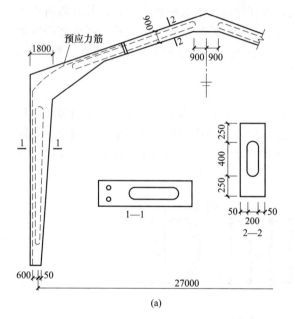

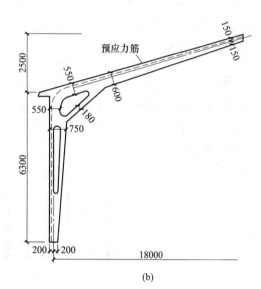

图 8.28　空腹式刚架

8.2.2.4　预应力混凝土刚架

为了提高结构刚度，减小杆件截面，可采用预应力混凝土刚架。为适应结构中弯矩图的变化，预应力钢筋一般为曲线形布置，采用后张法施工。预应力钢筋的位置，应根据竖向荷载作用下刚架结构的弯矩图，布置在构件的受拉部位。对于常见的单跨或多跨预应力混凝土门式刚架，为便于预制和吊装，可分成倒 L 形构件、Y 形构件及人字梁等基本单元，这时预应力钢筋可为分段交叉布置，也可为连续折线状布置，如图 8.29 所示。

对于分段布置预应力筋的方案，其优点是受力明确，穿预应力筋方便。采用一端张拉，施工简单，构件在预加应力阶段及荷载阶段受力性能良好。其缺点是费钢材，所需锚具多，且在转角节点处预应力筋的孔道相互交叉，对截面削弱较大，当截面尺寸不能满足要求时，常需加大截面宽度。

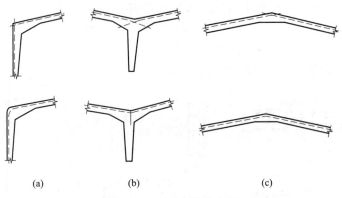

(a)   (b)   (c)

图 8.29　预应力筋的布置

对于通长设置预应力筋的方案，预应力筋常为曲线形或折线形。其优点是节省钢材与锚具，孔道对构件截面削弱较少，因此所需的构件截面尺寸（厚度）较小。其缺点是穿筋较困难，而且更主要的是预应力筋张拉时可能引起构件在预应力筋方向的开裂，以及在转折点处因预压力的合力产生裂缝。对于人字梁和 Y 形构件，要注意在外荷载作用下会不会产生钢筋蹦出混凝土外的现象，采用这种方案时，施工中一般在两端张拉预应力，若在一端张拉，则预应力损失较大。

8.2.2.5　单层刚架结构的支撑

刚架结构为平面受力体系，当多榀刚架平行布置时，在结构纵向实际上为几何可变的铰接四边形结构。因此，为保证结构的整体稳定性，应在纵向柱间布置连系梁及柱间支撑，同时在横梁的顶面设置上弦横向水平支撑。柱间支撑和横梁上弦横向水平支撑宜设置在同一开间内，如图 8.30 所示。

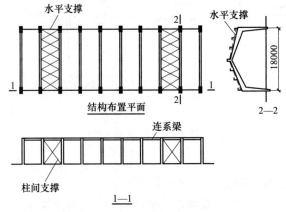

图 8.30　刚架结构的支撑

8.2.3　单层刚架的构造

刚架结构的形式较多，其节点构造和连接形式也是多种多样的，但其设计要点基本相同。设计时既要使节点构造与结构计算简图一致，又要使制造、运输、安装方便。这里仅对几个主要连接构造进行介绍。

8.2.3.1　钢刚架节点的连接构造

门式实腹式刚架，一般在梁柱交接处及跨中屋脊处设置安装拼接单元，用螺栓连接。拼接节点处，有加腋与不加腋两种。在加腋的形式中又有梯形加腋与曲线形加腋两种，通常多采用梯形加腋，如图 8.31 所示。加腋连接既可使截面的变化符合弯矩图形的要求，又便于连接螺栓的布置。

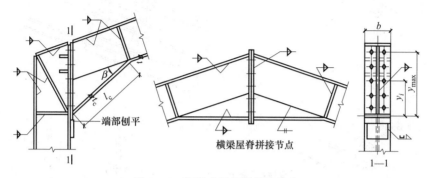

图 8.31　实腹式刚架的拼接节点

　　格构式刚架的安装节点宜设在转角节点的范围以外接近于弯矩为零处，如图 8.32（a）所示。如有可能，在转角范围内做成实腹式并加加劲杆，内侧弦杆做成曲线过渡，则较为可靠，如图 8.32（b）所示。

8.2.3.2　混凝土刚架节点的连接构造

　　钢筋混凝土或预应力混凝土刚架结构一般采用预制装配式结构。刚架预制单元的划分应考虑结构受力可靠，制造、运输、安装方便。一般可把接头位置设置在铰接点或弯矩为零的部位，把整个刚架结构划分成倒 L 形、F 形、Y 形拼装单元，如图 8.33 所示。刚架承受的荷载一般有恒荷载和活荷载两种。在恒荷载作用下弯矩零点的位置是固定的，在活荷载作用下，对于各种不同的情况，弯矩零点的位置是变化的。因此，在划分结构单元时，接头位置应根据刚架在主要荷载作用下的内力图确定。

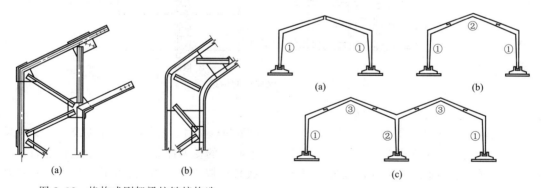

图 8.32　格构式刚架梁柱链接构造　　　　图 8.33　刚架拼装单元的划分

　　虽然接头位置选择在结构中弯矩较小的部位，仍应采取可靠的构造措施使之形成整体。连接的方式一般有通过螺栓连接［图 8.34（a）］、焊接接头［图 8.34（b）］、预埋工字钢接头［图 8.34（c）］等。

8.2.3.3　刚架铰节点的构造

　　刚架铰节点包括三铰刚架中的顶铰及支座铰。铰节点的构造应满足力学中的完全铰的受力要求，即应保证节点能传递竖向压力及水平推力，但不能传递弯矩。铰节点既要有足够的转动能力，又要构造简单，施工方便。格构式刚架应把铰附近部分的截面改为实腹式，并设置适当的加劲肋，以便可靠地传递较大的集中作用力。刚架顶铰节点的构造如图 8.35 所示。

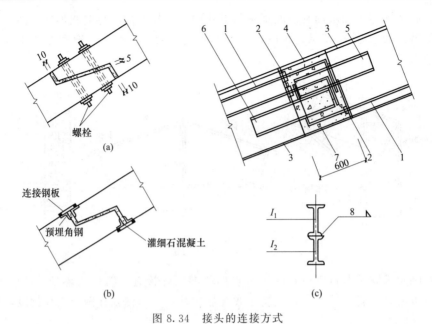

图 8.34　接头的连接方式

1—无黏结筋；2—锚具；3—非预应力筋；4—非预应力接头处；5—I 130 号工字钢；
6—I 230 号工字钢；7—后浇 C50 混凝土

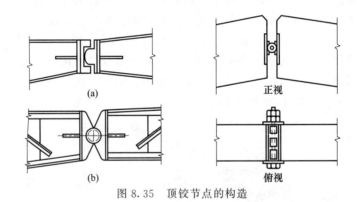

图 8.35　顶铰节点的构造

8.2.3.4　刚架柱脚支座构造

钢柱脚铰支座的形式如图 8.36 所示。当支座反力不大时，宜设计成板式铰，当支座反力较大时，应设计成臼式铰或平衡铰。臼式铰和平衡铰的受力性能好，但构造比较复杂，造价较高。对于轻型钢结构工程，也可采用平板式铰接柱脚，图 8.37 给出了一对锚栓和两对锚栓的构造示意图。

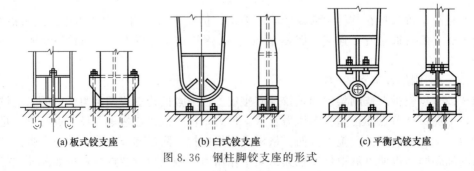

(a) 板式铰支座　　　(b) 臼式铰支座　　　(c) 平衡式铰支座

图 8.36　钢柱脚铰支座的形式

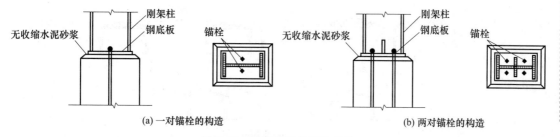

(a) 一对锚栓的构造   (b) 两对锚栓的构造

图 8.37 钢柱铰接柱脚的构造

现浇钢筋混凝土柱和基础的铰接通常是用交叉钢筋或垂直钢筋来实现。柱截面在铰的位置处减少 $1/2 \sim 2/3$，并沿柱子及基础间的边缘放置油毛毡、麻刀所做的垫板，如图 8.38（a）、（b）所示。这种连接不能完全保证柱端的自由转动，因而在支座下部断面可能出现一些嵌固弯矩。预制装配式刚架柱与基础的连接则如图 8.38（c）所示。在将预制柱插入杯口后，在预制柱与基础杯口之间用沥青麻丝嵌缝。

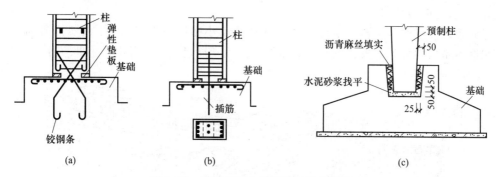

(a)   (b)   (c)

图 8.38 钢筋混凝土柱脚铰支座的形式

8.3 排架结构

8.3.1 排架结构的特点

排架结构一般是由预制的钢筋混凝土屋架（或屋面梁）、柱和基础组成的，柱与屋架（或屋面梁）铰接，柱与基础刚接。其是单层工业厂房中采用较多的一种基本结构形式。工业厂房的结构有多种形式，对于炼钢、轧钢、锻压、金工和装配等工业厂房，常采用单层排架结构。

8.3.2 排架结构的类型

根据生产工艺与使用要求，排架可做成单跨和多跨，等高、不等高和锯齿形等形式，如图 8.39 所示。

目前单层工业厂房排架结构形式中，跨度可达 30m，高度可达 30m 或更高，吊车吨位可达 150t，甚至更大。

排架结构传力明确，构造简单，有利于实现设计标准化，构件生产工业化、系列化，施工机械化，提高建筑工业化水平。

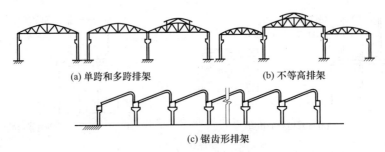

(a) 单跨和多跨排架　　　　(b) 不等高排架

(c) 锯齿形排架

图 8.39　排架结构的类型

8.3.3　排架结构的组成

单层厂房排架结构通常由下列结构构件组成，如图 8.40 所示，有屋面板、屋架、吊车梁、排架柱、抗风柱、基础梁、基础等。

上述构件分别组成屋盖结构、横向平面排架、纵向平面排架和围护结构。

8.3.3.1　屋盖结构

屋盖结构分有檩体系与无檩体系，有檩体系由小型屋面板、檩条、屋架及屋盖支撑组成。无檩体系由大型屋面板、屋面梁或屋架、屋盖支撑组成。前者用于小型厂房，后者用于大、中型厂房。

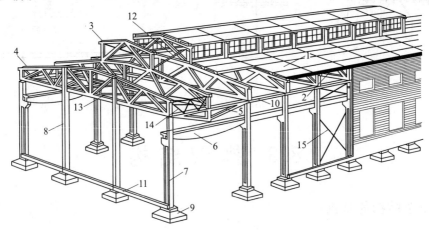

图 8.40　单层厂房排架结构的组成

1—屋面板；2—天沟板；3—天窗架；4—屋架；5—托架；6—吊车梁；7—排架柱；
8—抗风柱；9—基础；10—连系梁；11—基础梁；12—天窗架垂直支撑；
13—屋架下弦横向水平支撑；14—屋架端部垂直支撑；15—柱间支撑

8.3.3.2　横向平面排架

横向平面排架由屋面梁或屋架、横向柱列及柱基础组成，是厂房基本承重结构，厂房的主要荷载都是通过它传给地基的，如图 8.41 所示。

8.3.3.3　纵向平面排架

纵向平面排架由纵向柱列、基础、连系梁、吊车梁及柱间支撑等组成，主要传递沿厂房纵向的水平力以及因材料的温度和收缩变形而产生的内力，并将它们传给地基。

8.3.3.4　围护结构

围护结构由纵墙、横墙（山墙）、抗风柱（有时还有抗风梁或抗风桁架）和基础梁等组

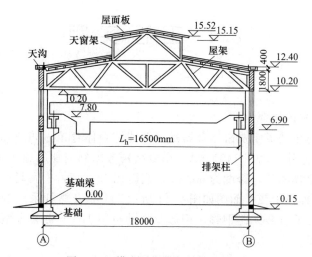

图 8.41　横向平面排架结构的组成

成，主要承受墙体自重以及作用在墙面上的风荷载。

8.3.3.5　排架结构的布置

排架柱的定位轴线在平面上构成的网格称为柱网，如图 8.42 所示（其中 M 表示基本模数，数值为 100mm）。柱网布置就是确定纵向定位轴线之间的尺寸（跨度）和横向定位轴线之间的尺寸（柱距）。柱网布置既是确定柱子的位置的依据（端部柱的中心线与横向定位轴线之间的距离为 600mm），也是确定屋面板、屋架和吊车梁等构件尺寸（跨度）的依据，并涉及结构构件的布置。

柱网布置的原则一般为：符合生产和使用要求；建筑平面和结构方案要经济合理；在排架结构形式和施工方法上具有先进性和合理性。

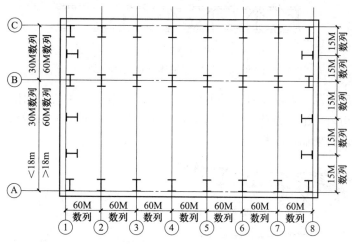

图 8.42　跨度和柱距示意图

8.3.3.6　排架结构的支撑

排架结构的支撑，包括屋盖支撑和柱间支撑两大类，其作用是加强排架结构的空间刚度，保证结构构件在安装和使用阶段的稳定和安全，同时起着把风荷载、吊车水平荷载或水平地震作用等传递到相应承重构件的作用。在排架结构中，支撑虽然不是主要的承重构件，但却是联系各种主要结构构件并使它们构成整体的重要组成部分。

8.4　工程实例

8.4.1　桁架结构

8.4.1.1　贝宁友谊体育馆

位于贝宁科托努市的贝宁友谊体育场是多功能综合体育馆，如图 8.43 所示。体育馆可容纳观众 5000 名，总建筑面积 $14015m^2$。屋盖结构考虑到当地的施工条件及实际情况，采用钢管球节点棱形立体桁架，跨度为 65.3m，高跨比为 1/13，中间起拱 1/330。桁架正立面及 1/3300 桁架正立面及上弦平面图如图 8.44 所示。上弦及腹杆采用 20 号普通碳素钢无缝钢管，下弦用 16Mn 低合金无缝钢管，钢球及加劲板用 16Mn 低合金钢，钢管支撑用 20 号普通碳素钢无缝钢管。

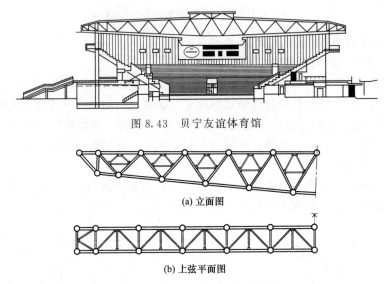

图 8.43　贝宁友谊体育馆

(a) 立面图

(b) 上弦平面图

图 8.44　贝宁友谊体育馆立体桁架

立体桁架采用钢球节点，使各杆件的中心交汇于球节点的中心，如图 8.45 所示。其特点是受力明确、均匀，施工方便。立体桁架的弦杆及斜杆与球节点的连接均加设衬管。为了减少檩条的跨度，桁架加设了再分杆。

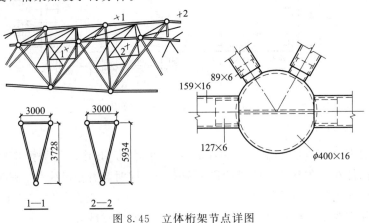

图 8.45　立体桁架节点详图

8.4.1.2　上海大剧院

上海大剧院是由上海市人民政府投资的大型歌舞剧院，位于上海市人民广场西北角，工程总建筑面积 $62800m^2$，地下 2 层，地上 6 层，高度为 40m，如图 8.46 所示。由于其独特的建筑造型和特殊的功能及工艺要求，大剧院的屋盖体系采用交叉刚接钢桁架结构，其剖面如图 8.47 所示。屋盖结构平面布置，横向为 12 榀半月牙形无斜腹杆屋架，纵向为两榀主桁架及两榀次桁架，其简图如图 8.48 所示。在每榀主桁架下各设三个由电梯井筒壁形成的薄壁柱，作为整个屋架结构的支座，次桁架仅起到保证屋盖整体性的作用。由于建筑造型的制约和使用功能上的要求，加上屋盖四周悬挑较大，屋盖结构受力复杂，内力较大，采用刚接桁架结构较为合理，以保证屋盖结构的整体刚度和承载能力。

图 8.46　上海大剧院

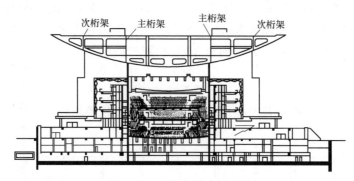

图 8.47　上海大剧院剖面图

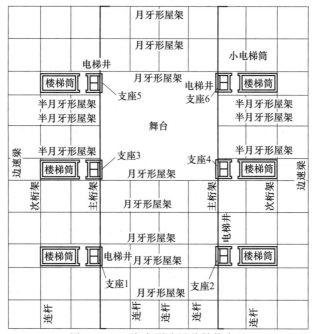

图 8.48　上海大剧院屋盖结构布置

主桁架结构简图如图 8.49 所示，主桁架高度 10.0m，上、下均采用箱形截面，上弦截面为 1000mm×700mm，下弦截面为 2500mm×700mm，腹杆截面为 800mm×700mm，钢板厚度为 40～70mm。为了加强主桁架的刚度，减小悬臂端的挠度，以及抵抗竖向荷载在支座处的剪力，每榀主桁架在支座处的桁架节间设两块 6.6m×10.0m×50mm、间距 50mm 的抗剪钢板，主桁架杆件节点均设计成刚节点。

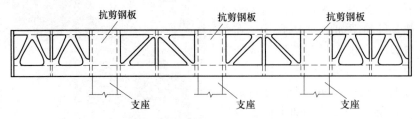

图 8.49　上海大剧院纵向主桁架结构简图

横向的月牙形屋架采用箱形截面空腹刚架结构，如图 8.50 所示，这样既可满足建筑对钢屋盖内部纵向交通的要求，又使杆件总数减少，节点构造简单。同时，采用箱形截面，使杆件内力能够通过节点板传到与桁架面平行的杆件腹杆，再扩展到整个杆件截面，受力性能好，具有很大的抗扭刚度和双向抗弯刚度，整体稳定性强，可省去大量支撑。月牙形屋架上弦截面为 1000mm×800mm，下弦截面根据建筑楼层标高及内力大小从 1000mm×800mm 变化至 2500mm×800mm，钢板厚度 30～70mm。由于位于主舞台上方的三榀月牙形桁架被主舞台周围的薄壁筒体截断，为了保证钢屋盖的整体刚度，采用加强钢屋盖纵向联系、加强主桁架抗扭刚度及提高三榀被截断的月牙形刚架的自身刚度等措施，使各榀月牙形桁架的悬臂端挠度趋于均匀。

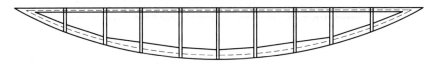

图 8.50　上海大剧院横向月牙形屋架

8.4.2　刚架结构

8.4.2.1　中国国家体育场

2008 年北京奥运会主体育场俗称"鸟巢"。工程主体建筑屋面呈空间马鞍椭圆形，长轴方向最大尺寸为 332.3m，短轴方向最大尺寸为 296.4m，最高点高度为 68.5m，最低点高度为 42.8m，总建筑面积约 258000m²，固定坐席可容纳 8 万人，活动坐席可容纳 1.1 万人。

国家体育场采用了空间刚架结构。格构式刚架的梁、柱、腹板等构件均采用由钢板焊接而成的箱形截面。沿体育场平面周边设置了 24 根刚架柱，柱距为 37.96m。交叉布置的主桁架与屋面及立面的次结构一起形成了"鸟巢"的特殊建筑造型，达到了建筑形式与结构细部的自然统一，见图 8.51。体育场看台部分采用钢筋混凝土框架-剪力墙结构体系，与大跨度钢结构完全脱开。

体育场屋盖中间开有长轴为 185.3m、短轴为 127.5m 的洞口。22 榀刚架围绕洞口呈放射状布置，刚架梁为直通或接近直通，在洞口边缘形成由分段直线构成的内环桁架。为了避免节点过于复杂，4 榀刚架在内环附近截断。刚架平面布置如图 8.52 所示，立面展开图如图 8.53 所示。刚架梁上弦杆截面尺寸为 $\phi 1000\text{mm}\times 1000\text{mm}\sim\phi 1200\text{mm}\times 1200\text{mm}$，下弦

图 8.51 中国国家体育场

杆截面尺寸为 $\phi 800mm \times 800mm \sim \phi 1200mm \times 1200mm$，腹杆截面尺寸主要为 $\phi 600mm \times 600mm \sim \phi 750mm \times 750mm$。为了减小构件加工制作难度，降低施工的复杂性，刚架弦杆在相邻腹杆之间保持直线，代替空间曲线构件。刚架梁上、下弦的节点对齐，腹杆夹角一般控制在 60° 左右，使网格大小比较均匀，具有较好的规律性。当刚架梁上弦节点与顶面次结构距离很近时，将腹杆的位置调整至次结构的位置。

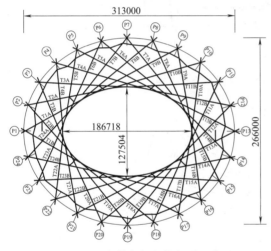

图 8.52 国家体育场主桁架平面布置

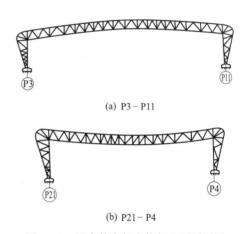

(a) P3 – P11

(b) P21 – P4

图 8.53 国家体育场主桁架立面展开图

8.4.2.2 沈阳某飞机维修车间

沈阳某中型民航客机的维修车间，主要修理"伊尔-24"和"安-24"型民航客机。机身长 24rn，翼宽 32m，螺旋桨高 5.1m，机翼距地 3m。

设计过程中曾做如下 3 种结构方案进行比较，如图 8.54 所示。

① 屋架结构方案。机尾高 8.1m，屋架下弦不能低于 8.8m。由于建筑形式与机身的形状尺寸不相适应，使整个厂房的总高度增加，室内空间不能充分利用。因此，这个方案不够经济。

② 双曲抛物面悬索结构方案。这个方案的特点是：建筑形式符合机身的形状尺寸，建筑空间能够充分利用，但是由于材料和施工技术的原因，悬索结构用于跨度较小的车间不经济。因此，这个方案不宜采用。

③ 刚架结构方案。这个方案的特点是不仅建筑形式符合机身的尺寸，尾部高，两翼低，建筑空间能够充分利用，而且对材料、施工都没有特别要求。根据本工程的具体条件，选用

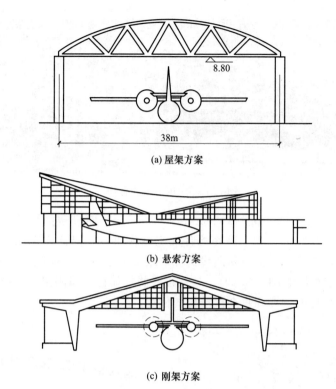

图 8.54　沈阳某飞机维修车间设计三种方案

了刚架结构方案。刚架的详细尺寸如图 8.55 所示。

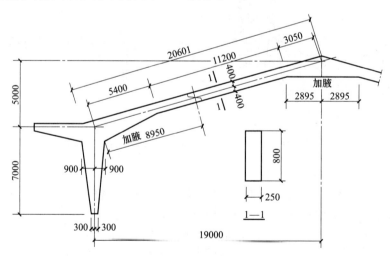

图 8.55　沈阳某飞机维修车间刚架尺寸

8.1　桁架的结构特点是什么？

8.2　桁架结构的计算假定有哪些？

8.3　屋架结构的选型原则是什么？

8.4 钢筋混凝土屋架有哪几种? 各自的特点是什么?

8.5 屋架结构布置应考虑哪些因素?

8.6 桁架的支撑有哪几种? 桁架支撑的作用是什么?

8.7 单层门式刚架与排架结构的节点构造有什么不同? 这对它们的内力有什么影响?

8.8 单层刚架结构主要分为哪几种类型? 其各自的适用范围是什么?

8.9 排架结构中柱间支撑的主要作用是什么?

8.10 单层厂房排架结构主要有哪些构件组成?

第9章

拱、薄壳结构

9.1 拱 结 构

9.1.1 概述

　　拱结构是有推力的结构。拱的外形一般是抛物线、圆弧线或折线，目的是使拱体各截面在外荷载、支座反力和推力作用下基本上处于受压或较小偏心受压状态，从而提高拱结构的承载力。在某种荷载作用下，使拱各截面均处于 $M=0$ 状态的拱轴曲线称为拱的合理轴线。不同的结构形式、不同的荷载作用，其合理轴线不同。实际工程中，建筑结构承受的荷载多种多样，无法找到适合各种荷载的统一的合理轴线。拱结构轴线形状的选择原则是使拱结构各截面在主要荷载作用下主要承受轴向压力和剪力，尽量减小可能产生的弯矩［图 9.1 （a）］。

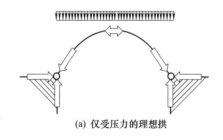
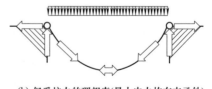

(a) 仅受压力的理想拱　　　　　　　　(b) 仅受拉力的理想索(最大内力均在支承外)

图 9.1　拱和索

　　拱结构的控制尺寸包括：跨度 L、矢高 f 和截面尺寸。拱结构适用的跨度范围很大，从 1.5～2.0m 跨度的地下通道顶盖到几十米甚至上百米跨度的体育场和拱桥。拱结构的矢高与建筑外形、使用要求、屋面结构处理以及结构内力等因素有关。矢跨比（f/L）越大，拱脚推力越小。对于屋盖结构一般取 $f/L=1/7～1/5$，且应 $\geqslant 1/10$。

9.1.2　拱结构的受力特点

　　按结构支承方式分类，拱可分成三铰拱、两铰拱和无铰拱三种，如图 9.2 所示。三铰拱为静定结构，较少采用；两铰拱和无铰拱为超静定结构，目前较为常用。

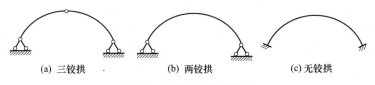

| (a) 三铰拱 | (b) 两铰拱 | (c) 无铰拱 |

图 9.2 拱的结构计算简图

9.1.2.1 拱的支座反力

为便于说明拱结构的基本受力特点，我们以较简单的三铰拱及与它跨度相等并承受相同集中荷载的简支梁为例进行分析比较，如图 9.3 所示。根据结构力学的静力平衡条件可知，简支梁的支座反力 V_A^0 为竖直向上，而三铰拱的支座反力除了竖向分量 V_A 之外（$V_A = V_A^0$），还有水平分量 H。三铰拱的支座反力的水平分量 H 对拱脚基础产生水平推力，起着抵消荷载 P 引起的向下弯曲作用，减小了拱身截面的弯矩。

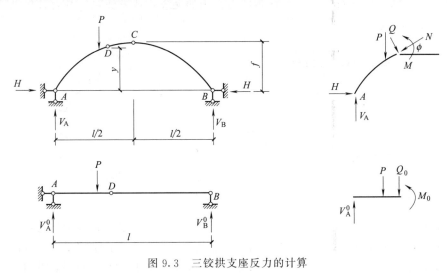

图 9.3 三铰拱支座反力的计算

9.1.2.2 拱肋截面的内力

拱身各截面的内力包括弯矩 M、轴压力 N 及剪力 Q，可以用下式计算：

$$M = M_0 - Hy \tag{9-1}$$

$$N = Q_0 \sin\phi + H \cos\phi \tag{9-2}$$

$$Q = Q_0 \cos\phi - H \sin\phi \tag{9-3}$$

式中 M_0，Q_0——相应于单跨简支梁的截面弯矩及剪力。

若以 M_c^0 表示简支梁在 C 截面处的弯矩，则有式（9-1）可得：

$$H = \frac{M_c^0}{f} \tag{9-4}$$

由式（9-1）～式（9-4）可知以下几点。

① 在竖向荷载作用下，拱脚支座内将产生水平推力。

② 在竖向荷载作用下，拱脚水平推力的大小等于相同跨度简支梁在相同竖向荷载作用下所产生的相应于顶铰 C 截面上的弯矩 M_c^0 除以拱的矢高 f。

③ 当结构跨度与荷载条件一定时（M_c^0 为定值），拱脚水平推力 H 与拱的矢高 f 成反比。

④ 拱身截面内的剪力小于在相同荷载作用下相同跨度简支梁内的剪力。

⑤ 拱身内的弯矩小于相同跨度相同荷载作用下简支梁内的弯矩。

⑥ 拱身截面内存在有较大的轴力，而简支梁中是没有轴力的。

9.1.2.3 拱的合理轴线

拱式结构受力最理想的情况应是使拱身内弯矩为零，仅承受轴力。对于三铰拱结构由式（9-1）可知，当 $M_D = 0$，则：

$$y_D = \frac{M_D^0}{H} \tag{9-5}$$

由上式可知，只要拱轴线的竖向坐标与相同跨度相同荷载作用下的简支梁弯矩值成比例，即可使拱截面内仅有轴力没有弯矩。满足这一条件的拱轴线称为合理拱轴线。在沿水平方向均布的竖向荷载作用下，简支梁的弯矩图为一抛物线，因此在竖向均布荷载作用下，合理拱轴线应为一抛物线［图 9.4（a）］。对于不同的支座约束条件或荷载形式，其合理拱轴线的形式是不同的。例如对于受径向均布压力作用的无铰拱或三铰拱，其合理拱轴线为圆弧线，如图 9.4（b）所示。

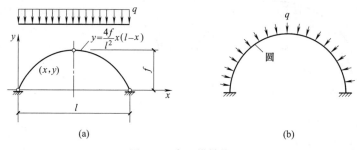

图 9.4　合理拱轴线

由以上的分析可以看出，拱截面上的弯矩小于相同条件下简支梁截面上的弯矩，拱截面上的剪力也小于相同条件下简支梁截面上的剪力，这是拱式结构比梁式结构受力合理的地方。同

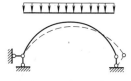

图 9.5　曲梁结构

时，拱式结构中以轴力为主，可以使用廉价的材料，并可充分发挥这类材料的抗压承载力，这也是拱在工程中得到广泛应用的主要原因。但是拱式结构中有较大的支座水平推力，这是设计中必须加以注意的。当拱脚地基反力不能有效地抵抗其水平推力时，拱便成为曲梁，如图 9.5 所示。这时拱截面内将产生与梁截面相同的弯矩。

9.1.3　拱脚水平推力的平衡

应该指出：在拱结构的拱脚下面，应有可靠的结构保证，使之能支持拱的水平推力作用，否则拱的工作将是不可靠的。它一般有 4 种措施可供选择，如图 9.6 所示。

① 由拉杆承受。优点是结构自身平衡，使基础受力简单；又可用作上部结构构件，可替代大跨度屋架。

② 由基础承受。这时要注意能承受水平推力的基础做法。

③ 由侧面结构物承受。这时此结构物必须有足够的抗侧力刚度。

④ 由侧面水平构件承受。它一般是设置在拱脚处的水平屋盖构件；水平推力先由此构件刚性水平方向的梁承受，再传递给两端的拉杆或竖向抗侧力结构。

此外，还有一个关键问题是当拱承受过大内压力时的失稳现象；防止失稳的办法是在拱身两侧加足够的侧向支撑点［图 9.6（e）］。

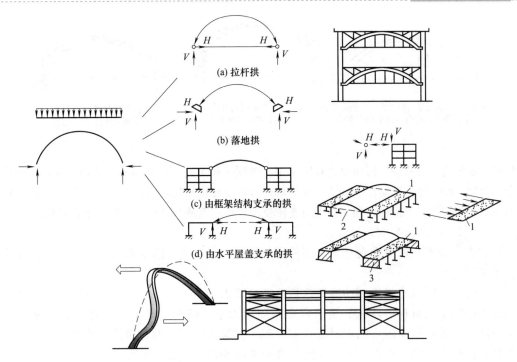

(a) 拉杆拱

(b) 落地拱

(c) 由框架结构支承的拱

(d) 由水平屋盖支承的拱

(e) 拱的失稳和拱侧支撑措施

图 9.6　拱结构的支承方式

1—水平屋盖；2—两侧水平拉杆；3—抗侧力结构

9.1.4　拱的截面形式与主要尺寸

拱身可以做成实腹式和格构式两种形式，如图 9.7 所示。

钢结构拱一般多采用格构式，当截面高度较大时，采用格构式可以节省材料。钢结构拱的截面高度，格构式按拱跨度的 1/60～1/30，实腹式按 1/80～1/50 取用。

钢筋混凝土拱一般采用实腹式，常用的截面有矩形。现浇拱一般多采用矩形截面。这样模板简单，施工方便。钢筋混凝土拱身的截面高度可按拱跨度的 1/40～1/30 估算；截面宽度一般为 25～40cm。拱身在一般情况下采用等截面。

由于无铰拱的内力（轴向压力）从拱顶向拱脚逐渐加大，一般做成变截面的形式。变截面一般是改变拱身截面的高度而保持宽度不变。截面高度的变化应根据拱身内力，主要由弯矩的变化而定，受力大处截面高度应相应较大。

拱除了常用的矩形截面拱外，还可采用 T 形截面拱、双曲拱、波形拱、折板拱等，跨度更大的拱可采用钢管、钢管混凝土截面，也可用型钢、钢管或钢管混凝土组成组合截面拱。组合截面拱自重轻，拱截面的回转半径大，其稳定性和抗弯能力都大大提高，可以跨越更大的跨度，跨高比也可做得更大一些。也可采用网状筒拱，网状筒拱像用竹子（或柳条）编成的筒形筐，也可理解为在平板截面的筒拱上有规律地挖掉许多菱形洞口而成。应当指出，拱是一种平面结构，在平行切出的拱圈上相应位置各点的内力都是相同的。

9.1.5　拱式结构的选型与布置

9.1.5.1　结构支承方式

拱可分成三铰拱、两铰拱和无铰拱。三铰拱为静定结构，由于跨中存在着顶铰，造成拱

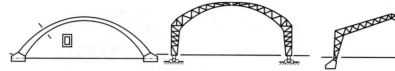

| (a) 无铰钢筋混凝土圆弧线实体箱形截面拱(清华大学综合体育中心,116m跨) | (b) 三铰格构式钢拱(北京体育馆比赛厅,56m跨) | (c) 两铰格构式木拱(清华大学西大饭厅,29.5m跨) |

图 9.7 拱结构

本身和屋盖结构构造复杂,因而目前较少采用。两铰拱和无铰拱均为超静定结构,两铰拱的优点是受力合理、用料经济、制作和安装比较简单,对温度变化和地基变形的适应性较好,因而目前较为常用。无铰拱受力最为合理,但因对支座要求较高,当地基条件较差时,不宜采用。

9.1.5.2 拱的矢高

拱的矢高的确定应考虑到建筑空间使用的要求、建筑造型的要求、结构受力的合理性及屋面排水构造等。

(1) 矢高应满足建筑使用功能和建筑造型的要求

矢高决定了建筑物的体量、建筑内部空间的大小,特别是对于散料仓库、体育馆等建筑,矢高应满足建筑使用功能上对建筑物容积、建筑物净空、设备布置等的要求。同时,拱的矢高直接决定了拱的外部形象,因此矢高应考虑满足建筑造型的要求。

(2) 矢高的确定应使结构受力合理

由前面对三铰拱结构受力特点的分析可知,拱脚水平推力的大小与拱的矢高成反比。当地基及基础难以平衡拱脚水平推力时,可通过增加拱的矢高来减小拱脚水平推力。减轻地基负担,节省基础造价。但矢高大,拱身长度增大,拱身及其屋面覆盖材料的用量将增加。

对于屋盖结构,f/l 一般取 $0.1 \sim 0.2$;对于公共建筑主体结构,f/l 一般取 $0.2 \sim 0.5$。

9.1.5.3 拱轴线方程

从受力合理的角度出发,应选择合理的拱轴线方程,使拱身内只有轴力,没有弯矩。但合理拱轴线的形式不但与结构的支座约束条件有关,还与外荷载的形式有关。而在实际工程中,结构所承受的荷载是变化的。如风荷载可能有不同的方向,竖向活荷载可能有不同的作用位置。因此,要找出一条能适应各种荷载条件的合理拱轴线是不可能的。设计中只能根据主要的荷载组合,确定一个相对较为合理的拱轴线方程,使拱身主要承受轴力,减少弯矩。例如对于大跨度公共建筑的屋盖结构,一般根据恒荷载来确定合理拱轴线方程,实际工程中常采用抛物线形,其方程为 [图 9.4(a)]:

$$y = \frac{4f}{l^2} x(l-x) \tag{9-6}$$

式中 f——拱的矢高;

   l——拱的跨度。

当 $f < \dfrac{l}{4}$ 时,可以用圆弧线代替抛物线。因为这时两者的内力相差不大,而圆拱结构分段制作时,因各段曲率一样,可方便施工。

拱是曲线形受压或压弯杆件,需要验算受压的稳定性,它的平面外稳定可由屋面结构系统保证,它的平面内稳定可以近似地按纵向弯曲压杆公式计算。钢筋混凝土拱身的计算长度 l_0 可取为:三铰拱 $l_0 = 0.58s$;双铰拱 $l_0 = 0.54s$;无铰拱 $l_0 = 0.36s$。s 为拱轴线弧长。对于钢拱,拱身整体计算长度 l_0 的取值可参考有关钢结构书籍。

9.1.5.4　拱式结构的布置

拱式结构可以根据平面的需要而交叉布置，构成圆形平面（图9.8）或其他正多边形平面。图9.9为法国巴黎工业技术展览中心的结构示意图。大厅平面为边长218m的正三角形，高43.6m，大厅结构可以理解为由三个交叉的宽拱组成，它们在拱顶处相遇。拱的水平推力由布置在地下的预应力拉杆承担，拉杆的平面布置也为正三角形，如图9.9（c）所示。图中H为拱脚水平推力，T为拉杆拉力。

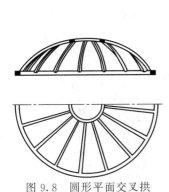

图9.8　圆形平面交叉拱

图9.9　法国巴黎工业技术展览中心结构示意图

当拱从地平面开始时，拱脚处墙体构造极不方便，拱端部的建筑空间高度较小，不利于建筑内部空间利用。为此可把建筑外墙内移、把拱脚暴露在建筑物的外部，如图9.10（a）所示；也可在拱脚附近外加一排直墙，把拱包在建筑物内部，如图9.10（b）所示；或可把拱脚改成直立柱式，如图9.10（c）所示。但图9.10（c）所示的做法对结构受力并不好，在折角处会出现较大的弯矩。

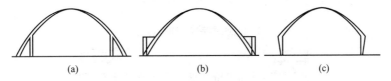

图9.10　拱与建筑外墙的布置关系

图9.11为美国蒙哥玛利体育馆结构示意图，该体育馆平面为椭圆形，而各榀拱架结构的尺寸却是一致的。因此一部分拱脚被包在建筑物内，而另一部分拱脚则暴露在建筑物的外部，且各榀拱脚伸出建筑物的长度是变化的，给人以明朗轻巧的感受。

9.1.5.5　拱式结构的支撑系统

拱为平面受压或压弯结构，因此必须设置横向支撑并通过檩条或大型屋面板体系来保证拱在轴线平面外的受压稳定性。为了增强结构的纵向刚度，传递作用于山墙上的风荷载，还应设置纵向支撑与横向支撑形成整体，如图9.12所示。拱支撑系统的布置原则与单层刚架结构类似，在此不赘述。

9.1.6　拱结构设计实例

9.1.6.1　意大利都灵展览大厅

展览大厅跨度95m，屋顶采用钢筋混凝土波形拱，拱身由每段长4.5m的预制钢丝网水

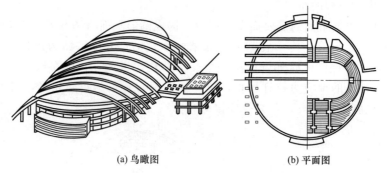

(a) 鸟瞰图   (b) 平面图

图 9.11 美国蒙哥玛利体育馆结构示意图

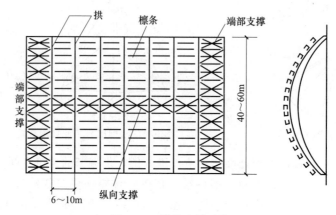

图 9.12 拱的支撑系统

泥拱段组成，波宽 2.5m，波高 1.45m，每段都有一个横隔，预制拱段先安装在临时支架上，然后局部现浇钢筋混凝土连成整体，如图 9.13 所示。

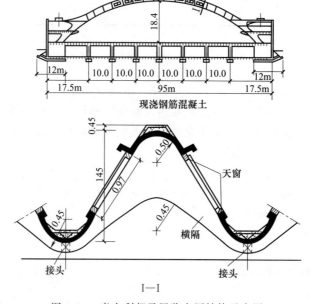

图 9.13 意大利都灵展览大厅结构示意图

9.1.6.2 北京崇文门菜市场

菜市场中间为 32m×36m 营业大厅，屋顶采用两铰拱结构，上铺加气混凝土板。大厅两侧为小营业厅、仓库及其他用房，采用框架结构。拱的水平推力和垂直压力由两侧的框架承受。拱为装配整体式钢筋混凝土结构，如图 9.14 所示。为了施工方便，拱轴采用圆弧形，圆弧半径为 34m，选择不同的矢高会有不同的建筑外形，同时也影响结构的受力。当圆弧半径 34m、矢高 4m 时，$f/l=1/8$，高跨比小，这是由建筑外形要求决定的。矢高小，拱的推力大，框架的内力也相应增大，拱的材料用量增加。当矢高改为 $f=l/5=6.4m$ 时，相应的拱轴半径为 23.2m，此时拱脚水平推力可减小 60% 左右，但建筑外形不太好，屋面根部坡度也大，对油毡防水不利。

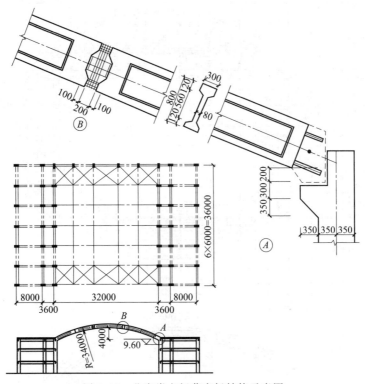

图 9.14　北京崇文门菜市场结构示意图

9.1.6.3 清华大学综合体育中心

（1）工程概况

清华大学综合体育中心如图 9.15 所示。建筑面积 12600m²，观众厅可容纳 5000 人，其中看台有固定座位 2645 个。整个建筑 3 层，拱顶标高 29.0m，其中首层高 4.5m，顶板大部分均为室外平台。二层顶板为观众厅梯形看台，结构标高 4.4～11.95m，看台顶部外侧为宽约 3.1m 的悬挑椭圆形环廊，结构顶标高为 11.95m。三层顶板结构标高 15.00m。

本工程的主体结构由两部分组成：框

图 9.15　清华大学综合体育中心外貌

架结构和大跨度拱结构。大跨度拱和框架结构都为相对独立的承重结构体系，仅在结构标高15.00m处拱与环形钢筋混凝土屋面结构相交。

（2）拱结构布置

拱的外形如图9.16所示，在G轴和J轴设置两个相互平行的拱。拱为完全外露结构，两拱之间的钢筋混凝土连系桁架，除下部约60cm高度在玻璃采光顶下面之外，其余部分也均为外露结构。拱的结构功能是支承比赛大厅和看台上方的屋顶结构以及布置在屋顶下面的多种吊重。

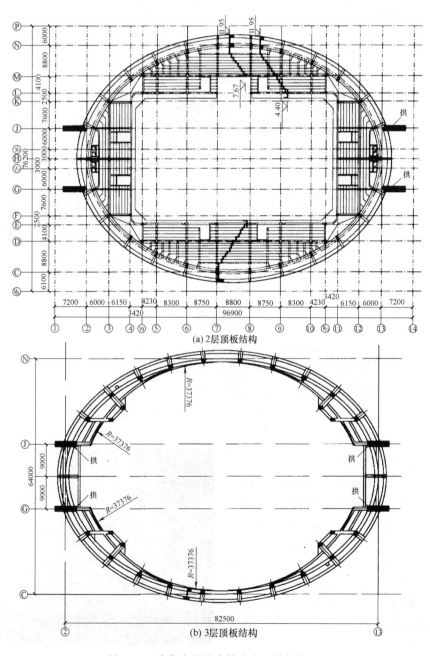

(a) 2层顶板结构

(b) 3层顶板结构

图9.16　清华大学综合体育中心结构布置

拱的跨度很大，按建筑和结构要求取：内侧半径 65.704m，轴线半径 70m，外侧半径 74.586m，计算跨度 116.392 m，矢高 31.500m，矢跨比 $f/l=1/3.7$，如图 9.17 所示。两拱之间屋顶为玻璃采光顶，其顶面在拱底上方约 60cm。拱的另一侧为部分球面形屋盖 [图 9.18（b）]，球面形屋盖为钢曲梁、钢檩条和铝板轻型屋盖，钢曲梁一端支撑在标高 15.00m 处环形钢筋混凝土顶板结构内侧，另一端悬吊在拱下。根据建筑对拱外形尺寸的要求，拱为变截面圆弧形落地无铰拱。

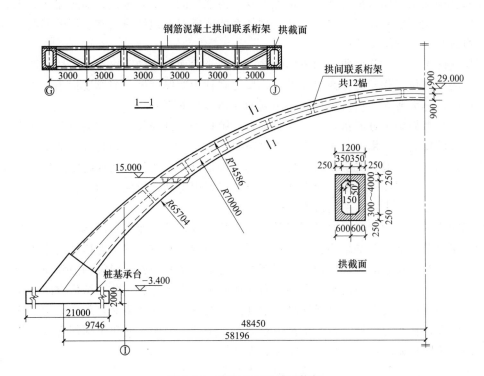

图 9.17　拱的立面及联系桁架

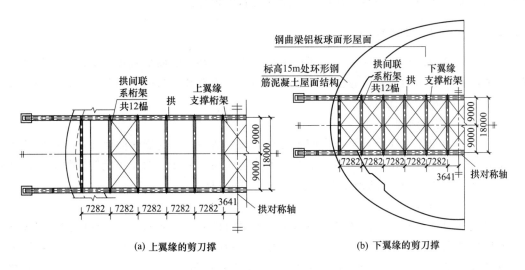

(a) 上翼缘的剪刀撑　　　　　(b) 下翼缘的剪刀撑

图 9.18　拱的钢剪刀撑

9.2 薄壳结构

9.2.1 概述

前面章节叙述的梁式结构、桁架、刚架、排架、拱结构等都属于杆件系统结构，是平面结构体系。平面结构体系都是把结构构件本身作为独立的单元来考虑，而忽略所有组成构件之间的整体作用和空间作用，只有空间结构体系才能够很好地解决大跨度屋盖问题，也只有它才能组成富有造型特点的屋盖形式。

壳体是由上下两个几何曲面构成的物体。这两个曲面之间的距离称为壳体的厚度，当厚度在壳体的任何位置相同时称为等厚度壳，反之则称为变厚度壳。当厚度远小于壳体的最小曲率半径时，称为薄壳。建筑工程中所用到的壳体多为薄壳。

薄壳在自然界中十分丰富，如蛋壳、果壳、甲鱼壳、蚌壳等，它们的形态变化万千，曲线优美，且厚度之薄，用料之少，而结构之坚固，着实让人惊叹！在日常生活中也有许多薄壳的应用，如碗、灯泡、安全帽、飞机等，它们都是以最少的材料构成特定的使用空间，并具有一定的强度和刚度。之所以薄壳结构在建筑工程中得到广泛的应用，是因为薄壳结构具有优越的受力性能和丰富多变的造型。

薄壳结构的强度和刚度主要是利用其几何形状的合理性，而不是以增大其结构截面尺寸取得的，这是薄壳结构与拱结构相似之处。因为拱结构只有在某种确定荷载的作用下才有可能找到处于无弯矩状态的合理拱轴线，而薄壳结构由于受两个方向薄膜轴力和薄膜剪力的共同作用，可以在较大的范围内承受多种分布荷载而不致产生弯曲。薄壳结构空间整体工作性能良好，内力比较均匀，是一种强度高、刚度大、材料省，既经济又合理的结构形式，曲板的曲面可以多样化，为建筑造型的丰富多彩创造了条件，因而深受建筑师们青睐，故多用于大跨度的建筑物，如展览厅、食堂、剧院、天文馆、厂房、飞机库等。

不过薄壳结构也有其自身的缺点，由于体型复杂，现浇时费工费模板，施工不便，板厚薄，隔热效果不好，壳板天棚（吊顶）的曲面容易引起室内声音发射和混响，对音响效果要求高的大会堂、影剧院等建筑采用时应特别注意音响设计。

9.2.2 薄壳结构的曲面形式

工程中，薄壳的形式丰富多彩，千变万化，不过其基本曲面形式按其形成的几何特点可以分为成两类：旋转曲面和平移曲面。平移曲面又分为直纹平移曲面和曲纹平移曲面。现将各类曲面形式分述如下。

9.2.2.1 旋转曲面

由一平面曲线作母线绕其平面内的轴旋转而成的曲面，称为旋转曲面。该平面曲线可有不同形状，因而可得到用于薄壳结构中的多种旋转曲面，如球形曲面、旋转抛物面和旋转双曲面等，如图 9.19 所示。圆顶结构就是旋转曲面的一种。

9.2.2.2 平移曲面

一竖向曲母线沿另一竖向曲导线平移而成的曲面称为平移曲面。在工程中常见的平移曲面有椭圆抛物面和双曲抛物面，前者是以一竖向抛物线作母线沿一凸向相同的抛物线平移而成的曲面，如图 9.20（a）所示；后者是以一竖向抛物线作母线沿另一凸向相反的抛物线平移而成的曲面，如图 9.20（b）所示。

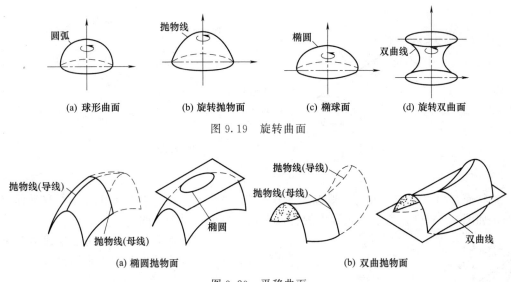

图 9.19 旋转曲面

图 9.20 平移曲面

9.2.2.3 直纹曲面

一根直线的两端沿固定曲线移动而成的曲面称为直纹曲面。工程中常见的直纹曲面有以下几种。

（1）鞍壳、扭壳

如图 9.20 （b）所示的双曲抛物面，也可按直纹曲面的方式形成，如图 9.21 （a）所示。工程中的鞍壳即是由双曲抛物面构成的。

扭曲面则是用一根直母线沿两根相互倾斜且不相交的直导线平行移动而成的曲面，如图 9.21 （b）所示。扭曲面也可以是从双曲抛物面中沿直纹方向截取的一部分，如图 9.21 （a）所示。工程中扭壳就是由扭曲面构成的。

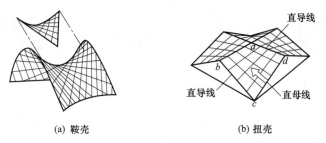

图 9.21 鞍壳、扭壳

（2）柱面与柱状面

柱面是由直母线沿一竖向曲导线移动而成的曲面，如图 9.22 （a）所示。工程中的筒壳就是由柱面构成的。

柱状面是由一直母线沿着两根曲率不同的竖向曲导线移动，并始终平行于一导平面而成，如图 9.22 （b）所示。工程中的柱状面壳就是由柱状面构成的。

（3）锥面与锥状面

锥面是一直线沿一竖向曲导线移动，并始终通过一定点而成的曲面，如图 9.23 （a）所示。工程中的锥面壳就是由锥面构成的。

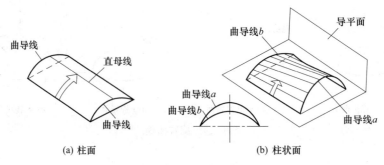

图 9.22　柱面与柱状面

　　锥状面是由一直线一端沿一根直线、另一端沿另一根曲线，与一导平面平行移动而成的曲面，如图 9.23（b）所示。工程中的劈锥壳就是由锥状面构成的。

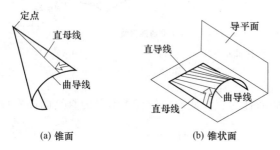

图 9.23　锥面与锥状面

　　直纹曲面壳体的最大特点是建造时制模容易，脱模方便，工程中采用较多。

9.2.2.4　复杂曲面

　　在上述的基本几何曲面上任意切取一部分，或将曲面进行不同的组合，建筑师能根据平面及空间的需要，通过对曲面的切割或组合，设计出千姿百态的建筑造型。

　　曲面切割的形式如图 9.24（a）所示，是著名建筑师萨瑞南（E.Saarinon）设计的美国麻省理工学院大会堂的建筑造型。再如图 9.24（b）所示，是著名建筑结构大师托罗哈（E.Torroja）1933 年建造的 156ft（47.55m）跨度的西班牙 Algeciras 市场的建筑造型。又如，双曲抛物面可近似看作用一系列直线相连的两个圆盘以相反方向旋转而成，扭面实际上是双曲抛物面中沿直纹方向切割出的一部分 [图 9.24（c）]。

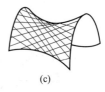

(a)　　　　　　　　　(b)　　　　　　　　　(c)

图 9.24　曲面切割示意图

　　曲面的组合多种多样。图 9.25（a）是两个柱形曲面正交的造型；图 9.25（b）是八（四）个双曲抛物面组合后的造型；图 9.25（c）是六个扭壳组合后的造型。

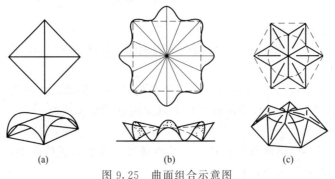

(a)　　　　　　　　　(b)　　　　　　　　　(c)

图 9.25　曲面组合示意图

9.2.3 旋转曲面薄壳结构

根据建筑设计的需要，旋转曲面薄壳可采用抛物线、圆弧线、椭圆线绕其对称竖轴旋转而成抛物面壳、球面壳、椭球面壳等，如图9.19所示。旋转曲面薄壳结构具有良好的空间工作性能，能以很薄的圆顶覆盖很大的跨度，因而可以用于大型公共建筑，如天文馆、展览馆、剧院等。目前已建成的大跨度钢筋混凝土圆顶薄壳结构，直径已达200多米。新中国成立后建成的第一座天文馆（北京天文馆），即是直径25m的圆顶薄壳，壳厚仅为60mm。

9.2.3.1 旋转曲面薄壳结构的组成及形式

旋转曲面薄壳结构由壳板、支座环、下部支承结构3部分组成，如图9.26所示。

（1）壳板

按壳板的构造不同，旋转曲面薄壳结构可分为平滑圆顶、肋形圆顶和多面圆顶等，如图9.27所示。

工程中应用最为广泛的是平滑圆顶，如图9.27（a）所示。

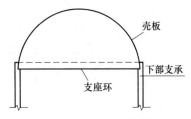

图9.26 旋转曲面薄壳结构的组成

当建筑平面不完全是圆形以及其他需要将表面分成单独的区格时，可以把实心光板截面改变成带肋板，或波形截面、V形截面等构造方案，使壳板底面构成绚丽图案，即采用肋形圆顶。肋形圆顶是由径向或环向肋系与壳板组成，肋与壳板整体相连，为了施工方便一般采用预制装配式结构，如图9.27（b）所示。

当建筑平面为正多边形时，可采用多面圆顶结构。多面圆顶结构是由数个拱形薄壳相交而成，如图9.27（c）所示。

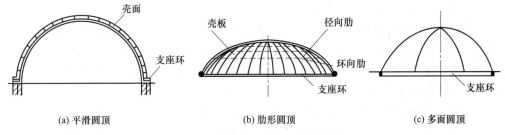

(a) 平滑圆顶 (b) 肋形圆顶 (c) 多面圆顶

图9.27 旋转曲面薄壳的壳身结构

（2）支座环

支座环是球壳的底座，它是旋转曲面薄壳结构保持几何不变的保证，对圆顶起到箍的作用。它可能要承担很大的支座推力，由此环内会产生很大的环向拉力T，因此支座环必须为闭合环形，且尺寸很大，其宽度在0.5~2m，建筑上常将其与挑檐、周圈廊或屋盖等结合起来加以处理，也可以单独自成环梁，隐藏于壳底边缘。

（3）下部支承结构

支承结构一般有以下几种，如图9.28所示。

① 壳身结构支承在房屋的竖向承重构件上（如砖墙、钢筋混凝土柱等），如图9.28（a）所示。这时径向推力的水平分力由支座环承担，竖向分力由竖向支承构件承担。其优点是受力明确，构造简单。但当跨度较大时，由于径向水平分力大，支座环的尺寸很大。同时支座环的表现力也不够丰富活跃。

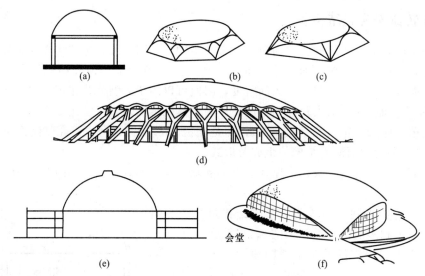

图 9.28　旋转曲面薄壳的支承结构

　　② 壳身结构支承在斜柱或斜拱上，如图 9.28（b）～（d）所示。通过壳体四周沿着切线方向的直线形、Y 形或叉形斜柱，把推力传给基础或沿壳缘切线方向的单式或复式斜拱，把径向推力集中起来传给基础。在平面上，斜柱、斜拱可按正多边形布置，以便与建筑平面相协调；在立面上，斜柱、斜拱可与建筑围护及门窗重合布置，也可暴露在建筑物的外面，以取得较好的建筑立面效果。这种结构方案清新、明朗，既表现了结构的力量与作用，又极富装饰性。但倾斜的柱脚或拱脚要受到水平推力的作用。

　　③ 壳身结构支承在框架上，如图 9.28（e）所示。径向推力的水平分力先作用在框架上，再传给基础。框架内可布置附属建筑用房。

　　④ 壳身结构直接落地并支承在基础上，如图 9.28（f）所示。和落地拱一样，径向推力直接传给基础。若球壳边缘全部落地，则基础同时作为受拉支座环梁。若是割球壳，只有几个脚延伸入地，则基础必须能够承受水平推力，或在各基础之间设拉杆以平衡该水平力。

9.2.3.2　受力特点

　　一般情况下壳板的径向和环向弯矩较小，可以忽略，壳板内力可按无弯矩理论计算。在轴向对称荷载作用下，圆顶径向受压，径向压力在壳顶小，在壳底大；圆顶环向受力，则与壳板支座边缘处径向法线与旋转轴的夹角 φ 大小有关，当 $\varphi \leqslant 50°49'$ 时，圆顶环向全部受压；当 $\varphi > 50°49'$ 时，圆顶环向上部受压，下部受拉力，如图 9.29 所示。

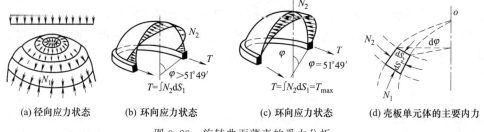

| (a) 径向应力状态 | (b) 环向应力状态 | (c) 环向应力状态 | (d) 壳板单元体的主要内力 |

图 9.29　旋转曲面薄壳的受力分析

　　支座环对圆顶壳板起箍的作用，承受壳身边缘传来的推力。一般情况下，该推力使支座环在水平面内受拉，如图 9.30 所示，在竖向平面内受弯矩、剪力。当 $\varphi = 90°$ 时，支座环内不产生拉力，仅承受竖向平面的内力。

同时，由于支座环对壳板边缘变形的约束作用，壳板的边缘附近产生径向的局部弯矩，如图 9.31 所示。为此，壳板在支座环附近可以适当增厚，最好采用预应力混凝土支座环。

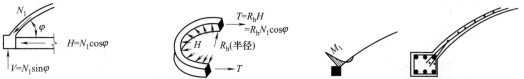

图 9.30 支座环的受力   图 9.31 壳板边缘径向弯矩及构造

9.2.4 移动曲面薄壳结构

筒壳的壳板为柱形曲面，由于外形既似圆筒，又似圆柱体，故既称为筒壳，也称为柱面壳。

由于壳板为单向曲面，其纵向为直线，可采用直模，因而施工方便，省工省料，故筒壳在历史上出现最早，至今仍广泛应用于工业与民用建筑中。

（1）筒壳的结构组成与形式

筒壳由壳板、侧边构件及横隔三部分组成，如图 9.32 所示。两个侧边构件之间的距离 l_2 称为筒壳的波长；两个横隔之间的距离 l_1 称为筒壳的跨度。

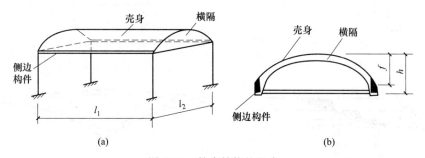

图 9.32 筒壳结构的组成

筒壳壳身横截面的边线可为圆弧形、椭圆形或其他形状的曲线，一般采用圆弧形较多，以方便施工。壳身包括侧边构件在内的高度称为筒壳的截面高度，以 h 表示。不包括侧边构件在内的高度称为筒壳的矢高，以 f 表示。

侧边构件与壳身共同工作、整体受力。它一方面作为壳体的受拉区集中布置纵向受拉钢筋，另一方面可提供较大的刚度，减少壳身的竖向位移及水平位移，并对壳身的内力分布产生影响。常见的侧边构件截面形式如图 9.33 所示，其中以图 9.33（a）的方案最为经济。

横隔是筒壳的横向支承，缺少它壳身的形体就要破坏，这也是筒壳结构与筒拱结构的根本区别。横隔的功能是承受壳身传来的顺剪力并将内力传到下部结构上去。常见的筒壳横隔形式如图 9.34 所示。当横向有墙时，可以利用墙上的曲线形圈梁作为横隔，以节约材料。

筒壳可以根据建筑平面及剖面的需要做成单波的或多波的，单跨的或多跨的。有时还可做成悬臂的，如图 9.35 所示。

（2）筒壳的受力特点

筒壳与筒拱的外形均为筒形，极其相似，常为人所混淆。但两者的力学特性却完全不同，对支承结构的要求与构造处理也不同。从根本上说，筒拱是单向力的平面结构，筒拱沿

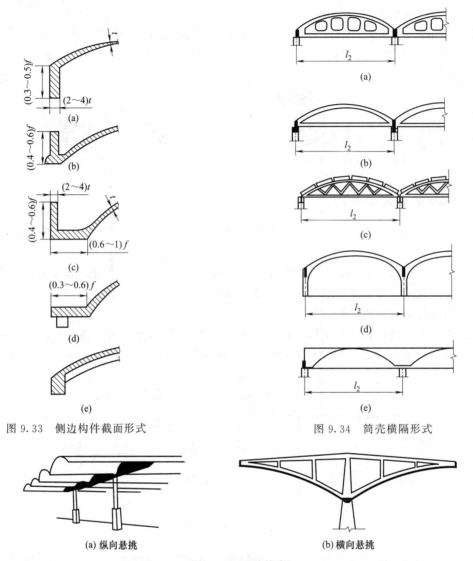

图 9.33 侧边构件截面形式

图 9.34 筒壳横隔形式

(a) 纵向悬挑

(b) 横向悬挑

图 9.35 悬臂筒壳

纵向单位长度结构的受力状态即可代表整个结构的受力。而筒壳则是双向受力的空间结构，筒壳在横向的作用与拱相似，在壳身内产生环向的压力，而在纵向则同时发挥着梁的作用，把上部竖向荷载通过纵向梁的作用传给横隔。因此，筒壳结构是横向拱的作用与纵向梁的作用的综合。根据筒壳结构的跨度 l_1 与波长 l_2 之间比例的不同，其受力状态也有所差异，一般按下列三种情况考虑。

① 当 $l_1/l_2 \geqslant 3$ 时，称为长壳。对于较长的壳体，因横隔的间距很大，纵向支承的柔性很大，横向压力较小，而纵向梁的传力作用显著，如图 9.36 所示。故长筒壳近似梁的作用，可以按照材料力学中梁的理论来计算。

② 当 $l_1/l_2 \leqslant 1/2$ 时，称为短壳。对于短壳，因为横隔的间距很小，筒壳横向的拱作用明显，而纵向梁的传力作用很小，因此近似拱的作用。壳体内力主要是薄膜内力，故可按照薄膜理论来计算。

③ 当 $1/2 < l_1/l_2 < 3$ 时，称为中长壳。由于筒壳的跨度既不太长，也不太短，其受力时拱

和梁的作用都明显，壳体既存在薄膜内力，又存在弯曲应力，可用弯矩理论或半弯矩理论来计算。

侧边构件是壳板的边框，与壳板共同工作，整体受力。一般侧边构件主要承受纵向拉力，因此需集中布置纵向受拉钢筋，同时，由于它的存在，壳板的纵向和水平位移可大大减小。

横隔作为筒壳纵向支承，它主要承受壳板传来的顺剪力，如图 9.36 所示。

（3）筒壳的采光与洞口处理

一般筒壳覆盖较大面积，采光和通风处理的好与坏直接影响建筑物的使用功能。一般情况下，筒壳的采光可以采用以下几种方法：第一种，可在外墙上开侧窗；第二种，可在筒壳混凝土中直接镶嵌玻璃砖；第三种，不论

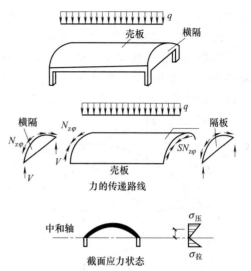

图 9.36 长筒壳按梁理论计算的受力分析

长短壳，可在壳顶开纵向天窗，如图 9.37 所示，而短筒壳还可沿曲线方向开横向天窗；第四种，可以布置锯齿形屋盖，如图 9.38 所示。

由于筒壳是整体受力，开设在筒壳上的天窗洞口或天窗带会直接影响壳体的受力性能，因此壳体上的洞口开设有较严格的规定。

由于筒壳的壳体中央受力最小，故洞口宜在壳顶沿纵向布置。洞口的宽度，对于短壳不宜超过波长的 1/3。对于长壳，不宜超过波长的 1/4，纵向长度不受限制，但孔洞的四边必须

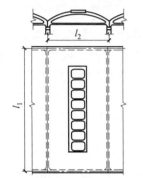

图 9.37 带有天窗孔的壳体

加边框，沿纵向还需每隔 2～3m 设置横撑，如图 9.37 所示。

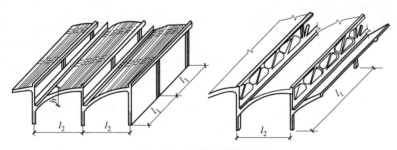

图 9.38 锯齿形筒壳屋盖

9.2.5 双曲扁壳

当薄壳的矢高 f 与被其覆盖的底面最小边长 l 之比 $f/l \leqslant 1/5$ 时，称为扁壳。因为扁壳的矢高与底面尺寸和中面曲率半径相比要小得多，所以扁壳又称为微弯平板。实际上，有很多壳体都可做成扁壳，如属双曲扁壳的扁球壳就是球面壳的一部分，属单曲扁壳的扁筒壳为柱面壳的一部分等。本节所讨论的双曲扁壳为采用抛物线平移而成的椭圆抛物面扁壳，如图 9.39 所示。

由于双曲扁壳矢高小，结构空间小，屋面面积相应减小，比较经济，同时双曲扁壳平面

多变，适用于圆形、正多边形、矩形等建筑平面，因此在实际工程中得到广泛应用。

9.2.5.1 双曲扁壳的结构组成与形式

双曲扁壳由壳板和周边竖直的边缘构件组成，如图9.40所示。壳板是由一根上凸的抛物线作竖直母线，其两端沿两根也上凸的相同抛物线平移而成的。双曲扁壳的跨度可达3～40m，最大可至100m，壳厚h比筒壳薄，一般为60～80mm。

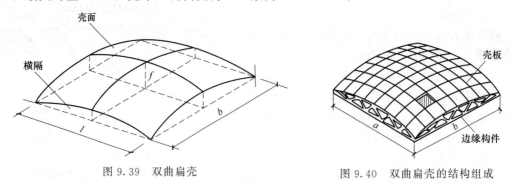

图 9.39 双曲扁壳

图 9.40 双曲扁壳的结构组成

由于扁壳较扁，其曲面外刚度较小，设置边缘构件可增加壳体刚度，保证壳体不变形，因此边缘构件应有较大的竖向刚度，且边缘构件在四角应有可靠连接，使之成为扁壳的箍，以约束壳板变形。边缘构件的形式多样，可以采用变截面或等截面的薄腹梁、拉杆拱或拱形桁架等，也可采用空腹桁架或拱形刚架。

双曲扁壳可以采用单波或多波。当双向曲率不等时，较大曲率与较小曲率之比以及底面长边与短边之比均不宜超过2。

9.2.5.2 双曲扁壳的受力特点

双曲扁壳在满跨均布竖向荷载作用下，壳板的受力以薄膜内力为主，在壳体边缘受一定横向弯矩，如图9.41所示。根据壳板中的内力分布规律，一般把壳板分为三个受力区。

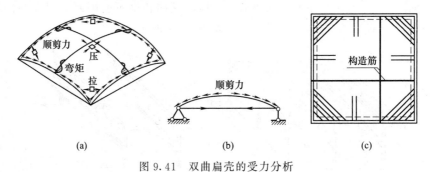

图 9.41 双曲扁壳的受力分析

① 中部区域。该区占整个壳板的大部分，约80%，壳板主要承受双向轴压力，该区强度潜力很大，仅按构造配筋即可。一般洞口开设在此区域。

② 边缘区域。该区域主要承受正弯矩，使壳体下表面受拉，为了承受弯矩应相应布置钢筋。当壳体越高越薄，则弯矩越小，弯矩作用区也小。

③ 四角区。该区域主要承受顺剪力，且较大，因此产生很大的主应力。为承受主压应力，将混凝土局部加厚，为承受主拉应力，应配置45°斜筋。

在边缘区域和四角区都不允许开洞。双曲扁壳边缘构件上主要承受壳板边缘传来的顺剪力。其做法同筒壳横隔。

9.2.6　双曲抛物面扭壳结构

双曲抛物面扭壳是由凸向相反的两条抛物线，一条沿着另一条平移而成，如图 9.42（a）所示。同时也可认为双曲抛物面扭壳是从双曲抛物面中沿直纹方向截取出来的一块壳面，如图 9.42（b）所示。壳面下凹的方向犹如"拉索"，而上凸的方向又如同"薄拱"。当上凸方向的"薄拱"屈曲时，下凹方向的"拉索"就会进一步发挥作用，这样可避免整个屋盖结构发生失稳破坏，提高了结构的稳定性。因此，双曲抛物面扭壳的壳板可以做得很薄。同时，双曲抛物面是直纹曲面，壳板的配筋和模板制作都很简单，因此这类屋面可节省材料，施工便利，经济技术指标较好。

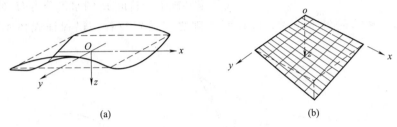

图 9.42　双曲抛物面

9.2.6.1　双曲抛物面扭壳结构的组成

双曲抛物面扭壳结构由壳板和边缘构件组成。

因为扭壳对支座仅作用有顺剪力，因此单块扭壳屋盖的边缘构件可采用较为简单的三角形桁架，组合型扭壳屋盖的边缘构件可采用拉杆人字架或等腰三角形桁架。

扭壳屋盖式样新颖，它可以以双倾单块扭壳、单倾单块扭壳、组合型扭壳做屋盖，如图 9.43 所示，也可以多块组合形成屋盖。

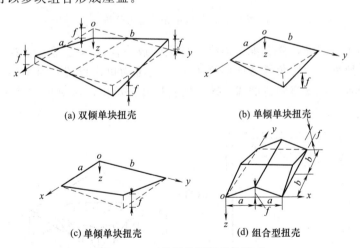

图 9.43　双曲抛物面扭壳的形式

9.2.6.2　双曲抛物面扭壳结构的受力特点

扭壳的受力是非常理想的，在竖向均布荷载作用下，曲面内不产生法向力，仅存在平行于直纹方向的顺剪力，且壳体内的顺剪力 S 都为常数，因而壳体内各处的配筋均一致。顺剪力 S 产生主拉应力和主压应力，作用在与剪力成 45°角的截面上，如图 9.44 所示。主拉应力沿壳面下凹的方向作用，为下凹抛物线索，主压应力沿壳面上凸的方向作

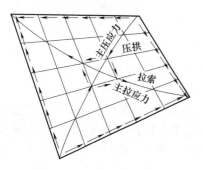

图 9.44 扭壳的受力分析

用，为上凸抛物线拱。因此，扭壳可看成由一系列拉索和一系列受压拱正交组成的曲面，受拉索把壳向上绷紧，从而减轻拱向负担，同时，受压拱把壳面向上顶住，减轻索向负担。这种双向承受并传递荷载，是受力最好最经济的方式。

扭壳的边缘构件一般为直杆，它承受壳板传来的顺剪力 S，一般为轴心受拉或轴心受压构件。

对于屋盖为单块扭壳，并直接支承在 A 和 B 两个基础上，顺剪力 S 将通过边缘构件以合力 R 的方式传至基础上。这时 R 的水平分力 H 对基础有推移作用，当地基抗侧移能力不足时，应在两基础之间设置拉杆，以保证壳体不变形，如图 9.45 所示。

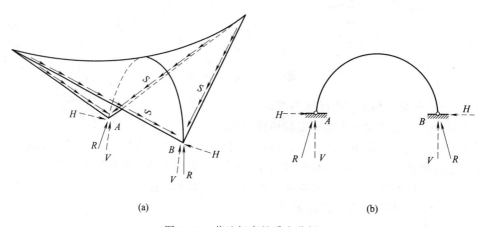

(a)   (b)

图 9.45 落地扭壳的受力分析

对于屋盖为单块扭壳，并支承于边缘构件上，边缘构件承受壳边传来的顺剪力 S 的作用，将在拱的支座处产生对角线方向的推力 H。此推力可由设置在对角线方向的水平拉杆承担，也可由设置在该支座附近的锚于地下的斜拉杆来承担，如图 9.46 所示。

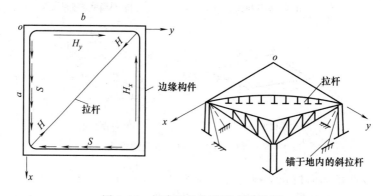

图 9.46 扭壳屋盖水平推力的平衡

当屋盖为四块扭壳组合的四坡顶时，扭壳的边缘构件一般采用三角形桁架，则桁架的上弦受压，下弦受拉，如图 9.47 所示。

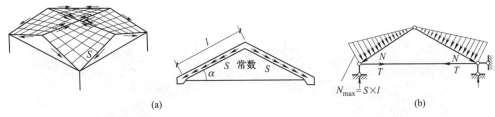

图 9.47　组合扭壳边缘构件的受力

9.2.7　薄壳结构工程实例

9.2.7.1　旋转曲面薄壳结构的工程实例

（1）罗马奥林匹克小体育宫

罗马奥林匹克小体育宫是意大利工程师兼建筑师 Pier Luigi Nervi 为 1960 年罗马奥运会所作，如图 9.48 所示。其为钢筋混凝土网状扁球壳结构。球壳直径为 59.13m，葵花瓣似的网肋把力传到斜柱顶，斜柱的倾角与壳底边缘径向切线方向一致，把推力传入基础，结构轻巧且受力合理。从建筑外部看，36 个沿圆周布置的 Y 形支撑承上启下，波浪起伏，结构清新、明朗、欢快、优美，极富表现力。从建筑内部看，结构构件的布置协调而有韵律，形成了一幅绚丽的艺术图案，极富于装饰性。该结构采用装配整体式叠合结构。1620 块预制钢丝网水泥菱形构件既作为现浇壳身的模板，又与不超过 100mm 厚的壳身现浇层共同工作。施工时，起重机安装在中央天窗处，十分合理。

(a) 外貌

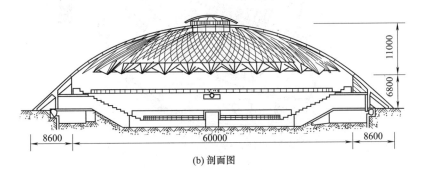

(b) 剖面图

图 9.48　罗马奥林匹克小体育宫

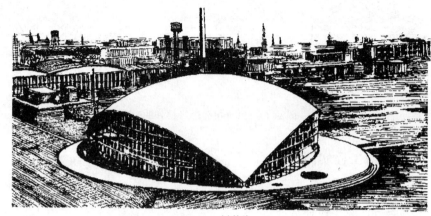

(a)外貌

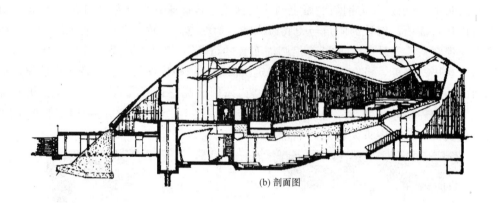

(b) 剖面图

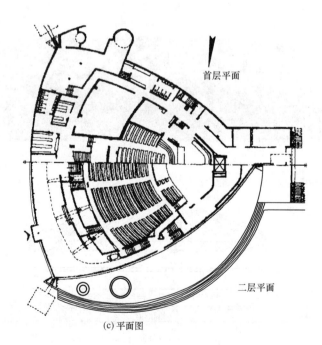

首层平面

二层平面

(c) 平面图

图 9.49 美国麻省理工学院克雷其音乐厅

（2）美国麻省理工学院克雷其音乐厅

美国麻省理工学院克雷其音乐厅如图9.49所示。其屋盖采用割球薄壳结构，由三个铰接支座支承，每两个支点的间距为48m。球面切成曲面三角形，因双曲面体球壳边缘具有自然刚度，只需很小的加固措施。

9.2.7.2　扭壳结构工程实例

（1）大连海港转运仓库

大连海港转运仓库于1971年建成。为了建筑造型的美观，采用了四块组合型双曲抛物面扭壳屋盖，如图9.50所示。仓库柱距为23m×23.5m（24m），每个扭壳平面尺寸为23m×23m，壳厚为60mm，共16块组合型扭壳。边缘构件为人字形拉杆拱，壳体及边拱均为现浇钢筋混凝土结构，采用C30的混凝土。

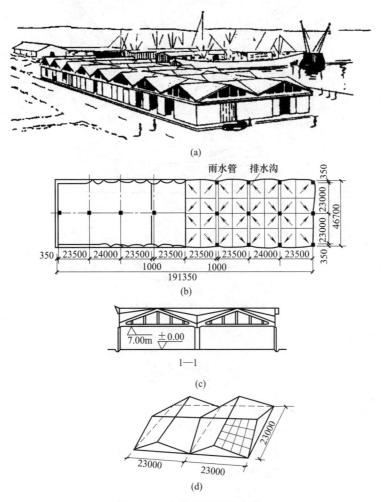

图9.50　大连海港转运仓库

（2）墨西哥的霍奇米尔餐厅

该建筑由八瓣鞍壳交叉组成，相交处加厚形成刚度极大的拱肋，直接支承在八个基础上，建筑平面为30m×30m的正方形，两对点距离为42.5m，壳厚为40mm。壳体的外围八个立面是倾斜的，整个建筑造型独特，构思精巧，成为当地的一个标志性建筑，如图9.51所示。

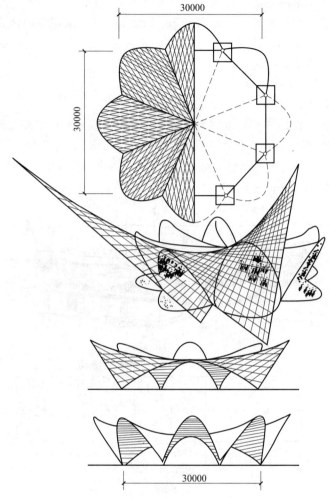

图 9.51 墨西哥的霍奇米尔餐厅

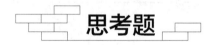 **思考题**

9.1 拱结构的受力特点有哪些？

9.2 如何处理拱结构水平推力的平衡问题？

9.3 拱结构的结构形式有哪些？它们的特点及适用范围是什么？

9.4 拱结构的结构选型应考虑哪些因素？

9.5 拱结构的布置应考虑哪些问题？

9.6 什么是薄壳结构？简述薄壳结构的特点。

9.7 圆顶薄壳的下部支承结构常用的有哪几种？

9.8 何种薄壳称为扁壳？

9.9 简述双曲扁壳的受力特点？

9.10 双曲抛物面扭壳结构的水平推力是如何平衡的？

第10章

网架和网壳结构

10.1 网架结构

网架是一种新型的结构。它是由许多杆件按照某种有规律的几何图形通过节点连接起来的网状结构。但其实质可视为格构化的板,将板的厚度增加,同时实现格构化处理,就形成了网架结构。它是高次超静定的空间结构体系,用于各类建筑物的屋盖结构中。

网架结构按外形可分为平板网架和壳形网架。它可以是单层的,也可以是双层的。双层网架有上下弦之分。平板网架都是双层的。壳形网架则有单层、双层等各种类型。图10.1为几种类型网架的示意图。

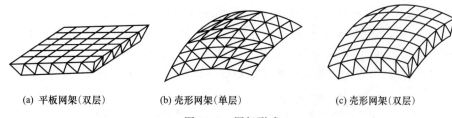

    (a) 平板网架(双层)   (b) 壳形网架(单层)   (c) 壳形网架(双层)

图10.1 网架形式

10.1.1 网架的特点与使用范围

① 传力途径简捷,是一种较好的大跨度、大柱网屋盖结构。

② 在节点荷载的作用下,网架的杆件主要承受轴力,能够充分发挥材料强度,因此比较节省钢材。

③ 整体刚度大,稳定性好,对承受集中荷载、非对称荷载、局部超载和地基不均匀沉降等都较有利。

④ 施工安装简便。网架杆件和节点比较单一,尺寸不大,储存、装卸、运输、拼装都比较方便。

⑤ 网架的矢高较小,可以减小建筑物的高度。网架造型轻巧、美观、大方、新颖,而且更宜于建造大跨度建筑的屋盖,如展览馆、体育馆、飞机库、影剧院、商场、工业建筑等。

10.1.2　网架结构的形式及选型

平面网架的平面形状有：正方形、矩形、扇形、菱形、圆形、椭圆形和多边形等。按腹杆的设置不同可分为：交叉桁架体系、三角锥体系、四角锥体系、六角锥体系。当网架的弦杆与边界方向平行或垂直时称为正放的，与边界方向斜交时称为斜放的。

10.1.2.1　交叉桁架体系网架

① 两向正交正放网架，一般都为垂直相交，又称正交，如图 10.2 所示。

② 两向正交斜放网架如图 10.3 所示，这种网架由两个方向交角为 90°的桁架组成，平面桁架与边界方向成 45°角斜放，形成交叉梁体系。

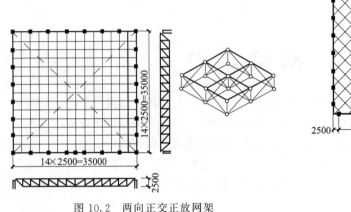

图 10.2　两向正交正放网架

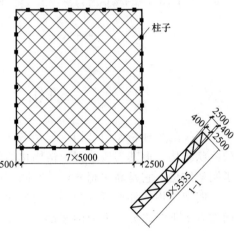

图 10.3　两向正交斜放网架

③ 三向交叉网架。它是由三个方向的平面桁架互为 60°夹角组成的空间网架，它的上下弦网格均为三角形，如图 10.4（a）所示。它比两向网架的空间刚度大。在非对称内力下，杆件内力比较均匀。但它的杆件多，在同一节点汇集的杆件一般为 10 根，即 6 根弦杆、3 根斜杆及 1 根竖杆，节点构造复杂。当采用钢管杆件和焊接球节点时，节点构造比较简单。

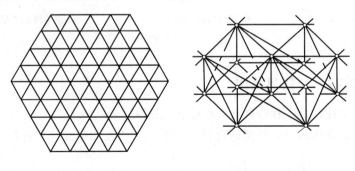

(a) 平面网格　　　　　　　　　(b) 桁架的三向交叉

图 10.4　三向交叉网架

上海文化广场采用的三向网架屋盖，在室内可以清晰地看到，天棚露出交叉桁架下弦的三向走向和球铰节点，使室内明朗轻快，构造简洁。

10.1.2.2　角锥体系网架

① 四角锥网架体系。一般四角锥体网架的上弦和下弦平面均为方形网格，上下弦错开

半格，用斜腹杆连接上下弦的网格交点，形成一个个相连的四角锥体。四角锥体网架上弦不宜设置再分杆，因此网格尺寸受限制，不宜太大。

目前，常用的四角锥体按网格的放置方式不同也有两种，即正放四角锥体网架和斜放四角锥体网架，图10.5就是上海体育馆练习馆采用的斜放四角锥网架。

②六角锥体网架。这种网架由六角锥单元组成，如图10.6所示。

它的基本单元体是由6根弦杆、6根斜杆构成的正六角锥体，即7面体。当锥尖向下时，上弦为正六边形网格，下弦为正三角形网格；与此相反，当锥尖向上时，上弦为正三角形网格，下弦为正六边形网格。

这种形式的网架杆件较多，节点构造复杂，屋面板为六角形或三角形，施工也较困难。因此仅在建筑有特殊要求时采用，一般不宜采用。

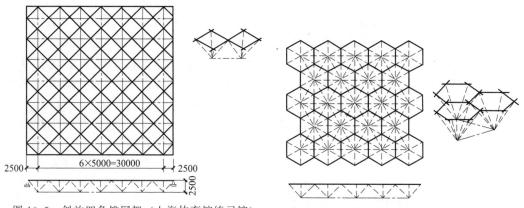

图10.5　斜放四角锥网架（上海体育馆练习馆）

图10.6　六角锥体网架（锥尖向下）

③三角锥体网架。三角锥体网架是由三角锥单元组成，它的基本单元是由3根弦杆、3根斜杆所构成的正三角锥体，即四面体。三角锥体可以顺置。

10.1.3　网架结构的支承方式

网架结构作为大跨度建筑的屋盖，其支承方式首先应满足建筑平面布置及建筑使用功能的要求。网架结构具有较大的空间刚度，对支承构件的刚度和稳定性较为敏感。从力学角度看，网架结构的支承可分为刚性支承和弹性支承两类。前者是指在荷载作用下没有竖向位移，一般适用于网架直接搁置在柱上或承重墙上，或具有较大刚度的钢筋混凝土梁上；后者一般是指三边支承网架中的自由边设反置梁支承、桁架支承、拉索支承等情况。

10.1.3.1　周边支承网架

这种网架的所有周边节点均设计成支座节点，搁置在下部的支承结构上，如图10.7所示。图10.7（a）为网架支承在周边柱子上，每个支座节点下对应地设一个边柱，传力直接，受力均匀，适用于大跨度及中等跨度的网架。图10.7（b）为网架支承在柱顶连系梁上，这种支承方式的柱子间距比较灵活，网格的分割不受柱距限制，便于建筑平面和立面的灵活变化，网架受力也较均匀。图10.7（c）为砖墙承重的方案，网架支承在承重墙顶部的圈梁上，这种承重方式较为经济，对于中小跨度的网架是比较合适的。

周边支承的网架结构应用最为广泛，其优点是受力均匀，空间刚度大，可以不设置边桁架，因此用钢量较少。我国目前已建成的网架多数采用这种支承方式。

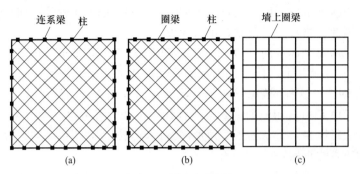

图 10.7 周边支承网架

10.1.3.2 三边支承网架

当矩形建筑物的一个边轴线上因生产的需要必须设计开敞的大门和通道，或者因建筑功能的要求某一边不宜布置承重构件时，四边形网架只有三个边上可设置支座节点，另一个边则为自由边，如图 10.8 所示。这种支承方式的网架在飞机制造厂或造船厂等的装配修理车间、影剧院观众厅及有扩建可能的建筑物中常被采用。对于四边支承但由于平面尺寸较长而设有变形缝的厂房屋盖，亦常为三边支承或两对边支承。

三边支承网架自由边的处理，可设支撑系统或不设支撑系统。设支撑系统也称为加反梁，如在自由边专门设一根托梁或边桁架，或在其开口边局部增加网格层数，以增强开口边的刚度，如图 10.9 所示。如不设支撑系统，可将整个网架的高度适当提高，或将开口边局部杆件的截面加大，使网架的整体刚度得到改善；或在开口边悬挑部分网架以平衡部分内力。分析结果表明，对于中小跨度的网架，设与不设支撑系统两种方法的用钢量及挠度都差不多。当跨度较大时，则宜在开口边加反梁较为合理，设计时应注意在开口边形成边桁架以加强反梁的整体性，改善网架的受力性能。

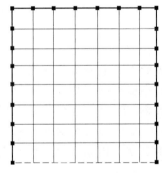

图 10.8 三边支承网架

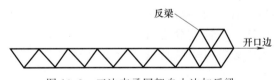

图 10.9 三边支承网架自由边加反梁

10.1.3.3 两对边支承网架

四边形的网架只有其相对两边上的节点设计成支座节点，其余两边为自由边，如图 10.10 所示。这种网架支承方式应用极少。但如将平行于支座边的上下弦杆去掉，可形成单向网架（或称为折板形网架），目前在工程中也有应用。

10.1.3.4 点支承网架

点支承网架的支座可布置在四个或多个支承柱上，如图 10.11 所示。支承点多对称布置，并在周边设置悬臂段，以平衡一部分跨中弯矩，减少跨中挠度。点支承网架主要适用于体育馆、展览厅等大跨度公共建筑中。

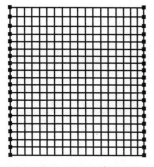

图 10.10 两对边支承网架

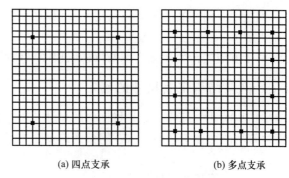

(a) 四点支承   (b) 多点支承

图 10.11 点支承网架

10.1.3.5 周边支承与点支承相结合的网架

周边支承与点支承相结合的网架支承方式如图 10.12 所示。它是在周边支承的基础上，在建筑物内部增设中间支承点。这样便缩短了网架的跨度，可有效地减小网架杆件的内力和网架的挠度，并达到节约钢材的目的。这种支承方式适用于大柱网工业厂房、仓库、展览厅等建筑。

10.1.4 平板网架的受力特点

平面桁架体系只考虑在桁架平面内单向受力，在节点荷载作用下，它的上弦受压，下弦受拉，以此来抵抗外荷载引起的弯矩。腹杆抵抗剪力，上弦与下弦 图 10.12 周边支承与点支承相结合网架 的内力通过腹杆来传递。

平板网架的受力特点是空间工作。现以简单的双向正交桁架体系为例来说明网架的受力特点，如图 10.13 所示。

从图中我们可以看出，这种计算方法的基本概念是把空间的网架简化为相应的交叉梁系，然后进行挠度、弯矩和剪力的计算，从而求出桁架各个杆件的内力。其基本假定如下。

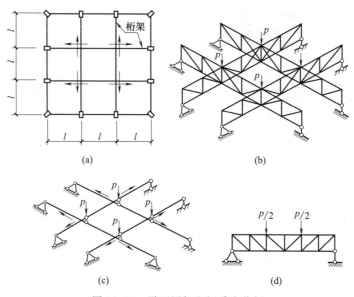

图 10.13 平面网架空间受力分析

① 网架中双向交叉的桁架分别用刚度相当的梁来代替。桁架的上、下弦共同承担弯矩，腹杆承担剪力。

② 两个方向的桁架在交叉点处位移应相等（即没有相对位移），而且仅考虑竖向位移。

10.1.5 网架结构主要尺寸的确定

网架结构的几何尺寸一般是指网格的尺寸、网架的高度及腹杆的布置等。网架几何尺寸应根据建筑功能、建筑平面形状、网架的跨度、支承布置情况、屋面材料及屋面荷载等因素确定。

10.1.5.1 网架的网格尺寸

网格尺寸主要是指上弦杆网格的几何尺寸。网格尺寸的确定与网架的跨度、柱距、屋面构造和杆件材料等有关，还跟网架的结构形式有关。一般情况下，上弦网格尺寸与网架短向跨度 l_2 之间的关系可按表 10.1 取值。在可能的条件下，网格尺寸宜取大些，使节点总数减少一些，并使杆件截面能更有效地发挥作用，以节省用钢量。

表 10.1 网架上弦网格尺寸及网架高度

网架的短向跨度 l_2/m	上弦网格尺寸	网架高度
<30	$(1/12\sim1/6)l_2$	$(1/14\sim1/10)l_2$
30~60	$(1/16\sim1/10)l_2$	$(1/16\sim1/12)l_2$
>60	$(1/20\sim1/12)l_2$	$(1/20\sim1/14)l_2$

当屋面材料为钢筋混凝土板时，网格尺寸不宜超过 3m，否则板的吊装困难，配筋增大。当采用轻型屋面材料时，网格尺寸可为檩条间距的倍数。当杆件为钢管时，网格尺寸可大些；当采用角钢杆件或只有小规格的钢材时，网格尺寸应小些。

在实际设计中，往往不是先确定网格尺寸，而是先确定网架两个方向的网格数。网格数确定后，网格尺寸自然也就确定了。

10.1.5.2 网架的高度

网架的高度与网架各杆件的内力以及网架的刚度有很大关系，因而对网架的技术经济指标有很大影响。网架高度大，可以提高网架的刚度，减小上下弦杆的内力，但相应的腹杆长度增加，围护结构加高。网架的高度主要取决于网架的跨度，此外还与荷载大小、节点形式、平面形状、支承条件及起拱等因素有关，同时也要考虑建筑功能及建筑造型的要求。网架高度与网架短向跨度之比可按表 10.1 取用。当屋面荷载较大或有悬挂式吊车时，网架高度可取高一些；如采用螺栓球节点，则希望网架高一些，使弦杆内力相对小一些；当平面形状接近正方形时，网架高跨比可小一些；当平面为长条形时，网架高跨比宜大一些；当为点支承时，支承点外的悬挑产生的负弯矩可以平衡一部分跨中正弯矩，并使跨中挠度变小，其受力与变形与周边支承网架不同，有柱帽的点支承网架，其高跨比可取得小一些。

10.1.5.3 网架弦杆的层数

当屋盖跨度在 100m 以上时，采用普通上下弦的两层网架难以满足要求，因为这时网架的高度较大，网格较大，在很大的内力作用下杆件必然很粗，钢球直径很大。杆件长，对于受长细比控制的压杆，钢材的高强性能难以发挥作用。同时由于网架的整体刚度较弱，变形难以满足要求，特别是对于有悬挂吊车的工业厂房，会使吊车行走困难。这时宜采用多层网架。多层网架结构的缺点是杆件和节点的数量增多，增加了施工安装的工作量，同时由于汇交于节点的杆件数增加，如杆系布置不妥，往往会造成上下弦杆与腹杆的交角太小，钢球直径加大。但若对网架的局部单元抽空布置，加大中层弦杆间距，则增加的杆件和节点数量并不很多，相反由于杆件单元变小变轻，会给制造安装带来方便。

多层网架结构刚度好，内力均匀，内力峰值远小于双层网架，通常要下降 25%～40%，适用于大跨度及复杂荷载的情况。多层网架网格小，杆件短，钢材的高强性能可以得到充分发挥。另外由于杆件较细，钢球直径减小，故多层网架耗钢量少。一般认为，当网架跨度大于 50m 时，三层网架的用钢量比两层网架小，且跨度越大，上述优点就越明显。因此在大跨度网架结构中，多层网架得到了广泛的应用。如英国空间结构中心设计的波音 747 机库（平面尺寸 218m×91.44m）、美国克拉拉多展览厅（平面尺寸 205m×72m）、德国兰曼拜德机场机库（平面尺寸 92.5m×85m）、瑞士克劳顿航空港（平面尺寸 128m×129m）、我国首都机场波音 747 机库（平面尺寸 306m×90m）等均采用多层网架。

10.1.5.4 腹杆体系

当网格尺寸及网架高度确定以后，腹杆长度及倾角也就随之而定了。一般来讲，腹杆与上下弦平面的夹角以 45°左右为宜，对节点构造有利，倾角过大或过小都不太合理。

对于角锥体系网架，腹杆布置方式是固定的，既有受拉腹杆，也有受压腹杆。对于交叉桁架体系网架，其腹杆布置有多种方式，一般应将腹杆布置成受拉杆，这样受力比较合理，如图 10.14 所示。

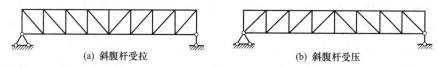

(a) 斜腹杆受拉　　　　　　　　(b) 斜腹杆受压

图 10.14　交叉桁架体系网架腹杆的布置

当上弦网格尺寸较大、腹杆过长或上弦节间有集中荷载作用时，为减小压杆的计算长度或跨中弯矩，可采用再分式腹杆，其布置方式如图 10.15 所示。设置再分式腹杆应注意保证上弦杆在再分式腹杆平面外的稳定性。例如图 10.15（a）所示的平面桁架，其再分杆只能保证桁架平面内的稳定性，而在出平面方向，就要依靠檩条或另设水平支撑来保证其稳定性。再如图 10.15（b）所示的四角锥网架，在中间部分的网格，再分式腹杆可在空间相互约束，而在周围网格，靠端部的再分式腹杆就不起约束作用，需另外采取措施来保证上弦杆的稳定。

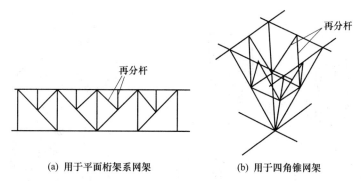

(a) 用于平面桁架系网架　　　　　　　(b) 用于四角锥网架

图 10.15　再分式腹杆的布置

10.1.5.5 悬臂长度

由网架结构受力特点的分析可知，四点及多点支承的网架宜设计悬臂段，这样可减少网架的跨中弯矩，使网架杆件的内力较为均匀。悬臂段长度一般取跨度的 1/4～1/3。单跨网架宜取跨度的 1/3 左右，多跨网架宜取跨度的 1/4 左右，如图 10.16 所示。

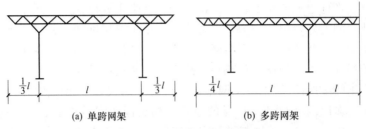

(a) 单跨网架　　　　　　　　(b) 多跨网架

图 10.16　点支承的网架的悬臂

10.1.6　网架结构的构造

10.1.6.1　杆件截面

网架杆件可采用普通型钢和薄壁型钢。管材可采用高频电焊钢管或无缝钢管。当有条件时应采用薄壁管形截面。杆件的截面应根据承载力计算和稳定性验算确定。杆件截面的最小尺寸，普通角钢不宜小于∟50mm×3mm，钢管不宜小于 ϕ48mm×2mm。在设计中网架杆件应尽量采用高频电焊钢管，因它比无缝钢管造价便宜且管壁较薄，壁厚一般在 5mm 以下，而无缝钢管多为壁厚在 5mm 以上的厚壁管。网架杆件也可采用角钢，在中小跨度时，可采用双角钢截面，在大跨度时可将角钢拼成十字形或箱形。此外，也有采用方形钢管、槽钢、工字钢等截面的杆件。在上述这些截面中，圆形钢管比其他形式合理，因为它各向同性，回转半径大，对受压受扭均有利。钢管的端部封闭后，内部不易锈蚀，表面不易积灰积水，有利于防腐。

10.1.6.2　节点

平板网架节点交汇的杆件多，且呈立体几何关系，因此，节点的形式和构造对结构的受力性能、制作安装、用钢量及工程造价有较大影响。节点设计应安全可靠、构造简单、节约钢材，并使各杆件的形心线同时交汇于节点，以避免在杆件内引起附加的偏心力矩。目前网架结构中常用的节点形式有焊接钢板节点、焊接空心球节点、螺栓球节点。

（1）焊接钢板节点

焊接钢板节点由十字节点板和盖板所组成，如图 10.17（a）、（b）所示。有时为增强节

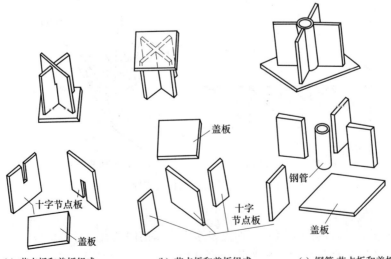

盖板　　　钢管

十字节点板　　　　　十字节点板　　　　盖板

盖板

(a) 节点板和盖板组成　　　(b) 节点板和盖板组成　　　(c) 钢管、节点板和盖板组成

图 10.17　焊接钢板节点

点的强度和刚度，也可在节点中心加设一段圆钢管，将十字节点板直接焊于中心钢管，从而形成一个有中心钢管加强的焊接钢板节点，如图 10.17（c）所示。这种节点形式特别适用于连接型钢杆件，可用于交叉桁架体系的网架，也可用于由四角锥体组成的网架，如图 10.18 所示。必要时也可用于钢管杆件的四角锥网架，如图 10.19 所示。这种节点具有刚度大、用钢量少、造价低的优点，同时构造简单，制作时不需大量机械加工，便于就地制作。其缺点是现场焊接工作量大，在连接焊缝中仰焊、立焊占有一定比例，需要采取相应的技术措施才能保证焊接质量，且难以适应建筑构件工厂化生产、商品化销售的要求。

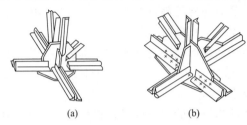

图 10.18　用于型钢杆件的焊接钢板节点

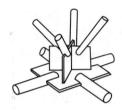

图 10.19　用于钢管杆件的焊接钢板节点

（2）焊接空心球节点

焊接空心球节点由两个半球对焊而成，分为不加肋［图 10.20（a）］和加肋［图 10.20（b）］两种。加肋的空心球可提高球体承载力 10%～40%。肋板厚度可取球体壁厚，肋板本身中部挖去直径的 1/3～1/2 以减轻自重并节省钢材。焊接空心球节点构造简单、受力明确、连接方便。对于圆管只要切割面垂直于杆轴线，杆件就能在空心球上自然对中而不产生节点偏心。因此，这种节点形式特别适用于连接钢管杆件。同时，因球体无方向性，可与任意方向的杆件连接。

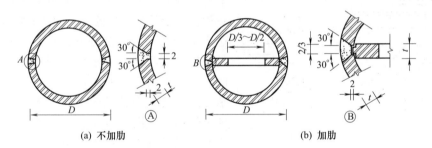

（a）不加肋　　　　　　　　　　　　（b）加肋

图 10.20　焊接空心球节点

（3）螺栓球节点

螺栓球节点由螺栓、钢球、销子（或螺钉）、套筒和锥头（或封板）等零件所组成，如图 10.21 所示。其适用于连接钢管杆件。螺栓球节点适应性强，标准化程度高，安装运输方

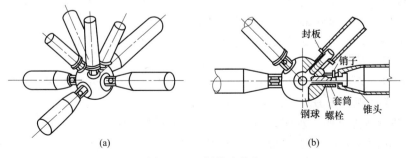

（a）　　　　　　　　　　　　（b）

图 10.21　螺栓球节点

便。它既可用于一般网架结构，也可用于其他空间结构如空间桁架、网壳、塔架等。它有利于网架的标准化设计和工厂化生产，提高生产效率，保证产品质量。甚至可以用一种杆件和一种螺栓球组合成一个网架结构，例如正放四角锥网架，当腹杆与下弦杆平面夹角为 45°时，所有杆件都一样长。它的运输、安装也十分方便，没有现场焊接，不会产生焊接变形和焊接应力，节点没有偏心，受力状态好。

10.1.6.3　支座形式

支座节点应采用传力可靠、连接简单的构造形式。支座节点是联系网架结构与下部支承结构的纽带，因此其构造的合理性对整个结构的受力合理性都有直接影响，并将影响到网架的制作安装及造价。网架结构的支座一般采用铰支座，支座节点的构造应该符合这一力学假定，即既能承受压力或拉力，又能允许节点处的转动和滑动。若支座节点构造不能实现结构计算所假定的约束条件，则网架实际的内力、变形和支座反力就可能与计算值有较大的出入，有时甚至会造成杆件内力的变化，容易造成事故。

但是，要使实际工程中的支座节点完全符合计算简图的约束要求，在构造上是相当困难的。为了兼顾经济合理的原则，可根据网架结构的跨度和支承方式选择不同的支座形式，如平板支座、弧形支座、球铰支座和橡胶支座等。根据支承反力的不同，支座又可分为压力支座和拉力支座两大类。

（1）压力支座

压力支座的形式有平板压力支座、单面弧形压力支座、双面弧形压力支座、球铰压力支座、板式橡胶支座等。

① 平板压力支座。平板压力支座如图 10.22 所示。其中图 10.22（a）适用于焊接钢板节点的网架，它是将有下盖板的焊接钢板节点直接安置于下部结构的支承面上；图 10.22（b）适用于焊接空心球节点或螺栓球节点网架，它是在球节点与结构支承面之间增设了具有底板的十字节点板。为便于网架安装时正确就位和承受意外的侧向荷载，可在下部支承结构上预埋定位锚栓，同时将支座底板上的螺孔直径放大或做成椭圆形，使支座节点与下部支承结构既相连接，又可有相对的微量移动。平板压力支座构造简单、制作方便、用钢量省，但支座

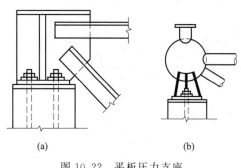

(a)　　　　　　　　(b)

图 10.22　平板压力支座

不能转动或移动，支座节点底板与下部结构支承面之间的反力分布不均匀，与计算假定相差较大，一般只适用于小跨度的网架。

② 单面弧形压力支座。单面弧形压力支座是在平板压力支座的基础上，在支座底板与支承面顶板之间加设一呈弧形的支座垫块而成，如图 10.23 所示。它改进了平板压力支座节点不能转动的缺陷，使柱顶支承面反力分布趋于均匀。为使支座转动灵活，当采用两个锚栓时，可将它们置于弧形支座板的中心线上 ［图 10.23（a）］，当支座反力较大需设四个锚栓时，可将它们置于底板的四角，并在锚栓上部加设弹簧，以调节支座在弧面上的转动 ［图10.23（b）］。单面弧形压力支座适用于中小跨度的网架。

③ 双面弧形压力支座。双面弧形压力支座又称摇摆支座，它是在支座底板与支承面顶板之间设置一块两面为弧形的铸钢块，并在其两侧设有从支座底板与支承面顶板上分别焊出开有椭圆形孔的梯形钢板，然后用螺栓将它们连成一体，如图 10.24 所示。双面弧形压力支

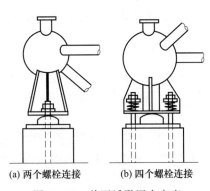

(a) 两个螺栓连接　　(b) 四个螺栓连接

图 10.23　单面弧形压力支座

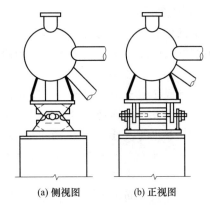

(a) 侧视图　　(b) 正视图

图 10.24　双面弧形压力支座

座的优点是节点可沿铸钢块转动并能沿上弧面做一定侧移。其缺点是构造复杂、造价较高、只能在一个方向转动，且不利于抗震。双面弧形压力支座适用于跨度大且下部支承结构刚度较大，或温度变化较大、要求支座节点既能转动又能滑移的网架。

④ 球铰压力支座。球铰压力支座是由一个置于支承面上的凸形实心半球与一个连于节点支承底板上的凹形半球相互嵌合，并以锚栓相连而成，如图 10.25 所示。锚栓螺母下设有弹簧，以适应节点的转动。这种构造与理想的不动铰支座吻合较好，它在各个方向均可自由转动而无水平位移，且有利于抗震。其缺点是构造复杂。球铰压力支座适用于四点支承及多点支承的网架。

⑤ 板式橡胶支座。板式橡胶支座是在平板压力支座中增设一块由多层橡胶片与薄钢片黏合、压制而成的橡胶垫板，如图 10.26 所示，并以锚栓相连。由于橡胶垫板具有足够的竖向刚度以承受垂直荷载，有良好的弹性以适应支座的转动，并能产生一定的剪切变形以适应上部结构的水平位移，因此它既能满足网架支座节点的转动要求，又能适应网架支座由于温度变化、地震作用所产生的水平变位，且具有构造简单、安装方便、节省钢材、造价较低等优点。其缺点是橡胶易老化，节点构造中应考虑今后更换的可能性，且橡胶垫板必须由专业工厂生产制作。板式橡胶支座适用于具有水平位移及转动要求的大中跨度网架。

（2）拉力支座

拉力支座主要有平板拉力支座和单面弧形拉力支座。其共同特点是利用连接支座节点与下部支承结构的锚栓来传递拉力。因此，在支承结构顶部的预埋钢板应有足够的厚度，锚固钢筋应保证有足够的锚固长度。

① 平板拉力支座。平板拉力支座的构造形式与平板压力支座相似，如图 10.22 所示，不同之处是此时锚栓承受拉力。它适用于跨度较小，支座拉力较小的网架。

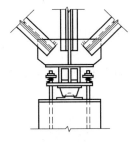

图 10.25　球铰压力支座

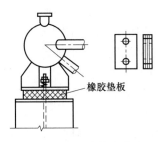

橡胶垫板

图 10.26　板式橡胶支座

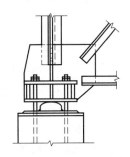

图 10.27　单面弧形拉力支座

② 单面弧形拉力支座。单面弧形拉力支座是在单向弧形压力支座的基础上，加设适当的水平钢板和竖向加劲肋而成，如图10.27所示，拉力也是靠受拉锚栓传递。弧形支座板可满足节点的转动要求，故适用于大中跨度的网架。

10.1.6.4 柱帽

四点或多点支承的网架，其支承点处由于反力集中，杆件内力很大，给节点设计带来一定困难。因此，柱顶处宜设置柱帽以使反力扩散。柱帽形式可根据建筑功能的要求或结合建筑造型要求进行设计，如图10.28所示。

图10.28（a）将柱帽设在下弦平面之下，有时为了建筑造型需要也可延伸数层形成一个倒锥形支座。这种支座的优点是很快能将柱顶集中反力扩散；缺点是由于加设柱帽，将占据一部分室内空间。

图10.28（b）将柱帽设置在上弦平面之上，这种柱帽的优点是不占室内空间，柱帽上凸可兼作采光天窗，柱帽中还可布置灯光及音响等设备，适用于柱网尺寸大，且荷载较大时。

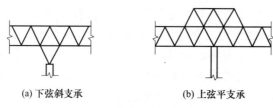

(a) 下弦斜支承 (b) 上弦平支承

图10.28 点支承网架柱帽设计

10.1.6.5 屋面

（1）屋面排水坡度的形成

网架屋盖的面积较大，很小的坡度也会造成较大的起坡高度。为了形成屋面排水坡度，可采用以下几种办法（图10.29）。

① 上弦节点上加小立柱找坡。在上弦节点上加小立柱形成排水坡的方法如图10.29（a）所示。该方法比较灵活，构造简单，尤其适用于空心球节点或螺栓球节点的网架，只要按设计高度把小立柱（钢管）焊接或螺栓连接在球体上，即可形成双坡排水、四坡排水或其他复杂的多坡排水屋面。小立柱的长度根据排水坡度的要求确定。对于大跨度网架，当小立柱高度较大时，应验算小立柱自身的受压稳定性。另外要注意，小立柱找坡于结构抗震不利。

② 网架变高度找坡。为了形成屋面排水坡度，可采用变高度网架，使上弦节点按排水坡的要求布置于不同标高，网架下弦仍位于同一水平面内，如图10.29（b）所示。由于在跨中网架高度增加，降低了网架上下弦内力的峰值，使网架内力趋于均匀。但变高度网架使腹杆及上弦杆种类增多，给网架制作与安装带来不便。

③ 整个网架起坡。整个网架起坡的方法如图10.29（c）所示。网架在跨中起坡呈折板状或扁壳状。起拱高度根据屋面排水坡度的要求确定。

④ 支承柱变高度。网架的上下弦仍保持平行，改变网架支承点的高度，形成屋面坡度。网架弦杆与水平面的夹角根据屋面排水坡度的要求来确定，如图10.29（d）所示。

（2）天窗架

网架的天窗架可做成锥体，局部形成三层网架，天窗杆内力较小，截面多为按构造确定。为节省材料，可将天窗架设计成平面结构，可省去大量锥杆，仅需局部布置支撑即可，

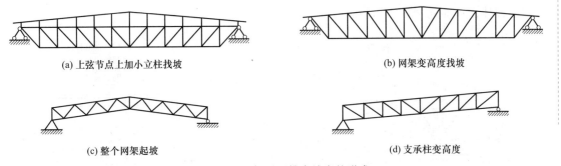

(a) 上弦节点上加小立柱找坡　　　　　　　　　(b) 网架变高度找坡

(c) 整个网架起坡　　　　　　　　　　　(d) 支承柱变高度

图 10.29　网架屋面排水坡度的形成

如图 10.30 所示。这时在网架结构计算时不计天窗架结构整体作用。对于有北向采光要求的厂房，网架结构上的锯齿形天窗架可按图 10.31 所示布置。

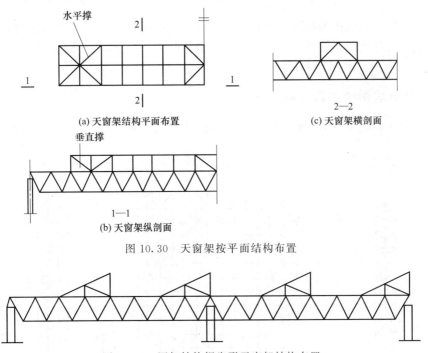

(a) 天窗架结构平面布置　　　　　　　　　(c) 天窗架横剖面

(b) 天窗架纵剖面

图 10.30　天窗架按平面结构布置

图 10.31　网架结构锯齿形天窗架结构布置

（3）网架的屋面做法

网架结构一般采用轻质、高强、保温、隔热、防水性能良好的屋面材料，以实现网架结构经济、省钢的优点。

按屋面材料的不同，网架结构的屋面有无檩体系和有檩体系屋面两种。

① 无檩体系屋面。当屋面材料选用钢丝网水泥板或预应力混凝土屋面板时，一般它们的尺寸较大，所需的支点间距较大，因而多采用无檩体系屋面。通常屋面板的尺寸与上弦网格尺寸相同，屋面板可直接放置在上弦网格节点的支托上，并且至少有三点与网架上弦节点的支托焊牢。此种做法即为无檩体系屋面，如图 10.32 所示。

无檩体系屋面零配件少，施工、安装速度快，但屋面板自重大，会导致网架用钢量增加。

② 有檩体系屋面。当屋面材料选用木板、水泥波形瓦、纤维水泥板或各种压型钢板时，此类屋面材料的支点距离较小，因而多采用有檩体系屋面。

有檩体系屋面通常做法如图 10.33 所示。

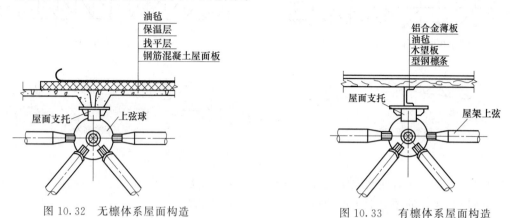

图 10.32　无檩体系屋面构造　　　　图 10.33　有檩体系屋面构造

　　近年来，压型钢板作为新型屋面材料得到较广泛的应用。由于这种屋面材料轻质高强、美观耐用，且可直接铺在檩条上，因而加工、安装已达标准化、工厂化，施工周期短，但价格较高。

10.1.7　网架结构的工程实例

　　广州白云机场机库是为检修波音 747 飞机而建造的，如图 10.34 所示。根据波音 747 飞

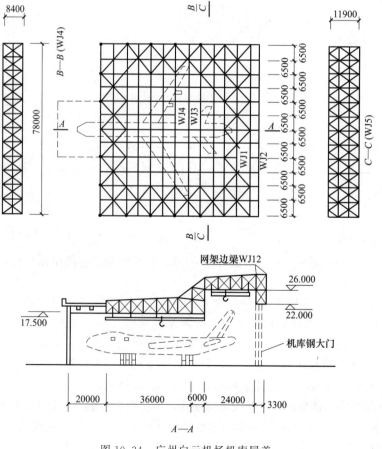

图 10.34　广州白云机场机库屋盖

机机身长、机翼宽的特点，机库平面形状设计成"凸"字形。根据飞机机尾高、机身矮的特点，机库沿高度方向设计成高低跨，机尾高跨部分下弦标高为26m，机身低跨部分下弦标高只有17.5m，因此，机库屋盖选用了高低整体式折线形网架。

为满足飞机进出机库的需要，沿机库正门设置了80m跨度的钢大门。屋盖网架三边为柱子支承，沿大门一边设置了桁架式反梁。在网架高低跨交界处，也布置了一些加强杆使之形成箱形梁的作用。机库内的悬挂吊车节点荷载达275kN，占总荷载的40%，因此必须注意网架屋盖的空间整体工作问题。

高低整体式折线形网架对大跨度机库来说，可节约空间（节约能源），节约钢材，网架整体刚度较大，并能满足机库维修的工艺要求。其缺点是，由于采用了变高度网架，造成杆件类型和节点种类太多，使设计、制造、安装工作量加大。

10.2 网壳结构

10.2.1 概述

网壳结构是网状的壳体结构，也可以说是曲面状的网架结构。其外形为壳，构成为网格状。由于钢筋混凝土壳体的自重太大，而且施工困难，近30年来，以钢结构为代表的网壳结构得到了很大的发展。网壳结构具有以下优点。

① 网壳结构的杆件主要承受轴力，结构内力分布比较均匀，故可以充分发挥材料强度作用。

② 由于曲面形式在外观上具有丰富的造型，无论是建筑平面还是建筑形体，网壳结构都能给建筑设计人员以自由和想象的空间。

③ 由于杆件尺寸与整个网壳结构的尺寸相比很小，可把网壳结构近似地看成各向同性或各向异性的连续体，利用钢筋混凝土薄壳结构的分析结果来进行定性分析。

④ 网壳结构中网格的杆件可以用直杆代替曲杆，即以折面来代替曲面，可具有与薄壳结构相似的良好的受力性能。同时又便于工厂制造和现场安装。

网壳结构的缺点是计算、构造、制作安装均较复杂，但是随着计算机技术的发展和应用，网壳结构的计算和制作中的复杂性将由于计算机的广泛应用而得以克服，而网壳结构优美的造型、良好的受力性能和优越的技术经济指标使其应用将越来越广泛。

网壳结构按层数可分为单层网壳和双层网壳。中小跨度多采用单层网壳，跨度大时采用双层网壳。单层网壳的优点是杆件少、重量轻、节点简单、施工方便，因而具有更好的技术经济指标。但单层网壳曲面外刚度差、稳定性差，因此在结构杆件的布置、屋面材料的选用、计算模式的确定、构造措施及结构的施工安装中，都必须加以注意。双层网壳的优点是可以承受一定的弯矩，具有较高的稳定性和承载力。当屋顶上需要安装照明、音响、空调等各种设备及管道时，选用双层网壳能有效地利用空间，方便天花或吊顶构造，经济合理。双层网壳根据厚度的不同，又有等厚度与变厚度之分。

网壳结构按材料分类有木网壳、钢筋混凝土网壳、钢网壳、铝合金网壳、塑料网壳、玻璃钢网壳等。目前应用较多的是钢筋混凝土网壳和钢网壳结构，它可以是单层的，也可以是双层的；钢材可以采用钢管、工字钢、角钢、薄壁型钢等，具有重量轻、强度高、构造简单、施工方便等优点。铝合金网壳结构由于重量轻、强度高、耐腐蚀、易加工、制造和安装方便，在欧美国家的大跨度建筑中也有大量应用，其杆件可为圆形、椭圆形、方形或矩形截面的管材。

网壳结构按曲面形式又分为单曲面网壳结构和双曲面网壳结构。

10.2.2 单曲面网壳结构

单曲面网壳又称为筒网壳或柱面壳，其横截面常为圆弧形，也有椭圆形、抛物线形和双中心圆弧形等。

10.2.2.1 单层筒网壳

单层筒网壳如图 10.35 所示。

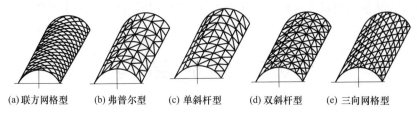

| (a)联方网格型 | (b)弗普尔型 | (c)单斜杆型 | (d)双斜杆型 | (e)三向网格型 |

图 10.35 单层筒网壳的形式

① 联方网格型〔图 10.35（a）〕，其优点是受力明确，传力简捷，室内呈菱形网格，犹如撒开的渔网，美观大方；缺点是稳定性较差。由于网格中每个节点连接的杆件数少，有时也采用钢筋混凝土结构。

② 弗普尔型〔图 10.35（b）〕和单斜杆型〔图 10.35（c）〕，优点是结构形式简单，杆件少，用钢量少，多用于小跨度或荷载较小的情况。

③ 双斜杆型〔图 10.35（d）〕和三向网格型〔图 10.35（e）〕，优点是刚度和稳定性相对较好，构件比较单一，设计及施工都较简单，适用于跨度较大和不对称荷载较大的屋盖中。

为了增强结构刚度，单层筒网壳的端部一般都设置横向端肋拱（横隔），必要时也可在中部增设横向加强肋拱。对于长网壳，还应在跨度方向边缘设置边桁架。

10.2.2.2 双层筒网壳

为了加强单层筒网壳的刚度和稳定性，不少工程采用双层筒网壳结构。双层筒网壳结构的形式很多，常用的几种如图 10.36 所示。一般可按几何组成规律分类，也可按弦杆布置方向分类。

（1）按几何组成规律分类

① 平面桁架体系。平面桁架体系由两个或三个方向的平面桁架交叉构成。图 10.36 中的两向正交正放、两向斜交斜放、三向桁架网壳等就属于这一结构类型。

② 四角锥体系。四角锥体系由四角锥按一定规律连接而成。图 10.36 中的折线形、正放四角锥、正放抽空四角锥、棋盘形四角锥、斜放四角锥、星形四角锥网壳等都属于这一结构类型。

③ 三角锥体系。三角锥体系由三角锥单元按一定规律连接而成。图 10.36 中的三角锥、抽空三角锥、蜂窝形三角锥网壳等都属于这一结构类型。

（2）按弦杆布置方向分类

与平板网架一样，双层筒网壳主要受力构件为上、下弦杆。力的传递与上、下弦杆的走向有直接关系，因此可按上、下弦杆的布置方向分成三类。

① 正交类双层筒网壳。正交类双层筒网壳的上、下弦杆网壳的波长方向正交或者平行。图 10.36 中两向正交、折线形、正放四角锥、正放抽空四角锥网壳等属于此类结构。

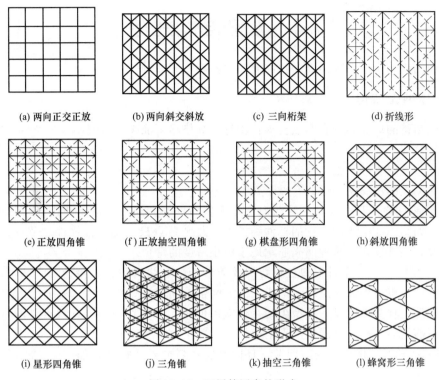

(a) 两向正交正放	(b) 两向斜交斜放	(c) 三向桁架	(d) 折线形
(e) 正放四角锥	(f) 正放抽空四角锥	(g) 棋盘形四角锥	(h) 斜放四角锥
(i) 星形四角锥	(j) 三角锥	(k) 抽空三角锥	(l) 蜂窝形三角锥

图 10.36 双层筒网壳的形式

② 斜交类双层筒网壳。斜交类双层筒网壳的上、下弦杆件与网壳的波长方向的夹角均非直角，图 10.36 中只有两向斜交斜放网壳属这一结构类型。

③ 混合类双层筒网壳。混合类双层筒网壳的弦杆与网壳的波长方向夹角部分正交，部分斜交。图 10.36 中除上述 5 种外均属此类结构。

10.2.2.3 筒网壳结构的受力特点

筒网壳结构的受力与其支承条件有很大关系。

（1）两对边支承

两对边支承的筒网壳结构，按支承边位置的不同，分为以下两种情况。

① 当筒网壳结构以跨度方向为支座时，即成为筒拱结构，拱脚常支承于墙顶圈梁、柱顶连系梁，或侧边桁架上，或者直接支承于基础上。拱脚推力的平衡可采用与拱结构相同的办法解决。

② 当筒网壳结构以波长为支座时，网壳以纵向梁的作用为主。这时筒网壳的端支座若为墙应在墙顶设横向端拱肋，承受由网壳传来的顺剪力，成为受拉构件。其端支座若为变高度梁，则为拉弯构件。

（2）四边支承或多点支承

四边支承或多点支承的筒网壳结构可分为短网壳、长网壳和中长网壳。其受力同时有拱式受压和梁式受弯两个方面，两种作用的大小同网格的构成及网壳的跨度与波长之比有关。其中短网壳的拱式受压作用比较明显，而长网壳表现出更多的梁式受弯特性，中长网壳的受力特点则介于两者之间。由于拱的受力性能要优于梁，因此在工程中多采用短网壳。对于因建筑功能要求必须为长网壳时，可考虑在筒网壳纵向的中部增设加强肋，把长网壳分隔成两个甚至多个短网壳，充分发挥短网壳空间多向抗衡的良好力学性能，以增强拱的作用。

10.3 双曲面网壳结构

双曲面网壳常用的有球网壳和扭网壳、双曲扁网壳 3 种。

10.3.1 球网壳结构

球网壳结构的球面划分有两点要求：①杆件规格尽可能少，以便制作与装配；②形成的结构必须是几何不变体。

10.3.1.1 单层球网壳

单层球网壳的主要网格形式有以下几种。

① 肋环型网格。只有径向杆和纬向杆，无斜向杆，大部分网格呈四边形，其平面图酷似蜘蛛网，如图 10.37 所示。它的杆件种类少，每个节点只汇交四根杆件，节点构造简单，但节点一般为刚性连接。这种网壳通常用于中小跨度的穹顶。

② 联方型网格。由左斜肋和右斜肋构成菱形网格，两斜肋的夹角为 30°～50°；为增加刚度和稳定性，也可加设环向肋，形成三角形网格，如图 10.38 所示。联方型网格的特点是没有径向杆件，规律性明显，造型美观，从室内仰视，像葵花一样。其缺点是网格周边大，中间小，不够均匀。联方型网格网壳刚度好，常用于大中跨度的穹顶。

③ 施威特勒型网格。由径向网肋、环向网肋和斜向网肋构成，如图 10.39 所示。其特

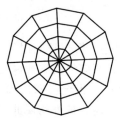

(a) 透视图   (b) 平面图

图 10.37 肋环型网格

(a) 菱型网格   (b) 三角形网格

图 10.38 联方型网格

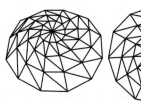

(a) 斜向网肋同向   (b) 斜向网肋不同向

图 10.39 施威特勒型网格

点是规律性明显，内部及周边无不规则网格，刚度较大，能承受较大的非对称荷载，斜向网肋可以同向也可不同向。这种网壳多用于大中跨度的穹顶。

④ 凯威特型网格。先用 n 根（n 为偶数，且 $n \geqslant 6$）通长的径向杆将球面分成 n 个扇形曲面，然后在每个扇形曲面内用纬向杆和斜向杆划分出比较均匀的三角形网格，如图 10.40 所示。其特点是每个扇区中各左斜杆相互平行，各右斜杆也相互平行。这种网格由于大小均匀，且内力分布均匀，刚度好，常用于大中跨度的穹顶中。

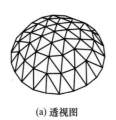

(a) 透视图　　　　　　　　　　(b) 平面图

图 10.40　凯威特型网格

⑤ 三向网格型。由竖平面相交成 60° 的三组竖向网肋构成，如图 10.41 所示，其优点是杆件种类少，受力比较明确，常用于中小跨度的穹顶。

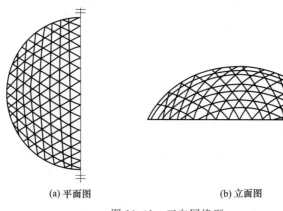

(a) 平面图　　　　　　　　　　(b) 立面图

图 10.41　三向网格型

⑥ 短程线型网格。所谓短程线是指曲面上两点间位于曲面上的最短曲线。对于球面而言，两点间的短程线就是位于由该两点及球心所决定的平面与球面相交所得的大圆上的圆弧。例如从球面内接的正二十面体来看，它的表面由 20 个相互全等的正三角形组成，如图 10.42（a）所示。将内接正二十面体的 30 个边棱由球心投影到球面上，便把球面剖分成 20 个相互全等的球面正三角形，如图 10.42（b）所示。但所得网格杆长太大，并不实用。将球面三角形的边二等分后，即可得到图 10.42（c）。将球面三角形的边多次二等分剖分后所

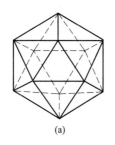
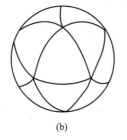

(a)　　　　　　　　(b)　　　　　　　　(c)

图 10.42　短程线型网格

得到的网格称为短程线型网格。

多次二等分剖分后所得小的球面三角形理论上可完全相等，实际中相差很小，适合于工厂批量生产。短程线网格穹顶受力性能好，内力分布均匀，而且刚度大，稳定性能好，因而被广泛应用。

⑦ 双向子午线网格。它是由位于两组子午线上的交叉杆件所组成，如图10.43所示。它所有杆件都是连续的等曲率圆弧杆，所形成的网格均接近方形且大小接近。该结构用料节省，施工方便，是经济有效的大跨度空间结构之一。

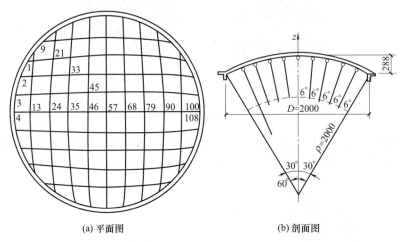

(a) 平面图 (b) 剖面图

图 10.43 双向子午线网格

10.3.1.2 双层球网壳

（1）双层球网壳的形成

当跨度大于40m时，不管是稳定性还是经济性，双层球网壳要比单层球网壳好得多。双层球网壳是由两个同心的单层球面通过腹杆连接而成的。各层网格的形成与单层球网壳相同，对于肋环型、联方型、施威特勒型、凯威特型和双向子午线型等双层球网壳，多选用交叉桁架体系。而三向网格型和短程线型等双层球网壳，一般均选用角锥体系。凯威特型和有纬向杆的联方型双层球网壳有时也可选用角锥体系。短程线型的双层球网壳最常见的两种连接形式如图10.44所示。图10.44（a）是内外两层节点不在同一半径延长线上，如外层节点在内层三角形网格的中心上，则外层形成六边形和五边形，内层为三角形；图10.44（b）是内外两层节点在同一半径延线上，也就是两个划分完全相同但大小不等的单层球网壳通过腹杆连接而成，并已抽掉部分外层节点。

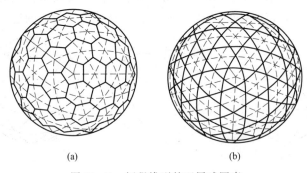

(a) (b)

图 10.44 短程线型的双层球网壳

（2）双层球网壳的布置

已建成的双层球网壳大多数是等厚度的，但从网壳杆件内力分布来看，一般周边部分的杆件内力大于中央部分杆件的内力。因此在设计中常采用变厚度或局部双层网壳，使网壳既具有单层和双层网壳的主要优点，又避免了它们的缺点，充分发挥杆件的承载力，节省材料。

变厚度双层球网壳形式很多，常见的有从支承周边到顶部网壳的厚度均匀地减少和网壳大部分为单层仅在支承区域为双层两种，如图10.45所示。

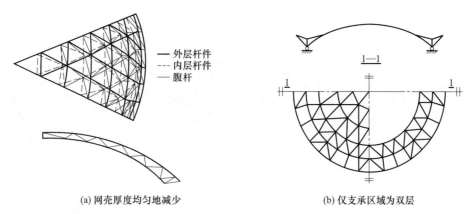

（a）网壳厚度均匀地减少　　　　　（b）仅支承区域为双层

图10.45　双层球网壳厚度的变化

10.3.1.3　球网壳结构的受力特点

球网壳的受力状态与薄壳结构的圆顶相似，球网壳的杆件为拉杆或压杆，节点构造也需承受拉力或压力。球网壳的底座若设置环梁，有利于增强结构的刚度。单层球网壳为增大刚度，也可再增设多道环梁，环梁与网壳节点用钢管焊接。

10.3.2　扭网壳结构

扭网壳结构为直纹曲面，壳面上每一点都可作两根互相垂直的直线。因此，扭网壳可以采用直线杆件直接形成，采用简单的施工方法就能准确地保证杆件按壳面布置。由于扭网壳为负高斯网壳，可避免其他扁壳所具有的聚焦现象，能产生良好的室内声响效果。扭网壳造型轻巧活泼，适应性强，因此很受建筑师的欢迎。

10.3.2.1　单层扭网壳

单层扭网壳杆件种类少，节点连接简单，施工方便。按其网格形式的不同，又分为正交正放网格和正交斜放网格两种，如图10.46所示。

如图10.46（a）、（b）所示，杆件沿两个直线方向设置，组成的网格为正交正放。在实际工程中，一般都在第三个方向再设置杆件，即斜杆，从而构成三角形网格。图10.46（a）所示为全部斜杆沿曲面的压拱方向布置，图10.46（b）所示为全部斜杆沿曲面的拉索方向布置。

图10.46（c）所示为杆件沿曲面最大曲率方向设置，组成的网格为正交斜放，但由于没有第三方向的杆件，网壳平面内的抗剪切刚度较差，对承受非对称荷载不利。其改善的办法是在第三方向全部或局部地设置直线方向的杆件，如图10.46（d）～（f）所示。

10.3.2.2　双层扭网壳

双层扭网壳的构成与双层筒网壳相似。网格形式也分为两向正交正放和两向正交斜放两

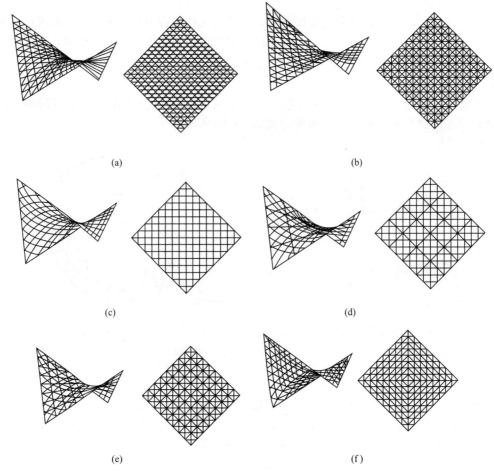

(a)

(b)

(c)

(d)

(e)

(f)

图 10.46　单层扭网壳的网格形式

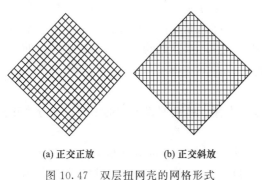

(a) 正交正放　　　　(b) 正交斜放

图 10.47　双层扭网壳的网格形式

种，如图 10.47 所示。

两向正交正放扭网壳为两组桁架垂直相交且平行或垂直于边界。这时每榀桁架的尺寸均相同，每榀桁架的上弦为一直线，节间长度相等。这种布置的优点是杆件规格少，制作方便；缺点是体系的稳定性较差，需设置适当的水平支撑及第三向桁架来增强体系的稳定性，并减少网壳的垂直变形，而这又会导致用钢量的增加。

两向正交斜放扭网壳两组桁架垂直相交但与边界成 45°斜交，两组桁架中一组受拉（相当于悬索受力），一组受压（相当于拱受力），充分利用了扭壳的受力特性。并且上、下弦受力同向，内力均匀，形成了壳体的工作状态。这种体系的稳定性好，刚度较大，变形较小。但桁架杆件尺寸变化多，给施工增加了一定的难度。

10.3.2.3　扭网壳结构的受力特点

单层扭网壳本身具有较好的稳定性，但其平面外刚度较小，因此设计中要控制扭网壳的挠度。若在扭网壳屋脊处设加强桁架，能明显地减少屋脊附近的挠度，但由于扭网壳的最大挠度并不一定出现在屋脊处，因此在屋脊处设加强桁架只能部分地解决问题。边缘构件的刚度对于扭网壳的变形有较大的影响。在扭网壳的周边，布置水平斜杆，以形成周边加强带，可提高抗侧力能力。

双层扭网壳受力各方面优于单层。

10.3.3　双曲扁网壳结构

双曲扁网壳常采用平移曲面，杆件种类较少。由于它矢高小，空间利用充分，在工程中有较多应用。网格形式可分为三向网格或单向斜杆正交正放网格，如图 10.48 所示。

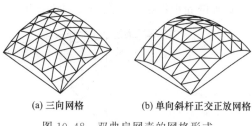

(a) 三向网格　　　　(b) 单向斜杆正交正放网格

图 10.48　双曲扁网壳的网格形式

10.4　组合网壳结构

组合网壳结构是对各种形式的曲面网壳进行切割组合而成的，以适应各种建筑平面形式，形成风格各异的建筑造型。

10.4.1　柱面与球面组合的网壳结构

当建筑平面呈长椭圆形时，可采用柱面与球面组合的网壳形式，即在中部为一个柱面网壳，两端分别为 1/4 的球网壳。这种网壳形式往往用于平面尺寸很大的情况，由于跨度大，这类结构常常采用双层网壳结构，且为等厚度。

由于柱面壳和球面壳具有不同的曲率和刚度，如何处理两者之间的连接和过渡是结构选型中的首要问题。一般的过渡方式有 3 种，其一是在柱面壳与球面壳之间设缝，如图 10.49（a）所示；其二是将柱面壳与球面壳网格相对独立划分，然后通过节点将两者连接在一起，如图

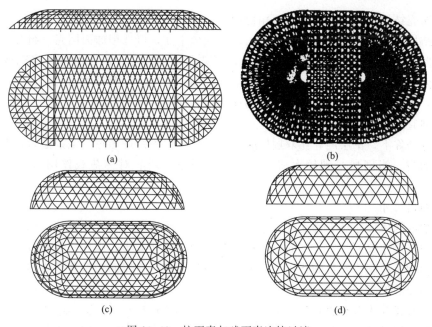

(a)　　　　　　　　　　　　　　(b)

(c)　　　　　　　　　　　　　　(d)

图 10.49　柱面壳与球面壳连接过渡

10.49（b）所示；其三是将柱面壳与球面壳整体连在一起，在网格划分时采取自然过渡的办法，如图 10.49（c）、（d）所示。

10.4.2　组合椭圆抛物面网壳结构

这种网壳由抛物面切割组合而成，用于屋盖酷似一朵莲花，如图 10.50 所示。

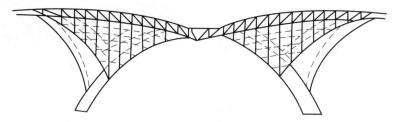

图 10.50　椭圆抛物面网壳

10.5　网壳结构的选型

网壳结构的种类和形式很多，故选型时应对建筑平面形状与尺寸、建筑空间、美学、屋面构造、荷载的类别与大小、边界条件、材料、节点体系、制作与施工方法等综合考虑。网壳结构选型一般应考虑一下几个方面。

（1）网壳结构的体型与建筑造型

进行网架结构设计，特别是大跨度网壳结构的选型，应与建筑设计密切配合，使网壳结构应与建筑造型相一致，与周围环境相协调，整体比例适当。当建筑空间要求较大时，可选用矢高较大的球面或柱面网壳；当空间要求较小时，可选用矢高较小的双曲扁网壳或落地式的双曲抛物面网壳；如网壳的矢高受到限制又要求较大的空间时，可将网壳支承于墙上或柱上。

（2）网壳结构的形式与建筑平面相协调

网壳结构适用于各种形状的建筑平面，如圆形平面，可选用球面网壳、组合柱面网壳或组合双曲抛物面网壳；如方形或矩形平面，可选用柱面网壳、双曲抛物面网壳或双曲扁网壳；当平面狭长时，宜选用柱面网壳；如菱形平面，可选用双曲抛物面网壳；如三角形和多边形平面，可采用球面、柱面或双曲抛物面等组合网壳。

（3）网壳结构的层数

在同等条件下，单层网壳比双层网壳用钢量少。但当跨度超过一定数值后，双层网壳的用钢量反而省。当网架受到较大荷载作用，特别是受到非对称荷载作用时，宜选用双层网壳。

（4）网格尺寸

网格数或网格尺寸对于网壳的用钢量影响较大。网格尺寸越大，用钢量越省。但从受力性能看，网格尺寸太大，对压杆的稳定性不利。网格尺寸太小，则杆件数和节点数增多，将增加节点用钢量和制造安装的费用。另外，网格尺寸最好与屋面板模数相协调。

（5）网壳的矢高与厚度

矢跨比对建筑体型有直接影响，也影响网壳结构的内力。矢跨比越大，网壳表面积越大，屋面材料用量越多，结构用钢量也越多，室内空间大，在使用期间能源消耗也大，但矢跨比大时水平推力有所减少，可降低下部结构的造价。柱面网壳的矢跨比宜取 $1/8 \sim 1/4$，单层柱面网壳的矢跨比宜大于 $1/5$，球面网壳的矢跨比一般取 $1/7 \sim 1/2$。

双层网壳的厚度取决于跨度、荷载大小、边界条件及构造要求，它是影响网壳挠度和用钢量的重要参数。

（6）支承条件

支承条件直接影响网壳结构的内力和经济性。支承条件包括支承的数目、位置、种类和支承点的标高。支承的数目多，则杆件内力均匀；支承的刚度越大，则节点挠度越小，但支座和基础的造价也越高。

10.6 工程实例

10.6.1 北京体育学院体育馆

北京体育学院体育馆（图 10.51）是一座多功能建筑。其屋盖采用了四角带落地斜撑的双层扭面网壳（图 10.52），平面尺寸为 $52.5m \times 52.5m$，四周悬挑 3.5m，为了充分利用扭壳直纹曲面的特点，布置选用了两向正放桁架体系，网格尺寸为 $2.9m \times 2.9m$，网壳厚 2.9m，矢高 3.5m，格构式落地斜撑的支座为球铰，承受水平力和竖向力，边柱柱距为 5.8m，柱顶设置橡胶支座，节点为焊接空心球。该网壳将屋盖结构与支承斜撑合成一体，造型优美，受力合理，抗震性能好。

图 10.51 北京体育学院体育馆

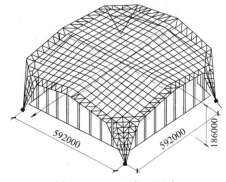

图 10.52 双层扭面网壳

10.6.2 浙江黄龙体育中心主体育场

浙江黄龙体育中心主体育场（图 10.53），观众席座数近 5.5 万个，总覆盖面积 $2.1 \times 10^4 m^2$，为一无视觉障碍的体育场。结构上首次将斜拉桥的结构概念运用于体育场的挑篷结构，为斜拉网壳挑篷式，由塔、斜拉索、内环梁、网壳、外环梁和稳定索组成。网壳结构支承于钢箱形内环梁和预应力钢筋混凝土外环梁上，内环梁采用 $1600mm \times 2200mm \times 30mm$ 的箱形钢梁，通过斜拉索悬挂在两端的吊塔上。吊塔为 85m 高的预应力混凝土筒体结构，筒体外侧施加预应力；外环梁支承于看台框架上的预应力钢筋混凝土箱形梁；网壳采用双层四角锥焊接球节点形式；斜拉索与稳定索采用高强度钢绞线，由此形成了一个复杂的空间杂交结构。

(a) 外观

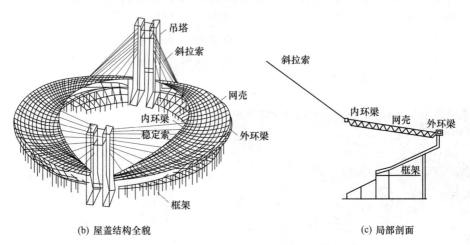

(b) 屋盖结构全貌

(c) 局部剖面

图 10.53 浙江黄龙体育中心主体育场

10.1 试述网架结构的主要特点。

10.2 网架结构主要有哪些类型,分别适用何种情况?

10.3 网架结构的常用杆件有哪几种?优先选用哪种杆件截面?

10.4 网架结构的屋面坡度一般有哪几种实现方式?

10.5 网架结构常用的一般节点和支座节点有哪几种形式?

10.6 简述网壳结构的主要优点和缺陷?

10.7 网壳结构的分类方法主要有哪些?

10.8 网壳结构的选型一般应根据什么原则进行?

10.9 组合网壳结构有哪几种?

第11章
悬索和膜结构

11.1 悬索结构

11.1.1 概述

悬索结构是以一系列受拉钢索为主要承重构件，按一定规律布置，并悬挂在边缘构件或支撑结构上而形成的一种空间结构。悬索结构由受拉索、边缘构件、下部支承构件及拉锚索组成，如图11.1所示。拉索一般采用由高强钢丝组成的钢绞线，按一定的规律布置可形成各种不同的体系。边缘构件多是钢筋混凝土构件，它可以是梁、拱或桁架等结构构件，其尺寸根据所受水平力或竖向力通过计算确定。下部支承结构可以是钢筋混凝土立柱或框架结构。采用立柱支承时，有时还要采用钢缆锚拉的设施。边缘构件、下部支承构件及拉锚的布置则必须与拉索的形式相协调，以有效地承受或传递拉索的拉力。

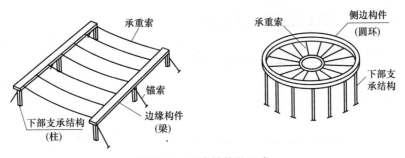

图 11.1 悬索结构的组成

悬索是轴心受拉构件，不能承受压力、弯矩和剪力，能充分利用材料的高强性能，既无压曲失稳，又能合理用材，是最经济的结构形式。

悬索屋盖结构具有以下特点。

① 悬索结构通过索的轴向受拉来抵抗外荷载的作用，可以充分利用钢材的强度。因而，悬索结构适用于大跨度的建筑物，且跨度越大，经济效果越好。

② 悬索结构便于建筑造型，容易适应各种建筑平面，因而能较自由地满足各种建筑功能和表达形式的要求。钢索线条柔和，便于协调，有利于创作各种新颖的富有动感的建筑体型。

③ 悬索结构施工比较方便。钢索自重很小，屋面构件一般也较轻，安装屋盖时不需要大型起重设备。施工时不需要大量脚手架，也不需要模板。因而，与其他结构形式比较，施工费用相对较低。

④ 可以创造具有良好物理性能的建筑空间。双曲下凹碟形悬索屋盖具有极好的音响性能，因而可以用来遮盖对声学要求较高的公共建筑。由于悬索屋盖的采光极易处理，故用于采光要求高的建筑物也很适宜。

⑤ 悬索结构的受力属于大变位、小应变、非线性强，常规结构分析中的叠加原理不能利用，计算复杂。

⑥ 悬索屋盖结构的稳定性较差。单根的悬索是一种几何可变结构，其平衡形式随荷载分布方式而变，特别是当荷载作用方向与垂度方向相反时，悬索就丧失了承载能力。因此，常常需要附加布置一些索系或结构，来提高屋盖结构的稳定性。

⑦ 悬索结构的边缘构件和下部支承必须具有一定的刚度和合理的形式，以承受索端巨大的水平拉力。因此悬索体系的支承结构往往需要耗费较多的材料，无论是设计成钢筋混凝土结构或钢结构，其用钢量均超过钢索部分。当跨度小时，由于钢索锚固构造和支座结构的处理与大跨度时一样复杂，往往并不经济。

11.1.2 悬索结构的受力特点

单根悬索的受力与拱的受力有相似之处，都是属于轴心受力构件，但拱属于轴心受压构件，对于抗压性能较好的砖、石和混凝土来讲，拱是一种合理的结构形式。悬索则是轴心受拉构件，对于抗拉性能好的钢材来讲，悬索是一种理想的结构形式。

11.1.2.1 悬索的支座反力

单跨悬索结构的计算简图如图 11.2 (a) 所示。由于钢拉索是柔性的，不能受弯，因此，索端可认为是不动铰支座。在竖向均布荷载作用下，悬索呈抛物线形，跨中的下垂度为 f，计算跨度为 l。

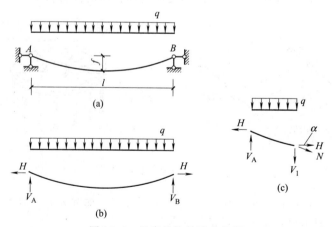

图 11.2 悬索结构的受力分析

如图 11.2 (b) 所示，在沿跨度方向分布的竖向均布荷载 q 作用下，根据力的平衡法则，$\sum Y = 0$，支座的竖向反力为：

$$V_A = V_B = \frac{1}{2} ql \tag{11-1}$$

因为索任一截面的弯矩均为零，以跨中截面为矩心，则：

$$\frac{1}{8}ql^2 - Hf = 0 \qquad (11\text{-}2)$$

$$H = \frac{ql^2}{8f} = \frac{M_0}{f}$$

得：

$$f = \frac{M_0}{H} \qquad (11\text{-}3)$$

式中　M_0——与悬索结构跨度相同荷载相同的简支梁的跨中弯矩，$M_0 = \frac{1}{8}ql^2$。

由上式可知，在竖向荷载作用下，悬索支座受到水平拉力的作用，该水平拉力的大小等于相同跨度简支梁在相同荷载作用下的跨中弯矩除以悬索的垂度。亦即当荷载及跨度一定时（即 M_0 一定时），H 值的大小与索的下垂度 f 成反比。f 越小，H 越大；f 接近 0 时，H 趋于无穷大。因此找出合理的垂度，处理好拉索水平力的传递和平衡是结构设计中要解决的重要问题，在结构布置中要予以足够的重视。由上式我们还可以看出，悬索支座水平拉力 H 与跨度 l 的平方成正比。

11.1.2.2　索的拉力

将索在计算截面切断，代之以索的拉力 N。N 为沿索的切线方向，与水平线夹角为 α。如图 11.2（c）所示，根据力的平衡条件 $\sum X = 0$，可得：

$$N\cos\alpha = H$$

$$N = \frac{H}{\cos\alpha} \qquad (11\text{-}4)$$

当索的方程确定以后，按上式即可求出索的各个截面内的轴力。由上式可以看出，索内的轴力在支座截面（此时 α 值最大）为最大。在跨中截面（$\alpha = 0$）为时最小，最小轴力为：

$$N = \frac{ql^2}{8f} \qquad (11\text{-}5)$$

此处可以看出，索的拉力与跨度 l 的平方成正比，与垂度 f 成反比。

11.1.3　悬索结构的形式

悬索结构根据屋面几何形式不同，可分为单曲面和双曲面两类；根据拉索布置方式的不同，可分为单层悬索结构体系、双层悬索结构体系和交叉索网结构体系三类。

11.1.3.1　单层悬索结构体系

单层悬索结构体系的优点是传力明确，构造简单；缺点是屋面稳定性差，抗风（上吸力）能力小。为此常采用重屋面，适用于中小跨度建筑的屋盖。单层悬索结构体系有单曲面单层悬索体系和双曲面单层悬索体系。

（1）单曲面单层悬索结构体系

单曲面单层悬索结构体系由许多平行的单根拉索组成。屋盖表面为筒状凹面，需从两端山墙排水，如图 11.3 所示。索的水平拉力不能在上部结构实现自平衡，必须通过适当的形式传至基础。拉索水平力的传递有以下三种方式。

① 拉索水平力通过竖向承重结构传至基础。拉索的两端可锚固在具有足够抗侧刚度的竖向承重结构上，如图 11.3（a）所示。竖向承重结构可为斜柱墩或侧边的框架结构等。

② 拉索水平力通过拉锚传至基础。索的拉力也可在柱顶改变方向后通过拉锚传至基础，

如图 11.3（b）所示。

③ 拉索水平力通过刚性水平构件集中传至抗侧山墙。拉索锚固于端部水平结构（水平梁或桁架）上，该水平结构具有较大的刚度，可将各根悬索的拉力传至建筑物两端的山墙，利用山墙受压实现力的平衡，如图 11.3（c）所示。

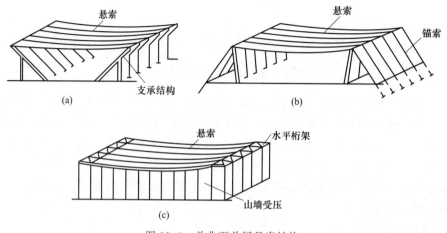

图 11.3　单曲面单层悬索结构

（2）双曲面单层悬索结构体系

双曲面单层悬索结构体系也称单层辐射悬索结构，常用于圆形建筑平面，拉索按辐射状布置，使屋面形成一个旋转曲面，如图 11.4 所示。双曲面单层悬索结构有碟形和伞形两种。碟形悬索结构的拉索一端锚固在周边柱顶的受压环梁上，另一端锚固在中心受拉的内环梁上，其特点是雨水集中于屋盖中部，屋面排水处理较为复杂。伞形悬索结构的拉索一端锚固在周边柱顶的受压环梁上，另一端锚固在中心立柱上，其圆锥状屋顶排水通畅，但中间有立柱，限制了建筑的使用功能。

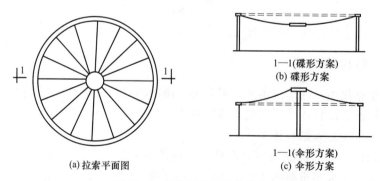

图 11.4　双曲面单层悬索结构

11.1.3.2　双层悬索结构体系

双层悬索结构体系是由一系列下凹承重索和相反曲率（上凸）的稳定索，以及它们之间的连系杆（拉杆或压杆）组成，如图 11.5 所示。每对承重索和稳定索一般位于同一竖向平面内，二者之间通过受拉钢索或受压撑杆连系，连系杆可以斜向布置构成犹如屋架的结构体系，故常称为索桁架，如图 11.5（a）所示；连杆也可以布置成竖腹杆的形式，这时常称为索梁，如图 11.5（b）所示。根据承重索与稳定索位置关系的不同，连系腹杆可能受拉，也可能受压。当为圆形建筑平面时，常设中心内环梁。

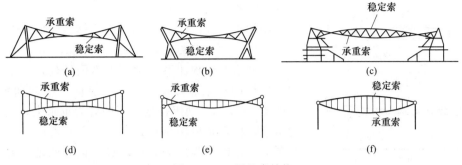

图 11.5 双层悬索结构

双层悬索结构的优点是稳定性好，整体刚度大，因此，常采用铁皮、铝板、石棉板等轻屋面，并采用轻质高效的保温材料以减轻屋盖自重。

（1）单曲面双层悬索结构体系

单曲面双层悬索结构体系由许多平行的双层拉索组成。常用于矩形平面的单跨或多跨建筑，如图 11.6 所示。承重索的垂度一般取跨度的 1/20～1/15；稳定索的拱度则取 1/25～1/20。与单层悬索结构体系一样，双层索系两端也必须锚固在侧边构件上，或通过锚索固定在基础上。

图 11.6 单曲面双层悬索结构

单曲面双层悬索结构体系中的承重索和稳定索也可以不在同一竖向平面内，而是相互错开布置，构成波形屋面，承重索与稳定索之间靠波形的系杆连接（剖面 2—2），并可以施加预应力，如图 11.7 所示。这样可有效地解决屋面排水问题。

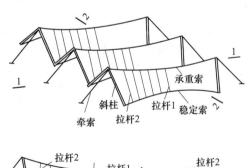

图 11.7 不在同一竖向平面内的承重索和稳定索

（2）双曲面双层悬索结构体系

双曲面双层悬索结构体系也称双层辐射悬索结构体系，常用于圆形建筑平面，也可用于椭圆形、正多边形或扁多边形平面。承重索和稳定索均沿辐射方向布置，中心设置受拉内环梁，拉索一端锚固在周边柱顶的受压环梁上，另一端锚固在中心受拉的内环梁上。根据承重

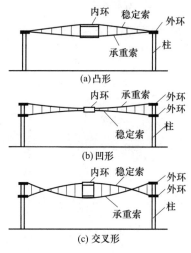

图 11.8 双曲面双层悬索结构体系

索和稳定索的关系所形成的屋面可为凸形、凹形或交叉形，如图 11.8 所示；也可以对拉索体系施加预应力。

11.1.3.3 交叉索网结构

交叉索网结构体系也称鞍形索网结构，它是由两组曲率相反的拉索直接交叉组成，其曲面为双曲抛物面，如图 11.9 所示。两组拉索中下凹者为承重索，上凸者为稳定索，稳定索应在承重索之上。交叉索网结构通常施加预应力，以增强屋盖结构的稳定性和刚度。由于存在曲率相反的两组索，对其中任意一组或同时对两组进行张拉，均可实现预应力。

交叉索网结构刚度大、变形小，具有反向受力能力，结构稳定性好，适用于大跨度建筑的屋盖。交叉索网结构体系可用于圆形、椭圆形、菱形等各种建筑平面，边缘构件形式丰富多变，造型优美，屋面排水容易处理，因而应用广泛。屋面材料一般采用轻屋面，如卷材、铝板、拉力薄膜等，以减轻自重、降低造价。其因边缘构件的形式不同可分为以下几种布置方式。

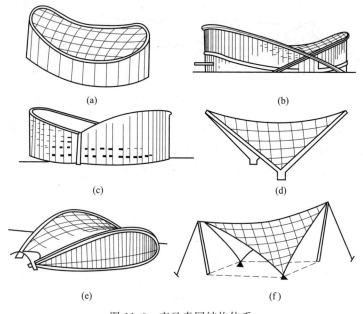

图 11.9 交叉索网结构体系

① 边缘构件为闭合曲线形环梁，环梁呈马鞍状，搁置在下部的柱或承重墙上，如图 11.9 (a) 所示。

② 边缘构件为落地交叉拱，倾斜的抛物线两拱在一定的高度相交后落地，拱的水平推力可通过在地下设拉杆平衡，如图 11.9 (b) 所示。

③ 边缘构件为不落地交叉拱，倾斜的抛物线两拱在屋面相交，拱的水平推力在一个方向相互抵消，在另一个方向则必须设置拉索或刚劲的竖向构件，如扶壁或斜柱等，以平衡其向外的水平力，如图 11.9 (c)、(d) 所示。

④ 边缘构件为一对不相交的落地拱，两落地拱各自独立，以满足建筑造型上的要求。

如图 11.9（e）所示。这时落地拱身平面内拱脚水平推力需在地下设拉杆平衡；而拱身平面外的稳定应设置墙或柱支承。

⑤ 边缘构件为拉索结构，如图 11.9（f）所示。这种索网结构可以根据需要设置立柱，并可做成任意高度，覆盖任意空间，造型活泼，布置灵活。这种结构方案常被用于薄膜帐篷式结构中。

11.1.4　悬索结构的刚度

悬索结构是悬挂式的柔性索网结构体系，屋盖的刚度及稳定性较差。

首先，风力对屋面的吸力是一个重要问题。图 11.10 为某游泳池屋盖的风压分布图，吸力主要分布在向风面的屋盖部分，局部风吸力可能达到风压的 1.6～1.9 倍，因而对比较柔软的悬索结构屋盖有被掀起的危险。屋面还可能在风力、动荷载或不对称荷载的作用下产生很大的变形和波动，以致屋面被撕裂而失去防水效能，或导致结构损坏。

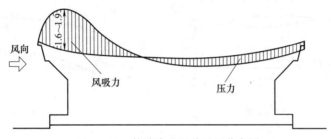

图 11.10　某游泳池屋盖风压分布图

其次问题是风力或地震作用的动力效应而产生共振现象。其他的结构形式中，由于自重较大，在一般外荷载作用下，共振的可能性较小，但是，悬索结构却有由于共振而破坏的实例。例如 1940 年 11 月美国的塔考姆大桥，跨长 840m，在结构应力远远没有达到设计强度的情况下，由于强风作用产生共振而破坏。因此，对悬索的共振问题必须予以重视。

为保证悬索结构屋盖的稳定和刚度，可采用的措施有以下几种。

① 采用双曲面型悬索结构，因为它的刚度和稳定性都优于单曲面型。

② 可以对悬索施加预应力，因为柔性的张拉结构在没有施加预应力以前没有刚度，其形状是不确定的，通过施加适当预应力、利用钢索受预拉后的弹性回缩来张紧索网或减少悬索的竖向变位，赋予一定的形状，才能承受外部荷载。

③ 在铺好的屋面板上加临时荷载，使承重索产生预应力。当屋面板之间缝隙增大时，用水泥砂浆灌缝，待砂浆达到强度后，卸去临时荷载，使屋面回弹，从而屋面受到一个挤紧的预压力而构成一个整体的弹性悬挂薄壳，具有很大的刚性，能较好地承受风吸力和不对称荷载的作用。

11.1.5　悬索结构的工程实例

11.1.5.1　吉林冰上运动中心滑冰馆
1986 年建成的吉林冰上运动中心滑冰馆采用了单曲面双层悬索架构，如图 11.11 所示。

11.1.5.2　浙江省人民体育馆
浙江省人民体育馆的屋盖为双曲面交叉索网结构，也称鞍形悬索结构，如图 11.12 所示。比赛大厅为一椭圆形平面，椭圆的长轴 80m、短轴 60m，可容纳观众 5420 人。屋盖结构概述如下。

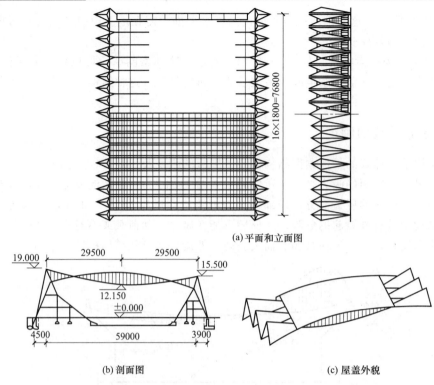

(a)平面和立面图

(b)剖面图

(c)屋盖外貌

图 11.11 吉林冰上运动中心滑冰馆

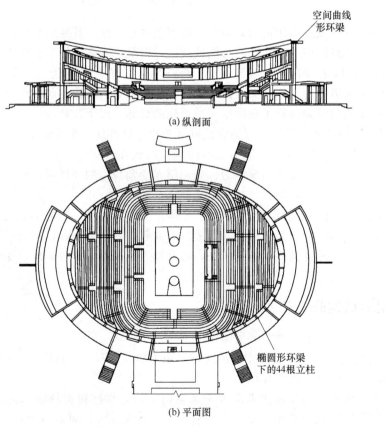

(a)纵剖面

空间曲线形环梁

椭圆形环梁下的44根立柱

(b)平面图

图 11.12 浙江省人民体育馆

① 索网。钢索采用 6 股 7 ϕ(4～12) 高强度钢绞线组成 [图 11.13 (a)]。长轴方向为下凹的承重索，为主索；中间一根索垂度为 4.4m，相应于 $l/18$ (l 为长轴长度），索间距为 1m。短轴方向为上凸的稳定索，为副索；中间一根索的拱度 2.6m，相应于 $l'/23$ (l' 为短轴长度），索间距 1.5m。对于承重索与稳定索均施加预应力，使互相张紧构成双曲鞍形索网，它的刚度大、稳定性好。上、下索的受力不同，截面也不相同。承重索和稳定索的连接见图 11.13 (b)。

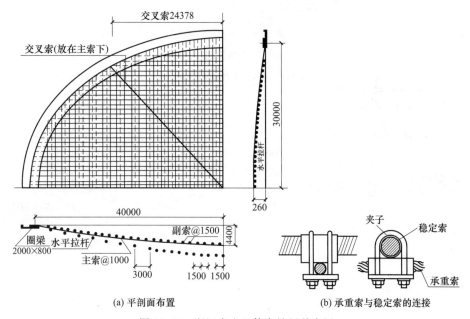

图 11.13　浙江省人民体育馆屋盖索网

② 边缘构件。边缘构件为一钢筋混凝土空间曲线环梁，截面宽 200mm，截面高 80mm，它的最高处截面形心与最低截面形心的高差均见图。由于索网作用在环梁上的水平拉力很大，环梁本身又呈椭圆形，因而环梁截面内产生很大的弯矩，故将环梁设计成扁形截面，其宽度大于高度；此外，环梁截面尺寸的确定还要考虑将每根悬索端部所用的预应力锚具锚固在环梁的侧面上。与此同时，为了减小环梁所受的弯矩，在每根稳定索的支座处增设水平拉杆，直接承受水平拉力；并在平面的对角方向增设了交叉索，以增强环梁在水平面内的刚度。环梁支承其下面 44 根不同高度的立柱上，既可减少曲线空间环梁所承受的弯矩，也限制了环梁在水平方向的变形。

③ 屋面和吊顶做法。屋盖的屋面和吊顶做法如图 11.14 所示。屋面采用的是斜铺20mm 厚杉木屋面板，上覆一层油毡，油毡上铺白铁皮。整个屋面固定在稳定索上。吊顶采用 38mm 厚木丝板，上做沥青隔气层和 50mm 厚玻璃丝，木丝板间用木压条纵横连接。若要将屋面板换成混凝土或轻质混凝土屋面板，可采用如图 11.14 (b) 的做法。

11.1.5.3　美国联邦储备银行

一般的悬索结构局限用于大跨度屋盖，美国明尼阿波利斯的联邦储备银行大厦（图11.15）的结构设计很有特色。此银行为一座 11 层大楼，横跨在一宽阔的广场，跨度达83.2m，采用悬索作为主要承重结构，悬索锚固在位于广场两侧的两个立柱（实际上为筒体结构）上，立柱承受大楼的全部竖向荷载，柱顶设有大梁，以平衡悬索在柱顶产生的水平力，整个大楼悬挂在悬索和顶部大梁上。对此，不妨先对其设计思路进行分析，以得到启发。

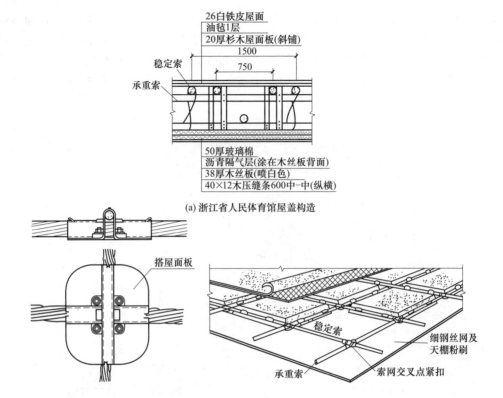

26白铁皮屋面
油毡1层
20厚杉木屋面板(斜铺)
1500
750
稳定索
承重索
50厚玻璃棉
沥青隔气层(涂在木丝板背面)
38厚木丝板(喷白色)
40×12木压缝条600中一中(纵横)

(a) 浙江省人民体育馆屋盖构造

搭屋面板

稳定索

细钢丝网及
天棚粉刷

承重索

索网交叉点紧扣

(b) 索网塔屋面板做法

图 11.14　悬索屋盖屋面及吊顶构造

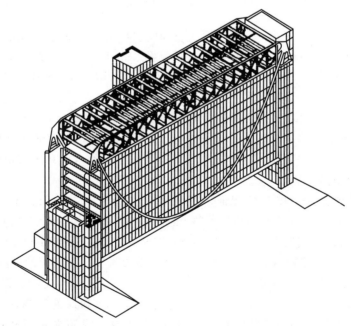

图 11.15　美国明尼阿波利斯的联邦储备银行大厦

要在 11 层办公楼下创造一个 3 层楼高的空间，意味着通常由地面支撑的柱荷载不得不横向传递。此荷载是由弯矩和剪力传递的。对于这样的跨越结构的选择有四种：梁型、桁架型、框架型或悬索型。由于跨越的大楼是 11 层，即使是同一种类型，比如桁架型，也有进一步的选择问题。在两个水平支撑柱上具有悬式楼板或桁架的屋面桁架是可能的选择。结构师恰恰相反，选择了一种索状结构，且承载索具有与 11 层办公楼总高相等的垂度。这意味着必须在屋顶层提供水平力以便悬索能够抵抗弯矩。

11.1.5.4 北京工人体育馆

北京工人体育馆建筑平面为圆形，能容纳 15000 人。比赛大厅直径为 94m，大厅屋盖采用圆形双层悬索结构，由钢悬索、边缘构件（外环）和内环三部分组成（图 11.16）。外环为钢筋混凝土框架结构，框架结构共 4 层，为休息廊和附属用房。内环为钢结构，高 11.0m，直径 16.0m。索网采用钢丝束，沿径向呈辐射状布置，索系分上下两层。下层索为承重索，上层索直接承受屋面荷载，并作为稳定索，它通过内环将荷载传给下索，并使上、下索同时张紧，以增强屋面刚度。

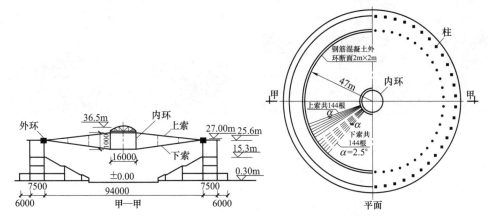

图 11.16 北京工人体育馆

11.2 膜 结 构

11.2.1 概述

膜结构是 20 世纪中期发展起来的一种新型建筑结构形式，是由优良性能的高强薄膜材料和加强构件（钢索或钢架、钢柱）通过一定方式使其内部产生一定的预张应力以形成具有一定刚度并能承受一定外荷载、能够覆盖大空间的一种空间结构形式。

膜结构的突出特点之一就是它形状的多样性，曲面存在着无限的可能性。对于以索或骨架支承的膜结构，其曲面就可以随着建筑师的想象力而任意变化。富于艺术魅力的钢制节点造型，充满张力，成自然曲线的变幻膜体以及特有的大跨度自由空间，给人强大的艺术感染力和神秘感。20 世纪 70 年代以后，高强、防水、透光且表面光洁、易清洗、抗老化的建筑膜材的出现，加之当代电子、机械和化工技术的飞速发展，膜建筑结构已大量用于博览会、体育场、收费站、广场景观等公共建筑上，如图 11.17 所示。

膜结构具有造型活泼优美，富有时代气息；自重轻，适合大跨度的建筑，充分利用自然光，减少能源消耗；价格相对低廉，施工速度快；结构抗震性能好等特点。随着现代科技的进一步发展，人类肩负着保护自然环境的使命，而膜结构具有易建、易拆、易搬迁、易更新、充分利用阳光和空气以及与自然环境融合等特点。在全球范围内，无论在工程界还是在

图 11.17　膜结构的应用

科研领域，膜建筑技术的需求有大幅度增长的趋势。它是伴随着当代电子、机械和化工技术的发展而逐步发展的，是现代高科技在建筑领域中的体现。天然材料和传统的古老建筑材料与技术必将被轻而薄且保温隔热性能良好的高强轻质材料所取代。膜建筑技术在这项变革中将扮演重要角色，其在建筑领域内更广泛的应用是可以预见的。

11.2.2　膜结构的形式

膜建筑的分类方式较多，从结构方式上简单地可概括为张拉式和充气式两大类。在张拉式中采用钢索加强的膜结构又称为索膜结构。

11.2.2.1　张拉式膜结构

张拉膜结构有两种成型方式。

① 采用钢索张拉成型。其索膜体系富于表现力，建筑造型优美，可塑性好，具有高度的结构灵活性和适应性，应用范围广泛，是索膜建筑结构的代表和精华。但造价稍高，施工精度要求也高。

② 通过柱和钢架支承成型，称其为骨架式索膜结构。该类结构体系自平衡，膜体仅为辅助物，膜体本身的强大结构作用发挥不足。骨架式索膜体系建筑表现含蓄，结构性能有一定的局限性，常在某些特定的条件下被采用。造价低于前者。

骨架方式与张拉方式的结合运用，常可取得更富于变化的建筑效果。

11.2.2.2　充气式索膜结构

充气式索膜结构是依靠送风系统向室内充气（超压）顶升膜面，使室内外产生一定压力差（一般在 10～30mm 汞柱），室内外的压力差使屋盖膜布受到一定的向上浮力，构成较大的屋盖空间和跨度。

充气膜结构有单层、双层、气肋式三种形式，充气膜结构一般需要长期不间断的能源供应，在低拱、大跨建筑中的单层膜结构必须是封闭的空间，以保持一定气压差。在气候恶劣的地方，空气膜结构的维护有一定的困难。

充气式索膜体系具有自重轻、安装快、造价低及便于拆卸等特点，在特定的条件下有其明显的优势。但因其在使用功能上有明显的局限性，如形象单一、空间要求气闭等，使其应用面较窄。20世纪80年代后期至今，充气式膜建筑逐渐受到冷遇，其原因为充气膜结构需要不间断的能源供应，运行与维护费用高，室内的超压使人感到不适，空压机与新风机的自动控制系统和融雪热气系统的隐含事故率高。若目前进行的超压环境下人体的排汗、耗氧与舒适性研究得到较好解决，充气式膜建筑仍有广阔的前景。

11.2.2.3 膜结构的预张力

膜结构是一种双向抵抗结构，其厚度相对于它的跨度极小，因此它不能产生明显的平板效应（弯应力和垂直于膜面的剪应力）。薄膜的承载机理类似于双向悬索，表现出同样良好的结构效率（图11.18）。索膜结构之所以能满足大跨度自由空间的技术要求，主要归功于其有效的空间预张力系统。空间预张力使索膜的索和膜在各种荷载下的内力始终大于零（永远处于拉伸状态），从而使原本软体材料的索膜成为空间整体工作的结构媒体。预张力使索膜建筑富有迷人的张力曲线和变幻莫测的空间，使整体空间结构体系得以协同工作；预张

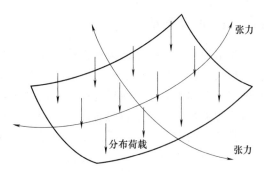

图 11.18 膜的悬索作用

力使体系得以覆盖大面积、大跨度的无柱自由空间；预张力使体系得以抵抗狂风、大雪等极不利的荷载状况并使膜体减少磨损，延长使用寿命，成为永久的建筑。

应当指出，预张力不是在施工过程中可随意调整的"安装措施"，而是在设计初始阶段就需反复调整确定，需要精心设计适当的预张力措施，并贯穿于设计与施工全过程。

11.2.3 膜结构材料

膜结构只有在材料问题得到解决之后才能大量应用，因此推广膜结构的关键是要生产出实用而经济的膜材。早期用于膜结构的膜材一般为由高强编织物基层和涂层构成的复合材料（图11.19）。其基层是受力构件，起到承受和传递荷载的作用，而涂层除起到密实、保护基层的作用外，还具备防火、防潮、透光、隔热等性能。一般的织物由直的经线和波状的纬线所组成。很明显，弹簧状的纬线比直线状的经线具有更强的伸缩性。同时，经线与纬线之间的网格是完全没有抗剪刚度的。因此，由于织物在经向、纬向及斜向的工作性能不一致，薄膜应被认为是多向异性的。但当织物被涂以覆盖物后，纤维之间的网眼将被涂料所填充，这样

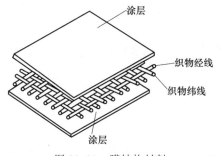

图 11.19 膜结构材料

可有效地减少织物在不同方向的工作性能的差异。因此，薄膜也可近似地被认为是各向同性的。薄膜的涂层除上述功能外，还可使织物具有不透气和防水性能，并增加了织物的耐久性、耐腐蚀性和耐磨损性。此外，涂层的作用还可把几块织物连接起来。因为，薄膜的连接主要是采用加热及加压的方法来实现的，而不是采用缝或胶接的办法。

目前，建筑工程常用的膜材有以下几类。

第一类为聚酯纤性织物基层加聚氯乙烯（PVC）涂层，在膜结构发展早期应用较为广泛。这类膜材的张拉强度较高，加工制作方便，抗折叠性能好，色彩丰富，价格便宜。但弹性模量较低，材料尺寸稳定性较差，易老化，自洁性差，其使用寿命一般为5～10年，适用于中小跨度的临时或半临时性的建筑物屋盖。

第二类为无机材料织物加聚四氟乙烯（PTFE，也称特氟隆）涂层，可适用于大跨度永久性建筑屋盖。其主要采用的基材有玻璃纤维、钢纤维，甚至还有碳纤维等。采用聚四氟乙烯作为外涂层，既利用了织物的力学性能好、不燃等特点，又利用了涂料极好的化学稳定性和热稳定性，而且具有优良的耐久性，使用寿命在25年以上，是目前国际上膜结构中应用最为广泛的方法。但其价格较高，涂覆与拼接工艺较为复杂，需要特殊的设备和技术。

11.2.4　膜结构的设计

膜结构设计与一般结构物设计不同之处在于：一是它的变形要比一般结构变形大；二是它的形状是施工过程中逐步形成的。从初步设计阶段开始，结构工程师就要和建筑工程师一起确定建筑物的形状并不断进行计算，设计对象的平面、立面、材料类型、结构支撑以及预张力的大小都成为互相制约的因素。同时，一个完美的设计也就是上述矛盾统一的结果。

膜结构的设计主要包括初始平衡形状分析、荷载分析、裁剪分析等。

11.2.4.1　初始平衡形状分析

初始平衡形状分析就是所谓的找形分析。通过找形设计确定建筑平面形状尺寸、三维造型、净空体量，确定各控制点的坐标、结构形式，选用膜材和施工方案。

由于膜材料本身没有抗压和抗弯刚度，抗剪强度也很差，因此其刚度和稳定性需要靠膜曲面的曲率变化和其中预张应力来提高。确定在初始荷载下结构的初始形状，即结构体系在膜自重（有时还有索）与预应力作用下的平衡位置时，可先按建筑要求设定大致的几何外形，然后对膜面施加预应力使之承受张力，其形状也相应改变，经过不断调整预应力，最后就可得到理想的几何外形和应力分布状态。对膜结构而言，任何时候都处在应力状态，因此膜曲面形状最终必须满足在一定边界条件和一定预应力条件下的力学平衡，并以此为基准进行荷载分析和裁剪分析。

早期的膜结构设计在确定形状时，往往借助于缩尺模型来进行，采用的材料有肥皂膜、织物或钢丝等。但由于小比例模型上测量有误差，不能保证曲面几何图形的正确性，仅对建筑外形起着参考作用，为设计者提供一个直观的形象。

随着计算机技术的不断进步，膜结构的形状更多地依靠计算机来确定。为了寻求合理的几何外形，可通过计算机的迭代方法，确定膜结构的初始形状。

目前膜结构找形分析的方法主要有动力松弛法、力密度法以及有限单元法等。

11.2.4.2　荷载分析

膜结构设计考虑的荷载主要是风荷载和雪荷载。

因为膜材料比较轻柔，自振频率很低，在风荷载作用下极易产生风振，导致膜材料破坏，且随着形状的改变，荷载分布也在改变，材料的变形较大，因此要采用几何非线性的方法精确计算结构的变形和应力。

荷载分析的另一个目的是通过荷载计算确定索膜中初始预张力。要满足在最不利荷载作用下具有初始预张应力，而此应力不会因为一个方向应力的增大造成另一方向应力减少至零，即不出现皱褶。如果初始预应力施加过高，就会造成膜材徐变加大，易老化、强度储备减少。

11.2.4.3 裁剪分析

经过找形分析而形成的膜结构通常为三维不可展空间曲面，如何通过二维材料的裁剪、张拉形成所需要的三维空间曲面，是整个膜结构工程中最关键的一个问题。

膜结构的裁剪拼接过程总会有误差，这是因为首先用平面膜片拼成空间曲面就会有误差，其次膜布是各向异性非线性材料，在把它张拉成曲率变化多端的空间形状时，不可避免地与初始设计形状有出入而形成误差。总的来说，布置膜结构表面裁剪缝时要考虑表面曲率、膜材料的幅宽、边界的走向及美观等几个主要因素，尽量减少误差。

现代索膜建筑的设计过程是把建筑功能、内外环境的协调、找形和结构传力体系分析、材料的选择与剪裁等集成一体，借助于计算机的图形和多媒体技术进行统筹规划与方案设计，再用结构找形、体系内力分析与剪裁的软件，完成索与膜的下料与零件的加工图纸。

11.2.5 工程实例

11.2.5.1 英国千年穹顶

千年穹顶（Millennium Dome）膜结构建筑位于伦敦东部泰晤士河畔的格林尼治半岛上，是英国政府为迎接 21 世纪而兴建的标志性建筑膜结构，如图 11.20 所示。这个工程原先只考虑建成临时性的，后经研究，这项工程不论是从周围市区的复兴，或是建筑交通基础设施的长期投资来说都具有很大价值，1997 年英国工党政府上台后，决定建成一个占地 73 公顷、总造价达 12.5 亿美元的大型综合性展览建筑。其中包括一系列展示与演出的场地，以及购物商场、餐厅、酒吧等，于 1999 年 12 月 31 日揭幕。

穹顶直径 320m，周圈大于 1000m，有 12 根穿出屋面高达 100m 的桅杆，屋盖采用圆球形的张力膜结构。膜面支承在 72 根辐射状的钢索上，这些钢索则通过间距 25m 的斜拉吊索与系索为桅杆所支撑，吊索与系索同时对桅杆起稳定作用。另外还设有四圈索桁架将钢索联成网状。膜结构屋面设计中的一个关键问题是要避免雨雪所形成的坑洼，千年穹顶的大部分屋面都比较平坦，因此膜面的支承结构必须克服这些难点，同时将周围的索抬高于膜面，能使连续水流达到排放干管。幅向索在周圈与悬链索相连，固定在 24 个锚圆点上，顶部则与 12 根 $\phi48mm$，钢索组成的拉环连接，拉环直径为 30m，中设天窗供穹顶通风用。桅杆为梭形，由纵向的圆钢管与横向的方钢相贯焊接成格构状，桅杆沿直径 200m 的圆周设置，支承在由四根杆组成的四角锥形底座上。一些细钢索从高 10m 的底座引出，因而不妨碍展出。

索膜结构设计采用哈波德事务所自己开发的 Tensyl 程序，风荷载先采用现有的数据计算，然后以风洞试验结果校核。为安全起见，结构设计还考虑意外破坏的情况，例如桅杆的四角锥支座有一根杆失效，最不利时只支承在三根杆上。

膜材原先采用以聚酯为基材的织物，后来考虑使用年限长改用涂聚四氟乙烯的玻璃纤维织物，（美国 Chemfab 产的 Sheerfill，厚 1.2mm。）为了防止结露，又增加了能隔声、隔热的内层（美国产 Fabrasob）。千年穹顶在建造过程中受到了不少批评，但最终的结构还是显示了美好的形象。

11.2.5.2 中国国家游泳中心"水立方"

中国国家游泳中心是 2008 年北京奥运会的主要比赛场馆之一，也是奥林匹克公园内的重要建筑，"水立方"的建筑围护结构采用了 ETFE 膜材制作的气枕结构，内外表面覆盖面积达 $12 \times 10^4 m^2$，如图 11.21 所示。"水立方"的 ETFE 围护结构设计寿命为 30 年。气枕结构可以有效地将风荷载、雪荷载等作用力传递到多面体空间刚架结构上。气枕内压设计值为

图 11.20　英国千年穹顶膜结构

图 11.21　中国国家游泳中心"水立方"

250MPa，外凸矢高为气枕形状的内切圆直径的 12%～15%。当屋面积雪较多时，气枕的充气系统将提高屋面气枕的内压至 550MPa。

11.2.5.3　上海八万人体育场的屋盖结构

上海八万人体育场的屋盖结构采用大悬挑钢管空间结构（图 11.22），它是由 64 榀悬挑主桁架和 2～4 道环向次桁架组成一个马鞍形屋盖，如图 11.23 所示。屋面以薄膜作为覆盖层。屋盖平面投影呈椭圆形，长轴 288.4m，短轴 274.4m，中间有敞开椭圆孔（215m×150m）。最大悬挑长度为 73.5m，最短悬挑长度为 21.6m。薄膜覆盖面积达 36100m² 。64 榀悬挑主桁架的一端分别固定在 32 榀钢筋混凝土变截面柱上，每根柱子固定两榀主桁架，两榀主桁架弦杆之间用横杆相连，形成空间整体结构。

图 11.22　上海八万人体育场

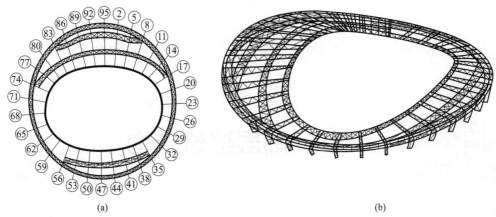

(a)   (b)

图 11.23　上海八万人体育场屋盖钢结构桁架杆件布置示意图

11.1　简述悬索结构的基本构成及其应用范围。

11.2　悬索结构的优缺点有哪些?

11.3　悬索结构的结构形式有哪些? 各有何特点及其适用范围?

11.4　如何保证和加强悬索结构的屋面刚度?

11.5　简述膜结构的应用范围及其特点。

11.6　膜结构的形式简要地可分为几类? 各有何特点?

11.7　膜结构的设计主要包括哪几个方面?

|第12章|
多、高层建筑结构

12.1 多层框架结构

12.1.1 框架结构的组成与布置

（1）框架结构概述

由水平构件（梁）、竖向构件（柱）刚性连接所组成的结构称为框架。框架结构既可承受竖向荷载又可承受水平荷载。整幢结构都由梁、柱组成，就称为框架结构，有时称为纯框架。

框架结构的优点是建筑平面布置灵活，可以做成有较大空间的会议室、餐厅、车间、营业厅、教室等。需要时可用隔断分隔成小房间，或拆除隔断改成大房间，因而使用灵活。外墙用非承重墙，可使立面设计灵活多变。如果采用轻质隔墙和外墙，就可大大降低房屋自重，节约材料。

一般来说，框架结构有以下特点。

① 梁、柱间的连接为刚节点。

② 梁端具有部分固端约束（个别情况为固定端或铰接），故在大多数情况下梁端均作用有负弯矩。每跨梁的弯矩符合下述规律：

$$|M_{跨中}| + \left|\frac{M_{左端} + M_{右端}}{2}\right| = |M_{跨中,简支梁}| \tag{12-1}$$

在荷载作用下，梁既受弯曲、剪切，又受压缩，但计算中压缩的作用可不考虑。

③ 柱在荷载作用下既受压缩，又受弯曲和剪切，在计算中必须同时计算压缩和弯曲，但剪切的作用可不考虑；由于柱主要受压，在设计时要考虑稳定和压弯后的附加偏心问题。

④ 在框架结构设计时，要注意结构能否构成"几何不变体系"，以及在几何不变体系中是静定结构还是超静定结构的问题。工程设计中不允许采用几何可变体系的框架，而超静定框架结构的承载力肯定比静定框架结构大。

（2）框架结构体系的平面布置

各种几何形状的楼面框架结构的布置如图12.1所示。在进行框架结构的平面布置时，要注意以下3点。

① 柱网应该有规律地布置，以便于进行结构的受力分析和结构的施工。图12.2（a）所

示为布置得不好的框架结构平面，图 12.2（b）所示为改进后的框架结构平面图。

② 进行框架结构的平面布置时，必须认清框架结构的主要受力方向。主框架（建筑物的全部重力荷载和水平力都是通过主框架传递给基础和地基）的平面，应该尽量与建筑结构的主要受力方向一致。建筑结构的主要受力方向往往为建筑物平面的短向。

③ 在布置框架结构主要受力方向梁时，也要同时考虑框架结构非主要受力方向梁的布置，它们也必须是有规律的分布。

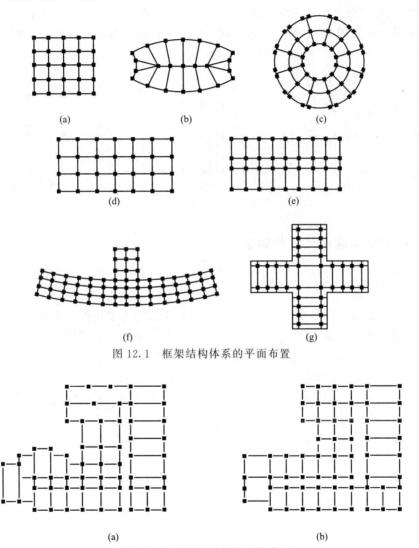

(a) (b) (c)

(d) (e)

(f) (g)

图 12.1 框架结构体系的平面布置

(a) (b)

图 12.2 两种不同的框架结构布置

（3）承重框架的布置

框架结构是一个空间受力体系。为方便起见，可以把框架看成由纵向和横向两个平面框架所组成。纵向框架和横向框架分别承受各自方向上的水平荷载，而楼面竖向荷载则根据楼盖结构布置方式向不同的方向传递，例如：现浇板向距离较近的梁上传递；对预制板则向搁置的梁上传递。

根据不同的楼板布置方式，有以下几种承重方案。

① 横向框架承重方案。横向框架承重方案是在横向布置框架主梁，以支承楼板，在纵

向布置连系梁，如图12.3（a）所示。该方案横向框架跨数少，主梁沿横向布置有利于提高建筑物的横向抗侧刚度。而纵向框架跨数较多，往往按构造要求布置连系梁即可，有利于房屋室内的采光和通风。

②纵向框架承重方案。纵向框架承重方案是在纵向布置框架主梁，以承受楼板传来的荷载，在横向布置连系梁，如图12.3（b）所示。该方案横梁高度较小，有利于设备管线的穿行，可获得较高的室内净高；缺点是房屋的横向刚度较差。

③纵横向框架混合承重方案。纵横向框架混合承重方案是在纵横两个方向均布置主梁以承受楼面荷载，如图12.3（c）所示。该方案具有较好的整体工作性能；框架柱均为双向偏心受压构件，为空间受力体系，因此也称为空间框架。

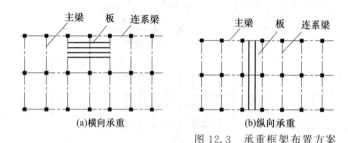
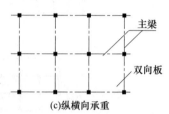

(a)横向承重　　　　　　　(b)纵向承重　　　　　　　(c)纵横向承重

图12.3　承重框架布置方案

12.1.2　框架结构截面尺寸的确定

框架柱网的尺寸一般取主梁的合理跨度（6～9m）为宜；框架的层间高度一般取建筑物的合理层高（3～5m）。

在进行框架结构的平面布置时，要同时估计框架结构主要构件的截面尺寸。

框架主梁的截面高度$h=(1/15\sim1/10)l$，l为框架梁的计算跨度；截面宽度$b=(1/3\sim1/2)h$，且$b\geqslant200mm$。框架连系梁或次梁的截面高度$h=(1/18\sim1/12)l$，l为框架连系梁或次梁的计算跨度；截面宽度$b=(1/3\sim1/2)h$，且$b\geqslant200mm$。

钢筋混凝土框架柱的截面尺寸，可根据该柱估计承受的最大竖向荷载的设计值，按轴压比的要求，按以下公式估算。

非抗震设计时，$N=(1.1\sim1.2)N_c$：

$$A_c\geqslant\frac{N_c}{f_c} \tag{12-2}$$

在抗震设计时：

$$A_c\geqslant\frac{N_c}{\mu_N f_c} \tag{12-3}$$

式中　f_c——混凝土轴心抗压强度设计值；

μ_N——框架柱轴压比限值，对一、二、三、四级抗震等级，分别取0.65、0.75、0.85、0.90；

A_c——柱的截面面积，$A_c=b_c h_c$，b_c、h_c分别为柱的截面宽度和高度；其中宜取$b_c\geqslant350mm$，$h_c\geqslant400mm$，$H_{cn}/h_c>4$，H_{cn}为柱的净高；

N_c——竖向永久荷载和活荷载（考虑活荷载折减）与地震作用组合下的轴力设计值，可根据框架柱的负荷面积按竖向荷载计算，再乘以增大系数得到，即：

$$N_c = \beta A g_e n \tag{12-4}$$

式中　g_e——折算在建筑面积上均布竖向荷载（结构自重和使用荷载）及填充墙材料重量设
　　　　　计值，g_e 根据实际情况计算确定，也可取 $12\sim15\text{kN/m}^2$；

　　　A——柱承受荷载的从属面积；

　　　n——验算截面以上的楼层层数；

　　　β——考虑地震作用组合后柱轴向压力 N_c 的放大系数，对等跨内柱取 1.2，不等跨
　　　　　内柱取 1.25，边柱取 1.3。

当 $H_{cn}/h_c \leqslant 4$ 或 Ⅳ 类场地土上较高的框架结构，其柱十分容易发生剪切破坏，为此应
放大柱的截面。

12.1.3　框架结构的受力分析

（1）普通框架结构分层法及反弯点法

多层框架结构在竖向荷载和水平荷载作用下的近似受力分析，可分别用建筑力学中的分
层计算法和反弯点计算法。

分层计算法的要点如下。

① 多层框架（图 12.4）分解为若干个分层框架，每个分层框架有各层的梁和与其上下
毗连的柱组成，柱的远端看成固定端支座（实际为弹性固定）。

② 分别用建筑力学中的力矩分配法计算各分层框架；由图 12.4 可知，每根柱同属于相
邻的两个分层框架，因此，柱的最后弯矩应有两部分叠加得到。

③ 在各分层框架中，应将上层各柱的线刚度乘以折减系数 0.9；传递时，凡远端实际不
是固定端的柱，传递系数由 1/2 改为 1/3（注意：底层柱不作如上修改）。

分层法计算所得的梁的弯矩即为其最后弯矩。每一柱（底层柱除外）属于上下两层，所
以柱的弯矩为上下两层计算弯矩相加。

④ 分层法最后所得的结果，在刚节点上弯矩可能不平衡，但误差不致很大。如有需要，
可对结点不平衡弯矩再进行一次分配，不传递。

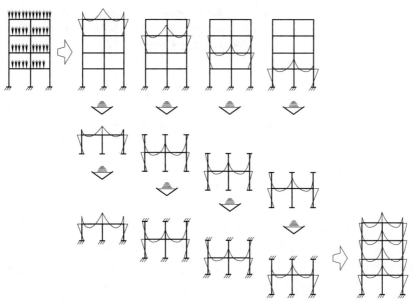

图 12.4　分层计算法示意图

反弯点法计算的要点如下。

① 假设框架结构横梁的相对刚度为无限大，因而框架节点在水平节点荷载作用下不能产生转角，只发生侧移。

② 在框架同层各柱端有同样侧移时，同层各柱的剪力与柱的侧移刚度成正比，每层柱共同承受该层以上的水平节点荷载，各层的总剪力按各柱的剪力分配系数分配到各柱。

③ 上层各柱在水平节点荷载作用下的反弯点设在柱中点，底层柱的反弯点设在离柱底2/3高度处。

④ 柱端弯矩根据柱的剪力和反弯点位置确定；梁端弯矩由节点力矩平衡条件确定；中间节点两侧的梁端弯矩按梁的转动刚度分配不平衡力矩求得。反弯点法计算示例如图12.5所示。

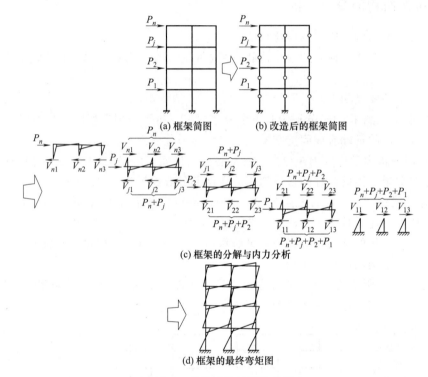

图 12.5　反弯点法计算的导出

与其他结构体系相比，框架结构具有布置灵活、造型活泼，容易满足建筑使用功能的要求等优点。但由于框架结构的构件断面尺寸较小，结构的抗侧刚度较小，水平位移大，在地震作用下容易由于大变形而引起非结构构件的损坏，因此其现浇钢筋混凝土框架结构房屋总高度受到限制，在6度地震区不宜超过60m，7度地震区不宜超过50m，8度（0.2g）不宜超过40m，8度（0.3g）不宜超过35m，9度不宜超过24m。

（2）底层大空间框架的受力特点

有时由于建筑使用功能上的要求，例如上部为办公楼，底层为商场，要求在底层抽掉部分框架柱，以扩大建筑空间，如图12.6（a）所示。这样会带来两个问题：一是在竖向荷载作用下，中间抽掉的柱子上的轴向力将通过转换大梁传给两侧的落地柱，因此该转换大梁的受力较复杂，且梁高也往往很大，给建筑立面处理带来一定困难。有时也可以用桁架代替该转换大梁，以方便转换层的采光和使用。二是底层落地柱所承受的侧向荷载突然增大，因此，落地柱的刚度（柱尺寸）应增加。

（3）带小塔楼框架的受力特点

带小塔楼的框架如图 12.6（b）所示。在非地震区，带小塔楼的建筑结构的设计只要搞清楚竖向荷载传递路线即可。而在地震区，由于小塔楼部分的刚度、质量较下部建筑物有较大突变，地震时，小塔楼会产生鞭梢效应。突出部分的体型越细长、占整个房屋重量的比例越小，则这种影响越大。

框架结构按抗震设计时，不应采用部分由砌体墙承重之混合形式。框架结构中的楼、电梯间及局部出屋顶的电梯机房、楼梯间、水箱间等，应采用框架承重，不应采用砌体墙承重。

（4）错层框架结构的受力特点

错层框架结构如图 12.7 所示。其中图 12.7（a）、（b）是由于建筑物各部分之间层高不一致造成的，图 12.7（c）则是由于建筑物局部断梁造成的。错层框架对抗震不利。在地震作用下，由于两侧横梁的标高不一致而形成短柱，易发生脆性的剪切破坏，在设计中应予以避免。

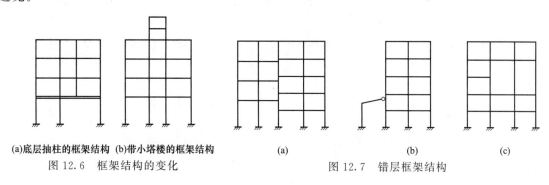

(a)底层抽柱的框架结构 (b)带小塔楼的框架结构
图 12.6 框架结构的变化

(a) (b) (c)
图 12.7 错层框架结构

12.2 异形柱框架结构

12.2.1 异形柱

异形柱结构是近年来发展起来的一种新型结构。截面几何形状为 L 形、T 形、十字形和 Z 形，且截面各肢的肢高肢厚比不大于 4 的柱，称为异形柱（图 12.8）。异形柱的柱肢宽度与建筑的填充墙等厚，避免柱楞凸出，把建筑美观和使用的灵活有机地结合。在异形柱结构体系中，一般角柱为 L 形，边柱为 T 形，中柱为十字形，当柱网轴线发生偏移时，采用 Z 形截面柱作为转换柱。在实际工程中异形柱已经被广泛地用于住宅建筑中。

12.2.2 异形柱结构体系

钢筋混凝土异形柱结构体系是从 20 世纪 70 年代开始在住宅建筑的发展中逐步形成的一种结构体系。随着住宅产业的迅速发展和房地产市场的日臻成熟，异形柱多高层住宅建筑形式越来越受到人们的青睐。结构设计者在思想上从剪力墙到短肢剪力墙，再延伸到异形柱结构，他们大胆而创新地采用了 L 形、T 形、十字形及 Z 形柱截面形式，将柱子隐藏到墙体中，使住宅结构的内部美观平整；配合轻质隔墙的采用，使结构自重轻，地震作用小，造价

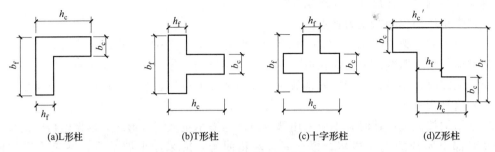

(a)L形柱　　　(b)T形柱　　　(c)十字形柱　　　(d)Z形柱

图 12.8　钢筋混凝土异形柱截面

更经济。

异形柱结构体系主要指采用框架结构（图 12.9）和框架-剪力墙结构（图 12.10）。

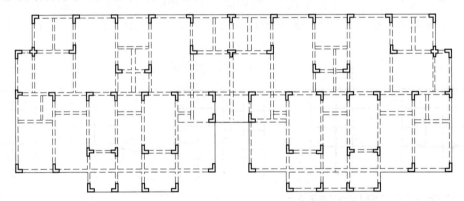

图 12.9　某住宅建筑异形柱框架结构平面布置图

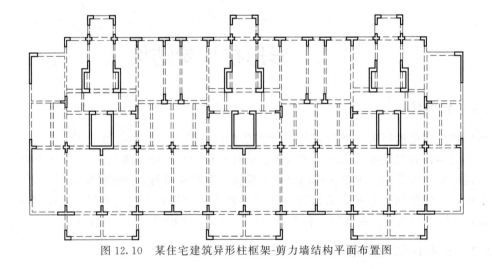

图 12.10　某住宅建筑异形柱框架-剪力墙结构平面布置图

12.2.3　异形柱结构的优点与缺点

12.2.3.1　异形柱结构的主要优点

① 柱肢的厚度与填充墙的厚度相等且柱肢较短，柱不突出在墙体外面（图 12.9 和图 12.10），墙面平整美观，便于家具布置且较为经济。

② 由于采用异形柱承重，墙体只起填充作用，因而对墙体材料的强度要求较低，墙体的厚度可以做得较薄，与混凝土普通结构框架结构房屋相比，可增加 7%～10% 的使用面积。

③ 填充墙可采用轻质材料，不但有利于保温隔热，还有利于减轻房屋重量，与砖混结构体系相比可减轻自重 1/3～1/2，减少基础造价，对结构的抗震也十分有利。

④ 与带构造柱的砌体结构房屋相比，异形柱结构房屋不但受力性能好，而且可建成小高层住宅，节约建筑用地。

12.2.3.2　异形柱结构的缺点

① 与矩形柱结构相比，异形柱结构的混凝土用量增加 4%～6%，钢筋用量增加 5%～9%，造价比矩形柱结构略高，比带构造柱的砌体结构房屋更高。

② 异形柱由于多肢的存在，其剪力中心与截面形心往往不重合，各柱肢截面上除有正应力外，还有剪应力。由于剪应力的存在，异形柱的裂缝比普通矩形柱出现得早，变形能力比矩形柱低。因此，异形柱结构在轴压比、最大建筑高度以及抗震设防烈度等方面都将受到较大的限制。

③ 异形柱结构设计计算较复杂，通常采用数值积分方法对异形柱进行正截面承载力计算和配筋。异形柱的柱肢厚度与梁的宽度都较小（一般为 200mm），柱内钢筋较拥挤，给施工带来一定的困难。

12.2.4　异形柱结构的选型

异形柱结构的选型应当包括竖向承重结构的选型、水平承重结构的选型和底部结构的选型三部分。但是，水平承重结构和底部结构的选型与其他混凝土结构的相同。因此，此处所指的异形柱结构的选型是指异形柱结构竖向承重结构的选型。

异形柱结构应该根据建筑的使用要求、结构的高度、受力特点、抗震设防情况等选择以下竖向承重结构的形式。

① 对于层数不多、高度不高的多层住宅和一般性民用建筑，可以选用全部由异形柱组成的纯异形柱框架结构体系。当结构受力上有需要时，也可以在异形柱框架结构中设置一部分普通框架柱。

② 高层和层数较多、高度较高的多层住宅和一般性民用建筑，应采用异形柱框架-剪力墙结构。

③ 当使用上要求设置底部大空间时，可采用底部抽柱带转换层的异形柱结构。

异形柱结构房屋适用的最大高度应符合表 12.1。

表 12.1　异形柱结构房屋适用的最大高度　　　　　　　　　　单位：m

结 构 体 系	非抗震设计	抗震设计				
		6 度	7 度		8 度	
		0.05g	0.10g	0.15g	0.20g	0.30g
框架结构	28	24	21	18	12	不应采用
框架-剪力墙结构	58	55	48	40	28	21

注：1. 房屋高度指室外地面至主要屋面的高度（不包括局部突出屋顶部分）。

2. 底部抽柱带转换层的异形柱结构，适用的房屋最大高度应符合《混凝土异形柱结构技术规程》附录 A 的规定。

3. 房屋高度超过表内规定的数值时，结构设计应有可靠依据，并采取有效的加强措施。

异形柱结构适用的最大高宽比不宜超过表 12.2 的限值。

表 12.2 异形柱结构适用的最大高宽比

表 12.2 异形柱结构适用的最大高宽比

结 构 体 系	非抗震设计	抗 震 设 计				
		6 度	7 度		8 度	
		0.05g	0.10g	0.15g	0.20g	0.30g
框架结构	5	4.5	4	3.5	3	—
框架-剪力墙结构	6.5	6.0	5.5	5.0	4.5	4

12.2.5 异形柱结构的布置

结构布置包括结构平面布置和结构竖向布置两部分。结构布置的合理与否，对建筑的使用、结构的受力、施工的便利以及经济合理性有重大影响。

（1）异形柱结构的平面布置

异形柱结构的平面布置应符合下列要求。

① 异形柱结构的一个独立单元内，结构的平面形状宜简单、规则、对称，减少偏心，刚度和承载力分布宜均匀。

② 异形柱结构的框架纵、横柱网轴线宜分别对齐拉通；异形柱截面肢厚中心线宜与框架梁及剪力墙中心线对齐。

③ 异形柱框架-剪力墙结构中剪力墙的最大间距不宜超过表 12.3 的限值（取表中两个数值的较小值），当剪力墙间距超过限值时，在结构计算中应计入楼盖、屋盖平面内变形的影响。

表 12.3 异形柱结构的剪力墙最大间距 单位：m

楼盖、屋盖类型	非抗震设计	抗 震 设 计				
		6 度	7 度		8 度	
		0.05g	0.10g	0.15g	0.20g	0.30g
全现浇	4.5B，55	4.0B，50	3.5B，45	3.0B，40	2.5B，35	2.0B，25
装配整体	3.0B，45	—	—	—	—	—

注：1. 表中 B 为楼盖宽度，m。

2. 现浇层厚度不小于 60mm 的叠合楼板可作为现浇板考虑。

3. 当剪力墙之间的楼盖、屋盖有较大开洞时，剪力墙间距应比表中限值适当减小。

（2）异形柱结构的竖向布置

异形柱结构的竖向布置应符合下列要求。

① 建筑的立面和竖向剖面宜规则、均匀，避免过大的外挑和内收。

② 结构的侧向刚度沿竖向宜相近或均匀变化，避免侧向刚度和承载力沿竖向的突变；高层异形柱框架-剪力墙结构相邻楼层侧向刚度变化应符合现行国家行业标准《高层建筑混凝土结构技术规程》（JGJ 3—2010）第 3.5.2 条的要求。

③ 异形柱框架-剪力墙结构体系的剪力墙应上下对齐、连续贯通房屋全高。

12.3 剪力墙结构

剪力墙结构是利用建筑物的外墙和永久性内隔墙的位置布置钢筋混凝土承重墙的结构。剪力墙既能承受竖向荷载，又能承受水平力。一般来说，剪力墙的宽度和高度与整个房屋的宽度和高度相同，宽达十几米或更大，高达几十米以上。而它的厚度则很薄，一般为 160～

300mm，较厚的可达 500mm。

由于受楼板跨度的限制，剪力墙结构的开间一般为 3~8m，适用于住宅、旅馆等建筑。剪力墙结构采用现浇钢筋混凝土，整体性好，承载力及侧向刚度大。合理设计的延性剪力墙具有良好的抗震性能。在历次地震中，剪力墙的震害一般比较轻。剪力墙结构的适用高度范围大，10~30 层的住宅及旅馆都可应用。在剪力墙内配置钢骨，成为钢骨混凝土剪力墙，可以改善剪力墙的抗震性能。剪力墙结构平面布置不灵活，空间局限，结构自重大。图 12.11 是剪力墙结构平面布置的举例。

在侧向力作用下，剪力墙结构的侧向位移曲线呈弯曲型，即层间位移由下至上逐渐增大，如图 12.12 所示。

剪力墙是平面构件，在其自身平面内有较大的承载力和刚度，平面外的承载力和刚度小，结构设计时一般不考虑平面外的承载力和刚度。因此，剪力墙要双向布置，分别抵抗各自平面内的侧向力；抗震设计的剪力墙结构，应力求使两个方向的刚度接近。

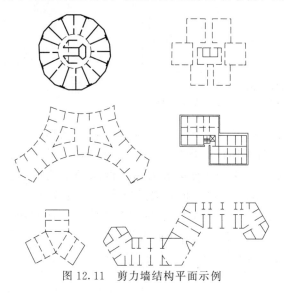

图 12.11　剪力墙结构平面示例

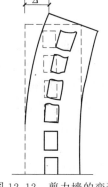

图 12.12　剪力墙的变形

为了使底层或底部若干层有较大的空间，可以将结构做成底层或底部若干层为框架、上部为剪力墙的框支剪力墙结构，图 12.13 为框支剪力墙的立面图。在地震作用下，框支层的层间变形大，造成框支柱破坏，甚至引起整幢建筑物倒塌，因此，地震区不允许采用底层或底部若干层全部为框架的框支剪力墙结构。地震区可以采用部分剪力墙落地、部分剪力墙有框架支承的部分框支剪力墙结构。由于有一定数量的剪力墙落地，通过转换层将不落地剪力墙的剪力转移到落地剪力墙，减少了框支层刚度和承载力突然变小对结构抗震性能的不利影响。

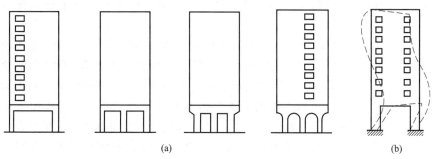

(a)　　　　　　　　　　　　　　　　　　　　　　　(b)

图 12.13　框支剪力墙的立面图

抗震设计的部分框支剪力墙结构底部大空间的层数不宜过多。应采取措施，加大底部大空间的刚度，如将落地的纵横向墙围成井筒，加大落地墙和井筒的墙体厚度等，转换层上部结构与下部结构的侧向刚度比及框支柱承受的地震水平剪力应符合一定的要求。图12.14为底层大空间部分框支剪力墙结构的典型平面。

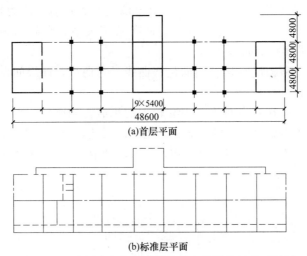

(a)首层平面

(b)标准层平面

图12.14　底层大空间部分框支剪力墙结构的典型平面

剪力墙的横截面（即水平面）一般是狭长的矩形。有时将纵横墙相连，则形成工字形、Z形、L形、T形等，如图12.15所示。剪力墙沿竖向应贯通建筑物全高。墙厚在高度方向可以逐步减少，但要注意避免突然减小很多。为防止剪力墙在两层楼盖之间发生失稳破坏，《建筑抗震设计规范》（GB 50011—2010）规定抗震墙的厚度，抗震等级为一、二级时不应小于160mm，且不宜小于层高或无支长度的1/20，抗震等级为三、四时级不应小于140mm，且不宜小于层高或无支长度的1/25。无端柱或翼墙时，抗震等级为一、二级时不宜小于层高或无支长度的1/16，抗震等级为三、四级时不宜小于层高或无支长度的1/20。

图12.15　剪力墙截面的形式

剪力墙体系中一个重要问题是开设门窗或其他洞口的问题。在抗侧力墙上不可避免地要开设洞口，如果洞口的大小和位置不合理，会导致抗侧力墙体乃至整个建筑物刚度的过大削弱。

剪力墙结构在竖向荷载作用下的受力情况较为简单，各榀剪力墙分别承受各层楼盖结构传来的作用力，剪力墙相当于一受压柱。在水平荷载作用下，剪力墙的受力较为复杂，其受力性能主要与开洞大小有关。图12.16表示了剪力墙开洞大小变化的情况。当剪力墙开洞较小时，如图12.16（a）所示，剪力墙的整体工作性能较好，整个剪力墙犹如一个竖向放置的悬臂梁，剪力墙截面内的正应力分布在整个剪力墙截面高度范围内，并呈线性分布或接近于线性分布，这类剪力墙称为整截面剪力墙。如果剪力墙开洞面积很大，如图12.16（d）所示，连系梁和墙肢的刚度均比较小，整个剪力墙的受力与变形接近于框架，几乎每层墙肢均有一个反弯点，这类剪力墙称为壁式框架。当剪力墙开洞介于两者之间时，则剪力墙在侧向荷载作用下的受力特性也介于上述两者之间。这时整个剪力墙截面上的正应力不再呈线性分布，由于连系梁的抗弯刚度的作用，会在墙肢顶部的某几层内产生反弯点，而在底部一般不会有反弯点出现，且墙肢内的弯矩分布不再是像悬臂杆一样呈光滑的抛物线，而呈锯齿状分布。根据连系梁刚度的大小，这一范围内的剪力墙可分为整体小开洞剪力墙［图12.16（b）］和双肢剪力墙［图12.16（c）］两类。

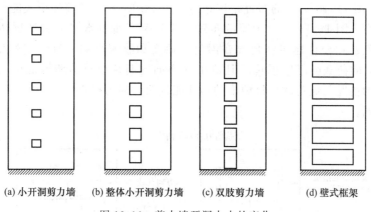

(a) 小开洞剪力墙　　(b) 整体小开洞剪力墙　　(c) 双肢剪力墙　　(d) 壁式框架

图12.16　剪力墙开洞大小的变化

另外，如果连系梁的刚度很小，仅能起到传递推力的作用，而墙肢的刚度相对较大，则连系梁对墙肢弯曲变形的约束作用很小，仅能起到传递推力的作用。每个墙肢相当于一个悬臂杆，水平荷载由各个墙肢共同承担，每个墙肢的正应力呈线性分布。

12.4　框架-剪力墙结构体系

框架-剪力墙结构是由框架和剪力墙共同作为承重结构的受力体系（图12.17）。它克服了框架结构抗侧力刚度小的缺点，弥补了剪力墙结构开间过小的缺点，既可使建筑平面灵活布置，又能对常见的30层以下的高层建筑提供足够的抗侧刚度。因而在实际工程中被广泛应用。

框架-剪力墙结构布置的关键是剪力墙的数量及位置。从建筑布置角度看，减少剪力墙数量则可使建筑布置更灵活；但从结构的角度看，剪力墙往往承担了大部分的侧向力，对结构抗侧刚度有明显的影响，因而剪力墙数量不能过少。抗震墙的布置应注意以下问题。

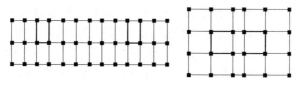

图12.17　框架-剪力墙体系

① 应使墙体的长度方向与水平荷载作用方向平行，并使墙体截面面积满足抵抗水平荷载的要求。对于有抗震设防要求的建筑物，墙体应沿纵横两个方向布置；而在非地震区，矩形截面建筑物一般只在受风大的横向布置墙体。日本震害调查的经验表明：对有抗震要求的

建筑物，每平方米建筑面积中设有50～120mm长的抗侧力墙体是合适的。我国尚无这方面的成熟的经验，设计中可根据建筑高度和地震烈度参考上述的值。

　　② 抗侧力墙体宜布置在建筑物两端、楼梯间、电梯间及平面刚度有变化处，同时以能使纵横方向相互联系为有利，这样可以增强整个建筑结构对偏心扭转的抵抗能力。图12.18（a）、（b）所示的墙体布置对抵抗水平力不利。在图12.18（a）中墙体在x方向没有刚度；在图12.18（b）中，抵抗中心和力作用中心不重合，且几乎没有抗扭刚度；图12.18（c）、图12.18（e）、图12.18（f）的布置是较好的。图12.18（e）的筒体形式能很好地抵抗任何方向来的水平力。图12.18（f）中墙的布置不仅有利于抵抗水平力和抵抗转动，而且还有另一个优点，就是它允许建筑物角部在温度、徐变和收缩影响下有一定的变形。图12.18（d）中，x方向的荷载会产生扭转，但是在y方向的两片成对的墙可抗扭或抵抗扭转。注意图12.18中的情况，成对的抵抗剪力的墙才能抗扭，因为扭矩是一个力偶，一对剪力墙才可提供抵抗力偶。

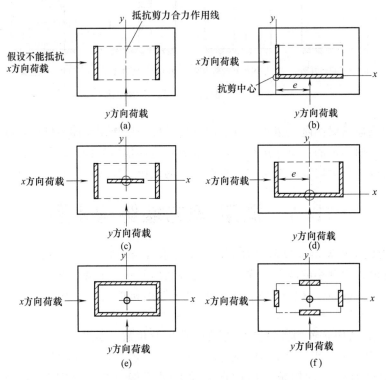

图12.18　剪力墙平面布置

　　③ 抗侧力墙的间距。在两片剪力墙（或两个筒体）之间布置框架时，如图12.19所示情况，楼盖必须有足够的平面内刚度，才能将水平剪力传递到两端的剪力墙上去，发挥剪力墙为主要抗侧力结构的作用。否则，楼盖在水平力作用下将产生弯曲变形，如图中虚线所示，导致框架侧移增大，框架水平剪力也将成倍增大。通常以限制L/B比值作为保证楼盖刚度的主要措施。这个数值与楼盖的类型和构造有关。《高层建筑混凝土结构技术规程》（JGJ 3—2010），规定的剪力墙间距L见表12.4。

　　④ 剪力墙靠近结构外围布置，可以加强结构的抗扭作用。但要注意：布置在同一轴线上而又分设在建筑物两端的剪力墙，会限制两片墙之间构件的热胀冷缩和混凝土收缩，由此产生的温度应力可能造成不利影响。因此，应采取适当消除温度应力的措施。

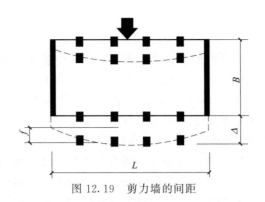

图 12.19　剪力墙的间距

表 12.4　剪力墙间距 L　　　　　　　　　　　　单位：m

楼盖形式	非抗震（取较小者）	抗震设防烈度		
		6度、7度（取较小者）	8度（取较小者）	9度（取较小者）
现浇	5.0B,60	4.0B,50	3.0B,40	2.0B,30
整体装配	3.5B,50	3.0B,40	2.5B,30	—

框架-剪力墙结构的抗震墙厚度不应小于 160mm，且不宜小于层高或无支长度的 1/20，底部加强部位的抗震墙厚度不应小于 200mm，且不宜小于层高或无支长度的 1/16。

12.5　筒体结构

筒体的基本形式有三种：实腹筒、框筒及桁架筒。用剪力墙围成的筒体为实腹筒。在实腹筒的墙体上开出许多规则排列的窗洞所形成的开孔筒体称为框筒，它实际上是由密排柱和刚度很大的窗裙梁形成的密柱深梁框架围成的筒体。如果筒体的四壁是由竖杆和斜杆形成的桁架组成，则称为桁架筒，如图 12.20（a）、（b）、（c）所示。筒中筒结构是上述筒体单元的组合，通常由实腹筒做内部核心筒，框筒或桁架筒做外筒，两个筒共同抵抗水平力作用，如图 12.20（d）所示。

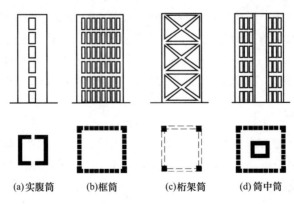

(a)实腹筒　　(b)框筒　　(c)桁架筒　　(d)筒中筒

图 12.20　筒体类型

筒体最主要的特点是它的空间受力性能。无论哪一种筒体，在水平力作用下都可看成固定于基础上的箱形悬臂构件，它比单片平面结构具有更大的抗侧刚度和承载力，并具有很好的抗扭刚度。这里将着重通过对框筒受力特点的分析，了解筒体的特点。

12.5.1 框筒结构

对于一个具有I形或箱形截面的细长受弯构件，截面中翼缘和腹板的正应力分布，如图12.21（a）所示。框筒结构是由密柱深梁框架围成的，整体上具有箱形截面的悬臂结构，在水平力作用下横截面上各柱轴力分布，如图12.21（b）实线所示，平面上由中和轴，分为受拉和受压柱，形成受拉翼缘框架和受压翼缘框架。翼缘框架各柱所受轴向力并不均匀（图中虚线表示应力平均分布时的柱轴力分布），角柱轴力大于平均值，远离角柱的各柱轴力小于平均值。在腹板框架中，各柱轴力分布也不是直线规律。这种现象称为剪力滞后现象。剪力滞后现象越严重，参与受力的翼缘框架柱越少，空间受力特性越弱。如果能减少剪力滞后现象，使各柱受力尽量均匀，则可大大增加框筒的侧向刚度及承载能力，充分发挥所有材料的作用，因而也越经济合理。

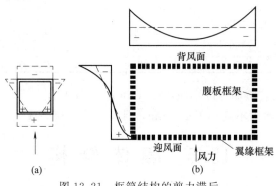

图12.21 框筒结构的剪力滞后

12.5.2 桁架筒结构

用稀柱、浅梁和支撑斜杆组成桁架，布置在建筑物的周围，就形成了桁架筒结构。钢桁架筒结构的柱距大，支撑斜杆跨越建筑的一个面的边长，沿竖向跨越数个楼层，形成巨型桁架，4片桁架围成桁架筒，两个相邻立面的支撑斜杆相交在角柱上，保证了从一个立面到另一个立面支撑的传力路线，形成整体悬臂结构。水平力通过支撑斜杆的轴力传至柱和基础。钢桁架筒结构的刚度大，与框筒相比，它更能节省材料，适用于更高的建筑。图12.22为1970年建成的芝加哥John Hancock大厦的立面图，立面为上小下大的矩形截锥形，100层，332m高，底层最大柱距达13.2m。平面中部的柱只承受竖向荷载。用钢量仅为$146kg/m^2$。

12.5.3 筒中筒结构

通常，用框筒及桁架筒作为外筒，实腹筒作为内筒，就形成筒中筒结构。采用钢筋混凝土结构时，一般外筒采用框筒，内筒为剪力墙围成的井筒；采用钢结构时，外筒用框筒，内筒也可用钢框筒或钢支撑框架。图12.23为1989年建成的北京中国国际贸易大厦的结构平面图和剖面图。国贸大厦高153m，39层，钢筒中筒结构，1~3层为钢骨混凝土结构。在内筒4个面两端的柱列内，沿高度设置中心支撑；在20层和38层，内、外筒周边各设置一道高5.4m的钢桁架，以减少剪力滞后，增大整体侧向刚度。

框筒侧向变形仍以剪切型为主，而核心筒通常则是以弯曲变形为主的。两者通过楼板联系，共同抵抗水平力，它们协同工作的原理与框架-剪力墙结构类似。在下部，核心筒承担大部分水平剪力，而在上部，水平剪力逐步转移到外框筒上。同理，协同工作后，可以取得加大结构刚度，减少层间变形等优点。此外，内筒可集中布置电梯、楼梯、竖向管道等。因此筒中筒结构成为 50 层以上高层建筑的主要结构体系。

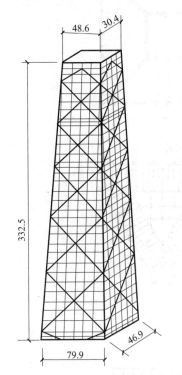

图 12.22　芝加哥 John Hancock
　　　　　大厦立面图（单位：m）

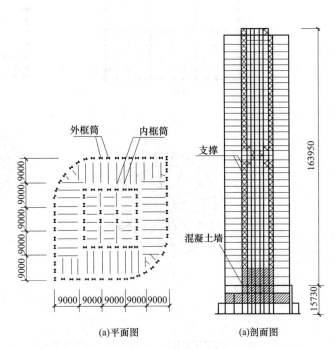

图 12.23　北京中国国际贸易大厦结构平面图和剖面图

　　框筒及筒中筒结构的布置原则是尽可能减少剪力滞后，充分发挥材料的作用。按照设计经验及由力学分析得到的概念，可归纳以下各点，作为初步设计时的参考。

　　① 要求设计密柱深梁。梁、柱刚度比是影响剪力滞后的一个主要因素，梁的线刚度大，剪力滞后现象可减少。因此，通常取柱中距为 1.2～3.0m，横梁跨高比为 2.5～4。当横梁尺寸较大时，柱间距也可相应加大。角柱面积为其他柱面积的 1.5～2 倍。

　　② 建筑平面以接近方形为好，长宽比不应大于 2。当长边太大时，由于剪力滞后，长边中间部分的柱子不能发挥作用。

　　③ 建筑物高宽比较大时，空间作用才能充分发挥。因此在 40～50 层以上的建筑中，用框筒或筒中筒结构才较合理，结构高宽比宜大于 3，高度不宜低于 60m。

　　④ 在水平力作用下，楼板作为框筒的隔板，起到保持框筒平面形状的作用。隔板主要在平面内受力，平面内需要很大刚度。隔板又是楼板，它要承受竖向荷载产生的弯矩。因此，要选择合适的楼板体系，降低楼板结构高度；同时，又要使角柱能承受楼板传来的垂直荷载，以平衡水平荷载下角柱内出现的较大轴向拉力，尽可能避免角柱受拉。筒中筒结构中常见的楼板布置，如图 12.24 所示。

　　⑤ 在底层需要减少柱子数量，加大柱距，以便设置出入口。在稀柱层与密柱层之间要设置转换层。转换层可以由刚度很大的实腹梁、空腹刚架、桁架、拱等支撑上部的柱子，如图 12.25 所示。

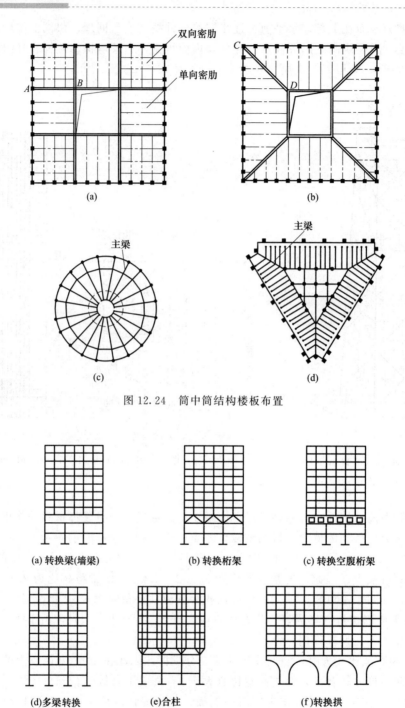

图 12.24 筒中筒结构楼板布置

图 12.25 外部形成大入口的转换层

12.5.4 束筒结构

两个或者两个以上框筒排列在一起，即为束筒结构。束筒结构中的每一个框筒，可以是方形、矩形或者三角形等；多个框筒可以组成不同的平面形状；其中任一个筒可以根据需要在任何高度终止。图 12.26 为不同平面形状的束筒结构平面图。

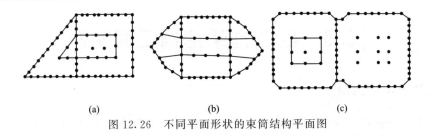

(a)	(b)	(c)

图 12.26　不同平面形状的束筒结构平面图

　　最有名的束筒结构是芝加哥的西尔斯大厦，109 层，443m，是世界上最高的钢结构建筑。底层平面尺寸为 68.6m×68.6m；50 层以下为 9 个框筒组成的束筒，51～66 层是 7 个框筒组成的束筒，67～91 层为 5 个框筒组成的束筒，91 层以上 2 个框筒组成的束筒，在第 35、66 和 90 层，沿周边框架各设一层楼高的桁架 [图 12.27 （a）]，对整体结构起到箍的作用，提高抗侧刚度和竖向变形的能力。束筒结构缓解了剪力滞后，柱的轴力分布比较均匀 [图 12.27 （b）]。

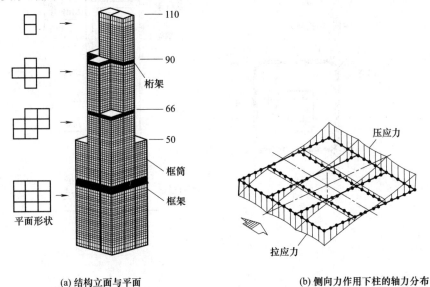

(a) 结构立面与平面　　　　　　　　　　(b) 侧向力作用下柱的轴力分布

图 12.27　芝加哥西尔斯大厦

12.5.5　巨型框架结构

　　高层建筑中，通常每隔一定的层数就有一个设备层，布置水箱、空调、电梯机房或安置一些其他设备，这些设备层在立面上一般没有或很少有布置门窗洞口的要求。因此，可利用设备层的高度，布置一些强度和刚度都很大的水平构件（桁架或钢筋混凝土大梁），即形成水平加强层的作用。这些水平构件既连接建筑物四周的柱子，又连接核心筒，可约束周边框架及核心筒的变形，减少结构在水平荷载作用下的侧移量，并使各竖向构件在温度作用下的变形趋于均匀。这些大梁或大型桁架如与布置在建筑物四周的大型柱或钢筋混凝土井筒连接，便

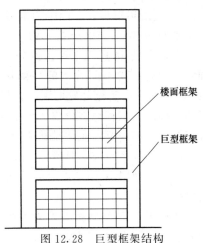

图 12.28　巨型框架结构

形成具有强大的抗侧刚度的巨型框架结构，如图 12.28 所示。

12.6　巨型框架结构工程实例

12.6.1　深圳新华大厦

35 层的深圳新华大厦采用 28.8m×28.8m 的正方形平面，主体结构由钢筋混凝土芯筒和外圈巨型框架组成，为钢筋混凝土巨型框架筒体体系。芯筒平面为 12m×9.7m 的矩形，内设 4 道横隔墙和 2 道纵隔墙。楼层平面的外圈为钢筋混凝土巨型框架，平面四角的大截面双肢柱作为四边主框架的 4 根角柱。沿楼房高度从下到上分别每隔 3 层、9 层、10 层设置预应力混凝土大截面梁，与 4 根角柱一起构成主框架。在主框架的各层大梁之间设置 3~10 层楼高的较小截面次框架，如图 12.29 所示。

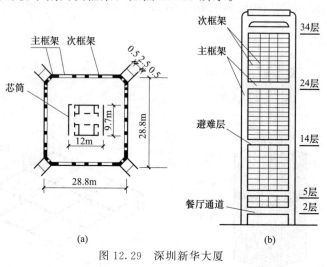

(a)　　　　　　　　　(b)

图 12.29　深圳新华大厦

12.6.2　香港中国银行大厦

该建筑建成于 1990 年 5 月。地面以上共 70 层，高达 315m，屋顶天线的顶端标高为 368m。其由美籍华人、国际著名建筑师贝聿铭设计建筑方案，罗伯逊公司完成结构设计。大厦平面为 52m×52m 的正方形，沿对角线方向分成的四个三角形区域向上每隔若干层切去一个，直到 44 层以上保留四分之一，成为至屋顶的三角形，整体建筑以其多棱晶体形的独特造型而成为中国香港的亮丽风景线。大楼为钢-混凝土混合结构巨型桁架体系，如图 12.30 所示。由于充分发挥了两种材料的优势，互相取长补短，达到了降低用钢量和节约投资的效果。该工程总造价仅 128 亿美元，用钢量约为 140kg/m²，被誉为省钢的纪录和新一代高层建筑的先驱。主体结构由沿正方形平面周边和对角线布置的 8 榀平面巨型钢桁架形成的空间支撑体系组成，具有以下特点。

① 在体型上采用了束筒的手法，单元筒体断面为三角形，有利于减少风荷载和避免横向风振。

② 采用巨型空间桁架作为主要承重体系，由于桁架杆件受轴力，又没有剪力滞后，结构效能高，用钢省，刚度大。

③ 各巨型钢桁架交会于巨型钢骨混凝土立柱，落地的四角立柱底部截面最大达 4.8m×4.1m，向上逐渐减小截面，其中埋置属于三个桁架平面的三根丁字形钢柱，这些钢柱是分

离的，代替了传统的不同平面桁架杆件交汇于一个节点的做法，大大简化了制作和安装。用混凝土柱体现了充分利用混凝土抗压强度的思想，大量节约了钢材。正方形平面中心处的立柱由屋顶向下通到第25层结束而不落地。

④ 每13层设置一道水平桁架，将垂直荷载传给巨型桁架；水平荷载最后也都传到四角的巨型柱，并传至地下。

此外，在巨型桁架平面内还设有若干吊杆，将楼层荷载通过巨型桁架斜杆传给角柱。因此，四角巨型柱承受了全部垂直和水平荷载，柱的轴向压力加上柱的自重，增强了巨型桁架的抗倾覆能力。香港中国银行大厦可谓现代巨型桁架结构体系的典范。

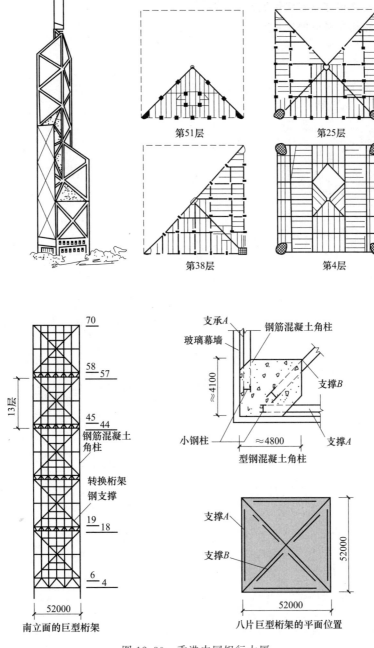

图 12.30　香港中国银行大厦

思考题

12.1　多层及高层建筑结构有哪几种主要结构形式?

12.2　框架结构房屋的承重框架有哪几种布置形式?

12.3　剪力墙按墙体开洞大小分为哪几类?

12.4　剪力墙在建筑平面布置的原则有哪些?

12.5　框架-剪力墙结构中剪力墙的布置应遵循什么原则?

12.6　异形柱结构体系有何优点?

12.7　巨型结构体系有何优点?

附 录

附表 1　普通钢筋强度标准值

牌　号		符号	公称直径 d/mm	屈服强度标准值 f_{yk}/(N/mm²)	极限强度标准值 f_{stk}/(N/mm²)
热轧钢筋	HPB300	Φ	6~14	300	420
	HRB400，HRBF400，RRB400	Φ，Φ^F，Φ^R	6~50	400	540
	HRB500，HRBF500	$\overline{\Phi}$，$\overline{\Phi}^F$	6~50	500	630

注：1. 热轧钢筋直径 d 是指公称直径。

2. 当采用直径大于 40mm 的钢筋时，应有可靠的工程经验。

附表 2　普通钢筋强度设计值

牌　号		符号	抗拉强度设计值 f_y /(N/mm²)	抗压强度设计值 f'_y /(N/mm²)
热轧钢筋	HPB300	Φ	270	270
	HRB400，HRBF400，RRB400	Φ，Φ^F，Φ^R	360	360
	HRB500，HRBF500	$\overline{\Phi}$，$\overline{\Phi}^F$	435	435

注：1. 箍筋的抗拉强度设计值 f_{yv} 应按表中 f_y 的数值取值。

2. 对轴心受压构件，当采用 HRB500、HRBF500 钢筋时钢筋的抗压强度设计值 f'_y 应取 400N/mm²。

3. 当用作受剪、受扭、受冲切承载力计算时，其数值大于 360N/mm² 时应取 360N/mm²。

附表 3　钢筋弹性模量

牌号或种类	E_s/(×10⁵N/mm²)
HPB300 钢筋	2.10
HRB400，HRBF400，RRB400，HRB500，HRBF500，预应力螺纹钢筋	2.00
消除应力钢丝、中强度预应力钢丝	2.05
钢绞线	1.95

附表 4　混凝土强度标准值

强度种类	混凝土强度等级												
	C20	C25	C30	C35	C40	C45	C50	C55	C60	C65	C70	C75	C80
轴心抗压 f_{ck}/(N/mm²)	13.4	16.7	20.1	23.4	26.8	29.6	32.4	35.5	38.5	41.5	44.5	47.5	50.2
轴心抗拉 f_{tk}/(N/mm²)	1.54	1.78	2.01	2.20	2.39	2.51	2.64	2.74	2.85	2.93	2.99	3.05	3.11

附表 5　混凝土强度设计值

强度种类	混凝土强度等级												
	C20	C25	C30	C35	C40	C45	C50	C55	C60	C65	C70	C75	C80
轴心抗压 f_c/(N/mm²)	9.6	11.9	14.3	16.7	19.1	21.1	23.1	25.3	27.5	29.7	31.8	33.8	35.9
轴心抗拉 f_t/(N/mm²)	1.10	1.27	1.43	1.57	1.71	1.80	1.89	1.96	2.04	2.09	2.14	2.18	2.22

注：1. 计算现浇钢筋混凝土轴心受压及偏心受压构件时，如截面的长边或直径小于 300mm，则表中混凝土的强度设计值应乘以系数 0.8；当构件质量（如混凝土成型、截面和轴线尺寸等）确有保证时，可不受此限制。

2. 离心混凝土的强度设计值应按专门标准取用。

附表6　混凝土弹性模量

混凝土强度等级	C20	C25	C30	C35	C40	C45	C50	C55	C60	C65	C70	C75	C80
$E_c/(\times10^4\text{N}/\text{mm}^2)$	2.55	2.80	3.00	3.15	3.25	3.35	3.45	3.55	3.60	3.65	3.70	3.75	3.80

注：1. 当有可靠试验依据时，弹性模量可根据实验数据确定。

2. 当混凝土中掺有大量矿物掺和料时，弹性模量可按规定龄期根据实测数据确定。

附表7　混凝土结构的环境类别

环境类别		条　件
一		室内干燥环境；无侵蚀性静水浸没环境
二	a	室内潮湿环境；非严寒和非寒冷地区的露天环境；非严寒和非寒冷地区与无侵蚀性的水或土壤直接接触的环境； 严寒和寒冷地区的冰冻线以下与无侵蚀性的水或土壤直接接触的环境
	b	干湿交替环境；水位频繁变动环境；严寒和寒冷地区的露天环境； 严寒和寒冷地区冰冻线以上与无侵蚀性的水或土壤直接接触的环境
三	a	严寒和寒冷地区冬季水位变动区环境；受除冰盐影响环境；海风环境
	b	盐渍土环境；受除冰盐作用环境；海岸环境
四		海水环境
五		受人为或自然的侵蚀物质影响的环境

注：1. 室内潮湿环境是指构件表面经常处于结露或湿润状态的环境。

2. 严寒和寒冷地区的划分应符合现行国家标准《民用建筑热工设计规范》（GB 50176）的有关规定。

3. 海岸环境和海风环境宜根据当地情况，考虑主导风向及结构所处迎风部位等因素的影响，由调查研究和工程经验确定。

4. 受除冰盐影响环境是指受到除冰盐盐雾影响的环境；受除冰盐作用环境是指被除冰盐溶液溅射的环境以及使用除冰盐地区的洗车房、停车楼等建筑。

5. 暴露的环境是指混凝土结构表面所处的环境。

附表8　混凝土保护层的最小厚度 c

环境类别		最小厚度/mm	
		板、墙、壳	梁、柱、杆
一		15	20
二	a	20	25
	b	25	35
三	a	30	40
	b	40	50

注：1. 混凝土强度等级不大于C25时，表中保护层厚度数值应增加5mm。

2. 钢筋混凝土基础宜设置混凝土垫层，基础中钢筋混凝土保护层厚度应从垫层顶面算起，且不应小于40mm。

3. 本表适用于设计使用年限为50年的混凝土结构，最外层钢筋的保护层厚度。

4. 设计使用年限为100年的混凝土结构，最外层钢筋的保护层厚度不应小于本表中数值的1.4倍。

5. 构件中受力钢筋的保护层厚度不应小于钢筋的公称直径 d。

6. 当梁、柱、墙中纵向受力钢筋的保护层厚度大于50mm时，宜对保护层采取有效的构造措施。当保护层内配置防裂、防剥落的钢筋网片时，网片钢筋的保护层厚度不应小于25mm。

附表9　结构混凝土材料的耐久性基本要求

环境等级		最大水胶比	最低强度等级	最大氯离子含量/%	最大碱含量/(kg/m³)
一		0.60	C20	0.30	不限制
二	a	0.55	C25	0.20	
	b	0.50(0.55)	C30(C25)	0.10	3.0
三	a	0.45(0.50)	C35(C30)	0.10	
	b	0.40	C40	0.06	

注：1. 氯离子含量是指其占水泥用量的质量百分比。

2. 预应力构件混凝土中的最大氯离子含量为0.06%；其最低混凝土强度等级宜按表中的规定提高两个等级。

3. 素混凝土构件的水胶比及最低强度等级的要求可适当放松。

4. 有可靠工程经验时，二类环境中的最低混凝土强度等级可降低一个等级。

5. 处于严寒和寒冷地区二b、三a类环境中的混凝土应使用引气剂，并可采用括号中的有关参数。

6. 当使用非碱活性骨料时，对混凝土中的碱含量可不作限制。

7. 本表适用于设计使用年限为50年的混凝土结构。

附表 10　纵向受力钢筋的最小配筋百分率 ρ_{min}

受力类型			最小配筋百分率/%
受压构件	全部纵向钢筋	强度等级 400MPa、500MPa	0.55
		强度等级 300MPa	0.60
	一侧纵向钢筋		0.20
受弯构件、偏心受拉、轴心受拉构件一侧的受拉钢筋			0.20 和 $45f_t/f_y$ 中的较大值

注：1. 受压构件全部纵向钢筋最小配筋百分率，当采用 C60 以上强度等级的混凝土时，应按表中规定增加 0.10。

2. 偏心受拉构件中的受压钢筋，应按受压构件一侧纵向钢筋考虑。

3. 受压构件的全部纵向钢筋和一侧纵向钢筋的配筋率以及轴心受拉构件和小偏心受拉构件一侧受拉钢筋的配筋率均应按构件的全截面面积计算。

4. 受弯构件、大偏心受拉构件一侧受拉钢筋的配筋率应按全截面面积扣除受压翼缘面积 $(b'_f-b)h'_f$ 后的截面面积计算。

5. 当钢筋沿构件截面周边布置时，"一侧纵向钢筋"是指沿受力方向两个对边中一边布置的纵向钢筋。

附表 11　民用建筑楼面均布活荷载的标准值及其组合值、频遇值和准永久值系数

项次	类别	标准值 /(kN/mm²)	组合值系数 ψ_c	频遇值系数 ψ_f	准永久值系数 ψ_q
1	(1)住宅、宿舍、旅馆、办公楼、医院病房、托儿所、幼儿园	2.0	0.7	0.5	0.4
	(2)教室、实验室、阅览室、会议室、医院门诊室			0.6	0.5
2	食堂、餐厅、一般资料档案室	2.5	0.7	0.6	0.5
3	(1)礼堂、剧场、影院、有固定座位的看台	3.0	0.7	0.5	0.3
	(2)公共洗衣房	3.0	0.7	0.6	0.5
4	(1)商店、展览厅、车站、港口、机场大厅及其旅客等候室	3.5	0.7	0.6	0.5
	(2)无固定座位的看台	3.5	0.7	0.5	0.3
5	(1)健身房、演出舞台	4.0	0.7	0.6	0.5
	(2)运动场、舞厅	4.0	0.7	0.6	0.4
6	(1)书库、档案库、储藏室、百货食品超市	5.0	0.9	0.9	0.8
	(2)密集柜书库	12.0			
7	通风机房、电梯机房	7.0	0.9	0.9	0.8
8	汽车通道及停车库： (1)单向板楼盖(板跨不小于 2m)和双向板楼盖(板跨不小于 3m×3m)				
	客车	4.0	0.7	0.7	0.6
	消防车	35.0	0.7	0.5	0.2
	(2)双向板楼盖(板跨不小于 6m×6m)和无梁楼盖(柱网尺寸不小于 6m×6m)				
	客车	2.5	0.7	0.7	0.6
	消防车	20.0	0.7	0.5	0.2
9	厨房： (1)一般的	2.0	0.7	0.6	0.5
	(2)餐厅的	4.0	0.7	0.7	0.7
10	浴室、厕所、盥洗室	2.5	0.7	0.6	0.5

续表

项次	类　别	标准值/(kN/mm²)	组合值系数 ψ_c	频遇值系数 ψ_f	准永久值系数 ψ_q
11	走廊、门厅： (1)宿舍、旅馆、医院病房、托儿所、幼儿园、住宅 (2)办公楼、教学楼、餐厅、医院门诊部 (3)当人流可能密集时	2.0 2.5 3.5	0.7 0.7 0.7	0.5 0.6 0.5	0.4 0.5 0.3
12	楼梯： (1)多层住宅 (2)其他	2.0 3.5	0.7 0.7	0.5 0.5	0.4 0.3
13	阳台： (1)一般情况 (2)当人群有可能密集时	2.5 3.5	0.7	0.6	0.5

注：1. 本表所给各项活荷载适用于一般使用条件，当使用荷载较大或情况特殊时，应按实际情况采用。

2. 第 6 项书库活荷载当书架高度大于 2m 时，书库活荷载尚应按每米书架高度不小于 2.5kN/m² 确定。

3. 第 8 项中的客车活荷载只适用于停放载人少于 9 人的客车；消防车活荷载是适用于满载总重为 300kN 的大型车辆；当不符合本表的要求时，将按车轮的局部荷载按结构效应的等效原则，换算为等效均布荷载。

4. 第 8 项消防车活荷载，当双向板楼盖板跨介于 3m×3m～6m×6m 之间时，可按线性插值确定。当考虑地下室顶板覆土影响时，由于轮压在覆土中的扩散作用，随着覆土厚度的增加，消防车活荷载逐渐减少，扩散角一般可按 35°考虑。常用板跨消防车覆土厚度折减系数可按《建筑结构荷载规范》附录 C 确定。

5. 第 11 项楼梯活荷载，对预制楼梯踏步平板，尚应按 1.5kN 集中荷载验算。

6. 本表各项荷载不包括隔墙自重和二次装修荷载。对固定隔墙的自重应按恒荷载考虑，当隔墙位置可灵活自由布置时，非固定隔墙的自重应取每延米长墙重（kN/m）的 1/3 作为楼面活荷载的附加值（kN/m²）计入，附加值不小于 1.0kN/m²。

附表 12　活荷载按楼层的折减系数

墙、柱、基础、计算截面以上的层数	1	2～3	4～5	6～8	9～20	＞20
计算截面以上各楼层活荷载总和的折减系数	1.0(0.9)	0.85	0.70	0.65	0.60	0.55

注：当楼面梁的从属面积超过 25m² 时，应采用括号内的系数。

附表 13　屋面均布活荷载标准值及其组合值、频域值和准永久值系数

项次	类别	标准值/(kN/m²)	组合值系数 ψ_c	频遇值系数 ψ_f	准永久值系数 ψ_q
1	不上人的屋面	0.5	0.7	0.5	0
2	上人的屋面	2.0	0.7	0.5	0.4
3	屋顶花园	3.0	0.7	0.6	0.5
4	屋顶运动场	4.0	0.7	0.6	0.4

注：1. 不上人的屋面，当施工或维修荷载较大时，应按实际情况采用；对不同结构应按有关设计规范的规定，将标准值作 0.2kN/m² 的增减。

2. 上人的屋面，当兼作其他用途时，应按相应楼面活荷载采用。

3. 对于因屋面排水不畅、堵塞等引起的积水荷载，应采取构造措施加以防止；必要时，应按积水的可能深度确定屋面活荷载。

4. 屋顶花园活荷载不包括花圃土石等材料自重。

附表 14　烧结普通砖和烧结多孔砖砌体的抗压强度设计值　　　单位：MPa

砖强度等级	砂浆强度等级					砂浆强度
	M15	M10	M7.5	M5	M2.5	0
MU30	3.94	3.27	2.93	2.59	2.26	1.15
MU25	3.60	2.98	2.68	2.37	2.06	1.05
MU20	3.22	2.67	2.39	2.12	1.84	0.94
MU15	2.79	2.31	2.07	1.83	1.60	0.82
MU10	—	1.89	1.69	1.50	1.30	0.67

注：当烧结多孔砖的孔洞率大于 30% 时，表中数值应乘以 0.9。

附表 15　混凝土普通砖和混凝土多孔砖砌体的抗压强度设计值　　单位：MPa

砖强度等级	砂浆强度等级					砂浆强度
	Mb20	Mb15	Mb10	Mb7.5	Mb5	0
MU30	4.61	3.94	3.27	2.93	2.59	1.15
MU25	4.21	3.60	2.98	2.68	2.37	1.05
MU20	3.77	3.22	2.67	2.39	2.12	0.94
MU15	—	2.79	2.31	2.07	1.83	0.82

附表 16　蒸压灰砂普通砖和蒸压粉煤灰普通砖砌体的抗压强度设计值　　单位：MPa

砖强度等级	砂浆强度等级				砂浆强度
	M15	M10	M7.5	M5	0
MU25	3.60	2.98	2.68	2.37	1.05
MU20	3.22	2.67	2.39	2.12	0.94
MU15	2.79	2.31	2.07	2.83	0.82

注：当采用专业砂浆砌筑时，其抗压强度设计值按表中数值采用。

附表 17　单排孔混凝土砌块和轻集料混凝土砌块对孔砌筑砌体的抗压强度设计值

单位：MPa

砌块强度等级	砂浆强度等级					砂浆强度
	Mb20	Mb15	Mb10	Mb7.5	Mb5	0
MU20	6.3	5.68	4.95	4.44	3.94	2.33
MU15	—	4.61	4.02	3.61	3.20	1.89
MU10	—	—	2.79	2.50	2.22	1.31
MU7.5	—	—	—	1.93	1.71	1.01
MU5	—	—	—	—	1.19	0.70

注：1. 对独立柱或厚度为双排组砌的砌块砌体，应按表中数值乘以 0.7。

2. 对 T 形截面墙体、柱，应按表中数值乘以 0.85。

附表 18　双排孔或多排孔轻集料混凝土砌块砌体的抗压强度设计值　　单位：MPa

砌块强度等级	砂浆强度等级			砂浆强度
	Mb10	Mb7.5	Mb5	0
MU10	3.08	2.76	2.45	1.44
MU7.5	—	2.13	1.88	1.12
MU5	—	—	1.31	0.78
MU3.5	—	—	0.95	0.56

注：1. 表中的砌块为火山渣、浮石和陶粒轻集料混凝土砌块。

2. 对厚度方向为双排组砌的轻集料混凝土砌块砌体的抗压强度设计值，应按表中数值乘以 0.8。

附表 19　毛料石砌体的抗压强度设计值　　单位：MPa

毛料石强度等级	砂浆强度等级			砂浆强度
	M7.5	M5	M2.5	0
MU100	5.42	4.80	4.18	2.13
MU80	4.85	4.29	3.73	1.91
MU60	4.20	3.71	3.23	1.65
MU50	3.83	3.39	2.95	1.51
MU40	3.43	3.04	2.64	1.35
MU30	2.97	2.63	2.29	1.17
MU20	2.42	2.15	1.87	0.95

注：对细料石砌体、粗料石砌体和干砌勾缝石砌体，表中数值应分别乘以调整系数 1.4、1.2 和 0.8。

附表 20　毛石砌体的抗压强度设计值　　　　单位：MPa

毛石强度等级	砂浆强度等级			砂浆强度
	M7.5	M5	M2.5	0
MU100	1.27	1.12	0.98	0.34
MU80	1.13	1.00	0.87	0.30
MU60	0.98	0.87	0.76	0.26
MU50	0.90	0.80	0.69	0.23
MU40	0.80	0.71	0.62	0.21
MU30	0.69	0.61	0.53	0.18
MU20	0.56	0.51	0.44	0.15

附表 21　沿砌体灰缝截面破坏时砌体的轴心抗压强度设计值、弯曲抗拉强度设计值和抗剪强度设计值
单位：MPa

强度类别	破坏特征及砌体种类		砂浆强度等级			
			≥M10	M7.5	M5	M2.5
轴心抗压	沿齿缝	烧结普通砖、烧结多孔砖	0.19	0.16	0.13	0.09
		混凝土普通砖、混凝土多孔砖	0.19	0.16	0.13	—
		蒸压灰砂普通砖、蒸压粉煤灰普通砖	0.12	0.10	0.08	—
		混凝土和轻集料混凝土砌块	0.09	0.08	0.07	—
		毛石	—	0.07	0.06	0.04
弯曲抗拉	沿齿缝	烧结普通砖、烧结多孔砖	0.33	0.29	0.23	0.17
		混凝土普通砖、混凝土多孔砖	0.33	0.29	0.23	—
		蒸压灰砂普通砖、蒸压粉煤灰普通砖	0.24	0.20	0.16	—
		混凝土和轻集料混凝土砌块	0.11	0.09	0.08	—
		毛石	—	0.11	0.09	0.07
	沿通缝	烧结普通砖、烧结多孔砖	0.17	0.14	0.11	0.08
		混凝土普通砖、混凝土多孔砖	0.17	0.14	0.11	—
		蒸压灰砂普通砖、蒸压粉煤灰普通砖	0.12	0.10	0.08	—
		混凝土和轻集料混凝土砌块	0.08	0.06	0.05	—
抗剪	烧结普通砖、烧结多孔砖		0.17	0.14	0.11	0.08
	混凝土普通砖、混凝土多孔砖		0.17	0.14	0.11	—
	蒸压灰砂普通砖、蒸压粉煤灰普通砖		0.12	0.10	0.08	—
	混凝土和轻集料混凝土砌块		0.09	0.08	0.06	—
	毛石		—	0.19	0.16	0.11

注：1. 对于用形状规则的块体砌筑的砌体，当搭接长度与块体高度的比值小于1时，其轴心抗拉强度设计值 f_t 和弯曲抗拉强度设计值 f_{tm} 应按表中数值乘以搭接长度与块体高度比值后采用。

2. 表中数值是依据普通砂浆砌筑的砌体确定，采用经研究性试验且通过技术鉴定的专用砂浆砌筑的蒸压灰砂普通砖、蒸压粉煤灰普通砖砌体，其抗剪强度设计值按相应普通砂浆强度等级砌筑的烧结普通砖砌体的采用。

3. 对混凝土普通砖、混凝土多孔砖、混凝土和轻集料混凝土砌块砌体，表中的砂浆强度等级分别为：≥Mb10、Mb7.5 及 Mb5。

附表 22　钢筋的公称直径、公称截面面积

公称直径/mm	不同根数钢筋的计算截面面积/mm²								
	1 根	2 根	3 根	4 根	5 根	6 根	7 根	8 根	9 根
6	28.3	57	85	113	142	170	198	226	255
8	50.3	101	151	201	252	302	352	402	453
10	78.5	157	236	314	393	471	550	628	707

公称直径 /mm	不同根数钢筋的计算截面面积/mm²								
	1 根	2 根	3 根	4 根	5 根	6 根	7 根	8 根	9 根
12	113.1	226	339	452	565	678	791	904	1017
14	153.9	308	461	615	769	923	1077	1231	1385
16	201.1	402	603	804	1005	1206	1407	1608	1809
18	254.5	509	763	1017	1272	1527	1781	2036	2290
20	314.2	628	942	1256	1570	1884	2199	2513	2827
22	380.1	760	1140	1520	1900	2281	2661	3041	3421
25	490.9	982	1473	1964	2454	2945	3436	3927	4418
28	615.8	1232	1847	2463	3079	3695	4310	4926	5542
32	804.2	1609	2413	3217	4021	4826	5630	6434	7238
36	1017.9	2036	3054	4072	5089	6107	7125	8143	9161
40	1256.6	2513	3770	5027	6283	7540	8796	10053	11310
50	1963.5	3928	5892	7856	9820	11784	13748	157121	13273.5

附表 23　每米板宽内各种间距的钢筋截面面积

钢筋间距/mm	当钢筋直径为下列数值时的钢筋截面面积/mm²										
	6mm	6/8mm	8mm	8/10mm	10mm	10/12mm	12mm	12/14mm	14mm	14/16mm	16mm
70	404	561	719	920	1121	1369	1616	1908	2199	2536	2872
75	377	524	671	859	1047	1277	1508	1780	2053	2367	2681
80	354	491	629	805	981	1198	1414	1669	1924	2218	2513
85	333	462	592	758	924	1127	1331	1571	1811	2088	2365
90	314	437	559	716	872	1064	1257	1484	1710	1972	2234
95	298	414	529	678	826	1008	1190	1405	1620	1868	2116
100	283	393	503	644	785	958	1131	1335	1539	1775	2011
110	257	357	457	585	714	871	1028	1214	1399	1614	1828
120	236	327	419	537	654	798	942	1112	1283	1480	1676
125	226	314	402	515	628	766	905	1068	1232	1420	1608
130	218	302	387	495	604	737	870	1027	1184	1366	1547
140	202	281	359	460	561	684	808	954	1100	1268	1436
150	189	262	335	429	523	639	754	890	1026	1183	1340
160	177	246	314	403	491	599	707	834	962	1110	1257
170	166	231	296	379	462	564	665	786	906	1044	1183
180	157	218	279	358	436	532	628	742	855	985	1117
190	149	207	265	339	413	504	595	702	810	934	1058
200	141	196	251	322	393	479	565	668	770	888	1005

附表 24　钢结构 b 类截面轴心受压构件稳定系数 φ

λ/ε_k	0	1	2	3	4	5	6	7	8	9
0	1.000	1.000	1.000	0.999	0.999	0.998	0.997	0.996	0.995	0.994
10	0.992	0.991	0.989	0.987	0.985	0.983	0.981	0.978	0.976	0.973
20	0.970	0.967	0.963	0.960	0.957	0.953	0.950	0.946	0.943	0.939
30	0.936	0.932	0.929	0.925	0.922	0.918	0.914	0.910	0.906	0.903
40	0.899	0.895	0.891	0.887	0.882	0.878	0.874	0.870	0.865	0.861
50	0.856	0.852	0.847	0.842	0.838	0.833	0.828	0.823	0.818	0.813
60	0.807	0.802	0.797	0.791	0.786	0.780	0.774	0.769	0.763	0.757
70	0.751	0.745	0.739	0.732	0.726	0.720	0.714	0.707	0.701	0.694
80	0.688	0.681	0.675	0.668	0.661	0.655	0.648	0.641	0.635	0.628

续表

λ/ε_k	0	1	2	3	4	5	6	7	8	9
90	0.621	0.614	0.608	0.601	0.594	0.588	0.581	0.575	0.568	0.561
100	0.555	0.549	0.542	0.536	0.529	0.523	0.517	0.511	0.505	0.499
110	0.493	0.487	0.481	0.475	0.470	0.464	0.458	0.453	0.447	0.442
120	0.437	0.432	0.426	0.421	0.416	0.411	0.406	0.402	0.397	0.392
130	0.387	0.383	0.378	0.374	0.370	0.365	0.361	0.357	0.353	0.349
140	0.345	0.341	0.337	0.333	0.329	0.326	0.322	0.318	0.315	0.311
150	0.308	0.304	0.301	0.298	0.295	0.291	0.288	0.285	0.282	0.279
160	0.276	0.273	0.270	0.267	0.265	0.262	0.259	0.256	0.254	0.251
170	0.249	0.246	0.244	0.241	0.239	0.236	0.234	0.232	0.229	0.227
180	0.225	0.223	0.220	0.218	0.216	0.214	0.212	0.210	0.208	0.206
190	0.204	0.202	0.200	0.198	0.197	0.195	0.193	0.191	0.190	0.188
200	0.186	0.184	0.183	0.181	0.180	0.178	0.176	0.175	0.173	0.172
210	0.170	0.169	0.167	0.166	0.165	0.163	0.162	0.160	0.159	0.158
220	0.156	0.155	0.154	0.153	0.151	0.150	0.149	0.148	0.146	0.145
230	0.144	0.143	0.142	0.141	0.140	0.138	0.137	0.136	0.135	0.134
240	0.133	0.132	0.131	0.130	0.129	0.128	0.127	0.126	0.125	0.124
250	0.123	—	—	—	—	—	—	—	—	—

附表 25　钢结构 c 类截面轴心受压构件稳定系数 φ

λ/ε_k	0	1	2	3	4	5	6	7	8	9
0	1.000	1.000	1.000	0.999	0.999	0.998	0.997	0.996	0.995	0.993
10	0.992	0.990	0.988	0.986	0.983	0.981	0.978	0.976	0.973	0.970
20	0.966	0.959	0.953	0.947	0.940	0.934	0.928	0.921	0.915	0.909
30	0.902	0.896	0.890	0.883	0.877	0.871	0.865	0.858	0.852	0.845
40	0.839	0.833	0.826	0.820	0.813	0.807	0.800	0.794	0.787	0.781
50	0.774	0.768	0.761	0.755	0.748	0.742	0.735	0.728	0.722	0.715
60	0.709	0.702	0.695	0.689	0.682	0.675	0.669	0.662	0.656	0.649
70	0.642	0.636	0.629	0.623	0.616	0.610	0.603	0.597	0.591	0.584
80	0.578	0.572	0.565	0.559	0.553	0.547	0.541	0.535	0.529	0.523
90	0.517	0.511	0.505	0.499	0.494	0.488	0.483	0.477	0.471	0.467
100	0.462	0.458	0.453	0.449	0.445	0.440	0.436	0.432	0.427	0.423
110	0.419	0.415	0.411	0.407	0.402	0.398	0.394	0.390	0.386	0.383
120	0.379	0.375	0.371	0.367	0.363	0.360	0.356	0.352	0.349	0.345
130	0.342	0.338	0.335	0.332	0.328	0.325	0.322	0.318	0.315	0.312
140	0.309	0.306	0.303	0.300	0.297	0.294	0.291	0.288	0.285	0.282
150	0.279	0.277	0.274	0.271	0.269	0.266	0.263	0.261	0.258	0.256
160	0.253	0.251	0.248	0.246	0.244	0.241	0.239	0.237	0.235	0.232
170	0.230	0.228	0.226	0.224	0.222	0.220	0.218	0.216	0.214	0.212
180	0.210	0.208	0.206	0.204	0.203	0.201	0.199	0.197	0.195	0.194
190	0.192	0.190	0.189	0.187	0.185	0.184	0.182	0.181	0.179	0.178
200	0.176	0.175	0.173	0.172	0.170	0.169	0.167	0.166	0.165	0.163
210	0.162	0.161	0.159	0.158	0.157	0.155	0.154	0.153	0.152	0.151
220	0.149	0.148	0.147	0.146	0.145	0.144	0.142	0.141	0.140	0.139
230	0.138	0.137	0.136	0.135	0.134	0.133	0.132	0.131	0.130	0.129
240	0.128	0.127	0.126	0.125	0.124	0.123	0.123	0.122	0.121	0.120
250	0.119	—	—	—	—	—	—	—	—	—

附表 26　钢材的设计用强度指标　　　　　　　　单位：N/mm²

钢材牌号		钢材厚度或直径 /mm	强度设计值			屈服强度 f_y	抗拉强度 f_u
			抗拉、抗压和抗弯 f	抗剪 f_v	端面承压（刨平顶紧）f_{ce}		
碳素结构钢	Q235	≤16	215	125	320	235	370
		>16,≤40	205	120		225	
		>40,≤100	200	115		215	
低合金高强度结构钢	Q355	≤16	305	175	400	355	470
		>16,≤40	295	170		345	
		>40,≤63	290	165		335	
		>63,≤80	280	160		325	
		>80,≤100	270	155		315	
	Q390	≤16	345	200	415	390	490
		>16,≤40	330	190		380	
		>40,≤63	310	180		360	
		>63,≤100	295	170		340	
	Q420	≤16	375	215	440	420	520
		>16,≤40	355	205		410	
		>40,≤63	320	185		390	
		>63,≤100	305	175		370	
	Q460	≤16	410	235	470	460	550
		>16,≤40	390	225		450	
		>40,≤63	355	205		430	
		>63,≤100	340	195		410	
建筑结构用钢板	Q345GJ	>16,≤50	325	190	415	345	490
		>50,≤100	300	175		335	

注：1. 表中直径是指实心钢棒直径，厚度是指计算点的钢材或钢管壁厚度厚度，对轴心受拉和轴心受压构件是指截面中较厚板的厚度。

2. 冷弯型材和冷弯钢管，其强度设计值应按国家现行有关标准的规定采用。

3. 低合金高强度结构钢的牌号、屈服强度值 f_y 遵循《低合金高强度结构钢》（GB/T 1591—2018）。

附表 27　焊缝的强度设计值　　　　　　　　单位：N/mm²

焊接方法和焊条型号	构件钢材		对接焊缝强度设计值				角焊缝强度设计值	对接焊缝抗拉强度 f_u^w	角焊缝抗拉、抗压、抗剪强度 f_u^f
	牌号	厚度或直径 /mm	抗压 f_c^w	焊缝质量为下列等级时,抗拉 f_t^w		抗剪 f_v^w	抗拉、抗压和抗剪 f_f^w		
				一级、二级	三级				
自动焊、半自动焊和 E43 型焊条手工焊	Q235	≤16	215	215	185	125	160	415	240
		>16,≤40	205	205	175	120			
		>40,≤100	200	200	170	115			

续表

焊接方法和焊条型号	构件钢材 牌号	厚度或直径/mm	对接焊缝强度设计值 抗压 f_c^w	焊缝质量为下列等级时,抗拉 f_t^w 一级、二级	三级	抗剪 f_v^w	角焊缝强度设计值 抗拉、抗压和抗剪 f_f^w	对接焊缝抗拉强度 f_u^w	角焊缝抗拉、抗压、抗剪强度 f_u^f
自动焊、半自动焊和 E50、E55 型焊条手工焊	Q355	≤16	305	305	260	175	200	480 (E50) 540 (E55)	280 (E50) 315 (E55)
		>16,≤40	295	295	250	170			
		>40,≤63	290	290	245	165			
		>63,≤80	280	280	240	160			
		>80,≤100	270	270	230	155			
	Q390	≤16	345	345	295	200	200 (E50) 220 (E55)		
		>16,≤40	330	330	280	190			
		>40,≤63	310	310	265	180			
		>63,≤100	295	295	250	170			
自动焊、半自动焊和 E50、E60 型焊条手工焊	Q420	≤16	375	375	320	215	220 (E55) 240 (E62)	540 (E55) 590 (E62)	315 (E55) 340 (E62)
		>16,≤40	355	355	300	205			
		>40,≤63	320	320	270	185			
		>63,≤100	305	305	260	175			
自动焊、半自动焊和 E50、E60 型焊条手工焊	Q460	≤16	410	410	350	235	220 (E55) 240 (E62)	540 (E55) 590 (E62)	315 (E55) 340 (E62)
		>16,≤40	390	390	330	225			
		>40,≤63	355	355	300	205			
		>63,≤100	340	340	290	195			
自动焊、半自动焊和 E50、E55 型焊条手工焊	Q345GJ	>16,≤35	310	310	265	180	200	480 (E50) 540 (E55)	280 (E50) 315 (E55)
		>35,≤50	290	290	245	170			
		>50,≤100	285	285	240	165			

注：1. 手工焊用焊条、自动焊和半自动焊所采用的焊丝和焊剂，应保证其熔敷金属的力学性能不低于母材的性能。

2. 焊缝质量等级应符合现行国家标准《钢结构焊接规范》（GB 50661—2011）的规定，其检验方法应符合现行国家标准《钢结构工程施工质量验收规范》（GB 50205—2001）的规定。其中厚度小于 6mm 钢材的对接焊缝，不应采用超声波探伤确定焊缝质量等级。

3. 对接焊缝在受压区的抗弯强度设计值为 f_c^w，在受拉区的抗弯强度设计值为 f_t^w。

4. 按现行国家标准《热强钢焊条》（GB/T 5118—2012），焊条型号中无 E60，但有 E50、E52、E62。

5. 附表 26 注。

附表 28　螺栓连接的强度指标　　　　单位：N/mm²

螺栓的性能等级、锚栓和构件钢材的牌号		强度设计值 普通螺栓 C 级螺栓 抗拉 f_t^b	抗剪 f_v^b	承压 f_c^b	A 级、B 级螺栓 抗拉 f_t^b	抗剪 f_v^b	承压 f_c^b	锚栓 抗拉 f_t^a	承压型连接或网架用高强度螺栓 抗拉 f_t^b	抗剪 f_v^b	承压 f_c^b	高强度螺栓的抗拉强度 f_u^b
普通螺栓	4.6 级、4.8 级	170	140	—	—	—	—	—	—	—	—	—
	5.6 级	—	—	—	210	190	—	—	—	—	—	—
	8.8 级	—	—	—	400	320	—	—	—	—	—	—

螺栓的性能等级、锚栓和构件钢材的牌号		强度设计值										高强度螺栓的抗拉强度 f_u^b
		普通螺栓						锚栓	承压型连接或网架用高强度螺栓			
		C级螺栓			A级、B级螺栓							
		抗拉 f_t^b	抗剪 f_v^b	承压 f_c^b	抗拉 f_t^b	抗剪 f_v^b	承压 f_c^b	抗拉 f_t^a	抗拉 f_t^b	抗剪 f_v^b	承压 f_c^b	
锚栓	Q235	—	—	—	—	—	—	140	—	—	—	—
	Q355	—	—	—	—	—	—	180	—	—	—	—
	Q390	—	—	—	—	—	—	185	—	—	—	—
承压型连接高强度螺栓	8.8级	—	—	—	—	—	—	—	400	250	—	830
	10.9级	—	—	—	—	—	—	—	500	310	—	1040
螺栓球节点用高强度螺栓	9.8级	—	—	—	—	—	—	—	385	—	—	—
	10.9级	—	—	—	—	—	—	—	430	—	—	—
构件钢材牌号	Q235	—	—	305	—	—	405	—	—	—	470	—
	Q355	—	—	385	—	—	510	—	—	—	590	—
	Q390	—	—	400	—	—	530	—	—	—	615	—
	Q420	—	—	425	—	—	560	—	—	—	655	—
	Q460	—	—	450	—	—	595	—	—	—	695	—
	Q345GJ	—	—	400	—	—	530	—	—	—	615	—

注：1. A级螺栓用于 $d \leqslant 24mm$ 和 $L \leqslant 150mm$（按较小值）的螺栓；B级螺栓用于 $d > 24mm$ 和 $L > 10d$ 或 $L > 150mm$（按较小值）的螺栓；d 为公称直径，L 为螺栓公称长度。

2. A级、B级螺栓孔的精度和孔壁表面粗糙度，均应符合现行国家标准《钢结构工程施工质量验收规范》（GB 50205—2001）的要求。

3. 用于螺栓球节点网架的高强度螺栓，M12～M36 为 10.9 级，M39～M64 为 9.8 级。

4. 属于下列情况者为 Ⅰ 类孔：①在装配好的构件上按设计孔径钻成的孔；②在单个零件和构件上按设计孔径分别用钻模钻成的孔；③在单个零件上先钻成或冲成较小的孔径，然后在装配好的构件上再扩钻至设计孔径的孔。

5. 在单个零件上一次冲成和不用钻模钻成设计孔径的孔属于 Ⅱ 类孔。

附表 29　钢筋混凝土单跨双向板计算系数表

符号说明：

B_c——板的抗弯刚度，$B_c = \dfrac{Eh^3}{12(1-\mu^2)}$；

E——混凝土弹性模量；

μ——混凝土泊松比；

h——板厚；

f, f_{max}——板中心点的挠度和最大挠度；

m_x, m_{xmax}——平行于 l_x 方向板中心点单位板宽内的弯矩和板跨内最大弯矩；

m_y, m_{ymax}——平行于 l_y 方向板中心点单位板宽内的弯矩和板跨内最大弯矩；

m'_x——固定边中点沿 l_x 方向单位板宽内的弯矩；

m'_y——固定边中点沿 l_y 方向单位板宽内的弯矩；

————代表自由边；------代表简支边；⊔⊔⊔⊔代表固定边；

正负号的规定：

弯矩——使板的受荷面受压者为正；

挠度——变形与荷载方向相同者为正。

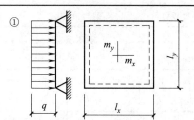

挠度＝表中系数×$\dfrac{ql^4}{B_c}$

$\mu=0$，弯矩＝表中系数×ql^2。

式中，l 取用 l_x 和 l_y 中的较小值。

l_x/l_y	f	m_x	m_y	l_x/l_y	f	m_x	m_y
0.50	0.01013	0.0965	0.0174	0.80	0.00603	0.0561	0.0334
0.55	0.00940	0.0892	0.0210	0.85	0.00547	0.0506	0.0348
0.60	0.00867	0.0820	0.0242	0.90	0.00496	0.0456	0.0358
0.65	0.00796	0.0750	0.0271	0.95	0.00449	0.0410	0.0364
0.70	0.00727	0.0683	0.0296	1.00	0.00406	0.0368	0.0368
0.75	0.00663	0.0620	0.0317				

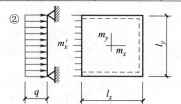

挠度＝表中系数×$\dfrac{ql^4}{B_c}$

$\mu=0$，弯矩＝表中系数×ql^2。

式中，l 取用 l_x 和 l_y 中的较小值。

l_x/l_y	l_y/l_x	f	f_{max}	m_x	$m_{x\,max}$	m_y	$m_{y\,max}$	m_x'
0.50		0.00488	0.00504	0.0583	0.0646	0.0060	0.0063	−0.1212
0.55		0.00471	0.00492	0.0563	0.0618	0.0081	0.0087	−0.1187
0.60		0.00453	0.00472	0.0539	0.0589	0.0104	0.0111	−0.1158
0.65		0.00432	0.00448	0.0513	0.0559	0.0126	0.0133	−0.1124
0.70		0.00410	0.00422	0.0485	0.0529	0.0148	0.0154	−0.1087
0.75		0.00388	0.00399	0.0457	0.0496	0.0168	0.0174	−0.1048
0.80		0.00365	0.00376	0.0428	0.0463	0.0187	0.0193	−0.1007
0.85		0.00343	0.00352	0.0400	0.0431	0.0204	0.0211	−0.0965
0.90		0.00321	0.00329	0.0372	0.0400	0.0219	0.0226	−0.0922
0.95		0.00299	0.00306	0.0345	0.0369	0.0232	0.0239	−0.0880
1.00	1.00	0.00279	0.00285	0.0319	0.0340	0.0243	0.0249	−0.0839
	0.95	0.00316	0.00324	0.0324	0.0345	0.0280	0.0287	−0.0882
	0.90	0.00360	0.00368	0.0328	0.0347	0.0322	0.0330	−0.0926
	0.85	0.00409	0.00417	0.0329	0.0347	0.0370	0.0378	−0.0970
	0.80	0.00464	0.00473	0.0326	0.0343	0.0424	0.0433	−0.1014
	0.75	0.00526	0.00536	0.0319	0.0335	0.0485	0.0494	−0.1056
	0.70	0.00595	0.00605	0.0308	0.0323	0.0553	0.0562	−0.1096
	0.65	0.00670	0.00680	0.0291	0.0306	0.0627	0.0637	−0.1133
	0.60	0.00752	0.00762	0.0268	0.0289	0.0707	0.0717	−0.1166
	0.55	0.00838	0.00848	0.0239	0.0271	0.0792	0.0801	−0.1193
	0.50	0.00927	0.00935	0.0205	0.0249	0.0880	0.0888	−0.1215

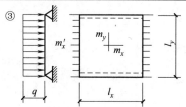

挠度＝表中系数×$\dfrac{ql^4}{B_c}$

$\mu=0$，弯矩＝表中系数×ql^2。

式中，l 取用 l_x 和 l_y 中的较小值。

l_x/l_y	l_y/l_x	f	m_x	m_y	m'_x
0.50		0.00261	0.0416	0.0017	−0.0843
0.55		0.00259	0.0410	0.0028	−0.0840
0.60		0.00255	0.0402	0.0042	−0.0834
0.65		0.00250	0.0392	0.0057	−0.0826
0.70		0.00243	0.0379	0.0072	−0.0814
0.75		0.00236	0.0366	0.0088	−0.0799
0.80		0.00228	0.0351	0.0103	−0.0782
0.85		0.00220	0.0335	0.0118	−0.0763
0.90		0.00211	0.0319	0.0133	−0.0743
0.95		0.00201	0.0302	0.0146	−0.0721
1.00	1.00	0.00192	0.0285	0.0158	−0.0698
	0.95	0.00223	0.0296	0.0189	−0.0746
	0.90	0.00260	0.0306	0.0224	−0.0797
	0.85	0.00303	0.0314	0.0266	−0.0850
	0.80	0.00354	0.0319	0.0316	−0.0904
	0.75	0.00413	0.0321	0.0374	−0.0959
	0.70	0.00482	0.0318	0.0441	−0.1013
	0.65	0.00560	0.0308	0.0518	−0.1066
	0.60	0.00647	0.0292	0.0604	−0.1114
	0.55	0.00743	0.0267	0.0698	−0.1156
	0.50	0.00844	0.0234	0.0798	−0.1191

④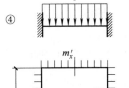

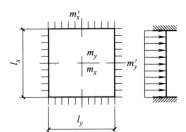

挠度＝表中系数$\times \dfrac{ql^4}{B_c}$

$\mu = 0$，弯矩＝表中系数$\times ql^2$。

式中，l 取用 l_x 和 l_y 中的较小值。

这里 $l_x < l_y$。

l_x/l_y	f	m_x	m_y	m'_x	m'_y
0.50	0.00253	0.0400	0.0038	−0.0829	−0.0570
0.55	0.00246	0.0385	0.0056	−0.0814	−0.0571
0.60	0.00236	0.0367	0.0076	−0.0793	−0.0571
0.65	0.00224	0.0345	0.0095	−0.0766	−0.0571
0.70	0.00211	0.0321	0.0113	−0.0735	−0.0569
0.75	0.00197	0.0296	0.0130	−0.0701	−0.0565
0.80	0.00182	0.0271	0.0144	−0.0664	−0.0559
0.85	0.00168	0.0246	0.0156	−0.0626	−0.0551
0.90	0.00153	0.0221	0.0165	−0.0588	−0.0541
0.95	0.00140	0.0198	0.0172	−0.0550	−0.0528
1.00	0.00127	0.0176	0.0176	−0.0513	−0.0513

⊙ 参考文献

［1］ GB 50011—2010 建筑抗震设计规范.

［2］ GB 50010—2010 混凝土结构设计规范.

［3］ JGJ 3—2010 高层建筑混凝土结构技术规程.

［4］ GB 50003—2011 砌体结构设计规范.

［5］ GB 50017—2017 钢结构设计标准.

［6］ GB 50009—2012 建筑结构荷载规范.

［7］ GB 50007—2011 建筑地基基础设计规范.

［8］ 王建强, 楚留声. 建筑结构抗震设计 ［M］. 北京：中国电力出版社, 2011.

［9］ 李国强, 李杰, 苏小卒. 建筑结构抗震设计 ［M］. 第 2 版. 北京：中国建筑工业出版社, 2008.

［10］ 易方民, 高小旺, 苏经宇. 建筑抗震设计规范理解与应用 ［M］. 第 2 版. 北京：中国建筑工业出版社, 2011.

［11］ 叶献国. 建筑结构选型概论 ［M］. 第 2 版. 武汉：武汉理工大学出版社, 2013.

［12］ 张建荣. 建筑结构选型 ［M］. 第 2 版. 北京：中国建筑工业出版社, 2011.

［13］ ［美］林同炎, 斯多台斯伯利 S D. 结构概念和体系 ［M］. 高立人, 方鄂华, 钱稼茹译. 北京：中国建筑工业出版社, 1999.

［14］ 郑方, 张欣. 水立方——国家游泳中心 ［J］. 建筑学报, 2008, （6）.

［15］ 傅学怡, 顾磊, 杨先桥, 等. 国家游泳中心"水立方"结构优化设计 ［J］. 建筑结构学报, 2005, （6）.

［16］ 罗福午, 邓雪松. 建筑结构 ［M］. 第 2 版. 武汉：武汉理工大学出版社, 2012.

［17］ 董石麟. 组合网架的发展与应用 ［J］. 建筑结构, 1990, （6）.

［18］ 沈世钊, 徐崇宝, 陈昕. 哈尔滨速滑馆巨型网壳结构 ［J］. 建筑结构学报, 1995, （6）.

［19］ 王玉田, 胡庆昌, 曲莹石, 等. 国家奥林匹克体育中心游泳馆屋盖结构设计 ［J］. 建筑结构学报, 1991, （1）.

［20］ 陶金芬. 汉城奥运会的两个拉索"圆形穹顶"［J］. 建筑结构学报, 1988, （4）.

［21］ 刘锡良, 陈志华. 一种新型空间结构——张拉整体体系 ［J］. 土木工程学报, 1995, （4）.

［22］ 沈祖炎, 陈杨骥, 陈以一, 等. 上海市八万人体育场屋盖的整体模型和节点试验研究 ［J］. 建筑结构学报, 1998, （1）.

［23］ 黄真, 林少培. 现代结构设计的概念与方法 ［M］. 北京：中国建筑工业出版社, 2010.

［24］ 陈宝胜. 建筑结构选型 ［M］. 上海：同济大学出版社, 2008.

［25］ 哈里斯, 李凯文. 桅杆结构建筑 ［M］. 钱稼茹, 陈勤, 纪晓东译. 北京：中国建筑工业出版社, 2009.

［26］ 张毅刚, 薛素铎, 杨庆山, 等. 大跨空间结构 ［M］. 北京：机械工业出版社, 2005.

［27］ 计学闰, 王力. 结构概念和体系 ［M］. 北京：高等教育出版社, 2004.

［28］ 程文瀼, 颜德姮, 康谷贻. 混凝土结构 ［M］. 北京：中国建筑工业出版社, 2002.

［29］ 易方民, 高小旺, 苏经宇. 建筑抗震设计规范理解与应用 ［M］. 第 2 版. 北京：中国建筑工业出版社, 2011.

［30］ 李爱群, 高振世. 工程结构抗震设计 ［M］. 北京：中国建筑工业出版社, 2005.

［31］ 施楚贤. 砌体结构 ［M］. 第 3 版. 北京：中国建筑工业出版社, 2012.

［32］ 罗福午, 张惠英, 杨军. 建筑结构概念设计及案例 ［M］. 北京：清华大学出版社, 2003.

［33］ 张其林. 索和膜结构 ［M］. 上海：同济大学出版社, 2002.

［34］ 熊丹安, 程志勇. 建筑结构 ［M］. 广州：华南理工大学出版社, 2011.

［35］ 东南大学, 天津大学, 同济大学. 混凝土结构 ［M］. 第 5 版. 北京：中国建筑工业出版社, 2012.

［36］ 杨俊杰, 崔钦淑. 结构原理与结构概念设计 ［M］. 北京：中国水利水电出版社, 2005.

［37］ 刘西拉. 结构工程的进展与前景 ［M］. 北京：中国建筑工业出版社, 2007.

［38］ 高立人, 方鄂华, 钱佳茹. 高层建筑结构概念设计 ［M］. 北京：中国计划出版社, 2005.

［39］ 林宗凡. 建筑结构原理与设计 ［M］. 北京：高等教育出版社, 2002.

［40］ 沈蒲生. 异形柱结构设计与施工 ［M］. 北京：机械工业出版社, 2014.

［41］ JGJ 149—201X 混凝土异形柱结构技术规程修订（送审稿）［R］. 天津：天津大学，2014.

［42］ 杨庆山，姜忆南. 张拉索-膜结构分析与设计［M］. 北京：科学出版社，2004.

［43］ 陈务军. 膜结构工程设计［M］. 北京：中国建筑工业出版社，2005.

［44］ 布正伟. 现代建筑的结构构思与设计技巧［M］. 天津：天津科学技术出版社，1986.

［45］ 杨俊杰，李家康，朱天志. 混凝土结构设计原理［M］. 北京：科学出版社，2007.

［46］ 沈蒲生. 楼盖结构设计原理［M］. 北京：科学出版社，2003.

［47］ ［英］季天健，Adrian Bell. 感知结构概念［M］. 武岳，孙晓颖，李强译. 北京：高等教育出版社，2009.

［48］ 聂洪达，郄恩田. 房屋建筑学［M］. 第 2 版. 北京：北京大学出版社，2012.

［49］ 聂洪达，赵淑红. 建筑艺术赏析［M］. 第 2 版. 武汉：华中科技大学出版社，2014.

［50］ 叶列平. 混凝土结构［M］. 北京：清华大学出版社，2005.

［51］ 姚谏，夏志斌. 钢结构原理［M］. 北京：中国建筑工业出版社，2020.

［52］ GB 50068—2018　建筑结构可靠性设计统一标准.

［53］ GB/T 1591—2018　低合金高强度结构钢.

［54］ GB/T 19879—2015　建筑结构用钢板.